生态城市建设的理论与实践

鞠美庭　王勇　孟伟庆　何迎　等编著

化学工业出版社

·北京·

本书对生态城市理论与实践方面的最新成果进行了全面总结；对国内外生态城市理论发展和实践进程进行了比较分析；结合我国国情，就如何进行自然生态体系建设，如何构建生态城市建设的评价指标体系，以及如何进行生态城市规划、建设和管理进行了探讨。全书共分9章，分别为城市化与生态城市的历史发展、生态城市建设的支持系统、生态城市的重要基础——自然生态体系建设、生态城市建设的指标体系及评价、生态城市规划、生态城市的建设、生态城市建设的管理、国外发达国家生态城市建设的实践以及中国生态城市建设的实践。

本书内容新颖、图文并茂、资料翔实，有较高的研究参考价值和实践应用价值；可供城市科学、环境科学、管理科学等领域的科研、管理和决策人员阅读参考，也可以作为相关专业本科生或研究生的教学用书。

图书在版编目（CIP）数据

生态城市建设的理论与实践/鞠美庭等编著，—北京：
化学工业出版社，2007.5（2008.5重印）
ISBN 978-7-122-00216-7

Ⅰ．生… Ⅱ．鞠… Ⅲ．城市环境：生态环境-城市
建设-研究 Ⅳ．X21

中国版本图书馆 CIP 数据核字（2007）第 054577 号

责任编辑：满悦芝 装帧设计：潘 峰
责任校对：凌亚男

出版发行：化学工业出版社（北京市东城区青年湖南街 13 号 邮政编码 100011）
印 装：北京科印技术咨询服务有限公司数码印刷分部
787mm×1092mm 1/16 印张 16 字数 427 千字 2008 年 5 月北京第 1 版第 2 次印刷

购书咨询：010-64518888 售后服务：010-64518899
网 址：http://www.cip.com.cn
凡购买本书，如有缺损质量问题，本社销售中心负责调换。

定 价：48.00 元 版权所有 违者必究

前　言

在人口与资源、经济与环境的矛盾日趋尖锐的形势下，可持续发展已成为人类共同的追求，生态城市的概念也越来越深入人心。我国于 1990 年开始生态城市建设的探索，到目前已经在生态市、生态县、生态村、生态住宅、生态农场、生态小区、生态工业园区等不同层次建立了一批很有推广价值的示范点。在看到我国取得生态城市建设成果的同时，我们也应清醒地认识到，生态城市建设在我国还任重而道远。在学术界、决策层和管理层，大家对生态城市及其相关理念的理解还存在很多的争议、疑惑甚至误区，如什么样的城市才称得上是生态城市？生态城市目标是可达的，还是虚无飘渺的？生态城市与"生态中心主义"是一致的吗？在生态城市建设中应该把人类的经济利益摆在什么位置？生态城市是否就是"花园城市"、"卫生城市"？生态城市的标志是否就是高绿化率？什么样的城市发展模式才符合生态城市建设思想？生态城市建设与城市现代化建设是什么关系？什么样的生态城市建设指标体系才是科学的？在生态城市建设中如何考虑"乡村"的问题？……希望本书的出版可以提供一些对上述诸多问题理解的参考和选择。

本书对生态城市理论与实践方面的成果进行了总结；对国内外生态城市理论发展和实践进程进行了比较分析；结合我国国情，就如何进行自然生态体系建设，如何构建生态城市建设的评价指标体系，以及如何进行生态城市规划、建设和管理进行了探讨。全书共分 9 章，分别为城市化与生态城市的历史发展、生态城市建设的支持系统、生态城市的重要基础——自然生态体系建设、生态城市建设的指标体系及评价、生态城市规划、生态城市的建设、生态城市建设的管理、国外发达国家生态城市建设的实践以及中国生态城市建设的实践。

本书由鞠美庭、王勇（上海理工大学艺术设计学院）、孟伟庆、何迎等人编著。各章编著人员分别为：第 1 章，王勇、毕涛、孟伟庆；第 2 章，张裕芬、张磊、孟伟庆；第 3 章，李洪远、孟伟庆、张裕芬；第 4 章，孟伟庆、王勇、鞠美庭；第 5 章，何迎、王勇、鞠美庭；第 6 章，何迎、金柏江、鞠美庭；第 7 章，鞠美庭、张余、孟伟庆；第 8 章，王勇、于敬磊、贝新宇；第 9 章，孟庆堂（山东省环境保护局）、黄娟、鞠美庭。全书由鞠美庭、孟伟庆统稿（未注明单位者单位均为南开大学）。

朱坦教授、李洪远教授为本书提出了宝贵的指导意见，并对全书进行了审定。

本书参考了国内外生态学及其相关研究领域众多资料及科研成果，在此向有关作者致以诚挚的谢意。

由于编者的水平所限，书中错误、疏漏之处，敬请广大读者给予批评和指教。

鞠美庭

2007 年 5 月于南开园

目　　录

1 城市化与生态城市的历史发展

城市是社会生产力发展到一定阶段的产物，从工业革命以来，世界的城市化进程已经成为一个不争的事实。城市越来越多，越来越大，占据了地球上越来越广的空间，其发展状况对全世界的影响越来越重要。现代世界已经成为一个以城市为主导的世界。世界正朝着"城市世界"的方向发展。城市生活作为人类的一种生存和生活方式，已经逐步占据主导地位，21世纪必将成为真正的城市化世纪。城市作为人类主要的居住地已经成为历史的必然。

人类从蒙昧、原始走向文明，从渔猎文明发展到农业文明，又从农业文明发展到工业文明，经历了漫长而曲折的过程。而现在世界正面临着社会发展模式的另一次社会变革，即工业文明向新的文明的转变，这种新文明我们称之为生态文明。随着城市化的飞速发展，随之而来的环境污染、资源枯竭、交通拥挤、土地紧张等城市问题纷至沓来。严峻的城市环境现状迫使人们反思以往的城市建设模式和理念，将科学技术对城市发展的"双刃剑"作用重新进行审视。另一方面，在城市人的意识深处，有一种新生的渴望愈来愈迫切。那就是他们在不愿放弃城市便利舒适生活的同时，又希望拥有乡村宁静恬淡的生活。人们的这种意识，可以认为是生态城市思想的萌芽和原始动力。这种思想的形成是潜移默化的，它是经历了上千年的时间逐步形成的。直到20世纪70年代初，生态城市理念的理论体系才正式被提出，并逐渐发展完善，到现在已经有30多年的历史。生态城市是人们对人和自然关系的认识不断升华的结晶。当前，世界上普遍认为生态城市是解决城市问题的最优途径，同时也是人与自然和谐相处的一种新的聚居模式。

本章主要介绍城市的形成以及生态城市的发展和概念。

1.1 城市的出现和发展

人类建立城市的过程与人类文明的发展密不可分，英文"civilization"（文明）一词，正是源自拉丁文的 civis，指的是"市民"或"城市中的居住者"。古希腊先哲亚里士多德认为，人类聚居在城市中是为了生活，而聚居在城市里不走，则是为了更舒适的生活。

一般认为，城市是以空间和环境资源集中利用为基础，以人类社会进步为目标的一个集中人群、集中各种资源、集约先进科技文化的空间地域系统，它是一个经济实体、政治社会实体、科学文化实体和自然环境实体的综合体，是一个地区的政治、经济和文化中心，是一个区域内第二产业和第三产业分化、独立发展，并在空间上趋于集中的复合人工生态系统。它的出现，经历了一个漫长而必然的过程。

城市的出现和发展是人类进步的重要标志。一般史料认为，城市的出现，距今已有大约六千年了。地球上最早出现城市的地方，也是文明起源的地方。古埃及、美索不达米亚平原、印度恒河流域、中国黄河流域等，被认为是世界上最早出现城市的地区。

原始人类从树栖生活逐步过渡到地面活动，进而出现了房屋居住的需要，因此出现了原始的半地穴式、地穴式住所。农耕时代，人类开始定居，并逐步形成早期的乡村庭院，早期的城市就是在乡村的基础上不断演化而成的。

早期城市的形成和发展一般都是军事、政治、宗教和社会经济等不断融合发展的结果。

城市是人口密集地区，手工业和商业相对集中，为居民生活提供了良好的条件，也是统治者和上流人士喜好的居住地。一般说来，城是防御功能的概念，市是贸易、交换功能的概念，市在城先。在原始公社逐渐解体到奴隶制时代的历史发展过程中，形成了新的、多功能的聚居形式——城市，其作用是军事防御和举行祭祀仪式，并且还是居民的消费中心。

以最早的美索不达米亚地区的城市为例，它的四周有高大坚固的城墙，用来抵御外敌侵略，同时也划分出了城市的边界；城墙里面一般都会有城堡或宫殿，是统治阶级执政、生活的处所。另外宗教场所和广场也是一般早期城市必备的建筑，是普通民众生活的枢纽。

在工业化时期，新的生产方式的出现使城市化进程达到一个高峰。城市形成的前提是农业的发展达到相对高的水平，能够提供剩余的农产品和劳动力，从而手工业、商业和贸易活动能够从农业中分离出来。这些行业的从业人员选择交通方便、区位适中的聚落集中居住，从事生产和交换活动。这样的聚落与周围地区交往密切，人员和财富的聚集加快，规模不断扩大。工厂的建立与交通的发展，使人口迅速向城市转移，产业工人逐渐成为城市居民的主体。最后，由于城市中市场的集中与集聚，进一步把更多的工业企业、人口、资金、物资吸引到城市中，使城市的规模和范围急剧扩大。综观城市发展的整个过程，其演进过程与人类的进步紧紧相随，同时也是人类进步的重要标志。

近代学者们普遍认为，真正意义上的城市是工商业发展到一定阶段的产物。如13世纪的地中海岸，米兰、威尼斯、热那亚、巴黎等，都是重要的商业和贸易中心；其中威尼斯在繁盛时期，人口一度超过20万。工业革命之后，城市化进程再次加速，农民不断涌向新的工业城市，城市获得了空前的发展。到第一次世界大战前夕，英国、美国、德国、法国等西方国家，大部分人口都已生活在城镇里。这不仅是富足的标志，而且是文明的象征。

第二次世界大战以后，城市化进程再次实现飞越发展。1960年，美国公民有三分之一住在城市、三分之一在市郊、三分之一在农村，到1990年，其超过一半的人住在市郊。1970～1990年间，加利福尼亚的人口增加了接近40%，而城市和近郊土地面积扩张了100%。

随着世界人口向城市集聚与城市日益严重的生态危机的矛盾，以及工业化追求的经济效益与提高人居环境质量的矛盾日益加剧，人类需要对城市发展做出正确的抉择，而这需要人们对历史和现实的全面了解，对未来发展变化趋势的理性判断。旨在建设高效、健康、平等、和谐的生态城市作为可预见的未来人类聚居模式，是建立在对未来社会、经济以及技术可能性基础上的，它是人类社会及其住区（城、乡）发展的历史必然趋势，也是为了实现全球、全人类持续生存与发展的必然结果。生态城市既是理想主义的，也是现实主义的。它必然会成为21世纪城市发展的主要方向，并会成为可持续发展人居环境的最终归宿。它需要我们共同的关注、共同的参与、共同的努力，只有这样，才有人类共同的未来。生态城市目标的实现，将取决于人类自身的认识和行动。

1.2　城市化进程及面临的问题

城市化（urbanization）是指人口向城镇或城市地带集中，或者农村地区转化为城市地区的过程。这个集中过程表现为两个方面：一是城市数目增多，即原有乡村地区发展为城镇或城市；二是城市规模的扩大，包括城市人口规模、地域、产业指标等的不断扩大，从而提高了城市人口在总人口中的比例。

人与自然的协调是城市发展所要追求的目标，人类活动应符合自然规律。违背自然规律，将人的意志凌驾于自然规律之上，最终会带来一系列难以解决的问题甚至灾难，从而妨碍城市的进一步发展。近代以来，一些城市只单纯注重了城市经济的增长，忽略了城市社会、基础设施和自然生态的发展，有些城市甚至以牺牲城市自然生态环境为代价来换取城市经济的暂时繁荣。城市经济、社会、基础设施、自然生态发展不相协调，已成为制约城市健康发展的"瓶颈"。

1.2.1 城市化进程中的环境问题

自然生态系统具有互利共生、协同进化和追求最优化等特点，而城市生态系统是人工生态系统。由于部门间的分割管理，行业间缺乏有效的协调，导致只追求局部利益和眼前利益；各部门间，各层次间以及其与外围环境间的关系难以协调，从而引发一系列城市环境问题的出现。

在城市化进程的不同阶段，遇到的环境问题也有所不同。

在初级阶段，由于生产力水平低下，在城市市场不断扩大的需求下，农产品的面积不断扩大，形成"高投入低产出"的局面，造成自然草地、森林系统退化，从而导致水土流失和荒漠化等生态环境问题，这是城市生态环境恶化的缓慢阶段。

在中级阶段，由于发展资源密集型的工业的需要，导致了水资源污染严重和空气质量的下降；城市规模的扩张而引起城市人口的增加、工业规模的扩大，使"三废"排放激增，新的城市生产方式的引进也驱使原有土著文化的衰退。这是城市发展最快而环境破坏和污染加速的阶段。

在后期阶段，由于城市交通高度密集、人口的聚集，大工厂不断移向城市，造成了严重的空气和噪声污染。城市人口的过度密集和高度城市化的生活方式使城市生活用水的水质水量以及水源问题突出，水资源供应局面紧张；城市规模的扩大和建筑设施的激增使城市绿地进一步减少；玻璃建材的大量使用和无线电通讯的飞速发展加剧了光、电磁波的污染等。城市自然生态环境整体水平较差，在空气质量、水质量、绿地面积、生物多样性等方面，都达不到人类居住的理想标准。况且，城市人工生态系统间关系不协调，城市资源十分短缺，资源利用率低。不过到了近期，由于人类对自身利益和生存环境的再认识，可持续发展观念也不断深入人心，各种防污治污意识和手段相应提高，使城市的发展逐渐步入了生态环境的改善阶段。

当前潜在的环境问题还有：城市发展过快，污染源点多面广，新的污染形式如城市噪声污染、光污染、电磁污染、城市绿地萎缩等不断出现，且呈加速态势。

1.2.2 城市化进程中的经济问题

生态学认为，自然-经济-社会复合系统具有物质循环再生和能量的多级利用规律，其重要性在于借助科学技术的进步来延伸资源加工链（或资源加工网络），改变传统的"原料-产品-废料"的单一生产模式，代之以"原料-产品-废料-原料"的多级利用模式。通过生态工艺关系，延伸资源的加工链，最大限度地开发、利用资源，实现生产模式的价值增值和保护环境，和工业产品从"摇篮到坟墓"的全过程控制和利用。综观城市生态经济系统的物质流动，其生产模式基本上是一种由"资源-产品-污染排放"的单向流动的线性经济且物流链短，其特征是高开采、低利用、高排放。在这种经济中，人们高强度地把地球上的物质和能源提取出来，然后又把污染和废物大量地排放到水系、空气和土壤中，对资源的利用是粗放的和一次性的，通过把资源持续不断地变成废物来实现经济的数量型增长，不仅资源利用效率低，而且污染了环境。

另外，各城市产业结构雷同，重复建设盛行，大量企业产能过剩。产业结构之间的巨大相似性制约了城市间的经济联系和互补性，阻碍了城市经济的发展，也造成了城市之间的恶性竞争。主导产业优势发挥不明显，第三产业发展滞后，城市经济创新能力不强，知识经济含量低，也是当今城市存在的经济问题。

1.2.3　城市化进程中的社会问题

从长远来看，城市人口居高不下，近郊区不断膨胀，快速干道到处铺建，教育、医疗、公共资源的短缺，必将带来一系列严重的城市社会问题。

城市人口的增加、规模的扩大，导致耕地面积、森林草场面积的骤减。美国纽约市从1986～1991 年城市规模扩大了 60%，从中央广场到市郊的直线距离就达 160km，仅大市区面积就达 32400km²。伦敦从南到北的直线距离已扩大到 320km。城市对其他用途土地的疯狂蚕食，给人类生存带来威胁。

城市居民空间资源紧张。目前世界城市中大约有 600 万人无家可归。在一些发展中国家的大都市中，一半以上市民居住在贫民区。在开罗的一些街道，居民的人口密度已达到 15 万人/km²，有的人只能在下水管道或露天街道上栖身过夜。在中国近 20 年来，一些大城市出现了中心区人口减少，外围区人口增多的变化趋势，市内人口大量迁居。大量农村剩余劳动力涌入城市，加剧了本已十分严峻的城市就业形式；城市在人才培养机制、教育机制、教育经费划拨方式等方面无法适应城市发展的需要。

城市管理水平和法制建设不够完善。管理机构过于庞大、人员配置臃肿、效率低下、管理方法不够科学。城市基础设施和社会保障体系也不够健全。

城市文化呈不断退缩趋势。人们对经济方面的投入远远大于对社会文化方面的投入，各城市在发展本地特色文化、形成独具韵味城市文化特点方面相对不足，城市特有的文化氛围不浓，严重影响了城市居民的生活质量和对外形象。

1.3　生态城市思想的历史发展

1.3.1　中国生态聚居思想的发展

人与自然的关系一直是我国哲学家和思想家关心的一个古老而永恒的话题。我国古代一般把人和自然的关系称为"天人关系"。《易经》的作者提出了"天人合一"的自然观，赋予"天"以"人道"，即"人与天地合其德，与日月合其明，与四时合其序，与鬼神合其吉凶，先天而弗违，后天而奉天时"（《周易·文言》）。这种观点将天、地、人作为一个统一的整体，人类既要尊重客观自然规律，又要注意发挥自身的主观能动性，强调与自然建立起和谐发展的关系，这就是人与自然统一的原则。这种思想在我国古代城市规划和建设中产生了很大的影响。

作为世界上四大文明古国之一，我国古代城市的出现也相当早，是世界公认的城市发源地之一。我国城市的形成发展经历了一个漫长的历史过程。大约在春秋之际，中国就基本上具有了一般意义上的城市。最初，"城"和"市"是两个概念，"城"一般指有防卫围墙的军事据点，而"市"一般指商品交换的地方。《墨子·七患》中有过"城者、所以自守也"的描述。《周易·学辞》中指出"日中为市，致天下之事，聚天下之货，交易而退，各得其所。"其后随着社会、经济的不断发展，"城"与"市"逐渐结合起来，形成了具有综合功能的人类聚居地。

在城市的选址、建设过程中，古人在一定程度上把生态的观点有意无意地考虑到城市的建设中。城市的选址原则一般为地势平坦，气候温和，水陆交通便利，水源物产丰富等。《管子·乘马》中说道："凡立国都，非于大山之下，必于广川之上。高毋近旱而水用足，下毋近水而沟防省；因天材，就地利。"总之，要选择天然生态地理位置良好的地方建设城市，这样就为城市以后的发展奠定了良好的基础。在古代风水学中普遍涉及的"天人合一，负阴抱阳，坐北朝南，背山面水"，以及合理布局土地等朴素的生态学思想，其实在某种程度上也是一种古朴的自然生态观的体现。虽然有些观点也包含一些封建因素，有一定的历史局限性，而且也没有形成系统，但在本质上，这些古朴的观点还是体现了生态价值理论，很多地方是值得借鉴的。

我国现代生态城市的研究和西方发达国家相比，起步相对较晚。1972 年我国参加了人与生物圈（MAB）计划国际协调理事会，并当选为理事国；1978 年我国建立了人与生物圈（MAB）研究委员会；1979 年成立了中国生态学会；1982 年，在首届城市发展战略思想座谈会上，提出了"重视城市问题，发展城市科学"的重要思想，并把北京和天津的城市生态系统研究列入 1983～1985 年的国家"六五"计划重点科技攻关项目；1984 年 12 月在上海举行的"首届全国城市生态学研讨会"，被认为是我国生态城市研究的一个里程碑。同年中国生态学会城市生态专业委员会成立；1986 年我国江西省宜春市提出了建设生态城市的发展目标，并于 1988 年初进行试点工作，这可以认为是我国生态城市建设的第一次具体实践。1988 年生态城市领域的著名专家王如松教授出版了《高效-和谐-城市生态调控原则与方法》一书，对生态城市做了较为系统的阐述。1996 年王如松、欧阳志云的《天人合一：山水城市建设的人类生态学原理》一书从战略高度为我国生态城市建设指明了发展方向。

在实践中，在江西宜春市开展生态城市建设试点之后，我国在 1996 年至 1999 年期间又先后分四批开展 154 个国家级生态示范区建设试点，其中生态省 2 个，生态地、市 16 个，生态县（市）129 个，其他 7 个。与此同时，四川、河南、浙江、江苏、黑龙江、辽宁、河北、内蒙古、福建、广东等省（区）还开展了省级生态示范区建设试点工作。1999 年国家环保总局完成了对第一批 33 个试点地区的考核验收。其中山东省威海市是比较有代表性的一个。1996 年，威海市提出了"不求规模，但求精美"的城市建设指导方针，并实践于"基础设施现代化、城市环境生态化、产业结构合理化、生活质量文明化"的总体生态城市建设的总体思路中。而新世纪以来，上海、广州、厦门、宁波、哈尔滨、扬州、常州、成都、张家港、秦皇岛、唐山、襄樊、十堰、日照等市纷纷提出建设生态城市，海南、贵州、山东、吉林、安徽等省提出了建设"生态省"的奋斗目标，并开展了广泛的国际合作和交流。这些都表达了我国人民对建设新型生态城市的美好向往。建设生态城市，将逐渐成为我国城市发展的主流方向。

1.3.2 西方国家生态城市思想的发展

西方生态城市的思想极其丰富，也具有非常悠久的历史。

早期"生态城市"概念的提出，与城市生态系统的不断发展变化紧密相关。18 世纪西方工业革命宣布了世界工业文明时代的到来。工业成为城市社会的中心，它提供了农业社会无法比拟的动力，也带来了以前农业文明无法想像的物质财富，人类社会空前繁荣，科学技术迅猛发展，人类的居住区在也迅速发展。

同时工业革命也带来了很多以前没有的问题。过快发展的城市化进程建立在掠夺式地利用自然资源基础上，引发了一系列严峻的全球性生态环境问题，威胁到地球上各种生物和生态系统的生存与发展。"我们在征服自然的战役中，已经到达了一个转折点。生物圈已经不容许工业化再继续侵袭了"（托夫勒）。工业文明达到其最高成就后，已经开始走向衰退，而一种新的文明——生态文明正在兴起，人类社会将步入新的生态文明阶段。生态文明的出现是人类文明不断进化的结果，是人类在认识、利用自然过程中又一次质的飞跃。

19 世纪以来，针对日益严峻的城市化、工业化带来的城市生态问题，西方国家一些学者相继提出"生态城市"的观点和相关研究。1820 年欧文提出了"花园城"的概念，倡导花园城镇运动；1898 年霍华德在《明日的田园城市》一书中提出"田园城市"的理论，在其"自然、低密度"思想的影响下，西方国家出现了一批早期的花园城市。德国韦伯的《城市发展》、英国吴温的《过分拥挤的城市》等，也都是该领域很有影响的著述。20 世纪初期，英国生物学家 P. 盖迪斯在《进化中的城市》（*Cities in Evolution*，1915）中，把生态学的原理与方法应用于城市规划与建设，为研究生态城市奠定了理论基础。1916 年，美国人帕克在其《城市环境中人类行为的几点建议》一书中，将支配自然界生物群落的某些规律，如竞争、共生、演替等与城市建设相结合，开创了城市环境生态研究的新领域。1933 年，《雅典宪章》规定"城市规划的目的是解决人类居住、工作、游憩、交流四大活动功能的正常进行"，进一步明确了生态城市有机综合体的思想。

20 世纪 60 年代以后，以卡尔逊（Rachel Carson）的《寂静的春天》（1962）、罗马俱乐部的《增长的极限》（1972）、丹尼斯 L. 米都斯等的《只有一个地球》（1972）为代表的著作，较为系统形象地阐述了社会学家和生态学家们对世界城市化、工业化与全球环境恶化的担忧，更加激起了人们研究城市生态系统的兴趣，生态城市研究也进入了一个跨越式发展的阶段。

1971 年，联合国教科文组织在第 16 届会议上，提出了"关于人类聚居地的生态综合研究"（MAB 第 11 项计划），首次提出了"生态城市"的概念，明确提出要从生态学的角度用综合生态方法来研究城市，在世界范围内推动了生态学理论的广泛应用和生态城市、生态社区、生态村落的规划建设与研究。"生态城市"的概念应运而生，其英文为 eco-polis，或 eco-city，或 ecological city。这一崭新的城市概念和发展模式一经提出，就受到全球的广泛关注和认可。它不仅反映了人类谋求自身发展的意愿，也反映了人类对人与自然关系认识的提高。

1990 年在美国加利福尼亚的伯克利召开了第一届国际生态城市研讨会（International Eco-city Conference），与会的 12 个国家 700 多名专家学者就如何根据生态学原则建设城市提出了一些具体的、建设性的意见（其中包括伯克利生态城计划、旧金山绿色城计划、丹麦生态村计划等，内容涉及城市、经济和自然系统的各个方面），并草拟了今后生态城市建设的十条计划。1992 年在澳大利亚的生态城市阿德莱德举办了第二届国际生态城市学术研讨会。大会就生态城市设计原理、方法、技术和政策进行了深入具体地探讨，并提供了大量研究案例。同年在巴西里约热内卢召开的联合国环境与发展大会上也举办了未来生态城市全球最高论坛。1992 年美国在加州的伯克利（Berkeley）实施了生态城市计划。1996 年在西非国家塞内加尔举行了"第三届国际生态城市会议"。会议进一步探讨了"国际生态重建计划（International Ecological Rebuilding Program）"。1997 年在德国莱比锡召开的国际城市生态学术研讨会也将生态城市作为主要议题之一。同年国际现代建筑学会组织通过了关于"生态城市"的宪章，提出了通过城市规划来实现城市生态系统与自然生态系统的协调。此后，有关探讨"生态城市"的设计原理、方法、技术和政策的书籍、会议如雨后春笋不断涌现出来，生态城市的研究掀起了新一轮的热潮。

生态城市建设的实践也逐步成为全球城市研究的热点，很多世界著名的城市先后开展了这方面实践。它们的共同特点是一般都有明确的生态建设目标和指导原则，都比较重视公众参与，市民的环保意识相对较强。例如美国的西雅图和伯克利、日本的东京、印度的班加罗尔、加拿大的温哥华、英国的曼彻斯特、德国的德累斯顿和海德堡等城市都开展生态城市建设。

1.4　生态城市概述

1971 年，联合国教科文组织（UNUSCO）在"人与生物圈（MAB）"计划中提出了"生态城市"的概念。它的提出是基于人类生态文明的觉醒和对传统工业化与工业城市的反思，标志着人类社会进入了一个崭新的发展阶段。生态城市已超越传统意义上的"城市"的概念，超越了单纯环境保护与建设的范畴，它融合了社会、经济、技术和文化生态等方面的内容，强调实现社会-经济-自然复合共生系统的全面持续发展，其真正目标是创造人-自然系统的整体和谐。

自 1990 年第一届国际生态城市大会在美国的伯克利召开以来，世界上许多专家学者、国际组织与城市，从各种不同角度对其进行了深入研究和探讨，认为生态城市是一个经济发达、社会繁荣、生态保护三者保持高度和谐，技术与自然达到充分融合，城乡环境清洁、优美、舒适，从而能最大限度地发挥人的创造力与生产力，并有利于提高城市文明程度的稳定、协调、持续发展的人工复合生态系统。它是人类社会发展到一定阶段的产物，也是现代文明在发达城市中的象征。建设生态城市是人类共同的愿望，其目的就是让人的创造力和各种有利于推动社会发展的潜能充分释放出来，在一个高度文明的环境里造就一代超过一代的生产力。在达到这个目的的过程中，保持经济发展、社会进步和生态保护的高度和谐是基础。只有在这个基础上，城市的经济目标、社会目标和生态环境目标才能达到统一，技术与自然才有可能充分融合。各种资源的配置和利用才会最有效，进而促进经济、社会与生态三者效益的同步增长，使城市环境更加清洁、舒适，景观更加适宜优美。

对于生态城市认识的不断深入，反映了人类谋求自身发展的意愿，也反映了人类对人与自然关系认识的提高。

1.4.1 生态城市的定义和内涵

对于生态城市概念的认识，不同时期不同学者、机构历来有不同的见解。尽管生态城市已经成为社会的热点，世界各国的许多城市都提出了建设生态城市的目标。但到目前为止，世界上还没有一个真正意义上的生态城市，这是因为，各国学者对生态城市有不同的理解，至今关于生态城市仍然没有一个公认的定义和清晰的概念。

原苏联生态学家亚尼茨基（Yanitsky，1984）认为，生态城市是一种理想城市模式，其中技术与自然充分融合，人的创造力和生产力得到最大限度的发挥，而居民的身心健康和环境质量得到最大限度的保护，物质、能量、信息高效利用，生态良性循环。

美国生态学家理查德·雷吉斯特（Register，1987）提出，生态城市追求人类和自然的健康与活力。他认为生态城市，即生态健康的城市，是紧凑、充满活力、节能并与自然和谐共居的聚居地。

1992 年，澳大利亚学者唐顿提出：生态城市就是人类内部、人类与自然之间实现生态上平衡的城市，它包括道德伦理和人们对城市进行生态修复的一系列计划。

欧盟提出了可持续发展人类住区（sustainable human settlements）十项关键原则：资源消费预算；能源保护和提高能源使用效率；发展可更新能源的技术；可长期使用的建筑结构；住宅和工作地彼此邻近；高效的公共交通系统；减少垃圾产生量和回收垃圾；使用有机垃圾制作堆肥；循环的城市代谢体系；在当地生产所需求的主要食品。这些也被生态设计专家们认为是生态城市的基本概念。

在我国，马世骏院士提出了城市社会-经济-自然复合生态系统理论以指导城市建设，并倡导进行了大量生态城镇、生态村的建设和研究；王如松等也提出建设生态城市需满足三个标准：人类生态学的满意原则、经济生态学的高效原则、自然生态学的和谐原则；1997 年，中国城市规划专家黄光宇先生提出：生态城市是根据生态学相关原理，综合社会、经济、自然复合生态系统，并应用生态工程、社会工程、系统工程等现代科学与技术手段建设而成的，社会、经济、自然可持续发展，居民满意，经济高效，生态良性循环的人类居住区。这些都极大地推动了国内生态城市理论的发展。

随着生态文明的发展与演进，生态城市的内涵也不断得到充实与完善。

许多人认为"生态城市"就是绿化得非常好的城市，这实际上是一种狭义的误解。现代的生态城市概念与以前的"田园城市"、"山水城市"、"园林城市"、"绿色城市"等概念有了根本的区别，不再是单纯注重城市绿化环境优美，而是更趋向于城市全面、内在的生态化，包括自然生态、社会生态、经济生态和历史文化生态的协调共同发展。

到目前，国内外专家学者已对"生态城市"做了大量卓有成效的研究，并总结出各种定义。目前国内相对权威的，并载入大百科全书和教科书的定义是：按生态学原理建立起来的一类社会、经济、自然协调发展，物质、能量、信息高效利用，生态良性循环的人类聚居地。而实际上，生态城市的定义并不是孤立的、一成不变的，它是随着社会和科技的发展而不断完善更新的。就目前来说，可以大致认为"生态城市"是一个社会和谐进步，经济高效运行，生态良性循环的城市。

具体来说，生态城市应该是一个社会经济和生态环境协调发展、各个领域基本符合可持续发展要求的行政区域，是在一个市域范围内，以可持续发展战略和环境保护基本国策统筹经济建设和社会发展全局，转变经济增长方式，提高环境质量，同时遵循三大规律（经济增长规律、社会发展规律、自然生态规律）的文明城市。

我们认为，生态城市是人类社会聚居地发展的最高阶段，是可持续的、符合生态规律的人与自然和谐的城市。在这样的城市中，有良好的生态环境，环境污染将不存在，社会高度文明，资源得到循环利用。每个生态城市都根据自己的情况实现了和谐，城市以整个生态系统的健康而充满活力。

虽然国际生态城市会议已于1990年、1992年、1996年、2000年召开过四次，但由于目前很难确定哪些是真正意义上的生态城市，所以其内涵也并没有得到统一的规定，不同的专家学者有着不同的见解。但大家对其核心和根本要求的认识基本上是一致的，即和谐性、高效性和持续性，生态城市是一种经济高效、环境宜人、社会和谐的人类居住区。

生态城市作为可持续发展的要求，是当今城市发展的最新趋势和最优模式，标志着人类对生活方式的理念发生了里程碑式的转变。人类变得更加理性，更加注重可持续的、健康的发展。我们一般所说的生态城市，是一种融入了社会、经济、文化、环境等因素的，全面、有机结合的城市。和传统的以工业经济为核心的城市相比，生态城市将单纯的工业化和生态化相结合，物质文明和精神文明交融协调发展，人与自然、人与人之间的关系更加和谐健康。生态城市思想的确立，涉及国家政策、居民生活方式、人们价值观和素质、当前的物质水平等因素的影响。生态城市最基本、最深刻的思想就是人与自然的和谐相处。生态城市倡导社会的文明安定、经济的高速发展和生态环境的和谐，是生产力发达、人的社会文化和生态环境意识达到一定水平条件下，人们所渴望实现的目标境界。

生态城市的内涵随着社会和科学技术的不断发展而更新，不断充实和完善，生态城市的形成是一种渐进、有序的系统发育和功能完善过程。由于生态平衡是一个动态的平衡，因此生态城市的进展也是一个动态的过程，生态城市并无固定模式可言。它是一定程度上人类克服"城市病"、从灰色工业文明转向绿色生态文明的创新。生态城市为高消耗、低产出、重污染的传统城市建设模式造成的经济社会和人口、资源、环境等一系列严重问题提供了科学的解决出路。当前阶段，生态城市融入了历史、自然、社会、经济、政治、文化、人居等因素，并且还在不断融会贯通。生态城市的本质是要实现城市社会、经济、环境系统的共赢。它是一个囊括了自然价值和人文价值的复合概念，在空间上是一个开放的区域，体现了一种不断包容的生态观。

从内涵上讲，生态城市是一个包括自然环境和人文价值的总和性概念。它不只涉及城市的自然生态系统，即不是狭义的环境保护，而是一个以人为主导、以自然环境系统为依托、以资源流动为命脉的经济、社会、环境协调统一的复合系统。其内涵不仅仅是清洁的环境和体面的外表，其更重要的意义在于其社会的和谐，在于其对人性的尊重，在于具有维护社会机制，在于人民的安居乐业。以人为本是生态城市的基本要求，宜人居住是生态城市的基本性质和目标，社会和谐是生态城市的主要特征，甚至可以说社会和谐是生态城市自然生态良性运转，从而也是整个城市生态系统良性运转的基础。和谐是生态城市的目的和根本所在，即生态城市不仅要保护自然，而且要满足人类自身的进化、发展的需求。生态城市中的市民既具有充分的享有城市环境和资源的权力，也具有积极主动地参与城市建设与管理的义务。

生态城市的本质，应该是城市经济、社会、环境系统的生态化。它包括两项基本内容：一是推进真正具有生态化特征的城市生态环境建设；二是对现有的城市经济社会模式实行生态化改造。从生态学的观点看，生态城市是根据当地的自然条件，社会经济发展水平，按照生态学的原则，运用系统工程方法去改变生产和消费方式、决策和管理方法，建立起来的一种社会、经济、自然协调发展，物质、能量、信息高效利用，生态良性循环的人类聚居地。从经济学的观点看，生态城市的建设要使传统的资源高消耗、产出低效率、污染高排放的城市经济生态化，包括产业活动生态化和消费方式生态化等，最终使城市发展转向遵循生态学原理、城市物流良性循环、城市系统中没有浪费和污染的循环型城市。

生态城市建设的深层含义是要尊重和维护大自然的多样性，为生物的多样性创造良好的繁衍生息的环境。每个城市所处的地理环境都有其不同于其他地区的生态要素和生态条件，要充分利用各地的差异性来创造有特色的生态环境。合理的城市生态建设应与自然融合，在充分尊重自然生态的前提下，在城市整体层面上建立自然环境与人文环境的有机融合，保障城市可持续发展。

我们认为，生态城市作为现代城市发展过程中提出的理念，表达了人类创造美好人居环境的愿望。生态城市是目标、状态，同时也是过程。作为一种目标，就像共产主义一样，是要在人类不断的努力下达到的最终目标和状态。作为过程，生态城市不是遥不可及的空中楼阁，而是一个渐进的过程。随着人类社会和科技的发展，生态城市设定的目标也会越来越高。但在某一个社会发展阶段，生态城市是可实现的，是具有可操作性的。

建设生态城市，应充分运用生态学相关原理和系统工程理论，遵循生态规律和社会经济规律，把环境保护、资源开发和高效利用有机地结合在一起，以自然生态的良性循环和满足承载力为基础，以可持续发展为核心，以全面的社会进步为目的，构建生态、经济、社会三大系统的高度协调、相互促进、互为条件的动态平衡体系，最终实现社会效益、经济效益、生态效益的高度统一。

一般认为，生态城市建设的具体目标是：建设并维护良好的生态环境，高度发达的生态经济，高尚的生态文明和生态伦理；充分发挥城市居民的主观能动性，通过恢复生态环境，扩大生态容量，提高生态承载力，创造自然与人类高度和谐的社会、经济、环境的统一体，使人类与自然和谐共存，最终实现城市的可持续发展，成为名副其实的生态城市。

生态城市建设的目的不仅仅是为城市人类提供一个良好的生活工作环境，还要通过这一过程使城市的经济、社会系统在环境承载力允许的范围之内，在一定的可接受的市民生活质量前提下得到持久发展，最终促进城市整体的持续发展。

1.4.2　生态城市的特征和分类

生态城市是城市生态化发展的结果，它的核心目标是建设良好的生态环境和发达的城市经济，建设高度生态文明的社会，通过充分发挥人的主观能动性、创造性，恢复生态再生能力，扩充生态容量，提高生态承载能力，来实现社会-经济-自然复合生态的整体和谐，以及社会、生态、经济的可持续发展。与传统城市相比，生态城市主要有如下特征。

（1）和谐性　生态城市要实现的是人与自然、人与人之间的和谐共处，自然与人共生，人类回归自然，自然融入城市。人类自觉的环境意识强，更加尊重环境，人们的价值观、素质、健康水平较高，人们之间互相关怀帮助、相互尊重、人人平等。这种和谐统一是生态城市的核心内容。

（2）高效性　主要是指采用可持续、可循环的生产、消费模式，经济发展强调质量与效益的同步提高，努力提高资源的再生和综合利用水平，物尽其用，人尽其才，物质、能量得到多层次分级利用，废弃物循环再生，各行业、部门之间的共生关系协调。提高资源的利用效率，实现自然资源"外在化"生产向"内在化"生产的转变。

（3）生态持续性　生态城市以可持续发展思想为指导，以保护自然环境为基础，最大程度地维持生态系统的稳定，保护生命支持系统及其演化过程，保证人类的开发活动都限制在环境承载能力之内，合理地分配资源，平等地对待后代和其他物种的利益。保持城市健康、持续协调的发展。不因眼前的利益而用掠夺方式促进城市的暂时繁荣，保证其发展的健康、持续、协调。

（4）整体性　生态城市追求的不仅是环境优化或自身的繁荣，而且兼顾社会、经济和环境三者的整体效益；不仅重视经济发展与生态环境协调，更注重人类生活质量的提高，是在整体协调的新秩序下寻求发展。它强调的是人类与自然系统在一定时空整体协调的新秩序下共同发展。

（5）全球性　生态城市以人与人、人与自然的和谐为价值取向。就广义而言，要实现这一目标，就需要全球的共同合作，因为我们只有一个地球，是"地球村"的主人，为保护人类生活的环境及其自身的生存发展，全球人类必须加强合作，共享技术与资源。在保持多样性的前提下实现可持续发展的人类目标。

根据以上生态城市的主要特征，可以构建出其系统特征的概念模型（图1.1）。在该模型中，自然是基础，经济是支柱，社会是支持也是压力，最终要实现三者的和谐。

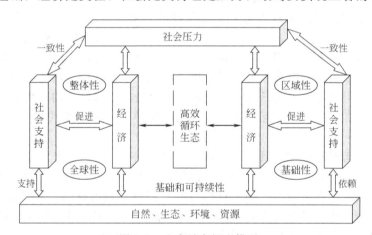

图 1.1　生态城市概念模型

笔者认为，生态城市是经济、社会、自然高度协调发展的复合生态系统，是一种理想的城市模式，是人类聚居地的完美状态。生态城市是在生产力高度发达，人的生态环境意识普遍提高的条件下才能实现的目标状态。生态城市具有的特征为：

① 基础设施完善，布局合理，经济高效，便于利用；

② 高效率的能量利用、物质循环，不再产生污染的危害；

③ 具有"蓝天、碧水"等优质环境条件；

④ 交通良好，规划合理，高效便捷，安全舒适；

⑤ 具有良好的城市自然生境，受污染的河流、湖泊、海滨、山体、湿地等得到修复；

⑥ 具有体面的、低价的、安全的、舒适的生态居住社区；

⑦ 市民具有高的生态环境意识、公众参与意识；

⑧ 生物多样性得到保护和恢复；

⑨ 社会公正、公平、民主、和谐；

⑩ 具有自循环的城市代谢体系。

从国内外城市的生态化建设来看，生态城市大致可分为两类：一类是工业化后的生态改造城市，这类城市一般出现在发达国家和地区，在城市工业化已经基本完成的条件下，通过生态化改造和提升工业科技化和信息化，并尽量减少工业化所带来的弊端；另一类是与工业化同步的生态化城市，很多发展中国家特别是中国很多城市的生态建设就属于此类。这类城市在规划时就应积极运用生态学的思想，将环境生态意识融入城市的整体建设中去，改善以往生态城市建设的诸多不利方面，不过我国和西方发达国家相比，还缺乏成熟的经验。

1.4.3　生态城市的建设内容和原则

一般认为，生态城市的建设内容应包括 8 个方面：①建立可持续发展的城市发展目标和城市规划目标；②严格控制城市人口数量，提高人口素质；③提倡清洁生产，优先发展环保产业，倡导清洁消费；④建立健全城市交通体系，环卫系统；⑤搞好城市全方位立体绿化；⑥发展城市生态农业，改善城郊周边环境，缓解市中心的生态压力；⑦控制区域城市密度，保护绿色城市间隔；⑧不断更新完善城市发展考核办法及指标。

在我国深圳召开的第五届生态国际会议（2002）通过了《生态城市建设的深圳宣言》（简称《宣言》），呼吁实现人与自然的和谐相处，把生态整合办法和原则应用于城市规划和管理。《宣言》阐述了建设生态城市包含的 5 个方面内容：

① 生态安全，即向所有居民提供洁净的空气，安全可靠的水、食物、住房和就业机会以及市政服务设施和减灾防灾措施的保障；

② 生态卫生，即通过高效率低成本的生态工程手段，对粪便、污水和垃圾进行处理和再生利用；

③ 生态产业代谢，即促进产业的生态转型，强化资源的再利用、产品的生命周期设计、可更新能源的开发、生态高效的运输，在保护资源和环境的同时，满足居民的生活需求；

④ 生态景观整合，即通过对人工环境、开放空间（如公园、广场）、街道桥梁等连接点和自然要素（水路和城市轮廓线）的整合，在节约能源、资源，减少交通事故和空气污染的前提下，为所有居民提供便利的城市交通，同时，防止水环境恶化，减少热岛效应和对全球环境恶化的影响；

⑤ 生态意识培养，帮助人们认识其在与自然关系中所处的位置和应负的环境责任，引导人们的消费行为，改变传统的消费方式，增强自我调节能力，以维持城市生态系统的高质量运行。

随着生态城市研究的不断进行，一些生态城市方面的专家提出过各种生态城市的建设原则。

Bill Mollison 提出了 5 个永久的农业原则。中国的王如松提出了"社会-经济-自然复合生态系统"的 6 个指导原则。澳大利亚的建筑师唐顿（Paul Downton）、社会活动家 Cherie Hoyle 和澳大利亚生态城市学会（UEA，1997）提出了 12 项"生态圈设计原则"及生态城市发展原则，该原则为：修复退化的土地；城市开发与生物区域相协调、均衡开发；实现城市开发与土地承载力的平衡；终结城市的蔓延；优化能源结构，致力于使用可更新能源如太阳能、风能，减少化石燃料消费；促进经济发展；提供健康和有安全感的社区服务；鼓励社区参与城市开发；改善社会公平；保护历史文化遗产；培育多姿多彩、丰富的文化景观；纠正对生物圈的破坏。

1984年，雷吉斯特提出了建立生态城市的原则：①以相对较小的城市规模建立高质量的城市，不论城市人口规模多大，生态城市的资源消耗和废弃物总量应大大小于目前城市和农村的水平；②就近出行，如果足够多的土地利用类型都彼此临近，基本生活出行就能实现就近出行，就近出行还包括许多政策性措施；③小规模地集中化，从生态城市的角度看，城市、小城镇甚至村庄在物质环境上应该更加集中，根据参与社区生活和政治的需要适当分散；④物种多样性有利于健康，在城市、农村和自然的生态区域，多样性都是有益于健康的。1987年，雷吉斯特又在其论著中提出建设生态城市的原理：①生命、美丽、公平是生态城市的准则；②在城市建设中充分运用生物学原理，并在城市周围提供绿带而非郊区，或在城市内部给自然生物若干片自然生境（如公园内、滨水岸线）；③生态城市应该是三维的而非平面的；④保持中等密度的邻里，增加花园空间；⑤建设生态上良好协调的高楼区和相对较高密度的地区，包括在高楼上建造屋顶花园；⑥就近出行，没有机动车交通；⑦在新建市镇贯彻生态城市原则，相关法律体系也应该适当修改。1993年雷吉斯特再次提出"生态城市设计原则"：恢复退化的土地；与当地生态条件相适应；平衡发展；制止城市蔓延；优化能源；发展经济；提供健康和安全；鼓励共享；促进社会公平；尊重历史；丰富文化景观；修复生物圈。1996年，雷吉斯特领导的"城市生态组织"又提出了建立生态城市的10项原则：①修改土地利用开发的优先权，优先开发紧凑的、多种多样的、绿色的、安全的令人愉快的和有活力的混合土地利用社区，而且这些社区靠近公交车站和交通设施；②修改交通建设的优先权，把步行、自行车、马车和公共交通出行方式置于比小汽车方式优先的位置，强调"就近出行"；③修复受损的城市自然环境，尤其是河流、海滨、山脊和湿地；④建设体面的、低价的、安全的、方便的、适于多种民族的和经济实惠的混合居住区；⑤培育社会公正性，改善妇女、有色民族和残疾人的生活状况和社会地位；⑥支持地方化的农业，支持城市绿化项目，并实现社区的花园化；⑦提倡回收，采用新型优良技术（appropriate technology）和资源保护技术，同时减少污染物和危险品的排放；⑧同商业界共同支持具有良好生态效益的经济活动，同时抑制污染、废物排放和危险有毒、有害材料的生产和使用；⑨提倡自觉的简单化生活方式，反对过多消费资源和商品；⑩通过提高公众生态可持续发展意识的宣传活动和教育项目，提高公众的局部环境和生物区域（bioregion）意识（Roseland M.，1997）。

国内王如松先生对生态城市进行了深入的研究，1994年提出了建立"天城合一"的中国生态城思想，认为生态城市的建设要满足以下标准。①人类生态学的满意原则：包括满足人的生理需求和心理需求，满足现实需求和未来需求，满足人类自身进化的需要。②经济生态学的高效原则：最小人工维护原则（城市在很大程度上是自我维持的，外部投入能量最小），时空生态位的重叠作用（发挥城市物质环境的多重利用价值），社会、经济和环境效益的优化。③自然生态学的和谐原则：共生原则（人与其他生物共生，生物与自然环境共存，邻里之间共生），自净原则，持续原则（生态系统持续运行）。

我们认为建设生态城市有3个主要的先决条件：①具有良好的生态环境，这是基础；②拥有高效的经济和发达的科技，这是实现资源、能源可持续利用的前提；③拥有高度的社会文明，这是使生态城市不断完善的关键。其他条件大部分都是可以归入这三类条件的。生态城市建设的其他原则还有：①区域分异原则；②特殊生态功能区优先保护和培育原则；③确保城市发展空间原则；④建设性保护与整体协调和系统整合原则；⑤分阶段、分步骤、重点突出的原则。

1.4.4 生态城市建设的模式选择

城市的生态化发展模式是在传统的工业化发展的模式的基础上发展起来的，它是对工业化发展模式的辩证否定。它摒弃了人们只注重经济效益不顾人类福利和生态后果的唯经济发展的工业化发展模式，转向兼顾人口、社会、经济、环境和资源可持续发展，注重复合生态整体效益的发展模式。它是人类对进入工业文明以后所走过的道路进行全面回顾和深刻反思的结果，也是人类改变传统发展模式和开拓新文明的一个重要的里程碑。

建设生态城市不是对现有人类住区的局部调整或简单的修修补补，而是一种新文化的创造过程，同时也是人类自身发展进化的过程，是一个"革新"的质变过程，即一场社会革命。

建设生态城市不是避开或彻底摧毁现有城市和乡村来建设，而是依托现有城市和乡村来进行的。建设生态城市不仅局限在提供生活、生产的聚居场所的目标（当然这也是建设生态城市不可少的），更不是从狭隘的自我为中心出发，不顾甚至牺牲其他城市与地区利益来促进自身的繁荣，而是上升到人-自然系统整体和谐的高度，即生态城市建设的最高目标是实现人的精神、人类社会和自然协调、持续和健康发展。

生态城市已超越传统意义上的"城市"的概念了，而且不是仅仅出于保护环境、防止污染的目的，单纯追求自然环境的优美，即狭隘的环境观念，它还融合了社会、经济、技术和文化生态等方面的内容，强调在人-自然系统整体协调的基础上考虑人类空间和经济活动的模式，发挥各种功能。以满足人们的物质和精神需求，实现自身的发展，即社会-经济-自然复合共生系统的全面持续发展，体现的是一种广义的整体的生态观。对生态城市来说，创造美好的生态环境虽固不可少，但不是根本目的，其真正目标是创造人-自然系统的整体和谐。

城市是当代文明的集合、产物和依托。发展城市实际上就是城市利用各自现有的发展环境条件，通过市场运作，不断优化城市发展环境以推动城市发展。很多城市都在城市发展方面进行了一些有益的探索，但是也出现了一些不太令人满意的问题，如何调整城市发展思路、建设模式、经营方式、管理理念，创建适合自身特点的城市发展模式和一套行之有效的运行机制，已经成为城市建设与发展面临的重要议题。

城市发展模式可以是对一座城市历史足迹的总结，可以是对一座城市阶段性变革的归纳，更应该是对一座城市发展的解释。在当代，城市发展模式应该有更丰富的层次和集合。城市要实现未来自己的目标定位，确立合理的城市发展模式是其中极为关键的一环。

要确定城市发展模式，必须首先进行城市发展相关因素分析，如城市发展的历史、资源、特色等，找出城市发展的制约因素和优势所在；然后确定城市性质与职能定位、城市发展的基本目标，建立适宜的城市发展模式，根据本地区客观实际条件走自我开拓发展道路；最后确定实现发展模式的阶段、各阶段的发展目标和措施。

由于城市自身的发展条件千差万别，并且城市可持续发展作为一个发展过程，不同发展阶段的城市也应具有不同的发展模式，所以规划生态城市建设的模式也就不同。与传统的城市相比，生态城市的发展有明显不同模式。生态城市强调经济的高效而不是高速，基于社会的开放而不是封闭。

1.4.4.1 生态城市建设的几种模式

由于城市自身的发展条件千差万别，生态城市建设的模式也不同。目前，生态城市建设模式主要有以下几种。

（1）资源型生态城市 又叫自然型生态城市。这类生态城市的建设，以当地的自然资源为依托，尤其与当地的气候条件有很大的关系。昆明提出要建立"山水城市"、广州提出要建立"山水型生态城市"等，这与它们具有多种气候带特征、植物物种丰富的自然条件有很大的关系；吉林省长春市提出建立"森林城市"，也与其自然环境有很大的关系。这种生态城市的建设模式以人类居住环境的优化为前提，一般在经济发展水平处于中等的城市较为常见。

（2）政治型生态城市 又叫社会型生态城市。顾名思义，一般情况下它是具有较强的政治意义的城市建设生态城市的模式，主要是国家的首都。比如美国的华盛顿、瑞士的日内瓦。这类城市由于政治地位突出，在国际上影响力大，并且城市的职能定位比较单一，突出表现为政治中心，文化、教育职能强，聚集着国家决策精英。它的服务业比较突出，主要体现在人文景观的旅游业发展上。工业区远离城市，污染性较强的企业也被迁移，城市绿化突出，城市公共绿地覆盖率高，人居环境优越，政府用于城市建设的补贴丰厚，居民的福利待遇高。北京生态城市建设正朝着这一目标努力。

（3）经济复合型生态城市 对于大多数城市来说，尤其是发展中国家的大型城市，生态城市的建设模式一般属于这种复合型的模式，如上海建设生态城市的模式就属于这种模式，即不应仅仅注重城市的绿化建设，注重表面的人居环境，也应该重视城市的经济发展和社会发展。经济的发展水平是决定这种城市生态城市建设的关键指标，有了城市物质财富，城市的建设资金充足，城市居民才能建设优美的城市环境，城市各方面社会事业的发展才能顺利进行。如何处理好经济发展与城市环境的协调关系，是建设这种生态城市模式的关键所在。

（4）海滨型生态城市 这种类型的生态城市模式多发生在沿海中等城市，城市生态系统的规模较小，有一定的区位优势，有利于经济的对外联系，产业结构转型比较容易，能够及时地解决工业企业污染问题，自然条件也较为优越，经济发展有很大的潜力。如：山东威海市和日照市就属于此种类型。1996年威海市提出建立"生态城市"，并确定城市的性质为"以发展高新技术为主的生态化海滨城市"。

（5）循环经济型生态城市 以循环经济的模式来建设生态城市，这是一个全新的理念。这种类型的生态城市模式多在经济欠发达、社会遗留问题比较多、缺乏未来城市发展的基础设施的城市。如贵阳市是国家环保总局确定的首个循环经济型生态城市试点城市。

作为一种先进的新的经济形态，循环经济把清洁卫生、资源综合利用、生态设计等融为一体，运用生态学规律来指导人类的活动，促进经济增长、环境保护和社会进步的协调发展。

循环经济型生态城市建设的目的是：追求人与自然的和谐，在城市建立起良好的生态环境；以实现良性循环为核心，实现经济发展、环境保护和社会进步的共赢，实现未来经济和社会的高速度可持续性发展，将城市建设成为最佳人类居住环境。

循环经济型生态城市建设的主要内容：一是实现全面建设小康社会，在保持经济持续快速增长的同时，不断改善人民的生活水平，并保持生态环境美好的总目标；二是转变生产和消费环节模式，逐步将以往传统粗放式资源型城市发展模式过渡到可持续循环资源型发展模式。在经济总量达到一定规模后，在以后的时间里逐渐实现经济发展与资源消耗的"脱钩"，与此同时，营造一个绿色消费的环境，制定合理的绿色消费政策和规章制度，培育环境友好的商品与循环经济服务业体系，激发和引导消费环节的变革；三是构建循环经济产业体系（涉及三大产业）、城市基础设施的建设（重点为水、能源和固体废物循环利用系统）、生态保障体系的建设（包括绿色建筑、人居环境和生态保护体系）三个核心系统。

虽然生态城市建设的模式不尽相同，但其最终的目标都是实现自然-社会-经济复合生态系统的和谐，只是在实现的过程中侧重点不同。

1.4.4.2 建设生态城市的三个阶段

（1）第一阶段：初级阶段 通过宣传、教育，大力提高公众的生态意识，充分认识到人类的生存与发展问题以及城市发展面临的生态危机、社会危机等挑战，唤起公众环境意识、文化意识、资源意识、持续发展意识等广义生态意识的觉醒，让公众意识到建设生态城市的必要性和迫切性，并能开始关心生态城市建设。

以社会、经济与自然相协调的原则，抓住主要矛盾、突出重点，制定行动计划，确定优先发展建设领域和项目，优先解决急迫需要解决的问题，建设有一定社会、工程技术基础，在较短时间内能够实施的示范工程，通过示范工程的实际建设成效与传统发展模式的比较，使人们进一步认识到建设生态城市的必要性、可行性和先进性，起到示范、教育的作用，以便进一步推广应用。示范工程建设对于推进生态城市建设起着关键性作用。同时加强能力建设，初步建立起生态城市建设实施的保障机制、法律体系等。

这一阶段主要对现有城市的结构组织关系、行为意识等进行初步调整、引导，为进一步发展建设打下基础，做好准备，初级阶段是生态城市建设的起步期。

（2）第二阶段：生长阶段　进一步增强公众的生态意识，并向纵深发展，逐步走出人类中心主义，不仅关注当代和本地区的发展，而且关心子孙后代和全球的未来发展，逐步向绿色生活消费模式转变，基本实现建立以生态价值观、伦理观、美学观等为内容的生态文明思想体系。

在示范工程的带动下，进一步在深度和广度上扩大建设领域，从环境建设逐渐向社会经济、文化等领域扩展，加强生态重构、生态重建和生态创新，逐步消除城乡对立，污染控制逐步从末端治理转向全过程污染防治而走向清洁生产之路，逐步调整、变革城市土地利用方式和空间布局、交通模式等，进一步改善环境质量，基本实现创造城市社会、经济和自然和谐持续发展的人居环境。

这一阶段是在初级阶段基础上对城市结构组织关系、行为意识等进一步进行根本性变革、改造，是建设生态城市的关键性阶段，是向生态城市转变的成长发育阶段。生长阶段是走向生态城市的过渡期。

（3）第三阶段：高级阶段　城市进入有序稳定发展状态，即实现生态城市目标，生态城市并不是处于静止的状态，而是不断提高与完善的建设活动，只是它的发展建设始终能保持动态平衡，实现自组织、自调节，创造人类的新生活和新社会。但若建设管理不当、正负反馈失衡或自我调控失灵也会导致生态城市的衰败。高级阶段是生态城市的成型期。

以上三个阶段反映了生态城市建设从初级到高级的演替、进化过程，反映在思想观念上从浅绿到中绿再到深绿的发展过程。第一步和第二步实际上是城市生态化过程，生态城市则是城乡生态化的高级阶段。对于不同的城市，因其自身条件的差异，初级阶段和生长阶段的时间跨度也不尽相同。当然这两个阶段也不是截然分开的。

建设生态城市是一项庞大而复杂的系统工程、建设工程、社会工程和文化工程，在空间上具有广域性，在时间上具有长期性，在投入上具有多元性，在实施管理上具有社会性。建设过程中应不断完善生态城市建设的约束机制、激励机制，改变传统单一的工业（经济）驱动，通过知识（文化）驱动、科技驱动和政策驱动等多种方式推进生态城市建设，采用"自上而下"、"自下而上"相结合的建设管理方式，既要发挥政府决策机构的统率作用，更要调动非政府组织（NGO）和广大公众的积极性和参与意识。

21世纪是城市世纪，而在当前的形势下，生态城市作为建设现代化国家的战略支点，作为国家和地区政治、经济文化的中心，又迎来了新的发展机遇与挑战，建立人、环境、经济相协调的可持续城市发展模式势在必行。但专门论述生态城市发展模式的理论并不多，还需要不断探索新经济背景下城市有序、健康发展的道路，探索正确的城市可持续发展模式。随着生态城市建设理论与实践的不断深入和发展，更多的生态城市建设的模式类型还会应运而生。一个城市选择建设何种模式的生态城市，应该全面考虑到城市本身与所在区域其他城市之间以及城乡之间的联系与合作，充分考虑自身的有利条件与不利因素，制定切合实际的城市建设目标。对于不同特征的城市，生态城市建设的模式也就不同，应该从实际情况出发，发挥城市优势，弥补不足。

1.4.5 生态城市发展的趋势

生态城市的建设目标是致力于城市人类与自然环境的和谐共处，致力于城市与区域发展的同步化，致力于城市社会经济和生态关系的协调和可持续发展。人们所追求的生态城市不仅是"天蓝、水清、地绿"这些形态上和形象上的目标，还应是城市生态功能的健全，以及这些功能的发挥，更重要的是建立一种良性的生态机制，使城市的生态形象和生态功能统一起来，协调一致，以功能反映社会形象，从而使城市真正走上经济、社会与生态协调和可持续发展的道路。

总之，国内外生态城市研究与建设发展趋势是：从城市的"元件"生态到整体的生态系统生态；在方法上，从单一向综合，从理论到方法与工程技术相结合；从纯自然到人与自然结合研究；从城市的纯粹社会学到心理、文化、经济与环境的整合；从经济发展到可持续发展；从开发利用城市中的自然到开发与保护相结合，以增强城市生命支持系统生态服务功能等。现在，社会各界都在逐步认识到，城市中的人、生物与环境已经成为一个相互依赖、共同发展的不可分割的整体。随着世界人口向城市集聚与城市日益严重的生态危机的矛盾，以及工业化追求的经济效益与提高人居环境质量的矛盾日益加剧，旨在建设高效、健康、平等社会的生态城市必然会成为21世纪城市发展的主要方向，并会成为可持续发展人居环境的最终归宿。

可持续发展是20世纪80年代出现的重要战略思想，世界环境和发展委员会（WECD）对可持续发展的定义为：既满足当代人的需求又不对后代人满足其需求的能力构成危害的发展。它不仅要求重视现在，更要重视历史和未来。可持续发展包含了当代与后代的需求、国家主权、国际公平、自然资源、生态承载能力、环境与发展相结合等重要内容。它首先从环境保护的利益出发，来促进人类社会的进步。它号召人们在发展社会经济的同时，必须注意生态环境的保护与改善。它明确提出要对人类社会沿袭已久的生产与消费方式做出变革，并调整目前的国际经济关系。而生态城市是使技术和自然充分融合，人的创造力和生产力得到最大限度发挥，而城市居民的身心健康和环境质量得到最大限度地保护。可见，生态城市与可持续发展包含的内在理念和发展方向是一致的，可持续发展是生态城市的主要动脉，是必备条件，生态城市必然是可持续发展的城市，建设生态城市是实现城市可持续发展的最有效途径之一。生态城市理论与实践正在成为可持续发展城市建设的基础理论模式，而可持续发展则成为生态城市建设的基本目标。

生态城市是生态文明时代的产物，是在对工业文明时代城乡辩证否定的基础上发展而来的新的更为高级的人类生存空间系统，从人-自然系统角度看，生态城市不仅促进人类自身健康地进化、发展，是人类的精神家园，同时也重视自然的发展，生态城市成为能"供养"人与自然的新的人居环境，在这里人、自然相互适应、协同进化，共生共存共荣，体现了人与自然不可分离的统一性，它强调在人-自然系统整体协调的基础上考虑人类空间和经济活动的模式，实现"天地人和"，从而达到天人合一的整体和谐，为真正实现人与自然的和谐以及人与自身的和谐开辟道路。可见生态城市不仅改造了现有人类住区的形式与功能，更重要的是同时也改造了人类自己，创造一种新文明、新文化。简而言之，生态城市就是与生态文明时代相对应的人类社会生活新的空间组织形式，即为一定地域空间内人-自然系统和谐、持续发展的人类住区。

对于可持续的生态城市来讲，历史不是一种已经逝去的无生命的、僵化的东西，而是城市生态系统的一部分，是城市生命体系的一部分，是一种生态形式。人们应该研究一个社区和城市的历史及体现其历史的建筑、文化、社会，将它目前的状况与其过去的历史联系起来加以考虑，这样才能了解它的优点和潜力，并据此对其加以维护、更新、修改、发展和完善，使城市的发展既不脱离历史的脉络，同时又能够充分满足当代的需要和时代的趋势。这种将历史、现在和未来完满结合起来的城市具有完整的生命体系，才是真正的生态城市。

建设可持续性城市的具体措施主要有以下几个方面：采用可行的技术和有效的管理手段，减少对空气和水的污染，减少污染气体的产生和排放；鼓励工商业采用有利于生态环境城市发展可持续的工艺与方法，开发、销售生态产品，参与环境保护工作。采用低能耗的先进工艺和技术，降低城市活动的能耗，提高能源利用效率，减少能源消耗对环境的污染；尽可能地减少对原材料和水资源的消耗，加强对固体废物的综合利用和水资源的循环使用，节约资源，保护环境；增加城市绿化面积，开辟城市生态走廊，加强对城市地区自然和生物资源以及历史文化遗产的保护，并通过广告宣传等多种形式，逐步提高居民的生态环境意识；鼓励发展公共交通、在城市中心开辟步行街、加强交通管理、推广使用无铅汽油等途径，减轻城市交通环境的危害；增加城市公共投资，采用先进的技术，或在环境上可接受的技术，提供充足、方便而有效的基础设施服务。

生态城市被认为是未来城市发展的必然趋势，建设和完善生态城市已成为实施可持续发展战略的重要方式和内容，是解决城市可持续发展的最佳途径。

正确的观念来自对历史和现实的全面、客观的认识，来自对未来发展趋势的理性判断。生态城市作为可预见的未来人类聚居模式，是建立在未来社会、经济以及科技可行性的基础上的。它是人类社会发展的必然趋势，也是实现全球、全人类持续生存与发展的必然结果，是人类城市发展的必然方向。生态城市不是理想主义的，而是现实主义的，或者说是一种务实的理想主义。

一般认为，生态城市的概念最早是 20 世纪 80 年代由俄国人提出的。它的提出是基于人类生态文明的觉醒和对传统工业化与工业城市的反思，标志着人类社会进入了一个崭新的发展阶段。生态城市已超越传统意义上的"城市"的概念，超越了单纯环境保护与建设的范畴，它融合了社会、经济、技术和文化生态等方面的内容，强调实现社会-经济-自然复合共生系统的全面持续发展，其真正目标是创造人-自然系统的整体和谐。它体现的是一种广义的生态观，强调生态上的健康，是社会系统与自然系统高度和谐的城镇发展模式，是现代城市建设的新阶段。

自 1990 年第一届国际生态城市大会在美国的 Berkeley 召开以来，世界上许多专家学者、国际组织与城市，从各种不同角度对其进行了深入研究和探讨，认为生态城市是一个经济发达、社会繁荣、生态保护三者保持高度和谐，技术与自然达到充分融合，城乡环境清洁、优美、舒适，从而能最大限度地发挥人的创造力与生产力，并有利于提高城市文明程度的稳定、协调、持续发展的人工复合生态系统。它是人类社会发展到一定阶段的产物，也是现代文明在发达城市中的象征。建设生态城市是人类共同的愿望，其目的就是让人的创造力和各种有利于推动社会发展的潜能充分释放出来，在一个高度文明的环境里造就一代超过一代的生产力。在达到这个目的过程中，保持经济发展、社会进步和生态保护的高度和谐是基础。只有在这个基础上，城市的经济目标、社会目标和生态环境目标才能达到统一，技术与自然才有可能充分融合。各种资源的配置和利用才会最有效，进而促进经济、社会与生态三者效益的同步增长，使城市环境更加清洁、舒适，景观更加适宜优美。

2 生态城市建设的理论支持

目前，人们普遍都认为生态城市是未来城市发展的最终趋势，是增强城市综合竞争力、提高人们生活水平的重要举措。生态城市作为这样的一种理论模型和理想目标，需要建立和完善具有科学性、合理性、可行性的支持系统。生态城市作为一个复杂的系统，需要各相关学科理论和现实物质条件的支持，本章阐述了生态城市建设相关的理论支持和自然-经济-社会的复合支持系统。

2.1 基础生态学理论支持

生态学（ecology）源于希腊文 oikos，其意为"住所"或"栖息地"。因此，从字面上解释生态学就是研究生物"住所"的学科。

生态学首次作为学科名词出现是德国博物学家 E. Haeckel 于 1866 年在《普通生物形态学》一书中提到："生态学是研究生物与环境相互关系的学科"。之后随着研究的深入，一些著名生态学家也对生态学下了定义。

英国生态学家 Elton（1927）认为生态学是"科学的自然历史"。澳大利亚生态学家 Andrewartha（1954）认为生态学是研究有机体的分布与多度的科学，强调了对种群动态的研究。美国生态学家 E. Odum（1958）提出的定义是：生态学是研究生态系统的结构和功能的科学。我国著名生态学家马世骏（1980）定义生态学是研究生命系统和环境系统关系的学科，他同时提出了社会-经济-自然负荷生态系统的概念。实际上，生态学的不同定义能够反映生态学不同发展阶段的研究重心。

20 世纪 70、80 年代生态城市的概念提出后，许多生态学家们对生态城市进行了研究，将生态系统理论、景观规划学理论等运用到了生态城市的理论研究中，使生态学理论成为生态城市的发展理论基础之一。

2.1.1 生态系统理论

生态系统（ecosystem）是在一定空间中共同栖居着的所有生物（即生物群落）与其环境之间由于不断地进行物质循环和能量流动过程而形成的统一整体。生态系统是当代生态学中最重要的概念之一，它包括生态群落及其无机环境，它强调的是系统中各个成员的相互作用，所以几乎是无所不包的生态网络。

城市生态系统（urban ecosystem）是以人为主体，人口高度集中，且在人类改造和适应自然环境的基础上，改变其结构、物质循环和能量转化的特殊的人工生态系统，是由社会、经济和自然三个亚系统复合而成的由城市居民与其周围环境相互作用而形成的网络结构。生态城市是以空间和环境资源利用为基础，以人类社会进步为目的的一个集约人口、经济、科学文化的空间地域系统，是经济、政治社会及科学文化实体和自然环境实体的综合体，是一个地区的政治、经济和文化中心（图 2.1）。它集中了一个地区生产力最先进、最重要的部分，它的发展状况可以作为一个国家或一个地区社会经济发展水平的重要标志。

城市生态系统遵循着生态系统的复合生态系统原理、物质循环与能量流动原理、系统相

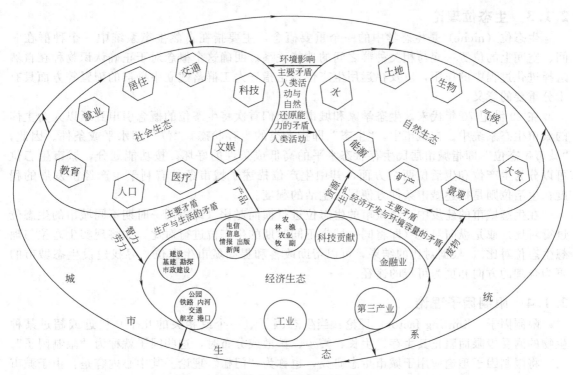

图 2.1　生态城市的结构（仿刘天齐，2000）

关与相生相克原理、系统开放原理、生态位原理及限制因子原理，它们构成了生态城市建设的生态学理论支持。

　　城市生态系统的最基本的功能就是系统内部以及系统与外界之间的物质、能量与信息的交换。

　　城市生态系统与自然生态系统一样，其能量流动的性质有：遵守热力学第一、第二定律，在流动中不断有损耗，不能构成循环（单向性）；除部分热损耗是由辐射传输外，其余的能量都是由物质携带的，能流特点体现在物质流中。但是能量每流过一个能级时，并不服从"十分之一定律"。城市生态系统的物质流包括：资源流、货物流、人口流、劳动流和智力流。城市的信息流是附于物质流中的，如报纸、广告、电视、电话等都是信息的载体，人的各种活动（如集会、交谈等）也是交流信息的方式。

　　城市的能流和物质流能体现城市的特点、职能、发展水平和趋势，反映城市的要求、活动强度和对环境的影响，信息的流量反映了城市的发展水平和现代化程度，它们是生态城市建设的重要指标。

2.1.2　协调稳定规律与环境资源的有效极限规律

　　当生态系统中生物物种多样化或生态系统的结构功能相对协调时，生态系统才会持续稳定的运行，生态平衡才不至于遭到破坏。因此，在生态城市的建设中要保护生物多样性，建立结构功能相对协调、生物生产能力高的人工生态系统。

　　任何生态系统的负载（承受）能力都有一个大致的上限（外部极限），包括一定的生物生产能力和吸收、消化污染物的能力及供应能力，耐受一定的周期性外部冲击的能力。当外界的干扰（资源开发、生产活动、消费行为等）超过此极限时，生态平衡就会遭到破坏，生态环境将不断恶化。因此，生态城市的建设也要控制在环境资源的有效极限之内，保证各种资源的永续利用，同时污染物的排放也不能超过环境的自净能力。

2.1.3　生态位理论

生态位（niche）是生态学中的一个重要概念，主要指在自然生态系统中一个种群在时间、空间上的位置一起与相关种群之间的功能关系。明确这个概念对于正确认识物种在自然选择进化过程中的作用，以及在运用生态位理论指导人工群落建立中种群的配置等方面具有十分重要的意义。

在 20 世纪 70 年代末，生态学家和城市学家们首次将生态位的概念引申到了以人为主体的城市生态系统中。在城市中，"生态"即指人类的生存状态，"位"即水平或条件。因此，"城市生态位"即指城市居民生存状态水平的高低或条件的好坏。按功能划分，城市生态位可以分为生产位和生活位两个方面，其中生产位描述了城市条件有利于生产经济发展的程度；生活位则是描述城市条件方便居民生活的程度。

在生态城市的建设中，将城市的生态位进行横向对比（即将同一时期不同城市的生态位进行对比）或是纵向对比（即将同一城市不同时期的生态位进行对比，如将现实生态位与理想生态位对比），根据对比的结果，可以帮助改善和提高城市生态位，寻找建设生态城市的更为合理的方向和更为可行的途径。

2.1.4　限制因子理论

限制因子（limiting factor）理论：当生态因子（一个或相关的几个）接近或超过某种生物的耐受极限而阻止其生存、生长、繁殖、扩散或分布时，这些因子就称为"限制因子"。

将限制因子理论应用于城市生态研究，也称为"门槛"理论。其中心内容是：由于城市所处的地理环境不同，在一定的经济技术条件下，随着人口的增长和城市用地的扩大，在城市发展中总会遇到某一方面的巨大障碍，要想克服它需要庞大的一次性投资，而且只有克服它以后城市才能继续发展。这种障碍就是城市发展的"门槛"。"门槛"理论的内涵包括：① "门槛"是指那些真正阻碍城市发展的制约因素，城市要发展，必须克服这些因素；② "门槛"是一个相对的概念，经济技术水平、城市的规模和发展时期不同，"门槛"的内涵也不一样；③ "门槛"只与城市建设总投资中用于城市用地准备、基础设施、道路交通设施建设的投资有关。简言之，"门槛"理论认为，在城市生态系统的众多构成因素中，往往是临界量（下限或者上限）的生态因子，即限制因子，对城市生态系统的功能和发展具有最大的影响力。

2.2　景观生态学理论支持

景观生态学是生态学的一个重要层次，它是研究景观单元的类型组成、空间格局及其与生态过程相互作用的综合性学科。其核心是强调空间格局、生态过程与尺度之间的相互作用。

由于人类活动的干扰，城市景观的结构和功能与其他景观有着显著的不同。在结构上，城市景观生态系统的景观要素组成为：人工景观单元（如道路、建筑物）；半自然景观单元（如公共绿地、农田、果园）；人为干扰下的自然景观单元（如河流、水库、自然保护区）。在功能上，城市景观以为人类提供生活、生产的场所为主。因此，城市景观在很大程度上反映了当地的社会经济状况，强调了人的参与和影响作用；城市景观中的廊道多为线状交通网，斑块之间相对独立，使得景观高度破碎化；城市生物多样性资源严重破坏；城市景观能量流动具有高密度、高流量的特点；城市的核心区（如商业中心、大型企业、大型公共建设施等）会产生极化效应。

景观生态学的发展从一开始就与土地规划、城市生态等有密切联系。城市作为自然基底中重要的斑块，一直是景观生态学研究的对象。城市是典型的人工景观，在空间结构上它属于紧密汇聚型，斑块组成大集中、小分散；在功能上城市景观表现为高能流、高容量，信息流的辐射传播以及文化上的多样性；在景观变化的速率上，城市景观变化快速。对于城市而言，其景观生态建设应注意将自然引入城市，使文化融入建筑，实现多元汇聚、便捷沟通、高密高流、绿在其中。

景观生态学中的概念、理论和方法对解决实际的环境、资源和生态问题都有很大的应用价值。景观生态学在应用中的突出特点体现在以下几个方面：①强调空间异质性的重要性；②强调尺度的重要性；③强调空间格局与生态学过程的相互作用；④强调生态学系统的等级特征；⑤强调斑块动态观点，明确地将干扰作为系统的一个组成部分来考虑；⑥强调社会、经济等人为因素与生态过程的密切联系。下面，介绍近年来一些学者提出的景观生态学原理，以便促进景观生态学的应用。然而，由于景观生态学还未成熟，其理论和原理还有待进一步具体化和验证。

Forman 和 Godron 在 1986 年提出了 7 条景观生态学一般原理：①景观结构与功能原理；②生物多样性原理；③物种流原理；④营养再分配原理；⑤能量流动原理；⑥景观变化原理；⑦景观稳定性原理。

城市发展要有蓝图，生态城市作为一种新的城市理念，在建设过程中也要有城市规划。景观生态学与景观和城市规划及设计有密切关系。景观生态学的目的之一是理解空间结构如何影响生态学过程。现代景观和城市规划与设计强调人类与自然的协调性，自然保护思想在这些领域中日趋重要。因此，景观生态学可以为城市规划和设计提供一个必要的理论基础，并可以帮助评估和预测规划和设计可能带来的生态学后果。而规划和设计的景观可以用来检验景观生态学中的理论和假说。这种关系似乎像物理学与工程学之间的那种相辅相成的关系。此外，景观生态学还为规划和设计提供了一系列方法、工具和资料。例如，景观生态学中的格局分析和空间模型方法与遥感技术结合，可以大大促进景观和城市规划与设计的科学性和可行性。

2.3 城市生态学理论支持

城市生态学 20 世纪 20 年代形成于北美，用以调查城市中的各种社会关系等，和社会学及社会地理学有渊源关系。在欧洲和北美，城市生态学的初期定义更多地在自然科学意义上被理解和应用，即城市作为人们正利用传统生态系统手段探索的生态系统的复合体。目前，城市生态学还没有一个比较成熟和完善的、为大家所公认的定义和理论体系。以人类活动密集的城市为研究对象，探讨其结构与功能和调节控制的生态学机理和方法，并将其应用到城市规划、管理和建设中去，为城市环境、经济的持续发展和居民的生活质量的提高寻找对策和出路的科学，这是我国生态学界对城市生态学的最新表述。该定义指出了城市生态学的研究对象是城市，研究内容是城市的结构、功能和调节机制，研究目的是为城市的持续发展和居民生活质量的提高提出对策，其核心是城市生态系统，方法也主要是系统学的方法。该定义指导下的城市生态学研究为解决城市环境与经济的协调发展起到很大的建设性作用。

城市生态学是在世界人口普遍地向城市集中、城市化所引发的城市环境危机日益加剧以及城市人们迫切需要提高生活质量的情况下发展起来的。当今城市化过程在世界范围内仍在继续进行且有加快的趋势，城市环境危机仍在频频出现，城市人口的生活质量尚待更进一步提高，城市与自然、资源、环境的协调发展是城市未来发展的必由之路，因此城市生态学的研究仍将深刻地关注这些问题，并在深入研究的基础上，提出人类活动的对策，促进可持续发展。

中国城市生态研究比西方晚近一个世纪。20 世纪 80 年代初，迫于我国一些经济发达城市化地区，如京津地区、长江三角洲和珠江三角洲环境污染日益恶化，在联合国人与生物圈计划对香港及法兰克福城市生态研究成果的推动下，在国家有关部委的支持及老一辈生态学家的倡导下，城市生态研究在北京、上海等地的科研院校悄然兴起。中国城市生态学是在紧迫的城市环境和发展压力下应运而生的，其发展不同于西方城市生态学的特点有以下几个。①强调发展而不是平衡：西方以追求回归自然的理想化栖境为目标，中国则以人为中心、发展为主题，追求人与自然的协调发展。②强调高效率适度投入：西方城市生态研究是在城市资本积累和基本建设初具规模情况下开始的，以高投入、高环境效益为目标，一般不考虑外部经济成本，我国则强调通过资源的高效利用来自我维持和补偿城市生态建设费用，化环境负担为生态效益。③强调硬技术的软组装和软科学的硬着陆，实现传统技术的现代化和现代技术的生态化，其中整体、循环、协调、自生是灵魂。④强调技术、体制、行为的结合，倡导研究、技术、管理及决策人员的结合，而不是单一的学术研究。

城市生态学的主要研究内容有以下几个。

(1) 研究城市生态系统的组成和结构　城市生态系统的组成和结构是城市生态系统研究的基础，主要研究社会、经济、自然生态系统各组成要素的基本特征。如城市人口、城市气候、土壤、城市生物、商业、工业等的基本特征，以及各要素的相互关系和相互作用及效应。这些单项的基础研究是构建城市总体系统模型的基础。

(2) 研究城市生态系统的功能　即研究城市生态系统的生产、生活、还原再生功能，它们是既相互区别又密切联系的统一体，并且这些功能与其结构有一定的对应关系。如要供给一定质量的生态环境，就需要使城市生态环境具有较强的可代谢各种废物的能力。

(3) 研究城市生态系统的动力学机制和调控方法　城市生态系统的功能是靠其中连续的物流、能流、信息流、货币流及人口流来维持的。它们将城市的生产与生活、资源与环境、时间与空间、结构与功能，以人为中心串联起来。弄清了这些流的动力学机制和调控方法，就能基本掌握城市生态系统中复杂的生态关系。

(4) 研究城市生态系统的演替过程　不仅要研究城市生态系统的发生发展历史，以找出其已有的动态变化规律和特征，还要对城市生态系统的现状做出评价，对其未来发展变化趋势做出预测，从而有针对性地对其进行调节和控制，以期达到城市生态系统的最佳功能。

(5) 研究城市生态系统的管理和调节控制　包括城市生态系统评价、预测、区划、规划、优化模型研究。一般在综合调查分析的基础上，用动态系统论方法、数学模拟等进行研究，以确定城市生态系统的开发方向。通过实施有效的管理来协调城市中人类的社会经济活动与环境的关系，改善城市生态结构。

城市生态学在未来一段时间内将从宏观、微观两方面深入研究城市生态机理，并与经济学、社会学等相互渗透综合解决城市生态问题，诸如：城市化的自然地理效应以及自然地理要素对城市的影响还将继续深入研究，探究具体作用过程和机理，协调城市与自然的关系；将城市视为自然-经济-社会复合生态系统，应用系统论、控制论、协同论等理论和更为有力的数学分析模拟手段，在系统水平上分析解决城市问题；城市生态学参与可持续生态系统的研究，生物多样性保护研究，全球变化研究，城市规划、城市建设、城市管理等的研究。因此从城市生态学未来发展趋势上看，城市生态学将成为未来生态城市发展的主要理论支持。

2.4　复合生态系统理论支持

生态城市是由社会、经济、环境三个基本要素之间通过相互作用、相互依赖、相互制约而构成的紧密联系的复杂系统。其中，社会亚系统是由提高人的素质和实现人口再生产为目的的社会服务体系构成，主要功能是处理人与人之间的关系，解决人自身的发展，保持合理的人口再生产，促进物质和精神文明的不断提高；经济亚系统是由经济组织、经济体制、经济实体、经济产业等因素构成，主要功能是保证物质产品的生产，满足人的物质生活和精神生活的需要；环境亚系统则是由自然环境、人工环境等要素构成，环境通过自然再生产过程，并以其物流和能流等功能，直接或间接地满足人类日益增长的生态需要。人们必须靠发展经济来解决贫困、发展社会和提高生活质量。因此，从对发展社会经济的作用看经济是第一位的，是主导；但人们发展经济的一切活动又必须在自然生态系统运行正常的基础上才能顺利进行，否则经济发展本身就要受到制约，甚至出现危机，所以环境是基础。因此，在生态城市建设中，要在遵循自然生态规律的基础上发展经济，只有良好的经济结构和增长方式才能保证经济的可持续性，符合可持续发展的理念。环境可持续性是基础，经济可持续性是条件，社会可持续性是目的，这三者的协调发展是生态城市建设的关键。自然、经济、社会三个子系统共同构成了生态城市的复合支持系统。

2.4.1 经济支持

生态城市的结构协调机理表明，以产业发展为特征的经济发展是生态城市发展的总牵动力，其发展状况对城市社会、文化、环境等各个方面都有着深刻的影响。实现产业发展模式的转变以推进经济系统发展，是建设生态城市的关键所在。进行以产业结构调整为核心的经济发展子系统的建设，须根据生态城市建设的规划，根据各城市的实际情况，制定合理的生态经济部署，以产业结构协调、产业链联系顺畅、经济发展态势健康为目标，提升产业优势与增强城市功能相互促进。

城市存在的命脉是经济，经济繁荣，城市就蓬勃发展；经济衰退，城市就衰败萧条。良好的经济支持系统是生态城市建设的最基本的保证。其原因在于：

（1）生态城市的概念本身就是随着经济的发展而产生并发展的 在工业革命后，经济飞速的发展，带来了城市化和工业化的空前繁荣，但同时也带来了全球环境问题的凸显，就是在这个时候，针对污染问题人们首次提出了生态城市的概念。在之后的几十年里，随着经济的不断发展及环境问题的复杂化和全球化，生态城市的建设要求也转向了整个复合生态系统的全面生态化。如今，生态城市要求采用先进适用的技术发展生态农业、生态工业、生态社会等一系列"生态"工程，这些也是经济全面发展的产物。

（2）良好的经济环境为生态城市的建设提供必要的资金支持 生态城市的设计和建设都需要花费大量的资金。根据发达国家的经验，一个国家在经济高速增长时期，环保投入要在一定时间内持续稳定达到国民生产总值的 1%～1.5%，才能有效控制住污染，达到 3% 才能使环境质量得到明显的改善。可见要实现生态城市，大量的资金投入是不可避免的。尽管在城市建设中兼顾经济增长与环境保护是所有城市面临的一个难题，但是从长远来看，城市环境的改善有助于城市经济的发展；反过来，城市经济的发展又可为环境保护提供资金与技术。

（3）运用经济手段佐之必要的行政手段和法律手段，推广和效仿生态城市建设中环境和经济双赢的案例 通过"模范典型"的案例，让全社会看到生态城市建设是经济价值、社会价值和环境价值的全面体现，尤其是其对经济支持系统的保障促进作用对整个社会乃至全球都是十分重要的。

舒马赫曾在其《小的是美好的》一书中强调："今天，政治的主要内容是经济，而经济的主要内容是技术"。科学技术是第一生产力，是一切创新的基础和建设的手段。先进的科学技术是生态城市建设经济支持的最重要组成，也是环境问题的最终解决手段。因为，首先，先进的科学技术是人们认识自然、改造自然的有力工具。先进的科学技术可以帮助人们更合理、更有效的利用现有的自然资源，不仅可以缓解当今的资源紧缺的问题，还可以降低污染物排放量，减少污染；先进的科学技术可以帮助人们寻找新的自然资源，征服新的环境，创作出更适宜人类生存和发展的城市环境。其次，先进的科学技术是解决当今环境污染问题的重要保障。当今的污染问题，尤其是那些影响严重、难以解决的污染问题都需要依靠科技的支持而最终得以解决。生态城市建设思想本身就是科学技术的结晶，是人们解决环境问题、创造良好生存环境的方法手段。反之，环境问题也是阻碍生态城市建设的绊脚石，也需要依靠一定的科学技术才能解决。再次，科学技术的支持作用会随着时间的推移而变化。例如，汽车和电梯的发明使得城市的空间布局发生了根本的变化，摆脱空间束缚的城市，能够向更高更远的空间扩张，使得城市具有了更加丰富多彩的内容；但是，随着汽车尾气污染以及城市热岛效应等与城市扩张相关的污染问题的产生，人们开始认识到了现有科技成果的一些弊端，并且在努力寻求更先进的科技去弥补这些不足。

在实际中，经济发展、技术更新与生态建设之间是相互制约、相互依存的，仅仅依靠某一方面的提高来带动其他，往往会适得其反。因此，只有协调好经济发展、技术更新与生态建设之间的关系，实现综合效益的最优化，这样才能最终达到生态城市的目标，满足人们的需要。

2.4.2　社会支持

在社会-经济-环境复合生态系统中，"社会"处于能动的地位，是城市的最终目的。因为经济问题和生态环境问题归根结底都是人类自身的问题，人类已经意识到，却又难以彼此协调、更难以与自然相互协调的行为，才造成了生态环境的失调和灾难，又是这种灾害反作用于经济系统，才使人们得以领悟到保护环境与自然协调发展对于人类自身发展的重要性。所以，对于"生态城市"的社会支持，最为关键的应该是人类自身行为的建设，包括法律、政策和公众三个层面的支持作用。

2.4.2.1　社会的公正与稳定

社会公正和稳定也是生态城市的要求和特征，是生态城市建设的重要条件和支撑。"社会平等、社会公正、社会融合和社会稳定"是一个城市社会正常运行的关键。如果没有这些，不仅会引起社会局势紧张和骚动，而且最终还会导致内战和民族暴力冲突。社会如果不安宁，所有的发展成果就会受到威胁。

要实现社会的公正与稳定，首先，要消除两极分化，实现共同富裕。贫富差距是社会不公平和不稳定的最重要原因。其次，要大力宣传倡导公平、公正的社会风尚，营造出人人平等、团结友善的道德观。再次，政府应加强对社会公共领域的管理和投资力度，尤其是社会福利、医疗卫生、教育、住房、市政建设、就业和社会救助等领域，以保证公共领域的条件与整个社会经济发展水平相适应。建立公正、稳定的社会比发展经济难度更大，但也更重要，这是建设生态城市的必由之路，是生态城市得以建立的现实支柱。

2.4.2.2　政府的法律政策支持

要达到生态城市的要求，仅靠道德的约束是远远不够的，还需要必要的法律和政策的保障。目前我国的法律体系虽已日渐完备，但是在保护自然环境和资源方面的法律漏洞还很多，法律力量还很薄弱。例如对于污染物的处理和排放，因为其本身是无利润的，所以就需要有相关的法律强制执行。另外，生态城市建设的一些新的措施和规定都需要有法律的保障才能顺利实行。

在生态城市建设中的政策支持包括了财政政策、收费政策、财税政策、信贷政策等多种政策。其主要目的就是通过制定和实施政策来干预和引导经济活动的发展方向，实现生态城市的目标。例如，生态城市建设所需要的大量资金可以通过公私合作（public private partnerships）等新型投资方式进行融资，为了吸引投资商投资，在法律无法干预的情况下，只有通过政策给予一定的优惠，才能吸引资本投资。还有对于那些有利于环境的新产品、新技术也需要给予一定的政策优惠，从而加快它们的推广速度，为生态城市建设服务。

法律和政策对生态城市建设具有很强的导向性，能否制定出合理的法律和政策，往往关系到一个城市的发展取向。例如，20 世纪 70 年代中东石油危机时，美国政府制定了给装有节能设施的建筑以税收上的优惠政策，从而大大推动了节能建筑的建设，也促进了节能设施的研制和生产，这也符合美国的眼前和长远利益。到了 80 年代，里根总统上台后，为鼓励核能、煤和石油工业的发展，取消了节能优惠政策，因此建筑界也停止了节能建筑的设计和建造，高消费成了建筑的时尚。而克林顿入住白宫后，美国政府又重新重视节能问题，建筑界也重新开始了节能建筑的设计和建造，"生态建筑"、"绿色建筑"开始蓬勃发展。可见，政策对城市建设和发展的影响是非常显著的。但是需要注意的是由于人们认识自然的能力有限，一些法律和政策本身就具有局限性，随着时间和科技的进步，这种局限性（尤其是某些特殊政策的局限性）就会慢慢显现出来。这就需要政府与时俱进，在保证大方向不变的情况下，随时调整政策，使之成为生态城市建设的有力支持。

2.4.2.3 文化与公众支持

文化是人类社会区别于动物世界的本质特征，其具有时代性和阶级性的特点。农业社会有农业社会的文化，工业社会有工业社会的文化，生态城市也会要求产生与生态城市的要求相一致的文化也即生态文化。没有生态文化的深入人心和日趋成熟，就不会有生态城市的建成。特定的文化受其所处时代的政治、经济、社会等因素的制约，反之，也对人类的政治、经济和社会活动产生深刻的影响。文化是历史的积淀，它存留于建筑间，融会在生活里，对城市的营造和市民的行为起着潜移默化的影响，是城市和建筑的灵魂。在生态城市建设中，人们既要向自然索取，让自然为人类服务，又要向自然给予、补偿，使自然、生态同样享有权利，才能真正做到社会、经济、生态的协调发展，达到"天人合一"的理想境界。

生态城市建设从表面上看是城市建设实践活动的革新，深层次原因则在于人们思想观念的变革。生态城市这一概念本身就是思想观念变革的产物，生态城市的战略规划和设计也必须在这种新的思想观念的框架内进行。从根本上讲，人的一切行动都有其文化依据或文化动因，生态城市建设也必须有一定的文化环境作为其现实支持条件。因此，生态城市建设需要一种以生态意识为核心的生态文化作为背景和基础。所谓生态意识，就是指在人与自然全面依赖与和谐的前提下，从最优解决人与自然的关系的原则出发，认识和处理当代人类面临的生态环境的一种思维方式。生态意识提高了，人们自觉参与生态环境保护的意识也随之增强。生态意识主要包括：①正确的自然观，认识自然的一部分；②正确的技术观，防止和消除技术的负效应；③正确的发展观，坚持可持续发展。生态意识的核心就是人与自然的相互依赖、全面和谐。

城市居民是城市的重要组成部分，既是城市建设的主力军，也是城市的主要消费者和享受者。建设生态城市要求居民有良好的环保意识、积极参与环保的责任感、有文明节俭的绿色消费方式；要有环保和环卫方面的法律意识，还要有节约资源、能源以及物资回收利用方面的义务和责任感。

在生态城市的建设这项巨大的系统工程中，公众参与起着重要的作用。一个城市成为生态城市的前提之一就是对其市民进行环境教育。例如，在库里蒂巴市，儿童在学校受到与环境有关的教育，而一般市民则在免费的环境大学接受与环境有关的教育；丹麦的生态城市项目包括了建立绿色账户、设立生态市场交易日、吸引学生参与等内容，这些项目的开展加深了公众对于生态城市的了解。国外的这些公众之所以能够积极参与，除了政府的引导外，主要在于公民的生态环境意识比较强，公民的教育水平比较高。而我国教育发展总体水平还不

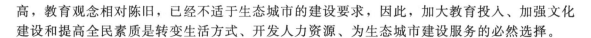

高，教育观念相对陈旧，已经不适于生态城市的建设要求，因此，加大教育投入、加强文化建设和提高全民素质是转变生活方式、开发人力资源、为生态城市建设服务的必然选择。

2.4.3 环境支持

生态城市建设的目标能否实现，从一定意义上讲取决于该城市所在区域的生态环境支持能力。换言之，城市发展的前景，决定于城市生态支持系统的承载能力。城市生态环境支持系统的组成成分涵盖了各种城市发展所必须依赖的资源和环境要素。这些资源环境要素如同一组"木板"，组成了容纳城市人口、经济、建成区面积等内容的城市生态支持系统"木桶"。城市生态支持系统的承载力即为"桶"的容纳量。由"短板原理"可知，木桶容量取决于最短板。因而，提高城市生态支持系统的限制因子，成为提升整个城市生态承载力的关键。这里，从资源、环境、生态承载力三个方面对生态城市建设的环境支持简要分析。

这里所讲的资源支持包括对城市发展作用的一切资源要素，如水资源、土地资源、能源等。城市社会经济系统增长的发展趋势决定了其对资源的需求是无限的，但资源总量是有限的，这就决定了资源会成为城市发展的瓶颈。如同适用于自然生态系统的生态因子作用规律和最小因子法则所描述的，各种生态因子总是综合地起作用，但具体情况下总是由一个或少数几个生态因子起着主导作用一样，城市生态支持系统中资源要素往往会成为城市发展的限制因子。因此，资源支持对于生态城市目标的实现及城市的可持续发展尤其重要。

对于资源支持能力低的城市来说，和资源丰富的城市相比，要实现生态城市的目标存在先天不足。这样的城市要建设生态城市，就必须克服资源要素的瓶颈，实现现有的资源对生态城市的支持作用。唯一的办法就是大力发展循环经济，进行清洁生产，建立生态经济结构，提高资源的利用效率，同时也可以提高城市的环境容纳能力。

世界上的城市具有不同的特点，对于不可再生资源（如矿产资源）贫乏的城市来说，要根据自己城市的资源特点，制定相应的生态城市建设规划。从生态系统角度看，不同的城市具有不同的结构特征，在生态城市建设过程中也是一样，没有一个适合用于世界上各城市统一的标准。各城市可以根据自己城市的生态基础和经济特点，合理利用现有的资源基础，实现生态城市建设中资源对其的重要支持。

自然生态系统是城市复合生态系统存在和发展的基本条件，是社会、经济发展的基础。良好的生态环境，是实现社会经济可持续发展的重要保障。因此，须将生态景观格局与城镇体系建设、重点地域生态保护建设和区域生态补偿的机制探索作为生态支撑子系统的重点建设领域。

自然资源和自然环境构成了环境生态系统，对整个生态城市起基础支持作用。城市的环境基础主要是指城市所占据的地表空间、岩石、地质与地形、水、生物、大气等。所有这些以各种形式与市民生活结成密切关系，或间接地给城市生活以影响。

纵观城市的产生和发展历程，不难看出环境因素一向都是城市规划、建设和发展的重要因素。对于生态城市建设，环境因素也同样起着重要的作用，它规定了生态城市的发展的方向、布局以及规模，是生态城市发展的基础依据和载体。

城市系统的承受能力一直是生态城市的发展焦点，其中气候因素由于其相对的不可变性而成为城市系统承受能力的决定因素。著名建筑师欧斯金认为，作为自然环境的基本要素，气候是城市规划的一个重要的参数，气候越是特殊就越需要规划设计来反映它。

绿地是重要的城市文化载体，在城市绿地环境的生态建设中要注重赋予其文化内涵，人文景观与自然景观有机融合。景观设计就是要设计出人与自然的和谐关系，这是生态城市建设中最重要的方面，也是根本方面。因此，在生态城市建设中，对城市绿地系统不能只做绿色空间的组合、景观景致的塑造等形态研究，而是需要将其作为生态城市的有机整体来研究。从斑块理论讲，城市绿地系统应是斑块、基质用廊道沟通形成的整体，这样有利于构筑丰富的复合生态环境，促进不同种类的动植物迁移并互相影响形成新的物种，同时结合其他生态要素营造出多种复合生态环境，有利于生物的多样性繁殖栖息。

水系统与绿地系统相结合，可以创造出多种类的生态环境，为水陆生物和两栖生物的繁衍生息创造出多种可供选择的途径。城市的水系统还具有蓄水、航运和养殖水产的功能，而且具有增加空气湿度、降低气温、改善大气质量等调节气候的作用，同时还为市民提供了良好休闲场所。城市生态建设要把各种文化沉淀汇合于城市生态载体中，利用各种传统符号折射历史机理，保护自然景观和人文景观的和谐平衡。

城市的土地利用和土地覆被变化是随着城市发展变化而变化的。在生态城市建设中，土地利用应该是一个动态的发展过程；追求生态效益是生态城市土地利用的基本前提，经济效益是实现生态效益的驱动力，社会效益则是实现生态效益和经济效益的目标。生态城市土地利用的空间配置直接影响到城市生态环境质量的优劣。生态城市建设中将充分考虑各类用地的生态适宜度，充分发挥工业、居住、交通、绿化等功能区对环境的正面影响，减少负面效应。因此，发挥土地利用对城市的最佳生态作用，是生态城市建设的重要支持部分。

总之，生态城市建设必须具有良好的自然环境基础。这里说的自然环境既包括天然的、原生的环境，也包括人工改造甚至是创作的次生自然环境。因此，强调环境生态系统对生态城市的支持作用，并不是说那些天然环境（如气候、地形、水资源等）不利的地方就不能建设生态城市，这也正是生态城市建设之"建设"的意义所在。

2.5 城市规划学理论支持

从有意识的安排建筑空间和物质环境的意义上来看，城市规划可以认为是和城市一样的古老。因为人类很早就在自觉或不自觉地组织自己的居住环境，随着历史各时代建设的推进，又促进了规划、建筑理论与技术的发展。

近代城市规划始于法国17世纪，路易十四在法国巴黎城郊采用轴线对称放射式的布局建造了凡尔赛宫，使城市形象发生了根本的改变。城市规划学科的形成是在工业革命之后。在20世纪初，工业革命引起的各种城市问题时的许多城市规划学说、思想和理论，如欧美一些国家颁布的住宅卫生标准、控制土地利用和建筑高度的分区区划等城市建设法规的出现并逐步形成了近代城市规划学说，也称为传统城市规划。这种传统城市规划主要受物质决定论支配，以物质形态规划为主导的规划理念，它追求分区明确和功能纯化，强调物质环境建设，重视经济发展，但是缺乏对环境、社会后果的考虑。

现代城市规划学虽然脱胎于建筑学，但已形成了以城市中的社会、经济、政治和法规等问题为研究对象的思想，它在城市自然资源持续利用、社会资源合理分配、群体利益妥善协调等方面起着极其重要的作用，与传统的物质形体规划不一样，与建筑学考虑问题的思路与出发点完全不同。城市规划学是从整体角度出发，干预人类的行为、调配社会资源、构筑城市空间环境，引导城市健康、快速发展的科学。

现代城市规划学科的基础理论、基本知识和基本技能包括狭义与广义的城市规划两个部分。狭义的城市规划主要以工程技术为主体，依据一定时期社会经济发展目标，拟订城市的性质、规模；合理组织与安排人们的生活与文化娱乐服务基础设施，拟订建设项目开发时序，创造理想的人居环境。狭义的城市规划是从工程技术角度来解决城市功能与城市构图美学等问题，即由传统的建筑学领域演化而来的城市规划思路。

广义的城市规划已从工程技术领域走向自然科学与社会科学的融合，注重对城市物质与社会双重特性的解释，对社会经济现象、城市历史文化的认识，对城市问题的解决的对策等的综合研究。它包含了城市经济发展规划；市政工程建设规划；城市空间环境规划；城市历史文化保护与发展规划等内容。广义的城市规划是以城市复杂生态系统为研究对象的综合性规划。建筑只是城市环境中的一个组成要素。

城市是人类赖以生存的基础，现代城市具有物质与社会双重特性，是人与环境相互作用的矛盾综合体，是具有复杂物质、能量与信息流动和多层结构的开放复杂的巨系统；城市有其自身的发展演变规律，在其自我的发展中存在着萌生、增长、成熟和衰退等生命过程。

城市规划首先要进行城市发展的区域分析，调查和研究与城市有密切联系的区域范围内的资源利用与分配，经济条件的发展变化，以及对生产力布局和城镇间分工合理化的客观要求，为确定城市的性质、规模和发展方向寻找科学依据；然后再进行城市的规划布局。现代城市规划学正是顺应这一要求，以城市为研究对象，以解决城市问题为目标，以城市科学为基础，以工程技术方法为手段而形成的新的学科，渗透到地理学、社会学、经济学、建筑学等领域，形成了一门新兴边缘学科与交叉学科。

城市规划的研究对象是城市社会-经济-环境复合生态系统，其目的是为人们提供理想的生活、学习、工作、休闲的环境与场所，创造城市良好的物质环境空间，保持城市社会精神和艺术文化的有效继承和有机创造。从城市规划学科的角度出发，它着力于考虑怎样在多元社会中，怎样把社会的各种价值观综合成反映社会需求的公共利益，预测城市社会、经济、环境的发展目标，创造良好的经济发展环境和改善城市社会，合理配置城市资源。它引入当代科技进步的动力来解决城市问题，把人类的生存空间放在城市生态系统这一层面上来考虑，即以解决城市问题为切入点，促进城市的正常运转与可持续发展。城市规划促进城市发展，建立动态监控发展模型。

生态城市作为城市发展过程中的一个阶段，很显然在其实践建设过程中必然要借鉴目前城市规划学已经有的经验作为其理论支持。生态城市在建设中同样需要进行规划，但与传统的城市规划有区别（表2.1）。

表 2.1 传统城市规划与生态城市规划比较

项　　目	传统城市规划	生态城市规划
哲学观	主宰自然	与自然协调共生
规划价值观	掠夺自然（扩张型）	人-自然和谐（平衡型）
规划方法	物质形体规划	生态整体规划
规划内容	形体＋经济（城市）	人＋自然（城乡）
学科范畴	独立学科	交叉、融贯学科
规划程序	单向、静止	循环、动态
规划手段	手工、机械	智能计算机技术
规划管理	行政	法律
决策方式	封闭、行政干预	开放、社会参与

与传统城市规划不同，生态城市规划强调以可持续发展为指导，以人与自然相和谐为价值取向，应用各种现代科学技术手段，分析利用自然、环境、社会、文化、经济等各种信息，去模拟设计和调控系统内的各种生态关系，从而提出人与自然和谐发展的调控对策。生态城市的规划设计把人与自然视为一个整体，以自然生态优先的原则来协调人与自然的关系，促使系统向更有序、稳定、协调的方向发展，最终目的是引导城市实现人、自然、城市的和谐共存，持续发展。

2.6　生态经济学支持

生态经济学概念最早由美国经济学家肯尼斯·鲍尔丁于1968年提出，之后，国际上著名的思想库罗马俱乐部 1981 年在第九个报告《关于财富和福利的对话》中又明确具体地提出。这个概念的特点是把生态学与经济学结合起来，并认为生态学是新的扩大的经济学的基础。其明确指出："经济和生态是一个不可分割的总体，在生态遭到破坏的世界里，是不可能有福利和财富的。旨在普遍改善福利条件的战略，只有围绕着人类固有的财产（即地球）才能实现；而筹集财富的战略，也不应与保护这一财产的战略截然分开。一面创造财富，一面又大肆破坏自然财产的事业，只能创造出消极的价值或'被破坏'的价值，如果没有事先或同时发生的人的发展，就没有经济的发展。"我国著名经济学家许涤新在 1980 年提出的"自然规律与经济规律之间，一般说来自然规律起决定作用"的论点，是生态经济学思想的不同表述形式。中外学者几乎同时提出这个问题，反映了生态时代的共同要求。著名经济学家陈岱孙指出："生态经济学是后工业社会的反映，是在人口不断增加，工业迅速发展，资源急剧耗损，生态环境大量破坏的条件下产生的"，因为"现代化要求的是综合的、全面的社会经济和天然环境的协调发展"。对比之下，传统经济学缺点非常明了，刘思华指出传统经济学的一个根本缺陷，在于将经济现象和经济发展过程看成是与生态现象、生态发展进程毫不相关的、甚至对立的纯粹的经济现象和经济发展过程，从而形成许多纯经济学的传统观念。如视人类需求是与生态需求相分离的纯粹的经济需求观；视社会生产是与自然生产相分离的纯粹的经济生产观；视人类消费是与生态消费相分离的纯粹的经济消费观；视生产投资是与生态投资相分离的纯粹的经济投资观；视生产消耗是与生态消耗相分离的纯粹的经济消耗观；视人类利益是与生态利益相分离的纯粹的经济利益观；视社会财富是与生态财富相分离的纯粹的经济财富观；视经济发展战略是与生态发展战略相分离的纯粹的经济发展战略观等。用这些观点指导人们的社会经济活动，就会使经济社会发展走上与自然生态环境相脱离的道路。这正是西方国家工业文明的历史事实。

生态经济学的概念是研究如何用生态学理论指导经济运作的科学，具体涉及研究生态系统、经济系统和社会系统，以及由三个子系统耦合而成的生态-经济-社会复合系统，由于生态与经济系统在三个子系统中起到重要的作用，此生态经济学侧重研究生态与经济两个子系统耦合而成的生态经济系统的结构状态及运行的过程和效益。

生态与经济的关系是相互依存、互为结果的关系，生态一词的英文为 Ecology，其词首和经济学的英文 Economics 是相同的，均为 Eco，来源于希腊文 oikos，表示家庭居处或环境的意思，可见生态学、经济学及家庭、环境等，从词源和词义上密切相关；最早的经济学可以理解为"家庭"管理学，而生态学可以看作是研究自然的经济学，是管理自然的科学，也可称为生物经济学。

因此，生态学和经济学两方面在很大程度上是相统一的，生态学是研究生物与其周围物理、化学环境因子相互关系的科学，生态系统是一定区域内由生物与周围物理、化学环境组成的具有特定结构和功能的统一体，因此生态学也重点研究生态系统的结构、状态和功能。因而生态学也称为"研究大自然的经济学"，即研究世界上含人类在内所有生物与生物之间及其他各类环境因子相互依存、相互作用的关系和状态，是最宏观的经济学。而经济学只是研究人类这种生物为生存、繁衍和发展与各类环境因子（含生物因子及资源）的相互作用、过程及效果；也可将经济学概言为：研究对各类稀缺资源有效分配的科学。可见，经济学其实是从属于生态学这个大的理论内涵范畴之内的内容，只是过去人们还没有认识到这个层面，还将生态学与经济学分割开来进行研究。

美国著名生态经济学家 Costanza 在 *Ecological Economics* 创刊号的首篇文章中给出了生态经济学的概念及其需要研究的生态经济问题。Costanza 给出的生态经济学概念可以概括为：生态经济学研究生态系统和经济系统之间的关系，特别是利用跨学科和多学科的方法去研究当前的生态经济问题。

生态经济系统基本矛盾的激化是生态经济学产生的理论基础。生态经济系统基本矛盾是：具有增长型机制的经济系统对自然资源需求的无限性与具有稳定型机制的生态系统对自然资源供给的有限性的矛盾。这一矛盾是贯穿于人类社会各个发展阶段的普遍矛盾。早在原始社会后期，就已经出现了这一矛盾的萌芽，发展到今天，这一矛盾不断激化而且形成了互为因果的两极：一方面，经济发展对生态系统的需求不断增加；另一方面，负荷过重和遭到污染的生态系统的供给力相对缩小，从而使人类社会经济发展面临着严峻的挑战。为了迎接这一挑战，人们必然要揭示出生态经济系统的变化发展规律，并利用这些规律指导人类生态经济实践活动，于是就产生了生态经济学。生态经济学家就是从生态经济系统基本矛盾入手，运用马克思政治经济学理论、生态学理论和现代系统论分析方法来研究社会物质资料生产和再生产运动过程中生态系统与经济系统之间的物质循环、能量流动、信息传递以及价值增值的一般规律性及其应用。

生态经济学以马克思政治经济学理论和生态学理论为基础，运用现代系统理论的分析方法，从结构、功能、平衡、效益、调控角度揭示出生态经济系统这一客观实体的运动发展规律。所以，生态经济学基本原理包括如下内容。

（1）生态经济系统的结构原理　所谓系统结构是指系统内部各组成要素之间的有机联系与相互作用方式。任何系统的要素都按照一定的次序排列和组合成为一定的结构。生态经济系统结构是指生态经济系统内部的人口、环境、资源、资金、科技等要素在空间或时间上，以社会需求为动力，通过投入产出链相互联系、相互作用所构成的有序、立体、网络的关系。生态经济系统的结构原理包括结构成分、结构关系、结构特征、结构设计、结构评价及结构演替。

（2）生态经济系统的功能原理　生态经济系统的结构与功能是统一的。结构是功能的基础，功能是结构的表现。社会物质再生产是在生态经济系统中进行的，是物流、能流、信息流和价值流的交换和融合过程。因此，物质循环、能量转化、信息传递、价值增值是生态经济系统特有的四大功能。要认识生态经济系统的运动发展规律，必然研究其功能作用机理即物质的无限循环、能量的定向转化、信息的人工控制和价值的人工增值。

（3）生态经济系统的平衡与效益原理　生态经济系统功能优劣是由生态经济系统的结构合理与否决定的。而生态经济功能的优劣又集中体现在其生态经济平衡与否和效益的高低上，所以，生态经济系统的平衡与效益是生态经济系统的功能表现。生态经济平衡原理包括平衡内涵、平衡特征、平衡标志及实现平衡的途径。生态经济系统的效益原理包括效益内涵、效益的表示方法、效益的评价、效益的指标体系及提高效益的途径。

（4）生态经济系统的调控原理　人们研究生态经济系统的目的是希望运用一定的政策手段来调控生态经济系统的物流、能流、价值流、信息流，以实现生态经济系统良性循环目标，生态经济系统调控原理包括调控目的、调控途径、调控切入点和调控对策。

生态城市要实现生态-经济-社会复合生态系统的和谐，实现高效的经济，建设城市生态经济，因此生态经济学是建设生态城市的重要理论支持。

2.7　可持续发展理论支持

可持续发展理论是人们在全球环境不断恶化以及影响到经济社会发展的背景下产生的，经过了20余年的时间逐步发展而成。1962年美国海洋生物学家卡尔逊（Carson）出版的《寂静的春天》，标志着人类生态意识的觉醒；1972年，罗马俱乐部发表的《增长的极限》，指出地球资源及纳污能力是有限的，并得出了"零增长"的悲观结论；1972年6月斯德哥尔摩《联合国人类环境会议宣言》及其《只有一个地球》的报告唤起了各国政府对环境问题的觉醒，使各国对环境问题的认识逐渐一致；1983年美国世界观察研究所所长 Brown 出版的《建立一个持续发展的社会》，提出必须从速建立一个"可持续的社会"；1983年联合国第38届大会决议成立"世界环境与发展委员会"（WCED）负责制定"全球的变革日程"，1987年通过 WCED 的报告《我们共同的地球》，该报告把环境与发展两个紧密相连的问题作为一个整体加以考虑，首次提出了"可持续发展"的概念，并给出了可持续发展的定义；之后的《里约环境与发展宣言》、《21世纪议程》、《联合国气候变化框架公约》及《生物多样性公约》等标志着世界各国在实行可持续发展战略的重大战略决策上取得了共识。

2.7.1 可持续发展理论的定义及内涵

可持续发展（sustainable development）理论是经济、社会和生态可持续的综合统一体，与传统的发展观相比，可持续发展要求在保护环境、节约资源和控制人口的前提下实现经济的发展，即人类在发展中不仅要追求经济利益，还要追求生态和谐和社会公平，最终实现全面发展。《我们共同的未来》中将可持续发展定义为：可持续发展是在满足当代人需求的同时，不损害后代人满足其自身需要的能力。该定义有两个最基本的观点：一是人类要发展，尤其是穷人要发展；二是发展有限度，特别是要考虑到环境限度，不能危及后代人生存和发展的能力。

可持续发展的基本内涵可以归纳为以下几个方面：

① 可持续发展的基础是保护自然资源和生态环境，并与资源环境的承载力相协调。

② 经济发展是实现可持续发展的条件。可持续发展鼓励经济增长，但要求在实现经济增长的方式上，应放弃传统的高消耗-高污染-高增长的粗放型方式，追求经济增长的质量，提高经济效益，同时要实施清洁生产，尽可能地减少对环境的污染。

③ 可持续发展要以改善和提高人类生活质量为目标，与社会进步相适应。虽然世界各国发展的阶段不同，发展的目标不同，但它们的发展内涵均应包括改善人类的生活质量。

④ 可持续发展承认并要求体现出环境资源的价值。环境资源的价值不仅表现在环境对经济系统的支撑上，而且还体现在环境对生命支撑系统的不可缺少的存在价值上。

⑤ 可持续发展认为发展与环境是一个有机整体。可持续发展把环境保护作为最基本的追求目标之一，也是衡量发展质量、发展水平和发展程度的客观标准之一。

2.7.2 可持续发展的基本原则

可持续发展要真正得以有效实施，必须遵循公平性、可持续性、共同性和需求性四项原则，这也是由可持续发展的本质特征所决定的。

（1）公平性原则 公平即指机会选择的平等性，可持续发展的公平性原则有三方面的含义：首先，是本代人的横向公平，即可持续发展要满足全体人民的基本需求和给全体人民机会以满足他们要求较好生活的愿望。因此，强调了世界公平的分配和公平的发展权，把消除贫困作为可持续发展进程的优先问题。其次，代际间的纵向公平，即要认识到资源的有限性，本代人不能因为自己的发展与需求而损害后代满足需求的资源与环境条件。再次，公平地分配有限资源，改变发达国家高消耗的现状。

（2）可持续性原则 其核心是人类的经济与社会发展不能超越资源与环境的承载能力。资源与环境是人类生存与发展的基础和条件，实现资源的永续利用和生态系统的可持续性是人类可持续发展的首要条件。

（3）共同性原则 虽然各国国情不同，但是可持续发展作为全球发展的总目标是各国应该共同遵守的，且要全世界采取共同的联合行动。正如《里约宣言》中所说，"致力于达成既尊重所有各方的利益，又保护全球环境与发展体系的国际协定，认识到我们的家园——地球的整体性和相互依存性"。

（4）需求性原则 人类需求是由社会和文化条件所决定的，是主观因素和客观因素相互作用、共同决定的结果，与人的价值观和动机有关。发展即为了满足人类的需要，而对于发展中国家而言，可持续发展首先是要实现长期稳定的经济增长，在满足人们基本需求的基础上再进一步提高生活水平，满足高层次的需求，同时也要兼顾公平。

2.7.3 可持续发展理论在生态城市建设中的指导作用

生态城市目标的实现就是要实现城市的可持续发展。生态城市、城市可持续发展和可持续城市三个名称分别从不同角度表述了可持续发展思想在城市发展中的作用。生态城市是城市可持续发展的生态学表述，可持续发展是生态城市的基本属性，也是生态城市的发展本质。

生态城市可持续发展是指上代发展不能损害下代的发展，一部分人的发展不能以另一部分人的发展为代价，城市发展不能建立在牺牲广域环境发展的基础上，即在发展经济的同时要充分考虑到经济活动的外部性，使当代人与后代人都能满足要求，使本地区与外地区都能共生发展。从城市可持续发展机制来看，生态城市可持续发展的核心是在不损害资源与环境再生能力基础上的持续发展，故有人将之称为生态可持续发展。

生态城市的可持续发展并不是要求各个系统的同时最优化，而是在一定约束条件下有一定匹配关系的整体最优。按照系统动力学原理，生态城市可持续发展强调融合能力，其关键是各要素的平衡和协调，包括系统内部各要素之间的平衡与协调，系统与系统之间的平衡与协调，区内与区外的平衡与协调等，从而实现城市整体发展的良性循环。城市各要素之间的平衡与协调，最基本的要求是城市的开发与生产活动的强度不能超过生态支持系统资源再生能力与净化能力，而这些目标可能受到限制因子的约束，因此生态城市的可持续发展过程表现为对限制因子的克服，这就要求城市技术创新、生态创新、制度创新。因此，生态城市的可持续发展是通过不断创新，对城市系统发展条件进行改善，促使城市系统不断地从低级阶段向高级阶段发展。

可持续发展理论在生态城市领域的应用，一种崭新的城市发展观，是在充分认识到城市在其发展历史中的各种"城市病"及原因的基础上，寻找到的一种新的城市发展模式——生态城市模式。它在强调社会进步和经济增长的重要性的同时，更加注重城市物质文明和精神文明的不断提高，最终实现城市社会、经济、环境的均衡发展。生态城市的可持续发展理论内涵丰富，同时又具有层次性、区域性等特征，它至少包含以下几个方面内容：

① 城市可持续发展具有时空性，在不同的发展阶段、不同区域，城市可持续发展具有不同的内容和要求；不仅要满足当代人、本城市的发展要求，还要满足后代人、其他地区的发展要求。

② 强调人口、资源、环境、经济、社会之间的相互协调，其中环境可持续发展是基础，经济可持续发展是前提，资源可持续发展是保障，社会可持续发展是目的。

③ 主要通过限制、调整、重组、优化城市系统的结构和功能，使其物质流、能量流、信息流得以永续利用，并借助一定的城市发展、经济社会发展战略来实施，其中城市政府是推动城市可持续发展的首位力量。

④ 具体表现为城市经济增长速度快，经济发展质量好，市容环境美观，生态环境状况良好，人民生活水平高，社会治安秩序优，抵御自然灾害能力强。

⑤ 就宏观而言，是指一个地区的城市在数量上的持续增长，最终实现城乡一体化；就微观而言，是指城市在规模（人口、用地、生产等）、结构、功能等方面的持续变化与扩大，以实现城市的持续发展。

从城市可持续发展理论的内涵内容可以看到，它与建设生态城市的要求在本质上是一致

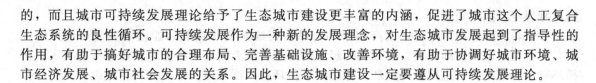

的，而且城市可持续发展理论给予了生态城市建设更丰富的内涵，促进了城市这个人工复合生态系统的良性循环。可持续发展作为一种新的发展理念，对生态城市发展起到了指导性的作用，有助于搞好城市的合理布局、完善基础设施、改善环境，有助于协调好城市环境、城市经济发展、城市社会发展的关系。因此，生态城市建设一定要遵从可持续发展理论。

2.8 循环经济理论支持

2.8.1 循环经济的概念和内涵

循环经济一词是对物质闭环流动型经济的简称。20 世纪 60 年代美国经济学家鲍尔丁提出的宇宙飞船理论是循环经济思想的早期代表。随着可持续发展理念日益深入人心，人们越来越认识到，当代资源环境问题日益严重的根源在于工业化运动以来以高开采、低利用、高排放（两高一低）为特征的线性经济模式，为此学者们提出人类社会的未来应该建立一种以物质闭环流动为特征的经济模式，即循环经济，从而实现可持续发展所要求的环境与经济双赢，即在资源环境不退化甚至得到改善的情况下实现促进经济增长的战略目标。

传统经济是一种"资源-产品-污染排放"的单程线性经济。在"资源无价"的错误认识下，人们以越来越高的强度把地球上的物质和能源开采出来，在生产加工和消费过程中又把污染和废物大量地排放到环境中去，对资源的利用大多是粗放的和一次性的。循环经济是对传统经济的革命，其将从根本上消除长期以来环境与发展之间的尖锐冲突，不但要求人们建立新的经济模式，而且要求在从生产到消费的各个领域倡导新的经济规范和行为准则。

循环经济是一种生态型经济，倡导的是人类社会经济与生态环境和谐统一的发展模式，效仿生态系统原理，把社会、经济系统组成一个具有物质多次利用和再生循环的网、链结构，使之形成"资源-产品-再生资源"的闭环反馈流程和具有自适应、自调节功能的，适应生态循环的需要，与生态环境系统的结构和功能相结合的高效的生态型社会经济系统。它使物质、能量、信息在时间、空间、数量上得到最佳、合理、持久地运用，实现整个系统低开采、高利用、低排放，把经济活动对环境的影响降低到尽可能小的地步，做到对自然资源的索取控制在自然环境的生产能力之内，实现可持续发展所要求的环境与经济双赢，即在资源不退化甚至改善的情况下促进经济的增长。

循环经济的内涵包括了三个层次的含义：

① 实现社会经济系统对物质资源在时间、空间、数量上的最佳运用，即在资源减量化优先为前提下的资源最有效利用。

② 环境资源的开发利用方式和程度与生态环境友好，对环境影响尽可能小，至少与生态环境承载力相适应。

③ 在发展的同时建立和协调与生态环境互动关系，即人类社会既是环境资源的享有者，又是生态环境的建设者，实现人类与自然的相互促进、共同发展。

2.8.2 循环经济的原则

循环经济以 3R 原则为其经济活动的行为准则，即减量化（reduce）、再利用（reuse）和再循环（recycle）。

（1）减量化原则 即要求用较少的原料和能源投入来达到既定的生产目的或消费目的，进而到从经济活动的源头就注意解决资源和减少污染。如在生产中要求产品小型化、轻型化以及包装的简单朴实。

（2）再利用原则 即要求制造产品和包装容器能够以初始的形式被反复使用。如抵制一次性用品的泛滥，而改用可循环使用制品；另外，再利用原则还要求尽量延长产品的使用期，减缓更新换代频率。

（3）再循环原则　即要求生产出来的物品在完成其使用功能后能重新变成可利用的资源，而不是不可恢复的垃圾。按照循环经济的思想，废弃制品的处理应该由生产者负责。再循环有两种情况：一是原级再循环，即废品被循环生产同类新产品（如再生报纸、再生易拉罐）；另一种是次级再循环，即将废物资源转化成其他产品的原料。

2.8.3　循环经济理论对生态城市建设的指导作用

循环经济与生态城市耦合的内在机制在于它是一种生态经济，是一种人类社会模仿自然生态，自觉自我组织、自我调整以与外界生物圈相协调的一种经济发展方式。循环经济通过模拟自然生态系统建立经济系统中"生产者-消费者-分解者"的循环途径，建立生态经济系统的"食物链"和"食物网"，利用互利共生网络，实现物流的闭路再生循环和能量多级利用。在这样的经济系统中，一个企业的"废弃物"同时也是另一个企业的原材料，整个经济系统中的物质能量转换趋近于"零排放"的封闭式循环。循环经济实质上是通过提高自然资源的利用效率，实现人类社会与自然环境之间物质和能量转换的优化，从而达到在维护生态平衡的基础上合理开发自然，将人类的生产和消费方式限制在生态系统所能承载的范围之内的目的。

发展循环经济是实施可持续发展战略、建设生态城市的重要举措。生态城市建设必须建立在经济发达、人民富裕的基础之上。如果经济落后、人民贫困，环境质量再好，也谈不上生态城市。传统观念认为经济与环境是"鱼和熊掌"的关系，自从循环经济作为一种新的经济发展模式被提出后，它既实现了加快经济发展的目标，又能最大限度地保护和利用好自然资源和环境，使工业化、城市化与生态化有机地结合起来，是实现经济与环境"双赢"的最佳模式，真正的实现了"鱼和熊掌"的兼得。

发展循环经济是生态城市建设中资源有限性的物质需要。城市建设离不开对资源的利用，在资源有限性的制约下，城市建设如果继续沿袭传统的建设模式，即以资源的大量消耗为代价是不可能实现生态城市建设的目的的。随着城市建设的深入，城市污染问题日益严峻。在传统城市建设的模式下，不仅不能保护环境，相反会加剧对环境的污染，因此必须发展循环经济。只有通过发展循环经济，才能将经济活动对自然资源的需求和生态环境的影响降低到最小程度，以最小的资源消耗、最小的环境代价实现经济的可持续增长，从根本上解决城市建设与环境保护之间的矛盾，走出一条生产发展和生态良好的现代生态城市的建设之路。

从20世纪80年代起，世界各国在探索生态城市的建设模式时，就引入了循环经济的思想。如巴西的库尔蒂巴提出的垃圾循环回收项目；日本九州市提出的减少垃圾、实现循环型社会；德国的埃尔兰根市采取多种节地、节能、节水措施成为了生态城市的先锋。在我国的生态城市建设也要把循环经济作为根本政策之一，这是由我国的国情决定的。

（1）良好的生态环境已经成为十分短缺的生活要素和生产要素　以往我国的经济增长大都以生态环境为代价，致使环境污染日益严重，此时，倡导循环经济无疑是实现生态城市的有效政策。

（2）我国既是人口大国，也是资源短缺的国家　我国自然资源的特点是"总量多、人均少；贫矿多、富矿少"，在粗犷的经济发展模式下，我国的资源消耗严重。因此，建设生态城市，就是要摒弃先污染后治理、先发展后恢复、高投入、高消耗、低效益的外延粗放型的经济增长模式，主动探索适合我国国情的、适合经济社会与环境相协调的发展之路。

（3）循环经济是解决我国人口、资源与环境三者矛盾的理想方法　与传统经济活动的"资源消费-产品-废物排放"开放型物质流动模式相对，循环经济是"资源消费-产品-再生资源"的闭环型物质流动模式，在这种发展模式下，所有的物质、能量能在这个不断进行的经济循环中得到合理持续的利用，把经济活动对自然环境的影响降低到了尽可能小的程度，做到了对自然资源的索取控制在自然环境的生产能力之内，把废弃到环境中的废物量压缩在自然环境的消化接受能力之内，从而从根本上解决了人口、资源与环境三者之间的矛盾。

（4）循环经济是中国新型工业化的高级形式 发展循环经济提高了资源利用效率，减少了生产过程中资源与能源的消耗，也就从源头上减少了污染的排放，从而提高了经济效益、社会效益和环境效益。同时，发展循环经济对科学技术发展提出了新的方向和强大需求，必将带来新的科技革命，并推动调整旧的产业结构和产业升级，推动企业和社会用创新的体制与机制来追求可持续发展的新模式。

创建生态城市，就能把经济发展、社会进步和环境保护三者有机结合起来。应发展循环经济，通过物质流、能量流、信息流等循环传递，多级利用，在生产过程的企业之间、园区之间、区域之间，形成共生互动的循环产业，从而推动循环型社会和生态城市的建设。

发展循环经济，实现城市经济系统的生态化是建设生态城市的关键。

2.9 城市管理理论支持

2.9.1 城市管理的概念和内涵

城市管理十分重要和必要，那么，究竟什么是城市管理，它的内涵特性是什么？这个问题在城市学和城市管理学理论研究中一直惹人注目且争论颇多。归纳起来，至少有以下4种观点较有影响和代表性：

① 城市管理等同于市政管理，主要指政府部门对城市的公用事业、公共设施等方面的规划和建设的控制、指导。

② 城市管理是以城市为对象、对城市运转和发展所进行的控制行为，它的主要任务是对城市运行的关键机制——经济、产业结构进行管理和调节。

③ 城市管理是指包括人口管理、经济管理、社会管理、基础设施管理、科技管理和文教卫生管理在内的城市群体要素管理。

④ 城市管理是指对那些构成影响城市运转的动态因素进行管理，而那些相对静止的构成因素则不在城市管理范围之内，亦称为城市动态要素管理。

上述观点，从不同角度阐述了城市管理的含义，而且都有其一定的道理，但似乎都还不能够全面完整地表达出城市管理的要旨。笔者的观点是：城市管理是以城市的长期稳定协调发展和良性运行为目标，以人、财、物、信息等各种资源为对象，对城市运行系统做出的综合性协调、规划、控制和建设活动。

城市的功能前后曾发生三次显著变化：工业化时期，城市主要是商业中心和工业中心；第二次世界大战后到20世纪80年代，一些工业中心、商业中心城市凭借自身雄厚的经济实力、自然条件和历史条件，逐步形成国际经济中心；20世纪80年代中期至今，在城市化过程中，城市的扩张带来日益严重的环境问题，对此，人们提出"生态可持续发展城市"，即生态城市。城市首先应当是适合人居住的地方，即城市的适宜人性（amenity）。吴良镛教授曾提出：21世纪城市的竞争将是城市特色的竞争，最终可比的是城市的综合环境质量。

伴随城市功能的变化，城市管理的内容也在变化。现代城市管理是指以城市基础设施为重点对象，以发挥城市综合效益为目的的综合管理。从城市可持续发展的角度看，生态城市是一个由经济系统、社会系统、环境系统组成的复合系统，它同时还进行着经济再生产、人口再生产和生态再生产。城市在这三种再生产过程中产生经济效益、社会效益和环境效益，相对应城市管理应当包含城市经济管理、城市社会管理和城市环境管理三个方面。城市管理方法和思路大致有两种：一种是把重点放在城市问题发生之后进行治理的后果导向的城市管理模式；另一种是把重点放在针对产生城市问题的根源的原因导向的城市管理模式。原因导向的城市管理模式是实现城市长效管理的保证。在实行城市管理时，不仅需要突击式地治理不时发生的城市问题，而且还需要治理它们赖以产生问题的根源，不仅需要从发展方面控制产生城市问题的机制，而且需要从制度方面去除城市问题产生的条件。

2.9.2 城市管理的主要内容

当代城市管理的内容极其丰富，它的对象涉及到城市社区的各种组织要素。其管理的内容大致分为四类，即城市的社会管理、经济管理、生态环境管理和基础设施管理。

（1）城市的社会管理　城市的社会管理主要是指对城市居民的生活管理。城市中的人按一定的社会关系和生产关系，在共同的环境里生活、生产。为了使城市居民生存在一个有序的、良好的社会环境里，必须对城市进行有效的组织，做整体、动态、综合、最佳效果的全面控制和管理。其管理内容包括：人口自身管理（生育管理、人口迁移管理）、社会法治管理（社会秩序管理、社会治安管理）、生活服务（网点设置管理、服务管理、信息管理）及精神文明建设（思想道德建设、教育科学文化建设）等方面。

（2）城市的经济管理　经济的运行和增长是城市管理的传统中心内容，它直接关系到该城区城乡社会的进步和繁荣。城市，特别是省会城市和大城市，它在国民经济发展中处于中心地位，是中央纵向管理和省地区横向管理和社区经济微观调节的汇合点。因此，城市经济管理既不同于企业的经济管理，也区别于中央政府的经济管理。可以这样认为，城市经济管理是整个国民经济活动赖以正常进行和健康发展的基本手段之一，是一种中观经济的调控方式。

城市经济管理的内容十分丰富复杂，它要求城市政府要在国家的宏观计划指导下，遵循客观规律，正确发挥政府机构管理经济的职能，运用法律和经济杠杆手段对城市的各种经济活动进行科学、有效地综合控制、指导和协调，促进城市整体功能的正常发挥，取得良好的经济效益和社会效益。归纳起来，城市经济管理主要有以下几方面的内容。

首先是对城市区域产业进行宏观规划与管理，各级市政府的重要工作是从本市的实际条件出发，统筹制定城市产业发展的长远规划，把全国的国民经济计划与本城市的建设规划合理衔接，引导城市产业合理发展。其次是对城市经济结构的合理调节，城市经济结构的合理化对现代城市的发展至关重要，特别是那些经济中心城市，以及具有特殊经济职能的城市，更要求加强对其内部经济结构的优化。必须不断地进行城乡经济结构调整，其中包括产业结构、投资结构、就业结构、生产力布局等的调整。只有产业结构的更新、优化、扶持战略主导产业、新兴产业，才能带动整个经济的发展，这将是现代城市管理中的一个战略要点。第三是实现国民经济管理和发展的条块结合，促进城乡一体化进程。城市是国民经济管理中条条和块块管理的结合部。城市经济管理具有上传下达、承上启下的任务，在城市经济发展中，通过条块管理相结合，既促进城市间、产业间的联合配套，又使城市功能得以扩散，带动农村经济起飞，促进城乡一体进程，实现城市的可持续发展。

（3）城市的生态环境管理　城市生态系统是以人的聚集为中心，在开发和利用各类型的自然和人文景观资源的基础上形成的社会文化、经济活动相对集中的次生型生态系统。城市生态管理内容主要指对人类生存、生活及社交环境的管理，一方面要防治污染，不让自然环境变坏；另一方面通过生态建设和修复，创造一个健康、优美的高质量生态环境，为城市的发展提供良好的自然本底基础。

经济的发展与环境保护在各自的发展中会发生矛盾，但环境的恶化会带来人类的健康状况下降以致最终经济效益和社会效益下降的后果。因此，城市环境管理应本着"全面规划、合理布局、综合利用、化害为利、全民发动、保护环境、造福人民"的总方针，端正指导思想，普及环境教育，从政策上和法规上确保城市可持续发展的战略地位。

（4）基础设施的建设管理　城市基础设施是城市生产和人民生活必不可少的物质基础，它包括的范围很广，实际上也渗透于融合在上述的城市社会、经济与生态发展领域之内，具体而言可细分为七个方面：能源生产和供应设施；给排水设施；航空、铁路、汽车运输等对外交通设施、城市道路、城市客货运和城市交通管理等市内交通设施；邮电通讯设施；环卫、环保、园林、绿化等设施；防火、防洪、防震等城市防灾设施；城市战备设施。随着生产力的发展和社会生活需求的提高，城市基础设施内容将不断增加。当前要进一步发挥中心城市的辐射功能和吸引力，没有与高速经济发展相协调的现代化基础设施，就无法进行高效率的社会化大生产和现代化的生活。

以上是传统城市管理的主要内容，对于生态城市建设来说，城市管理同样是不可或缺的。生态城市是一个复杂的自然、社会、经济系统，需要各方面的支持，城市管理是实现生态城市建设目标的重要保证。

生态城市管理的核心思想就是要把握城市开发的地点、程度和时机。一方面在城市不该生长的地方坚决制止生长；另一方面在城市可以生长的地方，控制开发的量和度。这两个方面相辅相成，缺一不可，没有局部的收就没有局部的放。通过城市管理，诱导和控制城市生长点，从而合理调控城市空间布局，实现城市的可持续发展。

3

生态城市的重要基础——自然生态体系建设

良好的自然环境基础是生态城市建设目标能够实现的保证。城市生态环境支持系统的组成成分涵盖了各种城市发展所必须依赖的资源和环境要素。自然生态系统是城市复合生态系统存在和发展的基本条件，是社会、经济发展的基础。良好的生态环境，是实现社会经济可持续发展的重要保障。本章论述生态城市的基础中自然生态体系的建设。

3.1 城市自然生态系统分析

城市生态系统是指特定地域内的人口、资源、环境（包括生物的和物理的、社会的和经济的、政治的和文化的）通过各种相生相克的关系建立起来的人类聚居地或社会、经济、自然复合体。严格意义上说，城市是人口集中居住的地方，是当地自然环境的一部分，它本身并不是一个完整、自我稳定的生态系统。但按照现代生态学的观点，城市也具有自然生态系统的某些特征，具有某种相对稳定的生态功能和生态过程。尽管城市生态系统在生态系统组分的比例和作用方面发生了很大的变化，但城市生态系统内仍有植物和动物，生态系统的功能基本上得以正常进行，还与周围的自然生态系统发生着各种联系；另一方面，也应看到城市生态系统确实已发生了本质变化，具有许多不同于自然生态系统的突出特点。

3.1.1 城市生态系统的特征

3.1.1.1 城市生态系统的人为性

在城市生态系统中，人口高度密集，比重极大，人为作用对它的存在与发展有着决定性的影响，不仅使原来的自然生态系统结构和组成发生了"人工化"倾向的变化（如绿地锐减、动物种类和数量发生变化，大气、水环境等物理、化学特征发生了明显的变化），而且城市生态系统中大量的人工技术物质（建筑物、道路、公用设施等）完全改变了原有的自然生态系统的物理结构。城市的人工结构不仅改变了自然生态系统的营养比例关系，而且改变了营养关系。在营养的输入、加工、传送过程中，人为因素起着主要的作用。在城市生态系统中，人类已成为既是生产者又是消费者的特殊生物物种。

目前，全球城市的占地面积约为地球总面积的 0.3%，但其中却聚集了世界总人口的40%。人口高度集中，在城市中人类占据了绝大部分空间，从城市单位土地面积上人口数量、人口密度看，人类远远超过了其他生物，处于主导地位。而其他生物的种类和数量都很少，绿色植物、各种营养级的野生生物及作为还原者的微生物等生物种群都在人类的威胁下从城市中消退。本章中人与植物的生存量的关系见表 3.1。

表 3.1 城市中人与植物的生存量

城　　市	人口生存量 A/(t/km^2)	植物生存量 B/(t/km^2)	A/B
东京(23 个区)	610	60	10
北京(城区)	976	130	8
伦敦	410	250	1.6

在城市生态系统中，由于人类的频繁活动，人类对自然环境的干预最强烈，自然景观变化也最大。除了大气环流、大的地貌景观类型基本保持原来自然特征外，其余的自然因素都发生不同程度的变化，而且这种变化通常是不可逆的。

3.1.1.2　城市生态系统的不完整性

（1）城市生态系统中缺乏分解者　在城市中，自然生态系统为人工生态系统所代替，动物、植物、微生物失去了原有自然生态系统中的生境，使生物群落不仅数量少，而且其结构简单。城市生态系统缺乏分解者或分解者功能微乎其微；城市生态系统中的废弃物（工业与生活废弃物）不可能由分解者就地分解，几乎全部需输送到化粪池、污水厂和垃圾处理厂由人工设施进行处理。

（2）绿色植物数量少且作用改变　城市中，自然生态系统为人工生态系统所代替，动物、植物、微生物失去了原有自然生态系统中的生境，生物群落数量少，而且结构简单。城市中的植物，其主要任务已不再是向城市居民提供食物，其作用已变为环境保护、美化景观、消除污染和净化空气等。

（3）依靠外部提供植物产量　城市生态系统本身无法自给自足满足其植物产量（粮食），而必须靠外部提供粮食以满足城市生态系统消费者的需求。如 1982 年输入整个北京市的粮食达 195 万吨，超过其自产粮食的总量。城市生态系统内，大量的能量与物质需要从其他生态系统（如农业、森林、湖泊、矿山、海洋等系统）人为地输入。

3.1.1.3　城市生态系统的脆弱性

自然生态系统中能量与物质能够满足系统中生物生存的需要，成为一个"自给自足"的系统。这个系统的基本功能能够自动建立、自我修补和自我调节，以维持其本身的动态平衡，见图 3.1。

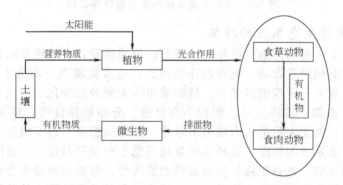

图 3.1　自然生态系统"自给自足"关系

而在城市生态系统中能量与物质要靠其他生态系统（农业和海洋生态系统）人工输入，同时城市生活所排放的大量废弃物，远超过城市范围内的自然净化能力，也要依靠人工输送到其他生态系统。如果这个系统中任何一个环节发生故障，将会立即影响城市的正常功能和居民的生活，从这个意义上说，城市生态系统是一个十分脆弱的系统。由于城市所消耗的大量物质和能量大部分来源于城市以外的生态系统，因此城市生态系统是一个不完整的、不能完全实现自我稳定的生态系统。

在城市的出现和发展过程中，基本上是从自然生态系统转变到以人类为主体、人工化环境为客体构成的复杂系统。因此，在城市生态系统中的环境因素，如地形、地貌、水域、空气、气候等都会受到城市建筑的影响而有所改变。由于城市规模的扩大，在自然生态中的主体生物群落，特别是植物受到了限制和抑制。由于城市的人口高度集中，造成了城市建筑密集。由于城市生产发展、工业集中、交通繁忙等，破坏了城市生态系统的平衡。城市生态系统的高集中性、高强度性以及人为的因素，产生了城市污染，同时城市物理环境也发生了迅速变化，如城市热岛与逆温层的产生，地形的变迁，人工地面改变了自然土壤的结构和性能，增加了不透水的地面……从而破坏了自然调节机能，加剧了城市生态系统的脆弱性。

在城市生态系统中，以人为主体的食物链常常只有二级或三级，即植物——人；植物——食草动物——人。作为生产者的植物，绝大多数都是来自周围其他系统，系统内初级生产者绿色植物的地位和作用已完全不同于自然生态系统。与自然生态系统相比，城市生态系统由于物种多样性的减少，能量流动和物质循环的方式、途径都发生改变，使系统本身自我调节能力减小，而其稳定性主要取决于社会经济亚系统的调控能力和水平。

城市生态系统与自然生态系统的营养关系形成的金字塔截然不同，前者出现倒置的情况，远不如后者稳定（见图3.2）。图3.2表明，在绝对数量和相对比例上，城市生态系统中生产者（绿色植物）远远少于消费者（城市人类），这表明城市生态系统是一个不稳定的系统。

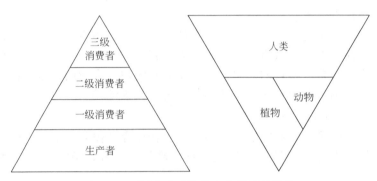

图3.2 不同生态系统的金字塔营养结构

3.1.1.4 城市自然生态系统的特征

城市生态系统十分脆弱。由于道路的扩展与建筑的修建，自然植被面积大幅减少，导致本地物种原有生境遭到严重影响。城市的环境污染，也致使相当一部分本地敏感物种消失，另外一部分物种发生了一定程度的变异。目前城市中大部分的绿化空间主要是提供生存地给人为选择的少数种植物。其特点是：面积小而分散、分布规律性强、斑块与斑块之间间距大、人为干扰强烈、需要大量的人力物力来维持。其自我控制与调节机制以及生物多样性也远远达不到自然生态系统的程度。这种基于景观视觉上和经济利益上的搭配所组成的生态系统是很简单并且低级的，具有很强的不稳定性和脆弱性，有些甚至是不合理的组合。在这种以人类为主体的环境中，野生生物物种已十分匮乏，尤其是本地原有的珍稀动植物。

3.1.2 城市自然生态系统构成要素

城市是多种自然和社会经济要素构成的人工化复合生态系统。自然生态要素不仅影响到一个城市的发生、发展、形态与功能，也影响到城市生态恢复与重建的进程。自然要素对城市生态建设的影响主要表现在：首先，由于地域的差异和自然条件的不同，有的以气候条件为主，有的以地质条件为主，而且一项环境要素可能会对城市产生既有利又不利两方面的影响。因此，在城市自然环境条件的分析中应着重于主导要素的作用规律和影响程度。其次，有些自然条件的影响，会超过所在的局部区域，从更大的区域范围来评价利弊非常重要。再有，各种自然要素之间，有的相互制约或相互抵消，有的作用重叠加剧影响。

3.1.2.1 城市气候

城市气候是城市重要的自然环境要素。城市化过程中，下垫面性质的改变、空气组成的变化、人为水热的影响，在当地纬度、大气环流、海陆位置、地形等区域气候因素作用下，产生城市内部与其附近郊区气候的差异,明显地表现出人类活动对气候的影响。

城市气候是指城市内部形成的不同于城市周边地区的特殊小气候。一个城市气候环境的类型取决于城市的地理纬度、大气环境、地形、植被、水体等自然因素的影响。城市气候又明显地受到人类活动的影响,城市人口高度集中,工业高度发展,建筑物高度密集,城市化程度影响到城市局部的气候环境。城市气候形成的原因主要是:①城市具有特殊的下垫面。以钢铁、水泥、砖瓦、土石、玻璃为材料的各种建筑物为下垫面,其刚性、弹性、比热等物理特性与自然地表不同,改变了气候反射表面和辐射表面的特性。②由于工业生产、交通运输、取暖降温、家庭生活等活动时放出的热量、废气和尘埃,使城市内部形成一个不同于自然气候的环境。③大量气体和固体污染物进入空气中,明显改变了城市上空的大气组成,影响了城市空气的透明度和辐射热能收支,成为城市云、雾、降水的凝结核。

城市气候的特征表现在:①城市热岛效应。热岛效应是城市气候最明显的特征之一,是指城市气温高于郊区气温的现象。如巴黎城市中心区1951~1960年的平均气温比郊区高1.7℃,北京市城区年平均温度比郊区高0.7~1.0℃。城市热岛形成的原因主要是城市下垫面的性质,下垫面的热容量、导热率,城市中的建筑物、道路、广场不透水,城市中较多的人为热源以及城市建筑密集、通风不良,不利于热量的扩散等。②城市中的风速小、静风多。由于热岛效应,城市中风速减小、风向不定。据曲金枝(1985)研究,北京市建筑密集的前门区与郊区的风速比较下降了40%。城市街道的走向、宽窄及绿化状况,建筑物高矮及布局形式,都会对城市的风流产生明显影响。③城市降水增加。城市化前后对降水的影响是明显的。由表3.2可以看出,莫斯科等5个城市的平均降水量均比郊区多。其影响的机制主要是城市热岛效应使城市上空的气层的层结不稳定,利于产生热力对流,形成对流云和对流性降水。其次,城市中高高低低的建筑物造成大的粗糙度,引起机械湍流,而且对移动滞缓的降水系统有阻碍效应,导致降水强度增大,降水时间延长。再有城市区域的污染大于郊区,凝结核数量加大,有利于形成降水所需的冰粒。所以,城市区域比郊区易于降水。

表 3.2 年平均降水量(mm)的城乡差别

地 名	记录年数	降水量/mm		
		市 区	郊 区	城郊差别/%
莫斯科	17	605	539	+11
慕尼黑	30	906	843	+8
芝加哥	12	871	812	+7
厄巴拉	31	948	873	+9
圣路易斯	22	876	833	+5

(引自董雅文,1993)

Horbert等(1983)将城市气候与周围非城市地区的气候做了比较,得出了城市气候的普遍特征(所用数据来源于柏林和其他城市的大量公开的数据)。

大气污染更严重:气态物质的污染程度比非城市地区高出5~25倍,凝结核的量比非城市地区高出10倍。

辐射的变化:太阳照射时间减少了5%~15%,太阳直接辐射减少了20%~25%(冬季甚至达到50%);表面反照率减少了10%,从大气层反射回来的辐射增加了12%,这导致中午时分净辐射增加11%,傍晚时分增加47%。

风速:降低了10%~20%,无风的时间增加了5%~20%。

温度:最重要的生态学效应是气温上升,气温升高的程度决定于城市的大小。在柏林天气晴朗的时候温度可升高9℃,在亚琛(德国西部城市)可升高7℃,或者高于年平均气温0.5~2.0℃。

降水：年平均降雨量最高可增加 20％（柏林）。

湿度：由于气温上升，相对湿度减小 2％（冬季）～10％（夏季）；在柏林天气晴朗的时候，这个值可达到 30％。

3.1.2.2 城市土壤

土壤是地表的一层松散的矿物质，是陆地植物生长发育的基础。城市区域由于长期受到各种各样人类活动的干扰，城市中的土壤与自然生态系统中的土壤有着较大的差别。与农业土壤和自然土壤相比，城市土壤既继承了自然土壤的特征，又有其独特的成土环境与成土过程，表现出特殊的理化性质、养分循环过程以及土壤生物学特征。章家恩等（1997）认为：城市土壤是在原有自然土壤的基础上，处于长期城市地貌、气候、水文与污染的城市环境背景下，经过多次直接或间接的人为扰动或组装起来的具有高度时空变异性而现实利用价值较低的一类特殊的人为土壤。

城市土壤的特征表现在：①较大的时间和空间变异性。城市的兴衰发展、土地利用的改变与城市景观的变迁都决定着土壤的发育史。城市建筑的兴建与废弃、城市地貌的改变等决定着土壤发育的起始与终结，使原有的自然土壤产生时间和空间上的变异。②混乱的土壤剖面结构与发育形态。城市建设过程中，由于挖掘、搬运、堆积、混合与大量的废弃物填充，土壤结构与剖面发生层次上混乱，城市土壤结构分异程度低、土层分异不连续、土层缺失以及土层倒置。③丰富的人为填充物。城市土壤中的外来填充物丰富，如碎石、砖块、矿渣、塑料、玻璃、钢铁、垃圾等，这是城市土壤的一个重要诊断特征。④变性的土壤物理结构。由于人为的践踏和车辆压轧，土壤结构遭到严重破坏，土壤紧实变性，通透性差。⑤受干扰的养分循环与土壤生物活动。由于城市地表的固化与人为干扰，切断或改变土壤的光、热、水、气的自然传输过程以及土壤的正常功能，元素循环与转化过程及生物活动受到干扰。⑥高度污染特征。人工污染物进入土壤引起作物受害和减产，特别是城市工业污水灌溉农田引起土壤重金属污染，导致城市近郊土壤污染及对环境产生负面影响。

由于城市土壤的组成和性质的复杂性和多变性，人为作用干扰的多样性，城市土壤的类型划分比较困难。很多国家直接把它们归类为人为土或人为破坏土中的一类土壤。FAO/UNESCO（1988）在世界土壤图的修订版中划出了人为土，并细分为四个亚类：深耕人为土、堆垫人为土、肥熟人为土、城市废物堆积人为土。

城市土壤生态系统由土壤、土壤生物和地上植被三大部分组成。土壤生物在土壤有机质合成、分解、矿化和养分循环以及土壤结构的形成与保持方面起到至关重要的作用。由于城市土壤的固化、栖息地的破碎化、人为干扰及污染加剧，土壤生物量减少，有机质和碳素、氮素等营养物质缺乏、土壤酸化、结构紧实、限制着大多数土壤微生物和土壤动物如蚯蚓的生存和活动，通常只有耐酸、嫌气性、自养性和耐污染的微生物能生存下来。在柏林城区边缘的林地，土壤的 pH 值从 1950 年到 1981 年降低了 1.1。虽然有部分自然因素，但是仍然可以说明人类活动加剧了土壤的酸化。城市中由于建筑物和水泥路面的覆盖，许多土层完全被破坏。这种"表面密封"的做法对生态系统产生的结果是动植物生境中所有植物（除了一些地衣和苔藓）和土壤中绝大多数动物的消失，以及地表水再生能力的降低。德国的大城市中密封面积所占比例在 40％～60％之间，个别街区高达 98％，城市最中心的街区有小于10％的预留地给植被（Böcker，1985）。城市植被是城市土壤的一个重要组成部分，它与土壤关系密切。城市中残存的自然植被较少，落叶层的扫除、裸地的压实、土壤的贫瘠化等导致植物生长发育迟缓。

3.1.2.3 城市水体

城市水环境是构成城市环境的基本要素之一，是人类社会赖以生存和发展的重要因素。城市化、工业化程度较高的城市区域，水体环境的特点和变化规律研究非常重要。城市所处地球表面的水圈的水体，包括河流、湖泊、沼泽、水库、冰川、海洋的地表水及地下水，共同构成城市的水资源环境。

城市中的江河湖泊等水体，不仅可作为城市的水源，还具有水运交通、改善气候、稀释污水、排除雨水以及美化环境的功能。但城市建设也可能造成对原有水系的破坏，或者过量取水、排水，改变水道和断面而致使水文条件发生变化。由于不透水面层的增加、污染物的增加以及生物多样性的减少，许多城市的水域已经变成了城市化的水库。由于水在自然界是循环利用的，城市日渐缺水的同时，城市的扩大也造成城市水体的污染。尤其是工业废水的排放、人类生活使用的化学品的增加而产生的污水经由下水道进入江河水体。

城市水体与水环境的特征主要表现在：①淡水资源的有限性。任何一个城市的淡水资源总量都是有限的，它的总量受两个方面的制约。一是年间降雨量和降雨年内分布情况制约。如北京处于典型的暖温带半湿润大陆季风气候，年降雨量小且降雨集中在 6 月至 9 月，蒸发量大。二是受地表江河，即过境径流量的制约。②城市水环境的系统性。城市地面水和地下水、江河和湖泊之间在水量上互补余缺，互相影响、相互制约而成为一个有机整体。如果地表或地下水的一部分受到污染，整个城市水环境系统质量就会恶化。③城市水体自净能力较差。虽然城市水体都具有一定的自净能力或环境容量，但这种自净能力有一定限度。不同城市水体的自净能力与江河流量相关。

许多城市都是沿河兴建的，因此过境水对城市的发展有至关重要的意义。城市对过境水系的功能要求，主要包括提供充足的供水量和良好的水质，可供开发利用而不导致环境破坏的排水河道、可供通航的水道、可供水产养殖的水域、可供人们休闲游览的水体。

3.1.2.4　城市植被

城市植被（urban vegetation）是城市里覆盖着的生活植物，它包括城市里的公园、校园、寺庙、广场、球场、庭院、街道、农田以及空闲地等场所拥有的森林、灌丛、绿篱、花坛、草地、树木、作物等所有植物的总和。尽管城市里或多或少仍残留或被保护着的自然植被的某些片断，但城市植被不可避免地受到城市化的各种影响而孤立存在，尤其是人类的影响，即使残存或保护下的自然植被片断也在不同程度上受到人为干扰。人类一方面破坏或摒弃了许多原有的自然植被和乡土植物，另一方面又引进了许多外来植物和建造了许多新的植被类群，不管这些影响或干扰是有意识地或是无意识地，直接地或是间接地，但最终是改变了城市植被的组成、结构、类群、动态、生态等自然特性，从而具有完全不同于自然植被的性质和特性。因此，城市植被属于人工植被为主的一个特殊的植被类群。

城市植被由于人为的影响，植被的生境发生了改变，植被的组成、结构、动态等也完全不同于自然植被的特征。①生境的特化：城市化的进程改变了城市环境，也改变了城市植被的生境。较为突出的是铺装的地表，改变了其下的土壤结构和理化性质以及微生物成分；而污染的大气则改变了光、温、湿、风等气候条件。城市植被处于完全不同于自然植被的特化生境中。②区系成分的简化：尽管城市植被的区系成分与原生植被具有较大的相似性，尤其是残存或受保护的原生植被片断，但其种类组成远较原生植被为少，尤其是灌木、草本和藤本植物。另一方面人类引进的或伴生植物的比例明显增多，外来种对原植物区系成分的比率，即归化率的比重越来越大，并已成为城市化程度的标志之一，或被视为城市环境恶化的标志之一。研究表明：柏林市区的非本土植物种类（41%）是周边地区的两倍（20%～25%）。Falinski（1971）在波兰做了一些关于居住人口与植物数量关系的比较，得出从森林中的居住地到大城市，非本土植物种类所占比例在增加，森林中的居住地为 20%～30%，大城市为 50%～70%。③格局的园林化：城市植被在人类的规划、布局和管理下，大多是园林化格局。乔、灌、草、藤等各类植物的配置，以及森林、树丛、绿篱、草坪或草地、花坛等的布局等，都是人类精心镶嵌而成、并在人类的培植和管理下而形成的园林化格局。

④结构分化而单一化：城市植被结构分化明显，并且日趋单一化。森林大都缺乏灌木层和草本层，层间植物更为罕见。⑤演替偏途化：城市植被的动态，无论是形成、更新或是演替都是在人为干预下进行的。植被演替是一种偏途演替或逆行演替，城市植被无疑是一种偏途演替顶极。

城市植被的类型按照蒋高明（1993）的划分方法，分为：自然植被、半自然植被和人工植被三大类型。自然植被是在城市化过程中残留下来或被保护起来的自然植被，由于很少受到破坏，植物群落保存着自动调节的能力。它包括保留下来的森林、城市周边自然防护林和特殊生境下残留的自然植被类型。半自然植被是在城市生境中存在的半野生植物群落，植物群落中各要素之间的基本联系已遭到一定的破坏，植物群落的整体自动调节功能受到破坏。人工植被是城市化过程中人工创建的植物群落，如行道树、公园、街头绿地、人工林、人工草地等。

城市植被的功能是多方面的，主要表现在：城市植被能调节城市气象和气候条件、净化环境、弱化噪声、保护生物多样性、维护生态平衡以及美化环境、丰富城市景观等效应。Stulpmagel 等（1990）研究了植被覆盖区域对城市气候的影响。他发现不仅在绿色覆盖区温度会降低，在这个区域以外 1.5km 的范围内温度也会降低。这种对气候的影响会随绿色区域面积的增加而加剧，但如果绿色区域被路面分隔开，这种影响就会降低。城市植被的功能与城市植被的类型密切相关。

3.1.2.5　城市动物

栖息和生存在城市化地区的动物大都是原地区残存的野生动物，或是从外部潜入城市的野生动物以及通过人工驯化和引进的动物。可以称栖息和生存在城市化地区的动物为城市动物，而把与人类共同在城市中不依赖于人类喂养、自己觅食的动物称为城市野生动物。

城市化的进程改变了城市环境，也改变了城市动物的生境。城市动物的区系组成、种群结构及其分布与区域自然、生物地理条件和城市自然社会环境条件有一定关系，城市人类、社会集团有意识的定向活动或无意识的盲目活动都会对城市动物产生影响。城市中动物的种类在一定程度上受居民对城市动物的喜好所影响，据对加拿大滑铁卢市居民对各种野生动物的喜好调查显示，这些地区的居民喜爱鸣禽、栗鼠、松鼠与棉尾鼠，而不喜欢土拨鼠、蝙蝠、鼩鼠等。

城市动物明显不同于自然环境动物的特征，主要表现在以下几个。①城市区系成分优势种的改变。城市环境的空间异质性、时间异质性对城市野生动物区系成分优势种的改变相当密切。如流经日本的多摩川河，原来水质清澈，河中鱼类以香鱼、石斑鱼、杜文鱼为主，由于发展工业造成河水污染，这些鱼类基本绝迹，取而代之的是鲤科小鱼白票子大量繁殖。到20 世纪 80 年代，北京城内原来分布较普遍的一些大中型鸟类，如天鹅、斑鸠、三宝鸟、黑卷尾、黑枕黄鹂等也基本绝迹，原来数量较多的灰喜鹊也急剧减少，而对人类依恋性较强的麻雀则成为城市鸟类的绝对优势种。20 世纪 90 年代以后，乌鸦、寒鸦等以城市垃圾为生的杂食性、腐食性鸟类成为北京城市冬季的绝对优势种。②物种数量的改变。排除人类圈养的野生动物，城市野生动物的种数与城市人工化程度呈负相关。如土壤中的蚯蚓，人工活动较大的地区，生息密度显著减小。蜻蜓、蝗虫、萤火虫等昆虫以及哺乳类动物狐、鼩、鼹鼠等从城市化地区的退却速度表明了城市动物种属减少的趋势。赵欣如（1996）对北京市城区公园与郊区公园鸟类的种数的对比调查表明，城区公园鸟类的种数明显少于郊区公园。③种群特征。城市里野生动物的生存环境和栖息地越来越单一化，种群数量有变小的趋势。如鸟类活动与城市植被建设关系密切，城市森林面积与鸟类种群数量呈正相关。日本学者在 20 世纪 80 年代对东京明治神宫、自然教育园、滨离宫鸟类区系的变化进行了研究。结果表明：三处调查地在过去 20 年中，鸟类繁殖数分别减少 57％、50％和 31％。在种群数量分布方面，城市不同地区有所差别。

城市野生动物的保护与管理受到各国的普遍重视，许多国家通过颁布保护法令、设置保护区、建立保护机构等方式来加强城市动物的保护。城市野生动物的保护与管理重点在于为野生动物提供充分的生存空间，保护它们的栖息地环境。

3.1.3 城市自然生态系统服务功能

3.1.3.1 城市自然生态系统的类型及其特点

生态系统是指一定范围内的生物体和它们周围的非生物环境相互作用、共同组成的具有特定功能的综合体。在生态系统中最易混淆的就是不同生态系统之间边界的划分。因此就城市生态系统而言，它既可能被视为一个复合的生态系统，又可被分割为若干个独立的生态系统，如公园和湖。Per Boloud 等人将城市中所有绿色、蓝色的自然区域统称为城市自然生态系统，其中包括了行道树和池塘。很显然，所谓"自然"区域，大多数也受到人类的控制和管理。而行道树由于作为一个独立的生态系统太小，通常被看作较大生态系统的要素之一。

在具体研究中，根据城市的大小、发达程度和其所处的气候、地理条件等地域特征进行相应的城市自然生态系统分类。Per Bound 等人将城市自然生态系统分为以下 7 类：行道树、草坪/公园、城市森林、耕地、湿地、湖/海和溪流。行道树即沿街树，经常由硬化路面所包围环绕；草坪/公园指那些由草、大树和其他植被混合而成的必经管理的绿色区域，包括操场和高尔夫球场在内；城市森林是指比公园树林覆盖度更大的较少管理的区域；耕地和花园可种植和提供各类食物和花卉；湿地由各类沼泽和低湿地区组成，其在各类生态系统服务中贡献最大；湖/海指大面积的开阔水域；而溪流是那些流动的水体的总称。城市的其他地区如垃圾场或废荒地，也可能含有一定的植物与动物群落，因此可根据研究区域的特征及城市本身的特点在具体工作中加以考虑。以上分类系统在斯德哥尔摩市的生态系统服务功能研究中使用极多。

3.1.3.2 城市自然生态系统服务功能的类型及内涵

生态系统服务功能的内涵可包括有机质的合成与生产、生物多样性的产生与维持、调节气候、营养物质储存与循环、土壤肥力的更新与维持、环境净化与有害有毒物质的降解、植物花粉的传播与种子的扩散、有害生物的控制、减轻自然灾害等许多方面。在城市生命支持系统中，如下六种生态系统服务功能至关重要（表3.3）：净化空气（大气调节）、调节城市小气候、减低噪声污染、降雨与径流的调节、废水处理（废物处理）和娱乐、文化价值。

表 3.3　城市自然生态系统服务功能

项　目	林阴树	草坪/公园	森林	耕地	湿地	溪流	湖海
净化空气	√	√	√	√	√		
微气候调节	√	√	√	√	√	√	√
削减噪声	√	√	√	√	√		
调节径流	√	√	√		√	√	
废水处理					√		
娱乐文化价值	√	√	√		√	√	√

注：引自 Per Bolound & Sven Hunhaummar (1999)。

（1）净化空气　由于工业生产、交通和供暖所导致的空气污染，是城市最主要的环境问题之一，尤其是那些位置低洼、污染物不易扩散、清洁生产技术不发达的城市。众所周知，植被具有明显的减轻大气污染、净化空气的作用，但其净化程度取决于城市当地的条件。植被净化空气最初从叶片对空气中污染物和颗粒物的过滤开始的，其次才进行吸收。过滤能力随叶片面积的增加而增加，因此树木的净化能力要高于草地与灌木。针叶具有最大的叶表面积，而且冬季空气污染最严重时针叶树叶片不脱落，因此针叶树比落叶树的过滤能力更强。

但是，针叶树对大气中污染物却较为敏感，而阔叶树对硫化物、氮氧化物、卤化物等污染物的吸收力却很强，因此，行道树、公园、城市森林等的结构在种植针、阔混合林时效果最好。一般来说，植被比水或空旷地有更强的净化空气的能力。植被的布局和结构也会影响净化能力。Bernazky（1983）曾报道，在公园中空气污染物近85％被过滤吸收，而林阴道上只有70％。过于密集的植被又会引起大气乱流。据统计，$4.0 \times 10^5 m^2$ 的混合林每年可从空气中移走15t颗粒物，而同等条件下纯云杉林可达30～40t之多。可见，在城市的生态规划中必须注意植被种类的搭配、区域的布局、配置的结构等问题。

（2）调节城市小气候　城市会影响所在地区的气候，甚至气象。根据美国城市气候的研究调查，城市与其周边的乡村相比有明显的不同：城市气温平均高于乡村0.7℃，太阳辐射减少近20％，而且风速降低到10％～30％。城市热岛效应，正是由于城市内存在大面积的吸热表面（硬化路面、建筑物等），以及大量使用能源而引起的。

城市内所有的自然生态系统均有助于此类效应的缓减。水环境不论冬季还是夏季都可减少温度偏差。城市植被的小气候效应也极为显著，尤以热带、亚热带地区为甚。在炎热的气候中，树木可遮阳阻挡60％～94％的太阳辐射到地表，叶片蒸腾耗热占辐射平衡的60％以上，因此绿化地区能降低环境温度4℃以上，绿化区气温明显低于未绿化的街区。仅一株大树每天就可蒸发近450L水，这些水需消耗1000MJ热才可自然蒸发出来。因此，城市树木可明显降低城市夏季温度。通过夏季遮阳、冬季减小风速，植被还可减少能源使用，改善空气质量。有关资料表明：芝加哥市区每增加10％的森林覆盖率，就供暖和降温所耗能源费用而言，每年每一居民单元就可减少近50～90美元。而且，树木长远效益的现值估价大约为其费用现值估价的两倍之多。斯德哥尔摩位于许多岛屿上，因此市内的微气候大部分是由水体调节的。据报道，斯德哥尔摩市闹区的年平均气温与中心城市的外缘相比高出0.6℃。此外，湿地和滩涂热容量大，并可通过蒸腾作用等保持当地的湿度和降雨量发挥调节城市气候的功能。

（3）降低噪声污染　交通与其他原因造成的噪声问题影响着城市居民的健康。影响噪声大小有两个因素：一是噪声源距离，每增加一倍距离可降低噪声3分贝；其次是地面特性，据研究表明，柔软的草坪比水泥步行街的噪声低3分贝。植被尤其是乔、灌、草相结合的绿化隔离带也有明显的消减噪声的功能。据调查，没有树木的高层建筑的街道上空，其噪声要比种上行道树的街道高5倍以上。40m宽的林带可减噪声10～15分贝，而4m宽的绿篱墙也可减小噪声5～7分贝，一般公路两边种植10m宽林带（乔、灌、草结构）可降低噪声25％～40％，可见防噪手段主要是道路两旁种植乔、灌、草结合的立体绿化带。

虽然采取各种措施来降低噪声，比如加设隔音墙或隔音玻璃；但玻璃仅限于室内，而隔音墙又会影响城市景观，因此最佳方式是进行城市生态规划与建设，加强绿化建设。

（4）调节降雨与径流　覆有水泥、柏油等表面的基础建筑物，由于表面密实而坚硬使大部分降水汇成地面径流，而且由于可能携带市区污水而使水质发生恶化。很明显，植被可以通过各种途径来解决这一问题。植被根系深入土壤，使土壤对雨水具有更强的渗透性，根系吸收水分后植物叶片以蒸腾的方式释放到空气中，增加了大气湿度，从而调节降雨和径流。而且，植被有减缓水流速度，减少洪水危害作用。有关研究表明：有植被的地段仅有5％～15％的雨水流失，其余的或蒸发或渗透到地面；相反，无植被的地段60％的雨水流入了暴雨污水沟，这显然会影响当地的小气候和地下水位。植被主要从3个方面减少水土流失：地表积累的枯枝落叶层和活地被物增加土壤的厚度，保持和涵养大量水分；林冠能减少流雨量和雨滴动能，水土保持作用非常显著；植被根系在土壤中纵横交错，提高了土壤的抗侵蚀和抗冲刷性。因此，地理条件处于有暴发洪水危险、自然条件较差的城市，越应该植树造林，其环境效益是显著的。

（5）废水处理功能　城市废水处理量极大，例如斯德哥尔摩的废水处理企业每年处理近1.5亿立方米废水，花费很大。而废水处理中所释放的营养物质，又会引起周围水域生态系统的富营养化等问题。

在某些大城市已开始利用自然生态系统（主要为湿地）进行污水处理的研究。湿地的植被和动物可吸收大量营养物质，并且可减慢污水流速，以使颗粒物质沉淀于底部，近96%的氮和97%的磷可滞留于湿地内。这样，既可以增加生物多样性，又基本上减少了废水处理的费用。目前湿地恢复已经在增加生物多样性和节省污水处理成本方面取得了很大的成功。据计算，利用恢复湿地降解氮的成本为污水处理厂处理氮成本的20%～60%，而湿地在处理污水的同时，还有益于生物生产及生物多样性维护。一些水生生物也具有环境净化作用，如芦苇、小糠草、泽泻能杀死水中的细菌；水葱、田蓟、水生薄荷等能杀死水中的大肠杆菌；凤眼莲、浮萍、金鱼藻等具有吸附锌等重金属能力。迄今为止，国外湿地恢复进行得十分成功，而国内在这一方面的应用研究却不多。

（6）文化娱乐价值　城市是城市居民的主要生活环境。密集的人口环境、紧张的生活节奏使人们几乎没有时间和空间去休息和娱乐，人们觉得离自然越来越远。研究表明，人只有在大自然中，头脑才能更为灵活，思维才能更为敏捷；压抑才能减轻，心理生理病态和创伤才能愈合和康复。而且绿色空间对于人类心理学研究十分重要。一个典型的例子就是对不同环境下人们对压力的反应进行研究，结果表明，暴露于自然环境下压力水平会迅速下降，而在城市环境下压力水平很高，甚至有不断升高的趋势。对医院病人的研究也表明，居住于面向花园的病房的病人比居住于病房面向建筑物的病人恢复速度快10%，所需强烈镇痛药也减少了50%。因此，绿色环境可增进城市居民的身心健康，改善生存质量。

自然生态系统不但可为城市提供美学和文化价值，而且还可以改善城市景观。Botkin & Beveridge（1997）曾说明："对于大城市而言，植被是保证居民生活质量的基本要素，只有植被才能使城市居民的舒适生活成为可能"。除植物以外，城市内出现的动物区系，如鸟和鱼，也应该包含在美学、文化价值之内。而且，还包括了生态系统的科学研究价值，例如城市生态系统的某些植物具有指示、监测城市环境质量的功能，如地衣在空气污染的地区是不能生长的，可作为空气污染的指示植物。

3.2　城市自然生态体系的保护途径

3.2.1　城市自然保留地保护

3.2.1.1　城市自然保留地概念和内涵

在人们追求自然、崇尚自然的今天，在城市中保留更多的自然地成为了新时代生态环境建设的时尚，但有关城市自然保留地方面的专题研究还很少。目前，关于城市自然保留地还没有完整的定义。经过相关的研究，人们提出城市自然保留地的定义：城市自然保留地（urban natural reserved area）是指城市地区范围内具有一定面积的自然或近自然区域，具有保持生物多样性、乡土物种和景观保护和保存复杂基因库等重要的生态功能。

这里把城市自然保留地（urban natural reserved area）的地域范围划分为三个层次：城区保留地——近郊保留地——远郊保留地。

城区内的自然保留地，由于城市的发展，完全的自然生态系统已经很少，目前在我国的城市中主要是废弃地或多年未开发的闲置地，通过多年的荒废，已经自然恢复为具有自我维持自我调控功能的近自然生态系统。还有一些人工建设的绿地，由于缺乏人工的修整，变得杂草丛生，这恰恰是人们所追求的自然；近郊保留地是城市自然保留地的重点部分，城市的扩展需要一个过程，而城市近郊是城市中最接近自然的地区，乡土植物和自然植被经过多年的自然选择，形成了相对稳定的植物群落；在上面的定义中，之所以把保留地的范围定义在城市地区，是因为城市地区的范围大大超出了市区范围，远郊作为城市地区的边缘地区，往往是城市地区自然生态系统保留最好的地方，而这部分自然保留地会对城市环境起到重要的改善作用，包括自然形成的群落，重要的生境保护区和原始景观等。

另外，一个城市中自然保留地的保护不只是取决于孤立的面积因素，还要有连结各保留地的廊道，按照景观生态学原理，需要为城市中的野生生物提供活动和迁徙的廊道。

城市自然保留地是指城市地区范围内具有一定面积的自然或近自然区域，具有保持生物多样性、乡土物种和景观保护和保存复杂基因库等重要的生态功能。在该概念中有两个要点，一是自然地的类型，二是保留地的区域范围。类型包括两种，自然型和近自然型区域，为何要强调近自然型？这是因为在目前的城市区域中，除了在城市的远郊还存在相对自然度较高的区域外（如我国深圳福田的红树林城市自然保护区），一般很少有自然型的，最好的也就是近自然型区域，还有很多是人工模仿自然生态系统建设的半自然型区域。"近自然"是指人类干扰之前保留自然植被痕迹的地方，但又被人类深刻改变，不能视为真正意义上的自然。如遗留的林地、湿地、草地以及废弃的深坑、水库和人工湿地系统等，它们是野生动物良好的栖息场所，在一定程度上弥补了大量自然生境的丧失。生态公园是模仿自然生境、保护城市生物多样性的理想途径，如伦敦中心城区的海德公园、香港的郊野公园等。强调"自然"的原因是为了强调城市区域中自然保留地区别于一般城市园林的本质差别——是否具有一定的生态功能。

自然的概念可在不同的层次上来理解，并可存在于人工化的城市现实之中。自然的实质是自然景观或生态系统结构功能的存在与维持，并表现出人工投入少、自维持、按自然规律演替，保育生物生境及野生生物，保护、发展、再造自然资源的特点。城市地区自然保护可通过对城市区域自然残遗的保护和对破坏景观的生态进行恢复、重建两条途径来实现。自然与城市结合的实践活动的开展，使西方国家城市建设中产生了一些相关概念，如半自然（semi-natural）、近自然（para-natural）、自然形式的景观（natural-formed landscape），这些所谓的自然是自然景观受干扰退化的结果，也可说是人工恢复重建的产物。这些概念比笼统的带有哲学意味的涵盖较广的"自然"概念更加具体，具有更强的可操作性，成为城市自然保护的目标。因此，人们在城市自然保留地的概念中使用了自然和近自然用以区别。

从上面的城市自然保留地的概念中看出，如果从其英文 urban natural reserved area 直接翻译的话，应该译为城市自然保留区，为什么没有如此翻译呢？原因是，保留区一词给人的印象一般面积比较大，会误认为自然保护区，所以翻译为自然保留地。因为在城市区域的自然生境面积一般比较小，这样更符合中国的理解习惯。当然，在自然保留地中那些面积较大的，也就等同于城市自然保护区，没有本质上的区别，和普通的自然保护区相比较，只是范围上的差别，只要是位于城市范围的野生生境，都可以称为城市自然保留地（区），在我国以及许多其他国家通常以行政区域划分。

在城市中进行自然地保护的目的是野生生境的保护，最终目的也就是生物多样性的保护。按照自然保护途径来划分，有两种生物多样性保护途径：一是以物种为中心的自然保护途径（"自然保护的物种范式"），二是以生境为中心的自然保护途径（"自然保护的景观范式"）。而后一种途径考虑了尺度上的生物多样性的格局与过程及其相互作用，城市区域中自然保留地保护正是按照后一种途径提出的。应当强调的是，在城市自然保护的过程中，必须重视生态过程，即生态要素间的物、能、信息、基因流之间联系的恢复与重建。健全的生态过程是实现上述保护内容的基础。简单的栽树种草，只是将绿色引入城市，而注重生态过程的绿地建设则真正是将自然引入城市。将绿色引入城市服务对象是人，而将自然引入城市服务的不仅是人类，还有其他的动物、植物生命体及自然现象。生态过程的重建，有赖于城市景观结构的恢复，生态学和恢复生态学为其提供了支持。

3.2.1.2 城市自然保留地的功能

城市自然保留地除具有城市森林和城市绿地类似的功能，如可以调节气温，降低风速，减少蒸发，改善城市小气候，维持自然生态过程，包括水、气、养分循环和动植物生存以及吸收 CO_2 等有毒气体、制氧、除尘杀菌等作用外，还具有一般绿地所不具有的功能与价值。

（1）生态功能　生物多样性保护和乡土物种保护的功能。可以使自然生态系统中的动植物资源得到保护和适当的利用，作为人类土地及资源利用的基础。同时为城市提供生态防护，为许多物种的迁徙提供生态走廊，为城市的过度扩张提供了自然屏障。

（2）教育功能　在城市中，特别是大城市中，人们真正与大自然接触的机会较少，尤其在对青少年的教育中，城市中心及周边的自然保留地是良好的户外课堂，自然地中的花草树木、水体、土壤等可以生动地演示自然的奥秘和自然规律，激发人们热爱自然、致力于环境保护的自觉行动，开展有效的生态教育。

（3）研究价值　提供生态及环境研究的场所。提供生态演替及其他生物现象长期研究的机会。提供基准值，作为检验因人类活动所引起自然生态系统变化程度的依据。可长期保存复杂的基因库，且有助于保留区内基础科学研究。

（4）社会功能　自然保留地作为"城市的肺"，还能作为市民休闲游憩的场所，可以开展社会性的活动，是促进自然植被增多的潜在区域，还被视为一个能够通过共同分享经验而促进社会和谐的地方。

3.2.1.3 城市自然保留地的保护方法

从城市生态系统的角度来看，城市化对于城市生态系统的演替过程具有正、负两个方面的效应。一方面，城市化促进了经济的繁荣和社会的进步，这就是城市化的正效应；而另一方面，城市的人口膨胀造成自然资源短缺，城市环境污染，自然系统被破坏，由此造成了城市化地区生态系统的逆向演替。城市化对于土地以及资源的需求造成了区域资源短缺，城市中的环境（水、大气、土壤、噪声、光）污染、外来物种入侵造成了原有自然系统的改变，导致城市区域气候改变、生物多样性丧失、原有景观破碎化，引起土地生态退化，自然灾害频发，甚至导致历史文化断层，进一步危及城市文明的延续。

城市自然保留地本来是相对于纯粹的自然保护区提出的，自然保护区是为了保护动植物的生境，而城市自然保留地更强调保护城市居民赖以生存的自然环境、社会秩序和历史文化等，维持整个城市的健康发展。从可行性角度看，城市自然地应该包含城市区域内的自然保护区、风景名胜区、森林公园、湿地公园等不同部门命名的保护地域。这个保护区的划定应该以一个城市的范围为主，考虑工作的连续性，具体由建设部门牵头，协调相关委办局建立特别委员会，相应地再建立相关制度，大城市划定国家级城市自然地，中小城市划定省级城市自然地区，布设省级以下级别的城市自然地。

现行的《城市绿地系统规划》是城市总体规划的重要组成部分，其主要任务是合理安排城市内部各类园林绿地建设和市域大环境绿化的空间布局，达到保护和改善城市生态环境、优化城市人居环境、促进城市可持续发展的目的。但是其规划标准主要沿用 20 世纪 50 年代初前苏联城市游憩绿地规划方法，布局为"点、线、面"相结合的几何原则，绿地系统规划主要是满足城市规划编制中的绿地系统规划定额指标；重点发展城市公共绿地、分期建设城市园林绿地，按规模大小分级管理，这些措施是有效的，但对于城市整体环境的日益恶化，这些举措还是杯水车薪。

在科学发展观的指导下，在快速城市化时期，要保持城市的健康良性发展，就必须关注城市生态系统与周边自然生态系统的交界处、大城市集群发展区域，开展整个城市区域的自然系统的保护与规划研究，对于城市化地区以外及城市郊区的自然保护加强管理，明确城市进一步发展的约束边界。

我国相关主管部门都在努力保护城市进一步发展的生态支撑系统，设立了自然保护区、风景名胜区、森林公园、湿地公园、地质公园、野生动物园等。虽然不同部门间的工作还需要进一步协调，但努力的方向是一致的。目前我国缺乏的是对一些具有保护和恢复价值的小型自然斑块的保护。

城市废弃地的生态重建也是面向这个方向的基础工作。在城市工业废弃地上重建生物区是对城市的有机更新，符合当前应用生态学的发展方向，它一方面改善了城市工业废弃地的本地环境，提升了生态价值，带动了废弃地本地和周围的土地价值，为旧城区发展带来新的活力；另一方面，通过生态工程设计，建立生态廊道，也沟通了生态系统间的联系，提高了整个城市生态系统的活力，还可能恢复生物维持活力的生境。如果生态工程设计与人文资源结合，城市复合生态系统的整体活力将更进一步增强。

要依据城市自然地的概念对快速城市化区域进行合理的生态规划，保留有生态价值的敏感地区特别是一些具有廊道作用的小自然斑块，以建设生态城市、维护城市自然生境的理念对城市的珍贵自然空间进行保护、修复、重建，做到既发挥其自然生态价值，又发挥其社会经济价值，以一个复合生态系统的观点对城市化地区土地综合开发，为市民提供与大自然亲密接触的空间。

3.2.1.4 城市自然保留地的保护框架分析

在相关学科理论支持的基础上，对某一城市范围内的所有自然斑块进行详细的调查并进行生态单元制图（见图3.3）。

运用生态单元制图的程序进行城市中自然保留地的生态单元制图，首先进行生态单元制图的准备工作，包括对现有法律法规的分析，城市区域生态环境背景概况的了解等，然后确定要详细调查的范围，收集和分析现有资料，对所需要调查的内容进行收集。

然后分三个部分同时进行，包括对现有数据的分析，卫星照片的处理和现场调查资料收集。在所有资料收集充分的基础上利用叠加和计算机技术对资料进行处理，进行最后的生态单元专题图编制。为确定自然地的保护目标奠定基础。

在生态单元制图的基础上，对调查的自然地进行价值评估和分析，确定有保护价值的自然地目标。

城市自然保留地的保护框架中包括三个步骤：对象识别、方法设计、方案实施。可行的管理框架应该能够在保护生物多样性的同时维持和恢复关键的生态过程。这样的框架既包括生态系统的基础管理又为管理活动提供具体的指导。理想的管理方法应该是由多学科的专家合作，由学者、决策者和实施者组成的管理团队。第一步，识别保护对象，设定保护目标，分析现有的生态和社会状况。第二步，说明目标面临的威胁和保护目标的关键生态过程，并分析和项目有关的利益涉及者（能够得到项目对社区是否存在负面影响）。第三步，针对目标面临的威胁和资金状况提出保护策略，并在地图上标出达到具体目标所要进行的行动和将要实施的区域。最后，列出具体的行动方案以实现保护的策略。当然，我们还需要评价保护策略的整体可行性，提出整个过程监测的指标（包括短期的和长期的）。在项目实施的过程中，还需要对保护方案进行定期检查以更新和修改信息，保证方案的科学性和可操作性。

城市自然保留地保护方案可行性分析重点需要考虑以下方面的问题：①生态目标，是否有足够的资源及目标能否实现；②保护策略和目标区域，外界压力能否消失或减轻，社会、经济和政治方面的阻碍能否克服以及怎样解决目标区域和土地所有者的矛盾；③利益风险分析，我们采取的保护行动怎样才能得到赞成者的支持又不会对不赞成者形成伤害，并需要测试公众的反应；④资金和员工，怎样得到资金支持，员工从哪里来，是否能有合作；⑤机会成本，怎样用最少的资源、资金达到尽可能多的目标。

公众参与在自然保留地生物多样性保护方面具有不可替代的作用。应该有计划、有目的地开展广泛的宣传工作，提高市民的自然保护意识。

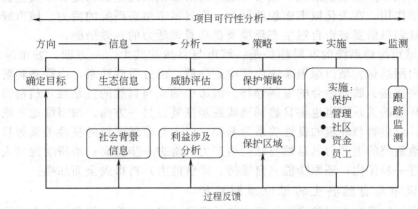

图 3.3　城市自然保留地保护方案实施过程

3.2.1.5　受损自然保留地的生态恢复

对于一些已经受到人类破坏的自然保留地，就需要采取一定的恢复措施加速其生态恢复的进程。受损自然保留地包括两类：一类是人类破坏的自然系统，另一类是废弃地。恢复的方法要根据实际情况，选择不同的方法。恢复可以遵循以下两个模式途径。一是当生态系统受损不超负荷并是可逆的情况下，压力和干扰被去除后，恢复可以在自然过程中发生。如对退化区域进行围栏封育，经过几个生长季后保留地中的植物种类数量、植被盖度、物种多样性和生产力都能得到较好的恢复。另一种是生态系统的受损是超负荷的，并发生不可逆的变化，只依靠自然力已很难或不可能使系统恢复到初始状态，必须依靠人为的干扰措施，才能使其发生逆转。

城市自然保留地的生态恢复受到很多方面因素的影响。

（1）土壤条件　土壤是植物生长的基础，没有土壤，所有的生态功能都不能实现。同时，土壤肥力也是植物生长的关键因子。因此，如果土壤很贫瘠，通常需要通过添加土壤、土壤有机质（特别是菌根）和一些固氮的豆科植物来刺激恢复过程，如果没有这样的投入，初始的一系列过程将很缓慢。

（2）植物繁殖体的可获性　由于城市的发展和人类的干扰，自然保留地中植物的种子很缺乏，而植物繁殖体是植物生长的生命之源，往往会成为主要的限制因素。

（3）无脊椎动物扩散和迁移的限制　无脊椎动物是城市自然保留地生态系统中的消费者，是食物链中的主要环节，由于城市自然保留地大多是一些生态岛，不能和附近的自然生境相连，所以，没有无脊椎动物的生态系统不是完整的生态系统，当然也就缺乏生机了。

恢复生态学中有关的生态恢复方法很多，根据保留地不同的生态系统特征采用不同的方法，以下是常用的几种。

（1）围栏封育　这是简便易行、经济省事的措施，这种方法在其他生态系统已经取得了很好的效果，这种方法也是在进行城市自然保留地恢复中首先要考虑使用的。

（2）物种改造　自然保留地中往往有一些非本地种，阻碍乡土种的生长，影响正常的生态过程，所以首先要将外来物种排出在外。然后对现存的组分进行改造，或者通过人为的措施建立生态顶级，使生态系统过程稳定。

（3）建立生态走廊　城市自然保留地往往是城市地区孤立的生态岛屿，不能和周围的生态系统进行物质交换，以及影响动物的迁徙等。所以，建立生态走廊是保持自然保留地生态活力的重要手段。

3.2.2　城市与自然共生的绿地系统规划

对于整个城市生态系统来说，城市绿地系统对于城市的生态恢复在于其生长式的发展与簇群式的带动作用，在美化城市面貌的同时，恢复城市生态系统的活力。城市绿地规划尤其是环城绿带规划是恢复城市自然生态环境及提高景观活力的有效措施。

21世纪城市绿地系统的发展趋势是：城市与自然的共生。一方面，城市绿地系统的结构总体上趋向网络化。城市绿地系统由集中到分散，由分散到联系，由联系到融合，呈现出逐步走向网络连接、城郊融合的发展趋势。城市中的人与自然的关系在日趋密切的同时，城市中生物与环境的关系渠道也将日趋畅通或逐步恢复。另一方面，城市绿地系统的功能趋近生态合理化。以生物与环境的良性关系为基础，以人与自然环境的良性关系为目的，其中包括：城市绿地系统的生产力（自然与社会生产力）将进一步提高；消费功能（人及生物间的营养关系）进一步优化；还原功能（自维持、降解能力）将得到全面加强。

3.2.2.1　城市与自然共生的绿地规划目标

目前城市绿地系统规划的目标、理念与手段已经趋于成熟。规划目标主要是保护和改善城市生态环境，提高市民的生活质量，实现可持续发展。城市与自然共生的绿地规划理念主要以可持续发展的思想为指导，以生态学和城市规划的相关理论为基础，规划的三个主要目标是：保护、恢复和重建。保护即对具备生态和人文价值的开放空间实施最大限度的保护；恢复指对现有城市公园的改造，也注重修复废弃退化土地；重建则是通过土地置换营造新的绿地，或是建设绿色廊道。

(1) 保护有生态价值的开放空间　保护自然环境、维护自然过程是规划工作的基础，所以几乎所有的绿地规划都给予具备生态和人文价值的开放空间高度的重视。国外经验显示，成功的保护有赖于地方政府实施的长期综合举措，需要考虑诸多社会、经济、环境因素。如伦敦规划咨询委员会（LPAC）在大伦敦战略规划中将绿带、大都市区开放场所（MOL）、泰晤士河、休闲游憩场地、各种廊道、广场、公园和历史考古遗产等均视为开放空间，它们覆盖了伦敦1/3的面积，并有2000km长的绿色步行道，被认为是维护伦敦城市生活质量的重要贡献。美国的区域规划协会（RPA）在对纽约-新泽西-康涅狄格三州大都市区第三次区域规划中，同样设计建立11个总面积约101万公顷的区域自然保护区以保障森林、河口和农田等绿色基础设施。按照景观生态学的理论，这些具有特殊生态价值的保护区作为绿色斑块是都市区绿地系统的核心。

(2) 恢复破损的城市绿色空间　恢复一方面是对于自然植被风貌被损、景观破损严重的城市公园加大绿化力度，保障其绿化覆盖率，如RPA的纽约区域规划就提出加大对城市公园、公共空间和自然资源的改造力度。另一方面是修复工业废弃区、荒废土地以及退化的地带。这些荒废或退化的土地无形中为都市区绿地营造提供了新的空间，如波特兰大都市区1992年启动的绿色空间生境修复计划，强调重建绿色廊道，合并破碎化绿色斑块，旨在修复和增加城市的自然区域。

(3) 建设新的绿地以完善系统结构　新建绿地可归纳为两类：一是利用土地置换的机会建设斑块状绿地。伦敦规划咨询委员会（LPAC）就强调要进一步增加伦敦公共开放空间和绿地的数量，包括植树绿化、创建野生动物栖息地、营造儿童的游乐场地，并倾向于将绿化的重点放在开放空间较少的地区，以便有更多的人可以利用这些开放空间，如米兰的蒙扎（Monza）公园建设。二是沿交通网、高压输电线和河道创建绿色廊道以连接公园、游憩空间、农田、自然保护区和风景区。如美国区域规划协会提出在纽约建设一个区域绿色廊道网络，以提高绿色空间的可达性。

3.2.2.2　大都市区域性绿地规划

大都市区域性绿地规划是在都市区域范围内，以自然植被和人工植被为主要形态，能发挥平衡生态系统功能并对市区生态、景观和居民休闲生活有积极作用的环境用地。其不仅包括传统意义上的城市公园、水源保护区、郊野公园、森林公园、自然保护区、动植物园、风景林地，还包括大面积的都市农业园区和水域，如山林、原野、观光农场、江河、湖沼等。欧洲很多大都市将区域性的绿地系统视为平衡大都市空间结构的基本要素，环城绿带、区域公园、农业用地等都是欧洲大都市区域绿地的主要形式。

（1）巴黎区域绿色规划　巴黎大区 1995 年的区域绿色规划（Regional Green Plan 1995）将绿带列为巴黎大区未来发展的主要项目，它考虑如何使每一个居民都能更加快速便捷地接触自然。该规划将绿带视为大都市区空间组织的基础，由三类空间形式组成：①在土地利用分类中界定的绿色空间，如国有的林地、森林、农田和城市公园；②界定为具有功能性基础的空间，如以特定土地政策保护的农田等；③被确定为生态修复的廊道和市民可达的线状空间，如线性的自然环境、绿色廊道、延展的河道与沟渠等。巴黎将区域自然公园（3 个已获批准，2 个在批）视为土地利用发展的关键以及规划工具，力图通过它们整合城市绿色空间和郊区外围主要的农用地和林地，以形成一个区域绿色开放空间系统，使城乡空间协调互补。为此巴黎区域专署采纳了一个雄心勃勃的项目，以创建和管理多样化的区域自然公园，建设目标是使区域自然公园在郊区绿带总面积中的比重达到 1/4。

（2）马德里开放空间规划　西班牙马德里大都市区通过建立一个绿地系统的层级和邻近建成区边界的开放空间网络，以鼓励对具备生态或游憩功能的开放空间进行保护。考虑植被、景观和历史背景等因素，规划根据对认为活动的限制程序将开放空间系统划分为三个层次：国家公园、区域公园、市际公园（interurban park）。其结果是马德里大都市区 60% 的土地获得了最大限度的保护。其中市际公园主要由市镇当局或大都市区政府购置土地营造而成，大多有着既定的规划步骤，对不规则的河溪、河床、峡谷，废弃的铁路线或者退化的空间加以生态恢复，重新造林，修筑步行道，在边缘地带设计汽车停车场。此外还强调营造生态廊道（ecological corridor），以保证开放空间的连续性。三个层次的公园被设计为一个整合城区和开放空间的体系，以释放都市区施加在具备生态和人为价值空间上的压力，防止它们被中心城区所吞噬。

（3）米兰都市区开放空间规划　意大利米兰大都市区有近 40% 的土地面积为开放空间（城市公园、区域公园、农业公园和其他类型公园），其中一半面积为农业公园。米兰南部绿带的主体是南米兰区域农业公园，该地区农业用地格局和乡村格局一直以来得到很好的保护。农业区域公园对米兰南部农业乡村的保护起到重要作用。北部建成区的外围是伦巴河谷等区域公园，规划部门尝试在废弃地、原有农业区和荒废工业区之间建立绿地网络。

3.2.2.3　基于城市生态恢复的环城绿带规划

环城绿带是指在一定城市或城市密集区外围，安排建设较多的绿地或绿化比例较高的相关用地，形成城市建成区的永久性开放空间。

环城绿带是有效抑制城市蔓延扩张，促进生态环境保护，实现城市可持续发展的重要手段，在欧洲已经得到较广泛的应用。城市生态恢复是以合理利用、保护自然生态环境资源为基本任务的生态规划手段，其目的在于对城市发展过程中所造成的和即将造成的环境破坏进行恢复和保持。其核心与关键是恢复城市生态系统的功能，并且使之能够自我维持。而环城绿带是恢复城市生态环境及提高景观活力的有效措施。环城绿带加强了孤立绿地斑块之间的联系，加强绿地间生物物种的交流，形成连续性的城市生态景观，是城市自然生态恢复的重要途径之一。

英国是较早建设环城绿带的国家，英国学者对环城绿带理论有着较早的探索。19 世纪末，霍华德（E. Howard）在其名著——《明日的田园城市》（Garden City of Tomorrow）中指出："在城市外围应建设有永久性绿地，供农业生产使用，并以此来抑制城市的蔓延扩张"。"卫星城镇"（Satellite Town）理论是田园城市理论的发展。1922 年，霍华德的追随者恩温（Raymond Unwin）出版了《卫星城镇的建设》（*The Building of Satellite Towns*）一书。1927 年，恩温在编制大伦敦区域规划时建议用一圈绿带把现有的城市地区围合起来，不让其向外扩张，而把多余的人口疏散到伦敦周围的卫星城镇中去，卫星城镇与"母城"之间保持一定的距离，其间通常设农田和绿带隔离，但有便捷的交通联系。恩温认为，环城绿带不仅是城区的隔离带和休闲地，还应该是实现城市空间结构合理化的基本要素之一。

1933 年，恩温提出了"绿色环带"（Green Girdle）的规划方案，绿带宽 3～4km，呈环状围绕于伦敦城区外围，其用地包括林地、牧场、乡村、公园、果园、农田、室外娱乐用地、教育科研用地等。它既可以作为伦敦的农业与休憩用地，保持其原有的乡土特色，又可以抑制城市的过度扩张。1938 年，英国议会通过了伦敦及其附近各郡的"绿带法"，并通过国家购买城市边缘地区农业用地来保护农村和城市环境免受城市过度扩张的侵害。1947 年，英国颁布的《城乡规划法》为绿带的实施奠定了法律基础。20 世纪 80 年代，英国各地的绿带规划逐步完成，并进入了稳定期。

环城绿带通过增加绿化面积和强化自然生态保育，有利于增强城市的自然生态功能，改善城市大气环境与水环境，保护地表与地下水资源，调节小气候，减少城市周围地区的裸露地面以减少城市沙尘；有利于促进区域自然生态恢复，可以为野生动植物提供生境与栖息地，从而提高城市生物多样性。

（1）净化环境　城市绿带具有很强的吸收 CO_2、SO_2、NO_x 与降尘等清除大气污染物的能力，对改善城市环境具有重要的作用。

（2）改善小气候　城市绿带有助于改善城市的能量辐射平衡，提高局部环境的湿度，减轻城市热岛效应。同时城市绿带还是城市的防护林带，能减轻风沙对城市的影响。

（3）保护水资源　城市绿带对保护城市的地表水与地下水资源具有积极作用。如对河道、河漫滩、地下水补给区及湿地等重要水资源敏感性区域的保护、恢复和管理具有重要的作用。除此之外，城市绿带的建设还能提高水体的污染物净化能力，保护、改善河流系统的质量。

（4）恢复退化的生态系统　我国城市周边的城郊过渡区往往是生态环境保护较差的区域，森林、草地、湿地通常受到比较严重的破坏。城市绿带的建设可促进这些已退化的生态系统的恢复，减少裸露土地，有助于控制城市沙尘，增强城市的生态调控能力。

（5）为野生生物提供栖息地　城市绿带可以保护、提供野生动植物的生境与栖息地，最大限度地维持或提高城市生物多样性。绿带还是重要的景观生态廊道，对城市生物流、物质流、能量流均具有重要的影响。绿带能连通城市隔离的绿地，从而有利于野生动物从一个孤立的栖息地迁移到另一个孤立的栖息地，为野生动物提供迁移走廊。绿带也能使动植物种群通过长期的基因交换在自然进化中保持健康或为当地物种提供被破坏后的恢复机会。

3.3　城市自然生态体系恢复与重建途径

3.3.1　城市乡土植被恢复

尽管城市里或多或少仍残留或被保护着的自然植被或半自然植被的某些片断，但城市中的植被不可避免地受到城市化的各种影响而孤立存在，尤其是人类的影响，即使残存或保护下的自然植被片断也在不同程度上受到人为干扰。在城市建设过程中，大量原生植被被破坏，城市中现存的植被绝大部分都属于人工种植的类型，这些人工植被的物种多样性相对较低。土壤种子库作为潜在自然植被恢复的有效手段，正在引起广泛的关注，作为城市自然乡土植被恢复的一种途径也开始得到尝试。

3.3.1.1 土壤种子库及其生态学意义

土壤种子库，又称埋土种子（soil seed bank），是指土壤及土壤表面的落叶层中所有具有生命力的种子的总和。

土壤种子库的形成因素很多。根据 Grime（1979）的观点，土壤种子库中的大部分组成了土壤埋藏种子。但是，有些种子仍旧在土壤表面或者枯枝落叶物中、森林中的地面落叶层、腐殖质中。种子落到土壤的裂缝中，在洪水期间被沉积物所覆盖，或是由被风吹起的土粒所包埋。对于包埋种子来说，土粒大小是很重要的，尤其是那些被风吹着沿地表移动的土粒。在野外研究中，所有物种被包埋的种子（或果实）的数量随着土粒大小的增加而增加，直到一个特定的阈值。许多动物的行为也会产生一些埋藏的种子。有时候，一些脊椎动物有意或无意地在土壤中打洞时会埋藏一些种子到土壤中去。如獾、鸟类、豪猪、蛇田鼠、啮齿动物等，常会把一些种子埋藏到土壤中有时是为了作为食物储藏。无脊椎动物，包括蚂蚁、甲虫、蚯蚓等，也会埋藏种子。蚂蚁会把种子埋藏到不同深度层次的土壤中，被埋藏的种子种类依赖于蚂蚁的种类和食性，同时也依赖于种子的可获得性。蚯蚓也会导致大量的种子埋藏在土壤中，蚯蚓对于取食的种子是有选择性的，它们对于大量种子的埋藏具有重要作用，而且它们能把种子完好地埋在土壤表层以下，如蚯蚓把 *Capsella bursapastoris* 种子从土壤表面搬到 17～18cm 深的土壤。对于土壤的不同干扰活动会导致一些种子埋藏到土壤中去。如在农业耕作地中，犁田活动是导致种子埋藏到土壤中的主要方式。Feldman（1994）研究了不同耕作方式中小麦田的土壤种子库，发现种子库的密度和组分随耕作方式和耕作深度的不同而变化。

土壤种子库时期是植物种群生活史的一个阶段，Harper（1977）把它称为潜种群阶段。土壤种子库动态的研究对于种群生态对策、物种进化等方面问题的解决具有重要的学术价值。土壤种子库的时空格局对退化生态系统的恢复和未来植被的构成关系重大，土壤种子库是潜在的植物种群或群落，研究它有助于对植被更新的了解。土壤种子库是植被更新的物质基础，是生物多样性研究不可缺少的部分，土壤种子库中的长命种子具有重要的遗传学意义。种子库被认为是植物种群基因的潜在提供者，所以土壤种子库在维持种群和群落的生态多样性和遗传多样性方面具有重要意义。从实践上，研究土壤种子库的组成、动态以及在植被恢复中的作用，有助于在农业、森林、自然保护区的管理措施以及矿业废弃地复垦、退化土地的植被重建等环境治理领域上发挥积极的作用。

3.3.1.2 土壤种子库应用于城市乡土植被恢复

在大面积采用外来种替代本地树种之后，森林在植物组成上有很大变化，维管束植物迅速的减少，尤其是春天萌发的草本植物快速减少。大面积的外来物种纯林所带来的危害就是在林分的稳定性、抵御病虫害以及发挥森林的生态效益等方面表现出明显的劣势。目前，一些地区的森林管理者提出用本地种逐渐取代外来种的经营目标。原有森林地表植被的恢复主要有以下几种途径：①种植缺失的草本植物；②附近原始林种的入侵与定植；③土壤种子库的自然更新。第一种方式耗资太大而不能得到广泛的推广。第二种方法的恢复进程太慢，而且如果退化种植地附近没有原始林，就根本得不到恢复。在这种情况下，土壤种子库在原有森林植被恢复过程中将起重要作用。

从现有的研究可以看出，不是在任何地方、任何生境均能利用土壤种子库进行原有乡土自然植被的恢复。对于干扰严重，立地条件差，不利于种子定植、萌发和种苗生长的地域，要结合人工重建及工程措施引入演替先锋种，逐步实现原有乡土植被的恢复。

作为植被恢复的材料和资源，土壤种子库具有恢复该地域自然植被的潜在能力。将土壤种子库用于自然植被恢复绿化，国外有很多研究成果与成功的实例。

保护和恢复城市生物多样性，城市区域乡土植被的恢复是重要的先决条件。以保护和恢复城市生物多样性为前提的植被恢复要考虑以下条件：

① 考虑到当地原生自然植被的风土性和固有性；

② 濒危种的保护，应将具有保护意义的野生植物的灭绝的可能性减少到最低限度；

③ 建立多样化的、物种间相互作用网络的植被。

因此，植被恢复应该坚持这样的原则：模仿当地良好的自然植被，建立植物群落的结构；导入当地域原来分布的历史悠久的种类以及目前濒危的种类的野生植物材料；确保各种的遗传变异；充分考虑植物与其他生物间的相互作用。

目前，国内外有关城市区域植被的恢复主要采取三种途径：

① 依靠植物种子自然传播而形成的植被自然演替；

② 依靠外来植物种子或种苗的大量引入；

③ 利用土壤种子库恢复乡土自然植被；

第一种途径虽然有恢复丰富多样性自然植被的可能性，但在植被恢复的场所附近必须存在着丰富且适宜的种子供给源。而且，有时这些场所可能会成为归化先锋植物种的适宜生息地。另外，即使周围存在种子供给源，植被自然恢复的时间长短难以预见，并非是一种最有效的方法。

第二种途径是目前广泛采用的一种方法，因为可以在很短的时间内形成人工植被，例如园林绿化所采用的苗木甚至大树的移栽，使用乡土树种的生态绿化工程，斜面绿化使用的外来植物种等。虽然在绿化中一直提倡使用乡土种，但是实际绿化工程中外来种的使用比例很高，原因在于：外来种初期生长速度快、生长繁茂，绿化植物的性状易于调查，可以得到大量的纯正种子，很多外来植物一年中可以进行春播和秋播，缩短了施工期。外来植物的使用具有以上许多优点，但最大的弊端在于存在着破坏当地植被稳定性的风险。

第三种途径是利用土壤种子库具有潜在自然恢复力的方法，也是基于生态学基本原理的方法。为了恢复地带性的自然植被，把森林表土中的土壤种子库作为绿化植物材料的应用研究正日益引起各国学者的关注。

3.3.2　城市绿色廊道建设

在城市化的进程中，城市发展与生态环境建设之间的矛盾日益突出。绿色廊道作为保证城市可持续发展的一种有效手段正逐步融入到城市自然生态恢复与重建中。城市绿色廊道不但对自然资源起到保护作用，满足人们的休闲娱乐的需要，恢复并保存了有价值的文化资源，还对城市空间布局和城市生态环境建设具有引导作用。

3.3.2.1　绿色廊道的类型

景观生态学认为，景观是由斑块、基底和廊道组成，廊道（corridor）简单地说，是指不同于两侧基底的狭长地带。城市绿色廊道（urban green corridor）是城市绿地系统中呈线状或带状分布的部分，能够沟通连接空间分布上较为孤立和分散的生态景观单元的景观生态系统空间类型。它既具有生态廊道系统的一些基本特征，又是城市生态文明和绿色文化的象征。城市绿色廊道不仅是道路、河流或绿带系统，更主要指有纵横交错的绿带和绿色节点有机构建起来的城市生态网络系统，使城市生态系统基本空间格局具有整体性和系统内部高度关联性。

随着景观生态学在城市生态中的广泛应用，部分学者提出了城市绿色廊道的分类方法。宗跃光将城市绿色廊道分为人工廊道（artificial corridor）和自然廊道（natural corridor）两大类，人工廊道以交通干线为主，自然廊道以河流、植被带（包括人造自然景观）为主。按照廊道的功能有人将绿色廊道分为重要生态学走廊和自然系统的绿色廊道，水域、道路和景观附近的休闲绿色廊道以及具有历史遗迹和文化价值的绿色廊道。按照城市绿地系统中绿色廊道的结构和功能的差别,可以将绿色廊道分为绿带廊道(green belt),绿色道路廊道(green road-side corridor)及绿色河流廊道(green river corridor)(见表3.4)。

表 3.4　绿色廊道的类型及其基本构成

廊道类型	基 本 构 成
绿带廊道	有足够的宽度,通常具有边缘效应。沿自然廊道(山脉、山谷、河流)和人工廊道(城市边界、不同功能组团之间);通常作为隔离带、防护林带、生态保育带
绿色道路廊道	沿人工廊道(市区公路、铁路、高速路等),包括与机动车道分离的林阴休闲道路和道路两侧的绿化
绿色河流廊道	沿自然廊道(江河、漫滩、湿地等),包括河道、河漫滩、河岸、高低区域

3.3.2.2　绿色廊道的特征

根据绿色廊道的发展过程,绿色廊道具有以下显著的特征:①具备较强的自然特征。最直观的即具备大量的植被,这样就可以将完全人工化的景观如硬质道路排除在研究范围之外。②线形空间形态。这是绿色廊道自身的基本空间特征。线形空间在人类社会中起着重要的作用,在感观上,它给人以运动感,构成了人类的一种重要体验;在生态过程上,它对物种、营养、能量的流动起着重要的作用;而且它集中了多种具有很高价值的资源,因此这是一种很重要也很普遍的景观组成。③连通的网络。首先是绿色廊道网络本身的互相连通,这个网络必须形成一个互相作用的整体,不同规模、不同形式的绿色生态廊道、公园等构成绿色网络。其次,它必须与周围的景观周边连接;它和周边土地的利用方式之间有着深刻的相互影响。④绿色廊道是多功能的。包括生态、游憩、文化价值、环境保护、经济、教育功能等。当然,很难在同一绿色生态廊道的规划建设中将所有的功能很理想地实现。因此,在实际规划建设中,必须相互妥协成一致;如果二者不能达成一致的话,只能因地制宜进行空间分区管理去掉某个功能。⑤绿色廊道只是代表了一种具有特殊形态和综合功能的城市绿地形式,对绿色廊道的关注只是因为很多城市在发展过程中,城市绿地系统没有形成有效的网络,同时,城市中自然环境的丧失、生物多样性的降低和环境的恶化也是引起人们对建立城市绿色廊道关注的重要原因,但这并不能排除其他形式绿地的重要性。

3.3.2.3　绿色廊道的功能

绿色廊道是城市自然生态恢复与重建的有效途径,Annaliese B. 将绿色廊道的功能表达为5个"E-ways",即 Environment、Ecology、Education、Exercise 和 Expression。Enviroment 的功能即是绿色生态廊道的环境保护功能,如利于城市防洪、蓄洪、水质净化、水土保持、清凉城市、降低污染等;Ecology 的功能即是恢复和建立城市自然生态系统,维持生物多样性;Education 是指绿色生态廊道是开展环保教育和学校野外实习和实验的自然课堂;Exercise 是指绿色生态廊道为城市居民提供了休闲健身、体育运动的良好去处;Expression 是指绿色生态廊道可传递诸如私人间的交流、爱国情感的表达、具有纪念意义的、文化性或政治性的意识等。同时,绿色生态廊道网络在很大程度上控制了城市无休止的扩张,对城市的空间布局有很强的引导作用。J. G. Fábos(2004)认为:绿色廊道有至少以下三个主要重要功能。

① 绿色廊道保护自然系统的生态重要性:主要沿着河流、沿海地区和山脉;保持生物多样性并且为野生动物提供迁移途径。

② 绿色廊道网络为都市和乡村的人们提供很多休闲娱乐机会,供人们散步、步行、骑脚踏车、游泳、划船等很多室外休闲娱乐活动。

③ 绿色廊道网络为人类保留重要的历史遗迹和具有文化价值的场所。据统计90%的遗留地区和文化资源坐落于这些地区和廊道。新英格兰和美国的绿色廊道预期建成多功能绿色

廊道，并且发现很多资源都沿河流和海岸线。

3.3.2.4 绿色廊道作为城市自然生态恢复的途径

绿色廊道途径主要基于景观中连续的线性特征，对关键性环境的功能，如物种分布和水文过程等的促进作用。绿色廊道的一个重要的特性，是它多功能的本质，包括生态功能、娱乐功能、视觉欣赏功能、景观通道功能和污染缓冲功能等。这些功能对生物多样性的保护和景观格局的维持是非常重要的。

（1）强化城乡景观格局的连续性 区域山水格局和大地机体的连续性，对于城市生态基础设施的可持续性至关重要。然而城市扩展对周边自然生境的蚕食，造成城市区域内自然景观斑块面积较小、破碎度高，市区的自然残遗斑块就像是城市海洋中的孤岛，孤立无"源"。只有在城市与乡村腹地之间建立有效联系，使城市中自然景观斑块有"源"，才能保持城市内景观格局的持久性。

生态化的绿色景观廊道在城市自然景观斑块与山水背景间建立物能流的通道。自然景观斑块与山水背景间物质、能量、生物的运动，使斑块内生物与基底具有更高的适宜度，自然斑块在城市景观基质上的存在概率大幅提高，同时使城市自然景观斑块与城市背景景观融合一体。特别是廊道常常相互交叉形成网络，使市区内的自然景观斑块与背景景观有更高的连续性。绿色景观廊道的生态化建设维护了城乡景观格局的整体性，保证自然背景和乡村腹地对城市的持续支持能力。

（2）保护多样化的乡土生境和生物 城市内自然斑块不断消失、人工绿地斑块植物种类过于单一、绿化方式过于人工化以及绿地建设模式上偏好奇花异木和轻视乡土物种，使得城市绿地斑块的综合生态服务功能较弱。相反，生态化建设的绿色景观廊道，是依循场所的不同自然属性建构的景观单元，不仅具有乡土特色，而且作为生物的栖息地，丰富了生境类型。例如，河流廊道提供了水、湿地及旱地的多种生态环境，而直插乡村腹地的绿带廊道，空间跨度的宽广使其内部生境也可呈现多样性。

绿色景观廊道的生态化建设增加了景观的异质性，通过维护生境多样，达到维护生物的多样性。在生物多样性保护方面，绿色廊道可以招引鸟类撒下树木种子，使廊道内的植物群落得到发展。绿色廊道对动物区系更加重要，由于廊道内小生境的异质性，许多廊道中的物种多样性比开阔地高得多。此外，绿色廊道还能减少甚至抵消景观破碎化对生物多样性的负面影响。绿色廊道的设计和应用可以调节景观结构，使之有利于物种在斑块间及斑块与基底间的流动，从而实现对生物多样性有效保护的目的。

3.3.3 城市河道综合整治

城市河流是指发源于城区或流经城市区域的河流或河流段，也包括一些历史上虽属人工开挖、但经多年演化已具有自然河流特点的运河、渠系。从景观生态学的角度来看，城市河流景观是城市景观中重要的一种自然地理要素，更是重要的生态廊道之一。城市河流生态系统是由河岸生态系统、水生生态系统、湿地及沼泽生态系统在内的一系列子系统组合而成的复合生态系统，同时也使城市这个自然-经济-社会复杂生态系统的重要子生态系统，是城市最为基本的物质支持系统之一。

城市河流是个复杂的、开放的景观生态系统，正如荷兰景观生态学家 Z.纳维指出，随着城市的发展，景观系统在组织层次上呈现出复杂多样化的趋势，城市对河流系统的影响与变化不断加剧。由于受到城市化过程中剧烈的人类活动干扰，城市河流成为人类活动与自然过程共同作用最为强烈的地带之一。人类利用堤防、护岸、沿河的建筑、桥梁等人工景观建筑物强烈改变了城市河流的自然景观，产生了许多影响，如岸边生态环境的破坏以及栖息地的消失、裁弯取直后河流长度的减少以至河岸侵蚀的加剧和泥沙的严重淤积、水质污染带来的河流生态功能的严重退化、渠道化造成的河流自然性和多样性的减少以及适宜性和美学价值的降低等。单纯经济性的使用目的，导致城市河流水生生态系统与两岸陆生生态系统的割断，使城市河道丧失了其应有的自然属性。这也是在城市景观生态规划中，城市河道自然属性的恢复引起重视的重要原因之一。

3.3.3.1 城市河流的功能

城市河流廊道的功能主要表现在以下几个方面。

（1）生态功能　河流廊道的功能特征包括水流、矿质养分流和物种流。绿色河流廊道以其在控制水流和矿质养分流方面的作用而为人们所熟悉。当有效河流廊道延伸到河流两岸的高地时，水径流与随之而来的洪水泛滥就会减小到最低程度，河岸侵蚀与矿质养分径流也得到控制，因而河流沉积物和悬浮颗粒物质含量也相应最低。一些物种能顺利的沿河漫滩的湿土迁移。河流廊道作为一个整体发挥着重要的生态功能如栖息地、通道、过滤、屏障、源和汇作用等。它适合生物生存、繁殖、迁移，并提供食源，是大量鱼类、鸟类、小型哺乳动物、两栖类动物、无脊椎动物、水生植物以及微生物的栖息生存环境和迁徙廊道。

（2）改善环境功能　城市河流的过滤或屏障作用，能够控制非点源污染、降低径流中污染物的含量，截留径流中的有机物。植被覆盖良好的河岸对提高整个城市气候和局部小气候的质量具有重要作用，保存良好的植被或新设计的植被特别能改善城市热岛效应，在小环境方面，河流植被不仅可提供阴凉、防风和通过蒸腾作用使城市变得凉爽。而且，它还为野生动植物繁衍传播提供了良好的生存环境。在城市中自然栖息地的保护对城市是有经济效益的，河边植被对控制水土流失、保护分水地域、吸收净化水质，废水管理、消除噪声和污染控制都有许多明确的经济效益。

（3）社会经济功能　城市河流绿色廊道为居民提供更多的亲近自然的机会和更多的游憩休闲场所，使城市居民的身心得到健康发展。另外，河流植被由于其生境类型的多样化，还是维持和建立城市生物多样性的重要"基地"。城市河流绿色廊道不仅为城市提供重要的水源保证和物资运输通道，随意自然的河岸线还构成了城市优美的景观，增加城市景观的多样性，是塑造城市景观的重要手段。城市河流丰富城市居民生活，为城市的稳定性、舒适性、可持续性提供了一定的基础。

3.3.3.2 河岸带生态恢复与重建研究

河岸带是指水陆交界处的两边，直至河水影响消失为止的地带。河岸带是位于河溪和高地植被之间的典型生态过渡带（ecotone），它在功能上可以将河流上下游连为一体，在结构上又是高地植被和河溪之间的桥梁。河岸带研究不仅是流域生态学的研究重点，而且是城市河流恢复研究的关键之一，城市生态环境质量和景观、物种多样性都会受到河流廊道宽度的影响。国外研究人员根据对河流廊道的大量研究发现，河岸带植被的最小宽度为27.4m才能满足野生生物对生境的需求。一般认为廊道宽度与物种之间的关系为：12m是一个显著阈值，在3～12m之间，廊道宽度与物种多样性之间相关性接近于零，而宽度大于12m时，草本植物多样性平均为狭窄地带的2倍以上。多数人认为，河岸带植被在环境保护方面的功能至少30m以上的宽度才能有效发挥（但也有研究人员发现，16m的河岸植被能有效地过滤硝酸盐）。因此河流植被宽度在30m以上时，能起到有效降温、过滤、控制水土流失、提高生境多样性的作用，60m的宽度可以满足动植物迁移和生存繁衍的需要，并起到生物多样性保护的功能。上海市在城市河流改造过程中对河岸植被实行了两级控制，即市管河道两侧林带宽各约200m，其他河道两侧林带宽度各约25～250m不等，有效地保护了城市水域环境。

张建春等人就河岸带管理提出了如下原则：保护河岸带生物物理特征，提高自然资源的利用价值；保护地表和地下潜水的相互作用，维持河岸带生态系统的完整性；允许河流横向迁移，保证河岸带生物生境的异质性；充分利用自然的河床水流特性，以提高河岸带生物多样性和恢复力；保护河岸带物种种源；提供和扩大河岸带的娱乐旅游服务设施以方便居民和旅游者。城市河流河岸带也是城市绿色廊道的重要组成部分。目前，城市绿色廊道已从建设城市景观轴线（axes）、绿带（greenbelt）与休闲性绿色廊道（trail-oriented recreational greenways）等向建设多目标城市绿色廊道（multi-objective greenways）发展，保留自然特征的河流廊道与河岸的带状公园是城市绿色廊道建设的主要内容。

3.3.3.3 河道堤岸生态重建研究

发达国家对环境与生态退化问题的认识较早，很早就开始研究传统护岸技术对环境与生态的影响，认为传统的混凝土护岸会引起生态与环境的退化。为了能有效地保护河道岸坡以及生态环境，人们提出了一些生态型护岸技术，如瑞士、德国等于 20 世纪 80 年代末就已提出了"自然型护岸"技术，日本在 20 世纪 90 年代初提出"多自然型河道治理"技术，并且在生态型护坡结构方面做了实践。目前，在美国以及欧洲一些国家较为常用的技术是"土壤生物工程"护岸技术。该项技术是从最原始的柴木枝条防护措施发展而来的，经过多年的研究，现已形成一套完整的理论体系和施工方法，并得到了广泛应用。

城市河流堤岸发展主要经历了从自然到人工、又从人工回到自然的过程，即自然原型护岸、人工型护岸、自然型护岸与多自然型护岸。其中，多自然型护岸是一种被广泛采用的生态护岸。生态护岸是指恢复自然河岸或具有自然河岸"可渗透性"的人工护岸，它可以充分保证河岸与河流水体之间的水分交换和调节功能，同时具有抗洪的基础功能。它具有以下特征：①可渗透性——河流与基底、河岸相互连通，具有滞洪补枯、调节水位的功能；②自然性——河流生态系统的恢复使河流生物多样性增加，为水生生物和昆虫、鸟类提供生存栖息的环境，丰富水面自然景观，为城市居民提供休闲娱乐场所；③人工性——生态护岸不一定是完全的自然护岸，石砌工程可以增加河流的抗洪能力和堤岸持久性；④水陆复合性——生态护岸将堤内植被和堤岸绿地有机联系起来，为城市绿色通道的建设奠定坚实的基础，同时建立的人工湿地可以利用水生植物（如芦苇）的净化处理技术增强水体的自净能力和水体的自然性。

目前，现代城市河流堤岸设计十分尊重河岸的自然形态与多重功能，多自然生态护岸已成为河流护岸的时尚。由于河道与水边历来是具有丰富的自然景致与人类活动的场所，也是表现最深厚的地域性风情的场所，许多景观设计师开始提倡遵循历史文脉的堤岸设计，恢复河道风景，把人类唤回岸边。例如，作为日本京都市山水骨架之一的鸭川，其规划方案主题就是令市民感到亲切的"花的回廊"，充分体现了樱花在京都人生活中的不可或缺的地位。

3.3.4 城市生态公园建设

20 世纪 80 年代以来，城市生态公园在保护和修复区域性生态系统，建立合理的复合人工生态群落，保护生物多样性，提供科研、教育、休憩活动的新型场所，建立人与自然和谐共生的城市生态环境方面，取得了很大进展。目前，国内外城市生态公园建设发展很快，由城市自然保护地、生态廊道、生态公园组成的城市绿地生态网络，已成为城市基本生态设施建设的主要景观格局模式。

3.3.4.1 生态公园的内涵和特征

① 城市生态公园利用市区的荒地或废弃地以及城郊地区，运用生态学原理和技术，借鉴自然植被的结构和过程进行公园绿地设计、建设和管理；通过以土和水为主的自然环境差异性，构建多样并具地域特色的生境类型；并利用管理演替（managed succession）技术，促使公园形成以潜在植被为基础、与野生动物友好的生物多样性，形成完善的食物链和营养级，逐渐达到自然、高效、稳定和经济的绿地结构。

② 生态公园以绿地生态系统健康为出发点，充分利用自然拓殖的植被和多种演替阶段的生态系统，如伦敦 Gillespie 生态公园保留原生的羽扇豆、雏菊、悬钩子等野生植物群落，而不是传统的花坛植物和灌木。很多野生植物是蜜蜂等昆虫的蜜源植物和鸟类的食物，也能吸引鸟类的觅食和营巢，起到了一般小型公园起不到的动物种群"库"的作用。

③ 在植物选择、栽培和管理上，生态公园采用适应当地气候、抗逆性强的乡土植物和地带性植物，发挥生态演替的作用。它不仅重视绿化植物与环境的关系，更从生态系统层次维护物种的多样性和结构复杂性，建立接近自然的绿地群落，构建水体、湿地、草地和林地等复合生境；并通过科学引导游客探究和享受多样性的自然生境和植物群落，不践踏或干扰更多的敏感物种，形成自然的、生态健全的景观。生态公园还为野生生物的觅食、安全和繁衍提供良好的空间，增加物种潜在的共存性；同时，充分发挥自然过程的潜力，人工不必投入大量的水、能量、杀虫剂和化肥等。Gillespie 生态公园还利用不同阶地的土壤和植物，通过浇灌将生活污水进行资源化利用。

④ 生态公园不同于一般的城市景观公园（见表 3.5），强调以生态保护和环境教育为主要特色，如德国卡塞尔市的奥尔公园（1981）、日本神奈川县的谷户山公园（1993）、日本京都的梅小路公园（1996）、加拿大多伦多市中心的 Annex 生态公园等，都在公园中设计了或大或小不受人工干扰的自然保护地，利用都市内残存的自然资源和人工改造的生境系统，来保护生态环境和生物多样性，向公众展示城市环境中的自然生态的价值，具有概念宣传和实际保护的双重作用。在设计手法上坚持生态设计的理念和方法，如日本的自然学习实践中心生态园就设计了针对鸟类、昆虫、鱼类的生息环境等。

表 3.5 生态公园与景观公园的比较

公园	生 态 公 园	景 观 公 园
群落	接近自然群落,引进野生生物,高生物多样性	人工群落,观赏植物为主,低生物多样性
特性	野趣、自然、多样、健康、科学理性	美观、整洁、统一、有序、诗情画意
功能	生态效应、娱乐游憩、自然生态教育	娱乐游憩、生态效应
凋落物	循环再生	部分或全部清扫
稳定性	生态健全、高抗逆性、自我维持为主	生态缺陷、低抗逆性、人工维持为主
资源	节约资源、自然的自组织状态和结构	较多资源投入,"被组织"的状态和结构
养护管理	动态目标,低度管理,投入低,管理演替	景观目标,强度管理,投入高,抑制演替

（资料来源：张庆费等，2002）

3.3.4.2 基于自然生态重建的生态公园建设原则

无论是欧洲的生态公园，还是日本的自然生态观察园，其基本理念都是：创造多样性自然生态环境，追求人与自然共生的乐趣，提高人们的自然志向，使人们在观察自然，学习自然的过程中，认识到生态环境保护的重要性。

（1）自然化原则 生态公园是在城市中实现自然化的公园，以生态途径改善城市景观，最大限度地接近和实现城市中的生态恢复，避免使绿化成为破坏城市环境的人为活动。在管理中，充分发挥自然过程的力量，最大限度地减少人工管理，减少水、化肥、农药的应用。受生态公园的影响的例子如 1987 年比利时哈瑟尔特市野生动物公园建设、1992 年德国斯图加特市公共绿地自然化、丹麦欧登塞市生态公园的尝试、2000 年加拿大的许多城市开始让野草回归城市等。从传统公园向自然化公园的转变，被市民接受都经历了一个过程，但结果证明生态公园是实现城市自然化的重要途径。

（2）乡土化原则 生态公园注重乡土植物和抗逆性强的地域性植物的利用，依靠乡土树种和地带性植物建立多种生境的植物群落，构建生物多样、接近自然演替的生态系统，营造多样化的、乡土化的、带有地域特色的城市绿地系统。在选择植物方面，应优先选择地带性植物和乡土植物，乡土植物与当地气候、土壤条件相适应，能在当地降雨的条件下生存和生长，减少灌溉负担。利用自然演替形成接近自然植被特征的绿地群落，群落结构多样而稳定；并能吸引野生生物，特别是鸟类、蝴蝶和小型哺乳动物，形成城市生物多样性保护的场所。

（3）保护性原则　保护城市中具有地带性特征的植物群落，含有丰富乡土植物和野生动植物栖息的荒废地、湿地、自然河川、低洼地、盐碱地、沙地等生态脆弱地带。这些地带在恢复和重建城市自然生态环境和保护生物多样性方面有很大的潜力。应更多地保留城市中的自然环境和自然风景，减少城市扩展和建设对原始生境的破坏，将具有保护意义的野生植物的灭绝的可能性减少到最低限度。同时，应保留更多的自然植被和自然地形，同时在城市中营造野生动植物栖息地，改变原来先建设再恢复的模式，在城市建设和扩展过程中，确定保护优先原则。

（4）恢复性原则　伴随城市化进程，原有的生态环境和自然植被会遭到破坏，乡土树种和地带性植物群落也会消失，恢复区域性自然生态系统，是生态公园建设的最高目标。植被恢复是生态恢复的前提，模仿当地良好的自然植被，建立植物群落的结构。恢复中导入当地地域原来分布的历史悠久的种类以及目前濒危的种类的野生植物材料，并确保各种的遗传变异，充分考虑植物与其他生物间的相互作用。欧洲自 20 世纪 80 年代初便开始了在城市中引入野生草花的基础研究，在公园和居住区绿地中再现自然景观的实例也很多，被称为是一种自然恢复的征兆。日本也从 90 年代初开始了追寻野生草花的时尚，对野生草花、草地的基础研究非常细致。

3.4　发达国家城市自然生态体系建设的经验

3.4.1　城市自然生态保护

20 世纪 70 年代以来，在城市动、植物生态研究的基础上，城市野生生物保护受到重视。英国、德国等国家先后制定了相应的城市生物生境调查、生态单元制图及评价规范，保护恢复方法、措施也逐步被提出并推广。同时，一些城市还颁布了城市生物保护政策和法律，并将城市生物保护内容纳入城市规划的范畴。另外，城市地区自然景观保护、湿地保护也成为主要的城市自然保护内容。

1984 年英国在大伦敦议会（GLC）领导下开展了大伦敦地区野生生物生境的综合调查。借助航空图像，对区域＞0.5hm²，外域＞1hm² 的所有地点做了调查，第一次提供了野生生物的生境范围、质量和分布的资料。在生境调查评价的基础上，伦敦市确定了有保护意义的地点达 1300 余处，包括森林、灌丛、河流、湿地、农场、公共草地、公园、校园、高尔夫球场、赛马场、运河、教堂绿地等；并提出以下 5 类地点或区域应受到重视和保护：有都市保护意义的地点、有区域保护意义的地点、有地方保护意义的地点、生物走廊和农村保护区域。

以城市生态学为代表的德国学者，对城市生态单元理论做了系统的研究，提出了城市生态单元制图方法。生态单元制图的成果可用于指导城市规划、城市自然保护、城市景观建设、城市绿化等各个方面。德国的柏林市 20 世纪 70 年代初期逐步展开城市生态研究，为柏林市全部典型生态单元建立特征参数，形成系统化、标准化研究方案。1990 年德国对杜赛尔多夫市的生物栖息地的保护进行了规划。至 2001 年 3 月，德国有 223 个大中城市、2000 多个小城市及乡村已经完成实施生态单元制图，人文聚落区生态单元制图已经成为德国各级政府生态规划的基本工作内容。

1954～1974 年美国由于城市发展而导致湿地减少面积达 $3.6 \times 10^6 hm^2$，大城市郊区的发展成为区域湿地面积减小、质量退化的主要原因。受城市影响的湿地普遍有以下特点：水流被限制；滨水地带生境破坏；废物与污染物聚集；缺乏作为捕食者的动物物种。城市地区湿地的保护包括以下内容：相应法规的制定，如美国新泽西州 1988 年实施的《淡水湿地保护法案》；湿地保护示范项目的开展，如 1989 年的美国伊利诺依州的德斯普雷尼斯河湿地示范项目；公众教育项目的设计，如科罗拉多州的福特可林斯市的"庭院生境保护项目"；补偿政策的实施，即以人工湿地建设补偿开发占用，以保证区域湿地总量的相对稳定；具体的湿地保护生态措施运用，如滨水生境的恢复、水质改良等。

3.4.2 城市自然生态恢复与重建

生态重建是以城市开放空间为对象，以生态学及相关学科为基础进行的城市生态系统建设。它不同于一般的城市绿化和景观建设，注重生态系统结构与功能的恢复，以及健全生态过程的引入，从而使系统具有一定的自稳性和持续性。20 世纪 80 年代城市绿地、公园的生物保护功能被重视，使城市绿地功能从以前的美化与游憩向生态恢复和自然保护方面扩展。用生态学的理论来指导城市绿地建设，使城市绿地纳入更大区域的自然保护网络，成为发达国家可持续城市景观建设实践的主要内容。生态重建包括以下内容。

（1）生态公园建设　20 世纪 70 年代，以英国为首的西方国家开始探讨用生态学原理来指导城市生态恢复。1977 年英国在伦敦塔桥附近建立了 William Curtis 生态公园，该公园建于以前用于停放货车的场地上，其成功之处不仅在于它所创造的生境和物种，而且成为城市居民接触自然、学习生态知识的场所。1986 年伦敦又建设了 Stave Hill 自然公园，公园中包括了多种不同类型的栖息地，并制定了一系列管理制度，以研究城市中建设自然栖息地的成功率。1985 年，加拿大多伦多市在市中心的麦迪逊大街建立了 Annex 生态公园，向公众展示城市环境中的自然景观的价值，并提出了建设生态公园的若干目标。生态公园为城市生态重建提供了实践空间，拓展了传统城市公园的概念。

（2）废弃土地的生态重建　城市废弃土地由于人为影响的减少，往往能展示出很高的生态价值。1984 年 Gemmell 等人对英国曼彻斯特工业用地上的野生生物保护做了研究，提出了在工业废弃地上恢复植被群落的途径，包括改变地形、改善土壤结构、pH 值控制、增加土壤肥力、调节水分营建湿润或干燥生境、使用本地种等。20 世纪 50 年代开始兴建的加拿大多伦多市外港区，由于 60 年代安大略湖商业运输走向萎缩而被放弃。人类活动影响的减少，使这一区域植被开始自然恢复，并吸引了多种水禽。1989 年新修订的规划中，这一地区被开辟为生态公园（Tommy Thompson Park），成为该市重要的滨水生物栖息地，目前有各种鸟类达 290 种。

（3）城市绿色廊道建设　绿色廊道实际上是城市区域沿道路、河流等进行绿化，形成的绿色带状开放空间。它们连接公园和娱乐场地，形成完整的城市绿地或公园系统。连接郊野的绿色廊道能够将自然引入城市，也能将人引出城市，进入大自然，使城市居民可以体验自然环境之美。绿色廊道在随后的规划实践中，生态功能更加突出，使其不仅具有景观视觉美化功能，又成为一个线状的自然保护区域。如 1974 年美国丹佛市建成的普莱特河绿色廊道，由 24km 长的小径串联而成，连接 18 个大小不一的公园，共计 $180hm^2$，具有自然保育、美化城市、游憩、防洪等多项功能。

（4）城市生物栖息地网络的构建　20 世纪 80 年代开始，景观生态学的理论与方法在欧美国家迅速发展，为区域景观规划提供了理论依据。以景观生态学为基础的景观规划，将景观整体性的营建作为目标，以保护、重建和加强生态过程为手段，使城市发展与自然相互协调。随之，扩散廊道（dispersal corridors）、栖息地网络（habitat network）等概念在城市景观规划中出现，有关城市、区域及国家的生态网络（ecological networks）也在规划建设之中。80年代，丹麦大哥本哈根委员会规划部做了大哥本哈根的扩散廊道体系规划，其中沿波尔河规划的适于鸟类迁徙的城市廊道，连接起作为鸟类栖息地的3块湿润草地和一个湖泊、一片林地。1995年欧洲提出泛欧洲生物和景观多样性战略（the Pan European Biological and Landscape Diversity Strategy），2000年建立了跨欧洲的生物保护生态网络体系——"欧洲自然2000生态网络"，这一体系涉及不同的空间尺度和社会经济各个方面，城市地区是其重要的组成部分。西欧学者高度关注土地建设的生态网络意义，而北美学者强调乡野土地、自然保护区及国家公园的生态网络建设。

（5）城市森林建设与植被恢复　德国在第二次世界大战后，因为天然森林毁坏殆尽而营造了大量的人工林，这些单一的人工林很快因病虫害而衰败。德国学者首先创立了"近自然林"学说，并在实践中加以运用，成为欧盟各国林业恢复的方向。20世纪60年代，城市森林首先在美国和加拿大兴起。70年代开始，由于全球对生态环境问题的重视和环境保护呼声的高涨，保护和恢复与重建森林生态系统在全球展开，日本也开始大规模营造城市森林。日本著名植被生态学和环境保护学家宫胁昭教授在实践中创造并不断完善了环境保护林的重建方法——宫胁生态造林法。宫胁法的理论基础是潜在植被和演替理论，并从日本传统神社林的观念得到的启发，该方法强调和提倡用乡土树种建造乡土森林。从1970年开始提倡并实施营造环境保护林到2001年，日本已经有600多个地区应用宫胁法造林，并全部取得成功。在马来西亚、泰国、智利、巴西和中国等国家，用于热带雨林、常绿阔叶林、落叶阔叶林的重建，也获得成功。

20世纪80年代初，为了恢复区域性生态系统和地带性的自然植被，把森林表土中的土壤种子库作为绿化植物材料的应用研究正日益引起各国学者的关注。作为植被恢复的材料和资源，土壤种子库具有恢复该地域自然植被的潜在能力。将土壤种子库用于自然植被恢复绿化，国外取得了很多研究成果与成功的实例。

（6）城市河道综合治理　1938年，德国Seifert首先提出近自然河流整治的概念，即指能够在完成传统河流治理任务的基础上，可以达到接近自然、廉价并保持景观美的一种治理方案。1989年生态学家Mitsch提出生态工程（ecological engineering）概念，它是指以生态系统的自我设计（self-design）能力为基础，强调通过人为环境与自然环境间的互动实现互利共生（symbiosis）目的。生态工程所重建的近自然环境，能提供日常休闲游憩空间、各类生物栖息环境、防洪、水土保持、生态保育、环境美化、景观维护、自然教育及森林游憩等功能。因此，此类生态工程基本上可归纳为"遵循自然法则，使自然与人类共存共荣，把属于自然的地方还给自然"。

20世纪90年代初期，日本在生态工程的基础上提出了创造"多自然型河川计划"（Project for Creation of Rich in Nature），通过进行多自然型河流治理（多种生物可以生存、繁殖的治理法），以"保护、创造生物良好的生存环境与自然景观"为建设前提，不是单纯的环境生态保护，而是在再生生物群落的同时，建设具有特定抗洪强度的河流水利工程。欧洲如德国、法国、瑞士、奥地利等国也采用近自然工法（生态工程），积极开展河岸水边植物群落与河畔林的恢复工作。

3.4.3　发达国家城市自然生态体系建设特点

城市自然生态保护与重建是西方发达国家生态城市、绿色城市、城市可持续实践的主要内容。自然生态保护注重城市区域残存自然要素或有生态价值地段的保护，而生态重建侧重城市开发建设地区退化生态的人工恢复。自然保护是生态重建的主要目的之一，生态重建又是自然保护的重要途径。

（1）重视城市生态基础调查，多学科协作研究　城市生态要素的数据调查与积累，是开展城市自然保护与生态重建工作的依据。20世纪70年代以来，西方城市生态学者开展了城市植被、鸟类和哺乳动物生态的基础调查研究，如城市自生植被、城市小哺乳动物的生态特征等，为城市自然生态保护提供了依据。同时保护生物学、恢复生态学及景观生态学的理论与方法也开始应用于城市自然保护与生态重建，城市野生生境的调查、自然保护地的确定以及生态公园的建设等活动，都是在这些理论的指导下进行的。生态规划是生态学原理与规划学科的结合，被认为是建设可持续城市的重要途径，它不同于传统土地利用规划，而是面向自然，重视自然生态体系的整体性及价值。80年代以来快速发展的景观生态学，为面向景观格局和生态过程连续性、整体性的规划提供了理论基础。多学科的交叉与协作是城市自然保护和生态重建活动成功的关键，地理学、水文学、园艺学、生物学、城市规划学、社会学等都起到了重要作用。

（2）注重生态过程的恢复　生态过程指生态系统要素间的相互作用和联系，是城市自然保护与生态重建的主要对象。健全生态过程可使自然生态系统具有自稳性和低维持投入的特点，并形成生物多样性的基础。生态过程包括生物过程和非生物过程，生物过程如某一地段内的植物的生长，有机物的分解和养分的循环利用过程，水的生物自净过程，生物群落的演替，物种的空间迁徙、扩散过程等；非生物过程如风、水和土的空间流动等。从空间上分，生态过程可分为垂直过程和水平过程，垂直过程发生在某一景观单元或生态系统的内部，而水平过程发生在不同的景观单元或生态系统之间。城市生态过程受人类影响强烈，其恢复有赖于一定生态设施的建设，如生态公园、绿色廊道体系、栖息地网络建设等。

（3）多目标与多层次规划　城市是人类聚居场所，城市的自然保护和生态重建不可能像自然保护区建设那样隔离于人的影响之外。城市自然保护和生态重建活动一般都兼顾多种目标，如绿色廊道体系同时具有生物廊道、城市景观塑造、城市户外空间营建、历史遗迹保护及教育、游憩、观光等多种功能。这种多目标的方法消除了传统规划方法将自然保护与开发对立起来的局面，为自然引入城市提供了条件。由于生态系统的层次结构特点，城市自然保护与生态重建具有层次性特征。如欧洲的生态网络体系建设，从一个栖息地到区域生态网络，再到国家乃至整个欧洲的生态网络体系，从规划实施到管理需要不同层次组织部门的相互协调和共同参与，涉及不同自然条件，社会经济条件以及文化、历史等多方面。

4

生态城市建设的指标体系及评价

生态城市作为城市发展的一种理想目标，是一个持续改进不断发展和完善的过程。生态城市目标实现的标准是要实现社会的文明、经济的高效和自然的和谐，最终实现社会、经济和自然三个子系统的和谐。如何评价其和谐程度，是生态城市建设过程中的核心问题之一，本章总结了目前国内外应用于生态城市评价的主要方法和进展，论述了国内外生态城市建设指标体系的进展状况，并分析了主要存在的问题。

4.1 生态城市建设的目标系统

按照普遍接受的理解，生态城市是经济、社会、自然高度协调发展的复合生态系统，是由社会、经济、自然三个子系统构成的。每个子系统发挥自身功能的同时，又相互制约、相互补充，共同支撑着生态城市这一复合系统的协调、持续运行。生态城市在追求每个子系统的功能和效率的同时，更强调的是三个子系统的整体和谐，最终实现生态城市的目标。生态城市目标实现的标准是要实现社会的文明、经济的高效、自然的和谐，也是从社会、经济、自然三个子系统的角度来考虑的，具体来说，就是要实现以下的标准。

4.1.1 社会生态目标：文明

如果用一个词来表达生态城市的社会生态目标，那就是文明。在生态城市建设中，社会要达到文明，需要有一定的指标来进行评价，选择的评价指标应该涉及：

（1）物质生活水平 包括消费水平、住房水平、收入状况、交通、健康水平等。

（2）社会生活质量 人口数量、人口结构、犯罪率、交通事故、自杀率、社会服务水平、娱乐、身心健康、社会福利、信息交流等。

按照黄光宇教授的观点，在进行综合评价中，应该达到必要的标准，主要有：

① 在社会子系统中，人口规模（数量）与资源供求之间保持平衡，将人口增长率维持在经济和资源能承受的水平上，即人口再生产控制在当时当地自然资源和环境承载能力允许的范围内，人口密度及其分布合理。

② 人口结构优化，人口素质较高。知识（智力）在整个劳动中的比重越来越大，并且占主体。

③ 满足人们在物质和精神文化上的各种生理和心理需求，人类自身发展、健康水平等与社会进步、经济发展相适应，人性得到充分发展。

④ 创造一个保障人人平等、自由、教育、人权和免受暴力的社会环境，人与人及其社会关系和谐发展，形成安全稳定的社会秩序。

⑤ 有健全的社会保障体系和服务体系，公共服务设施完善，综合服务能力高。公众在任何情况下都能安全、可靠地生活。

⑥ 建立以"生态文化"为核心的新文化体系，倡导生态价值观、生态道德伦理，生态文明观渗透到政策、制度、生产、生活的一切领域。人们有自觉的生态意识（环境意识、资源意识、可持续发展意识等）。

⑦ 保护和继承历史文化遗产并尊重居民的各种文化和生活特性，保持文化的多样性。

⑧ 法律、法规体系完善，社会管理能力高效有力。

4.1.2 经济生态目标：高效

生态城市的经济生态目标，总体上讲，就是综合效益最高，具有高效的转换系统，即人们各种社会经济活动所耗费的活劳动和物化劳动不仅能通过城市经济系统获得较大的经济成果，而且这些经济成果是在尽可能少的资源投入和尽可能少的废物产生的条件下取得的。简单地说就是"高效"、"节约"和"少污染"。具体可考虑以下指标：

（1）产业部门　产业结构、产品、原材料、企业规模、资本、折旧、税收、产值、劳动力、增长率、占地面积、技术水平、劳动工资、劳动效率。

（2）能源　类型、开发程度、利用程度、生产、消耗、取代、节约、需求。

（3）资源　开发程度、利用程度、需求、进出口。

（4）组织管理　体制、工会、劳工组织、企业组织等。

生态城市建设中需要达到经济的高效目标，具体包括：

① 经济增长方式由粗放外延型向集约内涵型转变，推广循环经济，提高资源的利用效率、节约能源、减少废弃物排放，保护与合理利用一切自然资源与能源，提高资源的再生和综合利用水平。

② 知识产业成为产业结构的主体，智力（信息、智慧）将成为资源的主要开发方向，创造知识和智慧的价值，将成为经济增长和社会发展的主要推动力。

③ 建立生态化的工业体系，实现清洁生产，形成新的工业范式，以全过程控制的污染防止战略取代末端处理为主的污染防治战略。工业生产谋求合理利用资源，减少整个工业活动对人类和环境的风险，成为生态工业发展模式的主要内容。

④ 建立既能支持整个社会当前需要，又具备适应长期发展能力的农业生产体系。农业生产合理地利用太阳能、水、土、气象和农业资源，重视可更新资源的利用，更多地依靠生物措施来增进土壤肥力，减少石油能的投入，在发展生产的同时，保护资源、改善环境和提高食物质量，实现农业的持续发展。

⑤ 能源结构呈现多种能源利用的结合，矿物燃料在能源结构中所占比例越来越低，可再生清洁能源成为能源结构的主体，如太阳能、水能、风能、氢能等能源将成为主要能源形式。同时大力开发节能技术以及燃料和燃烧过程净化技术，提高能源利用率，降低能源消耗，减轻环境污染。

⑥ 交通、通讯、金融贸易等第三产业发展也遵循复合生态整体可持续发展原则，既保护环境，又提高社会综合服务水平和生活质量。

⑦ 采用可持续的消费模式，实施文明消费，改善消费结构，提高消费效益，实现社会生活的"生态化"，建立一种与人类的生态安全、社会责任和精神价值相适应的健康的生活方式。

⑧ 经济发展不仅重视数量增长，更追求质量的改善，不片面追求经济的"指数增长"和"经济效益"，而是强调社会、自然与经济的协调发展，实现社会效益、经济效益和环境效益三者统一的"生态经济效益"。

4.1.3 自然生态目标：和谐

生态城市的自然生态目标，就是对生态城市自然环境方面的要求，也就是人们常说的"将自然融入城市，将城市融入自然"。这包括两个方面，一是合理保护和利用城市中及其周边的自然环境，二是通过改变（建设）城市及其周边的自然环境要素（如气候、地貌、水文、土壤、植被等）改善城市的自然生态环境，使城市的自然生态环境更加适于人类居住。其涉及的指标应该有：

（1）自然条件　地质、地貌、地形、地表水与地下水源、土壤、气候等。

（2）环境负荷　废水、废气、废渣、废热、噪声等。

（3）生态环境指标　大气、土壤、水环境、生物的环境质量等。

（4）自净能力　自然净化再生、过滤、废物利用、物质与能量循环、生物多样性、消除污染与恢复能力等。

（5）生态管理水平　生态工程与工艺、生态学理论的应用等。

生态城市建设中需要达到环境和谐目标，具体包括：

① 具有良好的区域生态环境，自然山川、郊区林地、农业用地得到充分保护和合理利用，森林覆盖率高。

② 大气环境、水环境达到清洁标准，噪声得到有效控制，垃圾、废弃物的处理率和回收利用率高，排除任何超标的环境污染，环境卫生、空气新鲜、物理环境良好。

③ 生态园林绿地系统完善，从区域环境的自然本底出发，充分保护和利用城乡依托的区域大环境各种自然要素，形成城乡一体的生态绿地网络系统，实现大地园林化。大小公园布局合理，设施齐全，绿地的数量和质量满足需求。

④ 保护生物多样性及其生境，在城乡发展和开发过程中保护和发展本土植物、野生动物，特别是珍稀生物栖息、繁衍、觅食廊道，保证城乡生物有良好的生境，促进物种多样性的发展。

⑤ 合理利用城乡土地，各类用地（聚居建设用地、农业用地、绿化用地、自然保护区等）分布合理，城乡结构、布局形态、功能分区协调，实现城乡空间结构生态化和田园化。

⑥ 城乡建筑突破传统的经济技术美学观念的局限，更注重社会和生态效果，生态建筑得到广泛应用。建筑及其设施与人、环境协调，不仅要求建筑使用的高效、舒适和美观，而且要求有利于保护环境，实现节能、节地、节材和最大限度的循环使用。

⑦ 人工环境与自然环境相融合，自然、人文景观各要素间协调。街区、建筑及其环境布局、设计人性化、生态化，空间环境宜人、和谐。城乡风貌特色鲜明，与地域环境协调，并具有时代特色。

4.2　生态城市的评价方法

生态城市从概念到实际的操作，经历的时间很短，但究竟如何评价一个城市是否达到了生态城市的标准，各国学者进行了积极的探索。目前对生态城市的评价有多种不同的方法。如生态足迹法（foot print method）、生命周期评价法（life cycle assessment）、模糊数学法（fuzzy method）、径向基函数神经网络模型（径向基函数神经网络（RBFNN-Radial Basis Function Neutral Network）、单指标评价体系（individual indicator assessment）和综合指标评价模型（integrated assessment models）等，这些方法各有优缺点，在实践过程中需要结合不同城市的情况进行具体应用，这里对其中比较常用的方法进行简要总结。

4.2.1　生态足迹法

4.2.1.1　生态足迹的概念

在评价城市可持续发展的过程中，对可持续发展因子指标选取和权重的确定存在不同的侧重点，因而评价结果也很难进行定量的比较。即使是用同一种方法对同一对象进行分析，不同的人也会得出不同的结果，这一现象严重限制了人类对城市可持续发展现状的了解。近年来发展迅速的生态足迹（ecological footprint）（或称生态空间占用）模型不仅能够满足上述要求，并且计算结果直观明了，具有区域可比性，因此很快得到了有关国际机构、政府部门和研究机构的认可，成为国际可持续发展度量中的一个重要方法。

国际上关于生态足迹的研究可以追溯到 20 世纪 70 年代，Odum E. P. 讨论了在能量意义上被一个城市所要求的额外的"影子面积"（shadow areas），Jasson A. M. 等分析了波罗的海哥特兰岛海岸渔业所要求的海洋生态系统面积。在此基础之上，加拿大生态经济学家Rees W. E. 于 1992 年提出生态足迹概念，之后在 Wackernagel M. 的协助下将其完善和发展为生态足迹模型。

生态足迹指能够持续地向一定人口提供他们所消耗的所有资源和消纳他们所产生的所有废物的土地和水体的总面积。关于生态足迹的概念，William Rees 将其形象地比喻为"一只负载着人类与人类所创造的城市、工厂……的巨脚踏在地球上留下的脚印"，这一形象化的概念既反映了人类对地球环境的影响，也包含了可持续发展机制。这就是，当地球所能提供的土地面积容不下这只巨脚时，其上的城市、工厂、人类文明就会失衡；如果这只巨脚始终得不到一块允许其发展的立足之地，那么它所承载的人类文明将最终坠落、崩毁。

生态足迹理论是建立在能值分析、生命周期评估、全球资源动态模型、世界生态系统的净初级生产力计算等理论的研究基础上，它用一种生态学的方法将人类活动影响表达为各种生态空间的面积，进而判断人类的发展是否处于生态承载力的范围内。

4.2.1.2　生态足迹计算模型

生态足迹是基于如下基本假设来进行计算的：①人类能够估计自身消费的绝大多数资源及其产生废物的数量；②这些资源和废物流能折算成相应的生物生产面积；③采用生物生产力来衡量土地，不同地域间的土地能转化为全球均衡面积，用相同的单位（如 hm^2）来表示；④各类土地的作用类型是单一的，每标准公顷代表等量的生产力，并能够相加。加和的结果表示人类的需求。⑤人类需求的总面积可以与环境提供的生态服务量相比较，比较的结果也用标准生产力下的面积表示。

根据生产力大小的差异，生态足迹分析法将地球表面的生物生产性土地分为 6 大类进行计算：①化石能源用地，用来补偿因化石能源消耗而损失的自然资本存量而应储备的土地；②耕地，生物生产性土地中的生产力最大的一类土地；③牧草地，即适于发展畜牧业的土地；④林地，指可产出木材产品的人造林或天然林；⑤建筑用地，包括各类人居设施及道路所占用的土地；⑥水域，包括可以提供生物产出的淡水水域和海洋。

生态足迹的计算步骤如下。

（1）计算各种消费项目的人均生态足迹　人均生态足迹分量 A_i 的计算公式为：

$$A_i = C_i/Y_i = (P_i + I_i - E_i)/(Y_i \times N)$$

式中，i 为消费项目的类型；A_i 为第 i 中消费项目折算的人均生态足迹分量，$hm^2/人$；C_i 为第 i 种消费项目的人均消费量；Y_i 为生物生产土地生产第 i 种消费项目的世界年均产量，kg/hm^2；P_i、I_i、E_i 分别为第 i 种消费项目的年生产量、年进口量和年出口量；N 为人口数。

（2）计算人均生态足迹　人均生态足迹 E_f 的计算公式为：

$$E_f = \sum e_i = \sum r_j A_i = \sum r_j (P_i + I_i - E_i)/(Y_i \times N)$$

式中，E_f 为人均生态足迹，$hm^2/人$；e_i 为人均生态足迹分量；r_j 为均衡因子。

（3）计算生态承载力　不同国家或地区的某类生物生产面积所代表的平均产量同世界平均产量的差异可用"产量因子"（yield factor）表示。某类土地的产量因子是其平均生产力与世界同类土地的平均生产力的比率。将现有不同的土地类型乘以相应的均衡因子和当地的产量因子，就可得到某个国家或地区的生态承载力。

人均生态承载力的计算公式为：

$$E_c = \sum c_j = \sum a_j \times r_j \times y_j$$

式中，E_c 为人均生态承载力，$hm^2/$人；c_j 为人均生态承载力分量，a_j 为人均生物生产面积；r_j 为均衡因子；y_j 为产量因子。

生态足迹随总人口规模、人均消费水平、技术使用的资源密度等变换而变化。技术能够改变土地的生产力水平，或者资源用于产生商品和服务的效率。而生态承载力受到生产性土地面积以及单位土地生产能力的影响。技术、人口和消费的变化会减小或增大生态承载力和生态足迹之间的差距。

4.2.1.3 生态足迹的模型评价

（1）优点　生态足迹的概念通过对一定的经济水平或人口对生产性资源需求的测定形象地反映人类对地球的影响；同时，它把自然资产的需求与支持人类生活的生物世界联系起来进行对比，则包含了可持续性的机制内涵。该定义的提出为人们形象地提供了更接近于真实的人类对自然界和生态系统的依赖程度。

与以往对生态目标测度的"承载力"相关研究不同，承载力研究多是强调一定技术水平条件下，一个区域的资源或生态环境能够承载的、一定生活质量的人口、社会经济规模。而生态足迹则是反其道而行之，一方面，它从供给面对区域的实际生物承载力进行测算，作为可持续发展程度衡量的标杆；更为重要的是它还从需求面试图估计要承载一定生活质量的人口，需要多大的生态空间，即计算生态足迹的大小。以此二者的比较来确定特定区域的生态赤字或生态盈余。该理论从一个全新的角度来考虑人类社会经济发展与生态环境的关系，可能是全面分析人类对自然影响并用简单术语表示这种影响的最有效的工具之一。

生态足迹模型首次基于"全球平均生物生产性土地面积"这一简单、直观的公用单位来实现对各种自然资本的统一描述，并引入当量因子（或均衡因子，equivalence factor）、产量因子（或生产力因子，yield factor）使得特定人口不同尺度区域的各类土地面积可加、可比，从而为度量可持续性程度提供了一杆"公平秤"，使人们能明确知晓现实距离可持续性目标有多远，从而有助于监测可持续方案实施的效果。

与目前衡量可持续发展的主流指标体系：货币化指标（如绿色 GDP、ISEW 等）和非货币化指标（如 DSR、人文发展指标等）相比，该模型由于资料的相对易获取、计算方法的可操作性和可重复性，使得生态足迹分析具有广泛的应用范围，可以计算个人、家庭、城市、地区、国家乃至全球这些不同对象的生态足迹，对它们进行纵向的和横向的对比分析，也可以就不同的行动方案计算生态足迹，比较如自己开小汽车上班和坐公共汽车上班的生态足迹。另外，生态足迹计算具有很强的可复制性。这使得将生态足迹计算过程制作成一个软件包成为可能，从而可以推动该模型方法的普及化。

（2）不足之处　生态足迹分析法，准确地说，是一种生态可持续性的分析方法。它强调的是人类发展对环境系统的影响及其可持续性，没有涉及经济、社会、技术方面的可持续性，并不考虑人类对现有消费模式的满意程度，具有生态偏向性。

如 Wackernagel 所言，生态足迹分析没有把自然系统提供资源、消纳废弃物的功能描述完全，忽视了地下资源和水资源的估算；另外，现有的生态足迹分析中有关污染的生态影响这一点墨迹寥寥。事实上，由于酸雨、工业废水等导致的资源条件的恶化，世界上的生态生产性土地及水域面积是不断缩减的，换一个角度来说，人们现在实际所占有的生态足迹要比计算结果更大。

由于是基于静态的分析，无法反映未来的趋势，不足以监测变化过程。如据测算，中国、印度、巴基斯坦是最具可持续性的国家，这一结论也只是瞬时性的，中国与印度都具有庞大的人口基数，3 个国家人民的物质生活水平都不高，经济都处于发展中，人口的增长、生活生产消费水平的提高都会导致这种"可持续性"的缺失；同时，技术进步，对资源的配置效率提高等反过来也可能会加强此"可持续性"。

生态足迹评价的某些方面还需要进一步的发展，如仍需进一步的改进，以更好地满足对于可降解废弃物的处理、淡水的提供和减轻集约化土地管理的需要。这可能需要兼顾长期生物生产力；增加消费和土地利用类型的分辨率；分析新技术的影响；以及根据生态学研究，确定必须留出多少和留出何种生物承载力来保护生物多样性等。

（3）模型应用的难点　人均消费产品数据的获取。人均消费产品的数量是计算区域人均生态足迹的关键和基础的一步，数据采集一般可采用自上而下和自下而上两种途径。所谓自上而下法，就是根据地区性或全国性统计资料查取地区生产总量、出口总量、进口总量和年终库存总量（这一点在许多人的实际测算中都没有涉及），据此得到全地区消费总量的数据，再除以地区总人口，就可以得到最后的结果——人均消费量；自下而上法就是数据资料的获得是通过查询统计资料、发放调查问卷等直接获得人均消费量数据。一般来说，自下而上法计算的人均生态足迹不包含地区经济运转、社会发展所需的消费量，计算结果比第一种方法偏低。但由于与全国性统计资料相比，完整而准确的局部进出口贸易和消费资料更难获取，尤其对小尺度的研究区而言，一般人们可以采用将两种方法结合来获取数据，结果将更趋于准确。

生态足迹的计算结果不可避免地产生误差。分析其原因，除上述由于数据获取途径不同的原因以外，还有：①对于一些消费类型限于资料或许多不可预见的原因，未计算在内而偏低；②生态承载力计算中未对用于吸收除 CO_2 之外的废弃物和用于水保护的土地计算在内而偏高；③计算中扣除了 12% 的生态空间面积用于生物多样性的保护，而实际上这个数值是不够保护地球上其他物种的，这个数值的确定只是考虑到大多数国家的政府在实际操作中可以接受。在运用该模型时，可以做局部的系数处理，或获取尽可能详尽的消费项目。

能量因子和当量因子计算的不准确性。在实际采集过程中，能量因子的选取忽视了质量差异，而采用统一的折算系数，并且固化在净进口品中的能量也以液体化石燃料来考虑，这本身增加了计算结果的误差；生物资源的产量与全球平均水平相比较，也存在差异性，因此，采用全球平均产量数据计算的当量因子也可能导致足迹需求的计算结果偏高或偏低。对于进口制成品，尽可能地使用转换因子将每一类进口品转换为相应的原材料，再按照原材料的能量因子进行折算，可使结果更加准确。

4.2.2 生命周期评价法

4.2.2.1 生命周期评价的来源与定义

生命周期评价（life cycle assessment，LCA）起源于 20 世纪 60 年代化学工程中应用的"物质-能量流平衡方法"，原本是用来计算工艺过程中材料用量的方法，后被应用到产品整个生命周期——从原料提取、制造、运输与分发、使用、循环回收直至废弃的整个过程，即"从摇篮到坟墓"的环境影响评价。LCA 作为正式术语是由国际环境毒理学会（SETAC）在 1990 年提出，并给出了 LCA 的定义和规范。其后，国际标准化组织（ISO）组织了大量的研究工作，对 LCA 方法进行了标准化。

1992 年以后，以美国环境毒性和化学学会为主，SETAC 组织西方几个国家的有关科研机构成立了五个研究工作组，对 LCA 开展了全面深入的研究工作，这五个小组的分工为：第一组（英国）负责研究总体概念；第二组（德国）负责研究 LCI（生命周期清单）总概念；第三组（日本）负责研究生命周期清单分析具体操作；第四组（瑞典）负责研究环境影响分析；第五组（法国）负责研究改善评价。五个小组于 1993 年开始各自的研究，协调统一有关概念、定义及具体操作处理方法等，使 LCA 有了长足的发展。1993 年 SETAC 根据在葡萄牙的一次学术会议的主要结论，出版了一本纲领性报告《生命周期评价纲要：实用指南》，该报告为生命周期评价方法提供了一个基本技术框架，成为生命周期评价方法论研究起步的一个里程碑。

1993 年 SETAC 给出的 LCA 的定义是：通过确定和量化相关的能源、物质消耗、废弃物排放，来评价某一产品、过程或事件的环境负荷，并定量给出由于使用这些能源和材料对环境造成的影响；通过分析这些影响，寻找改善环境的机会；评价过程应包括该产品、过程或事件的寿命全程分析，包括从原材料的提取与加工制造、运输分发、使用维持、循环回收，直至最终废弃在内的整个寿命循环过程。

1997 年 ISO 在 ISO 14040 中对 LCA 及其相关概念进一步解释为：LCA 是对产品系统在整个生命周期中的（能量和物质的）输入输出和潜在的环境影响的汇编和评价。这里的产品系统是指具有特定功能的、与物质和能量相关的操作过程单元的集合，在 LCA 标准中，"产品"既可以是指（一般制造业的）产品系统，也可以指（服务业提供的）服务系统；生命周期是指产品系统中连续的和相互联系的阶段，它从原材料的获得或者自然资源的生产一直到最终产品的废弃为止。

从 SETAC 和 ISO 的阐述中可以看，在 LCA 的发展过程中，其定义不断地得到完善。目前 LCA 评价已从单个产品的评价发展成为系统评价，然而单个产品的评价是系统评价的基础。

生命周期评价是评估一个产品或是整体活动的、贯穿其整个生命的环境后果的一种工具。在许多国家里这是一种更加环保的良性的产品和生产工艺的趋势。一个完整的生命周期评价包括 4 个有机组成部分：目的与范围的确定、清单分析、影响评价和生命周期解释。三个独立但是相互关联的生命周期评价包括能量和资源的利用和向空气、水和土地的环境排放的识别和量化，技术质量和数量的特征和环境影响分析的后果的评价，减少环境负担的机会的评估和实施。一些生命周期评价发起者已经定义了范围和目标定义或是启动步骤，可以为有目的地使用分析结果服务。生命周期清单既可用在组织的内部，又可外部应用，需要适用性更高的标准。生命周期清单分析可以应用在工艺分析、材料选择、产品评估、产品比较和政策制定方面。

4.2.2.2 生命周期评价的技术框架与分析方法

根据 1997 年 ISO 14040 标准定义的 LCA 技术框架如图 4.1，包含以下 4 个组成部分。

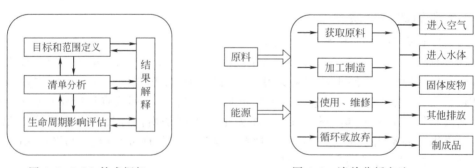

图 4.1 LCA 技术框架
（引自王天民，2000）

图 4.2 清单分析方法

（1）目标与范围定义　对某一过程、产品或事件，在开始应用 LCA 评价其环境影响之前，必须明确地表述评估的目标和范围。LCA 的评价目标包括：①评价对象，②实施评价的原因，③评价结果的公布范围。

LCA 的评价范围包括：①评价的功能单元，②评价的边界定义，③输入、输出的分配方法，④数据要求，⑤审核方法及评价报告的类型和格式等。范围定义必须保证足够的评价广度和深度，以符合对评价目标的定义，评价过程中范围的定义是一个反复的过程，必要时可以进行修改。

（2）清单分析　根据评价的目标和范围定义，针对评价对象搜集定量或定性的输入输出数据，并对这些数据进行分类整理和计算的过程称为清单分析，即对产品整个生命周期中消耗的原材料、能源以及固体废物、大气污染物、水体污染物等，根据物质平衡和能量平衡进行调查并获取数据的过程（如图 4.2）。清单分析在 LCA 评价中占有重要的地位，后面的环境影响评价过程就是建立在清单分析的数据基础上的。清单分析继承了物质流分析的核心内容，是 LCA 4 个组成部分中发展最成熟的部分。

（3）生命周期影响评价　生命周期影响评价建立在清单分析的基础上，其目的是为了更好地理解清单分析数据与环境的相关性，评价各种环境损害造成的总的环境影响的严重程度。生命周期影响评价的基本过程包括三个方面：影响分类（impact category）、分类标识（category indicator）和总体评价（aggregate assessment）。

影响分类是将清单分析条目按环境相关性进行分类，这基于对环境机制的理解。而环境机制包括了产品系统与环境之间相互作用的所有自然过程。根据环境相关性程度，可将影响分类概括为四个方面：环境干扰分类、间接影响分类、直接影响分类和保护领域分类（如图 4.3 所示），在实际应用中还可以进一步细化分类条目。

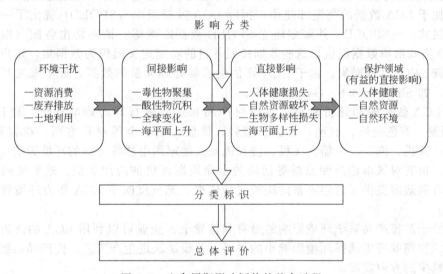

图 4.3　生命周期影响评价的基本过程

分类标识是对影响分类条目单位指标的量化，用来区别不同的影响分类因素（类别），所产生的同类影响程度的差异。如二氧化硫和氧化氮都能引起酸雨，但同样的排放量引起的酸雨程度不同。分类标识就是对比分析和量化这种程度的过程。通常在分类标识中都采用计算"当量"的方法，用以比较和量化这种程度上的差别。而某一影响类别的环境影响可以通过总量乘以当量来获得。

总体评价就是对不同影响类别的环境影响进行综合评价，总体评价可以在不同的阶段进行，最简单的就是输入-输出的环境影响总体评价，也可以在最终的环境损害程度上进行综合评价。综合评价方法可以采用上文介绍的方法，也可以用线性规划或模糊判别等方法。

（4）评价结果的解释　在 20 世纪 90 年代初提出的 LCA 方法中，LCA 的第四部分称为环境改善评价，目的是寻找减少环境影响，改善环境状况的时机和途径，并对这个改善环境途径的技术合理性进行判断和评价。但由于许多改善环境的措施涉及具体的关键技术、专利等各种知识产权问题，许多企业对环境改善评价过程持抵触态度，担心其技术优势外泄，而且环境改善过程也没有普遍适用的方法，难以将其标准化。因此在 1997 年，ISO 在 LCA 标准中去掉了环境改善评价这一步骤，但这并不是否定 LCA 在环境改善中的作用。

在新的 LCA 标准中，第四部分修改为解释过程。主要是将清单分析和环境影响评价的结果进行综合，对该过程、事件或产品的环境影响进行阐述和分析，最终给出评价的结论及建议。

4.2.2.3　LCA 的应用价值和局限性

（1）LCA 的应用领域和应用价值　LCA 作为一个环境管理工具，目的在于通过专业的环境影响评价，让风险者（企业、消费者和政府）了解产品或服务及其开发过程中的环境影响，以便采取积极的改善措施，引导企业、消费者和政府的环境保护取向。因此，提供完善的环境影响信息是 LCA 的基本功能。这些信息包括产品或服务的生产工艺和过程，每一阶段的物质、能量输入与输出，流通环节的能量代谢等，需要一个庞大的数据库支持。通常情况下，绝大多数产品或服务的开发系统都涉及到能量和运输，所以能源生产和不同的运输方式的环境清单数据，是一种基础数据，一次收集之后可以多次被利用。与此类似，一种材料也会在多种产品中被用到，所以对常用材料的基础评价也是非常重要的和首要解决的。从20 世纪 90 年代以来，全世界围绕 LCA 研究建立的材料环境性能数据库已超过 1000 个。由于 LCA 的数据具有较强的地域性，许多国家都建立了自己的材料环境性能数据库。

为了便于 LCA 数据的交流和使用，国际 LCA 发展组织（SPOLD）提出了一种统一的清单数据格式——SPOLD，并策划建立 SPOLD 数据库网络。该网络由各国（地区）提供的 SPOLD 格式清单数据组成，这些数据按照各自的功能定义组织为数据集，用户可以在网上直接查询 SPOLD 数据集。由于 LCA 评估中需要处理大量的数据，近年来又开发了一批评价软件，如 SimaPro 4.0、GaBi 3.0 等。

利用 LCA 数据库和评价软件，可以对产品和过程进行环境影响评价。到目前为止，LCA 在钢铁、有色金属、玻璃、水泥、塑料、橡胶、铝合金等材料方面，在容器、包装、复印机、计算机、汽车、轮船、飞机、洗衣机及其他家用电器等方面的环境影响应用都有尝试。此外，也有对城市建筑和旅游等活动的生命周期评价的应用案例。这些实践工作为企业、消费者和政府提供了内容丰富的决策支持依据。充分反映了 LCA 作为环境管理工具的应用价值。

企业处于改善产品系统环境影响的最有利位置上。企业可以利用 LCA 的评价结果，在产品设计的初期就考虑选择环境影响小的材料，并设法改进生产工艺，使产品系统趋向环境影响不断减少的方向发展。

消费者掌握着主动权，可以利用 LCA 的评价结果，在购买产品时，选择环境影响小的产品，成为企业改善产品的环境协调性的动因。

政府除了作为一般意义的消费者外，还具有监督功能和政策制定者身份。它可以根据LCA 评价结果制定鼓励或限制的环境保护产业政策，也可以颁布"生产者责任制度"推动企业在源头控制产品系统的环境影响。

因此，LCA 在引导企业和消费者行为，以及政府的产业政策制定等方面均有重要的指导意义。LCA 已引起国际社会和各国政府的广泛重视，正在积极的付诸于实践中。

（2）LCA 的局限性　LCA 与其他有影响的评价方法一样，在引起社会广泛关注的同时，也遭到许多方面的质疑。这种质疑首先是来自于 LCA 的技术方面的局限性。尽管 LCA 是以一种环境管理工具出现的，但它的评价框架更侧于自然过程评价，不涉及技术、经济或社会效果的评价，也不考虑诸如质量、性能、成本、利润等因素。因此，在 LCA 的评价框架中，社会价值取向考虑的较少，所以在决策过程中，不可能完全依赖于 LCA 的方法解决所有问题。此外，由于环境机制过于复杂，受认识能力限制，目前还不能完全理解产品系统与环境之间的相互作用的全部自然过程，因此，LCA 对自然过程的评价也存在着片面性。

其次，对于 LCA 的标准化问题也存在着争议。尽管标准化工作推动了 LCA 的发展，但地理差异与空间尺度大小、甚至是时间尺度变化，都会影响 LCA 的评价结果，给标准化带来一定的难度。尤其是在环境机制尚不明确的前提下，进行 LCA 标准化过程必然涉及诸如假设条件的限制，这增强了 LCA 评价的主观性。一些批评者认为，LCA 处于开发的初期阶段，过早地标准化和其中的许多假设都将阻碍对 LCA 方法改进的探索，最终将不利于它的发展。另外，也有人认为 LCA 的评价结果具有较强的时效性，而标准化过程的成本是高昂的，因此质疑标准化的意义。

尽管存在着上述对 LCA 的批评，但 LCA 引导企业、消费者和政府行为的作用不容忽视。笔者不认为 LCA 是可以取代其他评价方法的唯一可行方法，但却承认其在可持续发展评估中具有不可替代的作用。它可以作为其他可持续发展评价方法的一个重要补充。虽然 LCA 的标准化过程中存在着许多障碍，但不会影响地方的 LCA 实践。在地方 LCA 的开发过程中，深化对环境机制的理解，融入地方社会价值观体系，使之成为促进地方可持续发展的有效环境管理工具，这将是 LCA 发展所面临的新课题。

4.2.2.4 LCA 应用于城市可持续发展评估的意义

（1）建立了城市生态系统物质代谢过程与环境影响之间的关联 LCA 是对产品系统的物质代谢过程的环境影响评价。产品系统可以被视为城市生态系统的子系统和功能单元，产品系统的物质代谢过程是更高层次的城市生态系统的物质代谢的一部分，城市生态系统的物质代谢过程是由一系列的产品系统的物质交流来实现的。通过 LCA 的清单分析，提供了城市生态系统物质代谢过程的全貌，而环境影响评价则是进一步指出了城市生态系统物质代谢过程对环境产生的干扰程度，这完全是一种基于物质过程的、对人类活动的环境影响的系统评估，建立了过程和结果的直接关联。

（2）丰富了城市生态系统物质流分析的理论与方法 了解城市生态系统的物质代谢过程有利于揭示人类活动的环境影响。但城市生态系统的物质代谢过程极其复杂，要详细了解这一过程，需要对它进行科学的分解，进一步划分出子系统和功能单元。LCA 通过"目标范围的定义"与"清单分析"为城市生态系统物质流分析提供了科学的方法论基础；在此基础上开发的"生命周期环境影响评价"建立了物质代谢过程和环境影响之间的关联，并通过"结果的解释"向决策者提供一个更为综合的结论和建议。因此，LCA 技术框架的开发丰富和完善了城市生态系统的物质流分析的理论与方法。

（3）LCA 是改善城市生态系统物质代谢过程的管理工具 LCA 与一般评价方法不同，它不仅提供描述性的分析，也给出具有指导性的评价结论，并从减少环境影响和提高物质效率出发，提出改善建议，因此对城市生态系统的物质代谢过程具有较强的指导意义。它可以针对不同行为主体（企业、消费者、政府），提出改善的建议，引导其行为方向，而这些行为主体又构成了城市生态系统的生产者和消费者群体，正是由于他们的行为活动造成了环境干扰，而改善的措施也必然要作用于这些行为主体。通过行为主体的行为调整，来改善物质代谢过程的环境影响从本质上是一种源头解决的办法，它是环境管理的基础，LCA 提供的正是这样一种源头解决的环境管理工具。

4.2.3 模糊综合评判法

生态城市是社会-经济-自然复合生态系统，生态城市的发展水平不仅与自然环境的发展有关，而且与整个城市的经济和社会活动相联系。由于影响生态城市发展的要素错综复杂，系统内各要素作用的性质、方式和程度互不相同，且各要素既相互联系又相互制约，以不同的组合特点对生态城市的发展产生影响。所以只靠定性分析不足以准确、完整地反映客观实际。因此应采用多层次模糊综合判定方法对生态城市进行评价，即在模糊评判的基础上再进

行模糊综合评判。

模糊综合评判法（fuzzy comprehensive evaluation，简称 FCE）是一种应用非常广泛而又十分有效的模糊数学方法，是对多种因素影响的事物或现象进行综合评价的方法。自 FCE 被提出以来，其数学模型已从初始模型扩展为多层次模型和多算子模型。

4.2.3.1 初始模型

模糊综合评判模型是由 $(U，V，R)$ 构成的，设因素 $U=\{u_1，u_2，\cdots，u_n\}$，u_1 表示被考虑的因素 $(i=1，2，\cdots，n)$；评语集 $V=\{v_1，v_2，\cdots，v_m\}$，v_i 表示评判的结果，$(j=1，2，\cdots，m)$。因素集 U 上的模糊子集 $A=\{a_1，a_2，\cdots，a_n\}$ 叫权数分配，a_i $(0\leqslant a_i\leqslant 1)$ 叫因素 u_i 被考虑的权数，且 $\sum_{i=1}^{n}a_i=1$。

从 U 到 V 的一个模糊映射 R 的像（向量）

$$R=(r_{ij})_{n\times m}=\begin{bmatrix} r_{11} & r_{12} & \cdots & r_{1m} \\ r_{21} & r_{22} & \cdots & r_{2m} \\ \cdots & \cdots & \cdots & \cdots \\ r_{n1} & r_{n2} & \cdots & r_{nm} \end{bmatrix}_{n\times m}$$ 叫单因素评判，它是 V 上的模糊子集，其中

r_{ij} $(0\leqslant r_{ij}\leqslant 1；i=1，2，\cdots，n；j=1，2，\cdots，m)$ 表示从因素 u_i 考虑该事物能被评为 v_i 的隶属度。将模糊映射 $R=(r_{iy})$ 叫综合评判的变换矩阵。这样，当权数分配 A 和变换矩阵 R 已知时，应用模糊矩阵的复合运算即可进行综合评判，从而得到模糊综合评判的初始模型

$$AoR=B=\{b_1,b_2,\cdots,b_m\}$$

其中 $$b_j=\mathop{V}_{i=1}^{n}(a_i\wedge r_{ij})\quad 0\leqslant b_j\leqslant 1$$

4.2.3.2 多层次模型

通过对因素集的分层划分，可将上述模型扩展为多层次模糊综合评判模型。它既是初始模型应用在多层因素上每一层的评价结果又是上一层评价的输入，直到最上层为止。在对因素集 $U=\{u_1，u_2，\cdots，u_n\}$ 做一次划分 P 时，可得到二层次模糊综合评判模型。其算式为

$$B_{综}=AoR=Ao\begin{bmatrix} \underset{\sim}{A_1}o\underset{\sim}{R_1} \\ \underset{\sim}{A_2}o\underset{\sim}{R_2} \\ \cdots \\ \underset{\sim}{A_n}o\underset{\sim}{R_n} \end{bmatrix}$$

式中，$\underset{\sim}{A}$ 为 $U/P=\{U_1，U_2，\cdots，U_n\}$ 中的 n 个因素 U_i 的权数分配；A_i 为 $U_i=\{U_{i1}，U_{i2}，\cdots，U_{ik}\}$ 中 k 个因素的权数分配；R 和 R_i 分别为 U/P 和 U_i 的综合评判的变换矩阵。$B_综$ 则为 U/P 同时也为 U 的综合评判结果。若对 U/P 再做划分时，则可得到三层次以至更多层次综合评判模型。

模糊综合评判法已经在一些城市的生态建设中得到应用，并取得了很好的效果。

4.2.4 径向基函数神经网络模型评价法

径向基函数神经网络（RBFNN-Radial Basis Function Neutral Network）是由 J. Moody 和 C. Darken 基于人脑皮层中交感域（receptive field）特性提出的三层前馈网络模型。其拓扑结构如图 4.4 所示。其隐含层由一组径向基函数构成；输出层则对隐含层各节点的输出值做线性组合。

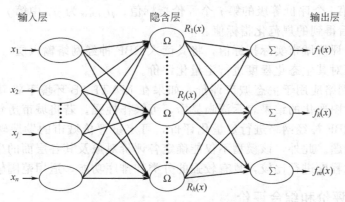

图 4.4 RBF 神经网络拓扑结构

隐含层神经元径向基函数通常采用高斯分布（Gaussian）函数，即：

$$R_i(x) = \exp\left[-\frac{\|x - c_i\|}{2\sigma^2}\right] \quad (i = 1, 2, \cdots, h) \tag{1}$$

式中，x 是 n 维输入向量；c_i 和 σ 分别是第 i 个基函数的中心和聚类宽度；$\|\cdot\|$ 为欧式距离（点代表 $x - c_i$）；h 为隐含层神经元个数。

故 RBF 神经网络的隐含层实现从 $x \to R_i(x)$ 的非线性映射，输出层实现从 $R_i(x) \to f_k(x)$ 的线性映射，即：

$$f_k(x) = \sum_{i=1}^{h} W_{ik} R_i(x) \quad (k = 1, 2, \cdots, m) \tag{2}$$

式中，W_{ik} 是第 i 个隐含层神经元到第 k 个输出层神经元之间的权值，通常采用正交最小二乘法在网络训练过程中求得；输入层到隐含层的权值固定为 1；m 为输出层节点数。

假设网络训练集中有 P 个样本，其形式化模式对为 (X_k, Y_k) $(k = 1, 2, \cdots, p)$，其中 X_k 为第 k 个样本的输入模式 $(x_1, x_2, x_j, \cdots, x_n)$，$Y_k$ 为期望输出模式 $(y_1, y_2, y_j, \cdots, y_m)$，则输入层神经元个数为 n，输出层神经元个数为 m；隐含层神经元的个数确定中，最简单的方式是每个训练模式对应一个中间层神经元，但是当训练模式的数目和输入空间维数都相当大时会导致 RBF 神经网络结构庞大，影响其最佳逼近性能，所以通常采用 K-MEANS 或自组织特征映射（SOFM）算法对训练模式进行聚类，每一类对应一个隐含层神经元。此外，常通过迭代的方式每次从训练集中选取产生最小误差的输入模式作为一个隐含层神经元，直到满足预先设定的逼近精度或达到预先设定的隐含层神经元数目为止。

建立起能够从各方面综合体现与评价城市生态水平的指标体系是定量化评价的前提和基础。城市生态系统包含的因子极多，对其进行生态学评价不可能包罗无遗，目前主要根据城市生态系统的特点选取一定的指标，确定指标体系。在此基础上，将城市生态化水平分为一定的等级。

RBF 神经网络隐含层神经元数目的确定过程中采用的聚类算法对输入向量元素的值域非常敏感，需对输入变量进行归一化处理，使其分布在单位区间 $[0, 1]$ 之内。指标又可分为成本型指标和效益型指标，故用式（3）和式（4）进行处理，使处理后各指标值从小到大排列，值越大则生态化程度越低，该处理过程称为指标值的规范化处理。

$$\mu_{ji} = \begin{cases} \dfrac{1}{\mu_{ji}{}^*}, \mu_{ji}{}^* \text{ 为成本型指标} \\ \mu_{ji}{}^*, \mu_{ji}{}^* \text{ 为效益型指标} \end{cases} \tag{3}$$

$$\mu_{规} = \frac{\mu_{ji}}{\mu_{ji\max}} \tag{4}$$

式中，μ_{ji}^{*} 为第 i 个评价等级的第 j 个评价指标值；μ_{jimax} 为 μ_{ji} 中第 j 个指标的最大值；$\mu_{规}$ 为规范化处理后得到的规范化指标值。

规范化处理待评价城市实际指标值，将其读入 RBF 神经网络输入层，通过 RBF 神经网络进行匹配，即可对其生态化程度进行定量化评价。

将 RBF 神经网络应用于生态城市评价，如果在 MATLAB 环境下将其程序化，简化了定量化评价过程，图形化的结果表示清晰易懂，可操作性强。若将城市历年指标值进行规范化处理，并通过 RBF 神经网络进行定量化评价，可定量评价城市的发展轨迹，寻找城市发展过程中存在的问题。此外，该模型不仅能确定各评价对象及其各层面的生态化值，还能对不同城市的生态化程度进行比较，具有较强的分类和排序功能，适用范围较广。

4.2.5 分指数评价和综合评价

目前，在我国应用的比较多的是单项和综合指标评价的方法。当前我国正在研究评价指标的规范化问题。评价指标的选择至关重要，其选取应遵循以下 3 方面的原则：

第一，代表性。在科学分析的基础上，选取具有代表性的指标，所选指标要能反映该城市的本质特征、复杂性和质量水平。

第二，全面性。指标体系应具有综合性，全面反映自然、经济和社会系统的主要特征及它们之间的相互联系，并且应使静态指标和动态指标相结合。

第三，规范性。指标的选择应遵循使用国内、外公认且常见的指标的原则，使指标符合相应的规范要求。

城市生态系统作为自然和人类生态系统发展到一定阶段创建的物质和精神系统，是城市空间范围内的居民与水、空气、土地等自然环境要素和人工建造的经济、社会和环境系统相互作用而形成的统一体，属人工生态系统。因此，自然生态系统只有在其承载能力范围内才能持续地正常运作；而人工生态系统是使持续的经济增长、社会进步能与自然生态系统保持和谐。生态城市指标体系的设置应能反映这两大系统的变化及其相互协调性。

人类为满足自身发展的需求而开展的一系列经济活动和社会活动，与自然生态系统保持着不断的能流和物流的输入输出，自然生态系统同时以各种形式响应着这种输入输出以维持系统本身的效益最大化。每个系统都在力求改善自己的效益，而作为一个可持续发展的生态城市来说，应朝向同时改善和维持人和生态系统效益的方向发展，以保持一种欣欣向荣的动态平衡。以人与自然的和谐为本是生态城市实现可持续发展需要遵循的一个重要原则，人作为城市生态系统中社会活动的主体，需求是多层次的，虽然满足人的生存需求和发展需求是最基本的，但是保持与改善自然生态系统的效益，也是维持城市可持续性的必要条件。因此，生态城市的建设过程就是在不断改善两大系统利益的同时寻求最佳平衡点，保证两大系统的发展与和谐是生态城市建设的出发点。所以，人类发展系统和自然生态系统效益的一致，也是城市可持续发展的目的。

生态城市的可持续发展是自然生态系统、人类发展系统与可持续发展支持系统三者保持高度和谐的过程，为了全面评价整个城市生态系统的发展状况，可以将指标体系采用多指标综合评价的方法进行评价，这就需要首先把指标体系中包含的所有量纲不同的统计指标无量纲化，转化为各个指标的相对评价值，然后通过加权综合层层叠加得到系统层指标的评价分指数，最后将其以一定的规则进行综合，得到对生态城市建设的总体评价。

4.2.5.1 分指数评价

根据设立的指标体系框架的结构，确定评价时采用的分指数为人类发展系统分指数、自然生态系统分指数和可持续发展支撑系统分指数。

（1）单项指标的无量纲化 单项指标可以归纳为两类，一类是正向指标，一类是逆向指标，分别采用不同的计算方法。一般采用简单而实用的相对化处理。即用各指标的实际值（X）和采用的评价标准值（X_0）进行比较，计算公式为：

$I = X/X_0$，当 X 为正向指标时；

$I = X_0/X$，当 X 为逆向指标时。

（2）分指数计算　将各子系统内无量纲化的单指标通过层层加权叠加后得出各子系统评价的分指数。计算公式如下：

$$V = \sum_{i=1}^{m} W_i I_i$$

式中，V 为某一级指标评价值；I_i 为该级指标所属的各次级指标的评价值；m 为该次级指标的项数。

4.2.5.2　综合评价

根据可持续发展的内涵，评价一个生态城市可持续发展的程度要从两个方面来体现：发展的水平即水平状态和发展的质量即协调程度。发展是一个城市人工生态系统本身的一个由低级到高级、由简单到复杂的不断深化的过程，协调则反映了在这个深化过程中各个系统之间的良好的关联程度。因此，在这里设置了两个综合性指标来反映生态城市可持续发展程度。

（1）可持续发展度　可持续发展度是衡量一个生态城市可持续发展水平的综合指标，反映某一时期内生态城市建设的总体水平，用来描述被评价城市的发展状态。根据评价指标体系的层次结构特点，可持续发展度采用加权综合的计算方法得出。

$$D = \sum_{k=1}^{3} W_k V_k$$

式中，V_k 为按照前述介绍方法计算得出的三大子系统的评价分指数；W_k 为各自对应的权值；D 即为可持续发展度。

可持续发展度（D）描述了被评价城市的发展水平与评价标准值的贴近程度，由于将指标值进行了标准化处理，所以计算得出的可持续发展度的值在 $0 \sim 1$ 之间变化。各具体指标值越接近于评价标准值，D 值就越接近于 1，说明评价对象的发展水平越高，距目标值越近，反之亦然。

为了便于观察，将可持续发展度在 $[0,1]$ 范围内划分为 4 类，并给出相关的描述见表 4.1。

表 4.1　可持续发展度分类

城市可持续发展度,D	<0.2	0.2~0.4	0.4~0.6	0.6~0.8	0.8~1.0
发展水平描述	不可持续	弱可持续	基本可持续	良好可持续	强可持续

（2）可持续发展协调度　城市生态系统是自然、经济、社会三大系统构成的，可持续发展协调度表述为生态城市可持续发展指标体系包括的三大子系统的协调一致程度。可持续发展的内涵之一就是在不超出系统承载力或容量范围内实现人类与环境的协调发展。这种协调关系在评价中表现为三个子系统的评价分指数应相互均衡，三者之间的关系越协调，其评价分指数就越接近，三者关系越不协调，评价分指数相差就越大。

可持续发展协调度（C）的具体计算可用下式来表示：

$$C = 1 - \frac{S}{\frac{1}{3}(V_1 + V_2 + V_3)}$$

式中，C 为可持续发展协调度；S 为标准差；V_1、V_2、V_3 为三个子系统的评价分指数。从上式可看出，C 值也在 0 与 1 之间变化，且与可持续发展度 D 的变化趋势一致。三者越协调，C 值越接近 1，越不协调，C 值越接近 0。

（3）综合评价　从可持续发展及可持续发展协调度两方面构建二维评价体系来评价生态城市的可持续发展程度，见图 4.5。

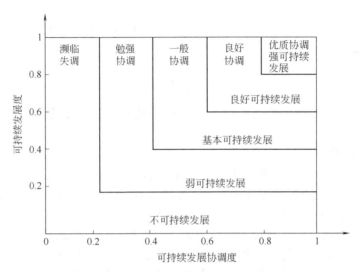

图 4.5　生态城市可持续发展二维评价体系

4.2.6　生态城市智能综合评价决策支持系统评价法

随着计算机科学的发展，对生态城市的综合评价实现智能化成为趋势。生态城市智能综合评价决策支持系统（ecocity intelligent comprehensive assessment decision support system，EICADSS）是以决策支持系统理论为基础，综合运用系统工程、决策科学、人工智能、模糊数学和神经网络等理论，对生态城市综合评价提出的职能决策支持系统，该系统将为生态城市决策者提供一个更接近于实际的职能决策支持环境，从而为生态城市决策者提供从信息、咨询到评价、决策、政策制定等的全面支持。这方面的专门研究还比较少，这里介绍东南大学陈森发等人创建的一个决策支持系统。

4.2.6.1　生态城市智能决策支持系统的结构和功能

EICADSS 由智能人机接口、系统总控模块、综合查询模块、数据获取模块、知识获取模块、评价指标体系生成与管理模块、集成式综合与分析模块、综合调度管理模块组成（见图 4.6）。

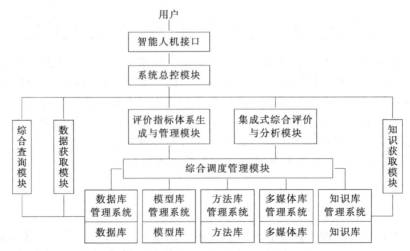

图 4.6　生态城市智能决策支持系统结构

各组成部分具体功能如下所述。

（1）智能人机接口　它是系统与用户交互的界面，可以理解用户以多种形式（如菜单选择、命令语言等）表达的提问，并将用户的提问转换为系统可理解的形式；在整个系统推理和运算过程中，允许决策者直接干预、给出提示和接受决策者的主观判断和经验信息；可将系统运行结果转换为决策者熟悉的形式（如表格、曲线图、扇形图、直方图、文字说明等）显示；可为用户进行咨询和对运行结果进行解释。

（2）系统总控模块　它用于辅助智能人机接口，协调组织系统内各模块，在整个生态城市智能决策支持系统中起到控制中枢的作用。

（3）数据获取模块　通过与用户交流，获取各种原始数据（如生态城市资料、评价标准、专家评价等）。

（4）知识获取模块　通过与专家交流，运用人工神经网络，不断地获取专家用于生态城市评价的定性的、经验性的知识，从而使得知识库的知识得以不断更新和完善。

（5）综合查询模块　协助用户获取所需的各种信息，并将其按用户要求方式以表格、曲线图、直方图或扇形图等方式输出到屏幕或打印机。

（6）评价指标体系生成与管理模块　评价指标体系生成与管理模块由指标体系构造模块、评价指标提取模块组成，它对整个系统运行所需的指标体系、原始指标数据和生成指标数据等综合信息进行统一管理和维护。其中，指标体系构造模块用于构造或修改不同评价对象的指标体系结构；评价指标提取模块用于提取或生成指定评价对象相应于某一指定指标体系或指定指标体系的某一评价目标的指标属性值，并形成评价指标的属性值矩阵。

（7）集成式综合评价与分析模块　集成式综合评价与分析模块综合运用神经网络、模糊数学、灰色理论、层次分析法等评价模型和方法完成对指定评价对象的综合评价，它由综合评价模块和结果分析模块组成。其中，综合评价模块综合运用已有的模型、方法，对指定评价对象进行综合评价；评价结果分析模块用于引导决策者正确分析评价结果，并为决策者制定政策提供支持。

（8）集成式综合评价与分析模块　综合调度管理模块主要功能包括综合分析、知识推理及协调交互三方面功能。

4.2.6.2　生态城市智能决策支持系统工作原理

（1）知识获取模块工作原理　知识获取采用两种机制：一种是使用人工知识获取方法，将得到专家知识直接送入知识库；另一种是用神经网络的 BP 学习算法来获取。EICADSS 中两种机制都得到了应用。这里主要介绍运用神经网络技术来实现知识的自动获取。

与传统专家系统中的知识获取方式相比，神经网络获取技术既有更高的时间效率，又能保证更高的学习质量。

（2）评价指标体系生成原理　城市是由许多同一层次、不同作用与特点的功能团以及不同层次的复杂程度、作用程度不一的功能团所构成的。生态城市建设的本质就是要求在各种约束条件下，所有功能团能持久、有序、稳定和协调地发展，这也就是生态城市建设的目标。在此目标下，生态城市可分解为若干子系统，称之为准则层，而在每一个准则层下，又有许多具体指标，它们共同组成生态城市指标体系。

EICADSS 首先通过智能人机接口与专家直接交流，提取各种与生态城市建设相关的指标及其属性值。在此基础上，指标体系构造模块应用模糊聚类分析方法将所有指标聚类生成评价对象的准则层，然后再运用主成分分析方法分析各准则层所属指标，最终生成评价指标体系。

整个评价指标体系生成步骤为：

① 确定原始数据，并标准化；

② 建立模糊相似关系矩阵；

③ 模糊聚类；

④ 按聚类类别重新整理各类相似关系矩阵；

⑤ 分别求解对应于各类相似关系矩阵的特征根及对应的特征向量；

⑥ 根据特征根确定各分类的主要影响指标；

⑦ 形成完整的指标体系。

4.2.6.3　集成式综合评价与分析模块的工作原理

用户提出的某一评价问题 EP 可用下述六元组表示：

$$EP = \{C, IS, EM, EO, ER, E\}$$

式中，C 表示评价对象集；IS 表示评价指标体系；EM 表示评价标志，如具体时间和城市等；EO 表示指定的评价目标；ER 表示选定的评价原则；E 表示参与评价的评价专家集。

综合评价可表示为：

$$G(A) \xrightarrow[E]{ER} B$$

式中，A 为由 C、IS、EM、EO 综合确定的评价指标属性值矩阵；G 表示具体的评价模型；B 为综合评价结果集。具体评价过程见图 4.7。

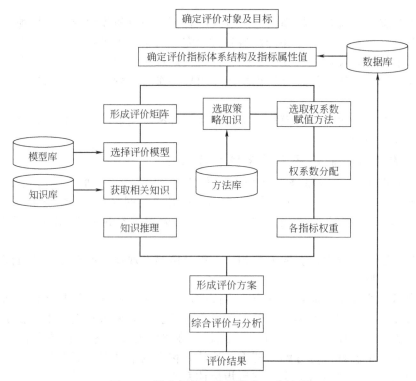

图 4.7　综合评价与分析模块工作流程

建设生态城市的思想为城市发展提出了明确的远景目标，它是寻求城市持续发展的有效途径。生态城市智能评价决策支持系统是一个十分复杂的研究课题，建立一个实用的、科学的智能评价决策支持系统对于建设生态城市有着及其重要的意义。

4.3 生态城市建设指标体系的应用和案例研究

4.3.1 国外生态城市指标研究进展

生态城市建设的主要目标就是实现城市的可持续发展，评价生态城市建设成效的指标体系也可以归入到可持续发展指标体系范畴。但是生态城市的指标体系也有其自身特点，指导生态城市建设的理论体系是生态学，其关注的是社会、经济、自然子系统在"关系"上的协调。生态城市的指标体系不仅是生态城市内涵的具体化，而且是生态城市规划和建设成效的度量。目前国内外的研究主要集中在有关生态城市的内涵、规划设计原则及方法的讨论上，对生态城市的考核、评价指标的研究还不系统，也没有形成统一的指标或指标体系。

国内外对生态城市的模式、规划建设的理论与方法进行了广泛的研究。生态城市的研究与示范建设逐步成为全球城市研究的热点，很多世界著名的城市先后开展了这方面的研究，如：美国的西雅图和伯克利、日本的东京、印度的班加罗尔、加拿大的温哥华、英国的曼彻斯特、德国的德累斯顿、海德堡等城市都开展生态城市建设。德国南部的图宾根市生态建设取得了成功的经验，其做法是生态市的教育、科技、文化、道德、法律等都需"生态化"。其成功之处主要是把生态环境和城市建设一体化。就是科学规划，即把小区建设、工业、交通、能源等统统"涂上绿色"，让它们环环相扣。一体化就是在全市范围内设计若干个绿色坐标，加大对偏离生态状态的调整。图宾根市的一体化托起了一个生态城。他们强调生态市要增强生态功能。

德国历史悠久的海德堡市生态城市的建设显得更为完整，形成一套科学的体系。其中包括：生态预算、生态经济、生态道德、生态标准等。他们的经验强调生态市的建设一定要有理论高度和战略高度。其生态预算已经被 7 个城市仿效，如今欧盟还有不少的国家前来学习。透过海德堡市生态城市的建设，可以看到正在运行的循环经济成为生态市的支撑和标志。

在生态城镇建设指标方面，海德堡市确定了空气、气候、噪声、废物和水体五个指标。由这五个指标又派生出相应的统计数字，科学准确地反映出全市的生态状况，让市民能触摸到生态的脉搏。与此同时，海德堡市在生态城镇建设中强调生态道德的教育，在河边、森林里都竖有形象的宣传广告牌，引导人们亲近自然、保护自然，把自己的行动融进生态城市的建设。

总的来看，现阶段国外生态城市建设的特点可概括为：①制定明确的生态城市建设目标和指导原则；②强调生产资源再利用、生活消费减量和垃圾循环利用的三 R 原则；③促进地方社区的参与，提高市民的生态意识。

在可持续发展指标的研究与应用上，国外在国家一级做了不少工作。许多国际机构（如联合国可持续发展委员会、世界银行等）、非政府组织（环境问题科学委员会等）以及一些国家（英国、荷兰等）都提出了各自的指标体系，以下进行简要介绍。

(1) 联合国可持续委员会可持续发展指标体系 1996 年由联合国可持续发展委员会 CSD (Commission on SD) 与联合国政策协调和可持续发展部 (Department for Policy Coordination and SD) 牵头，联合国统计局 (the U.N. Statistical Office)，联合国开发计划署等单位参加，在"经济、社会、环境和机构四大系统"的概念模型和驱动力 (Driving force)-状态 (State)-响应 (Response) 概念模型 (DSR 模型) 的基础上，结合《21 世纪议程》中的各章节内容提出了一个初步的可持续发展核心指标框架。

DSR 模型的框架基础最初是由加拿大政府提出的，后由经济合作与发展组织 OECD

(Organization of Economic Coorperation and Development) 和 UNEP 发展起来的压力 (Pressure)-状态 (State)-响应 (Response) 概念模型 (PSR 模型)。PSR 概念模型中使用了原因-效应-响应这一思维逻辑来构造指标，主要目的是回答发生了什么、为什么发生、人们将如何做这三个问题。随后联合国可持续发展委员会对此加以扩充，形成了 DSR 概念模型。其中驱动力指标用以表征那些造成发展不可持续的人类的活动和消费模式或经济系统的一些因素；状态指标用以表征可持续发展过程中的各系统的状态；响应指标用以表征人类为促进可持续发展进程所采取的对策。表 4.2 是该可持续发展指标体系框架中的指标摘录。

表 4.2　CSD 提出的可持续发展指标体系中的指标摘录

分类	在《21世纪议程》中的章节	驱动力指标	状态指标	响应指标
社会	第一章：消除贫困	—失业率	—按人口计算的贫困指数 —贫困差距指数 —基尼系数 —男女平均工资比例	
经济	第二章：加速可持续发展的国际合作	—人均 GDP —在 GDP 中净投资所占的份额 —在 GDP 中进出口总额所占的百分比	—经环境调整的国内生产总值 —在总的出口商品中制造业商品所占的份额	
环境	第九章：大气层的保护	—温室气体的释放 —硫氧化物的释放 —氮氧化物的释放 —消耗臭氧层物质的消费	—城市周围大气污染物的浓度	—削减大气污染物的支出
	第十章：陆地资源的统筹规划和管理	—土地利用的变化	—土地状况的变化	—分散的地方水平的自然资源管理
	第十一章：森林毁灭的防治	—森林采伐强度	—森林面积的变化	—受管理的森林面积
	第十八章：淡水资源的质量和供给的保证	—地下水和地面水的年提取量 —国内人均耗水量	—地下水储量 —淡水中粪便大肠杆菌的浓度 —水体中的 BOD	—废水处理率 —水文网密度
机构	第八章：将环境与发展纳入决策过程			—可持续发展战略 —结合环境核算和经济核算的计划 —环境影响评价

　　由上表可见，DSR 模型突出了环境受到的压力和环境退化之间的因果关系，因此与可持续的环境目标之间的联系较密切。但对于社会和经济指标，这种分类方法不可能得到其所希望的因果关系，即在压力指标和状态指标之间没有逻辑上的必然联系，再者，有些指标是属于"压力指标"还是"状态指标"，界定并不是肯定的和合理的。表明该指标体系框架存在着缺陷。另外，该指标体系所选取的指标数目庞大，且粗细分解不均，这些都是该指标体系框架需要加以改进的地方。

　　(2) 联合国经济合作与发展组织的指标体系　联合国经济合作与发展组织（OECD）指标体系分为 13 个环境主题：气候变化、臭氧层损耗、富营养化、酸化、有毒污染物、城市环境质量、生物多样性、景观、废物、水资源、森林资源、鱼类资源、土壤退化，最后第 14 个主题称为一般指标而不针对特定的问题。表 4.3 列出了该指标体系的主题和指标构成。

表 4.3 OECD 主题和指标

OECD 主题	OECD 指标	OECD 主题	OECD 指标
气候变化	CO_2 排放 温室气体大气浓度 全球平均温度 能量强度	城市环境质量	选定城市 SO_2、NO_2 和颗粒物浓度
		生物多样性和景观	土地利用变化 濒危或者灭绝物种占已知物种的百分比 保护土地占总面积的百分比
平流层臭氧损耗	CFC 表观消费 CFC 大气浓度	城市、工业、核以及危险废物的产生	废物收集和处理花费 废物循环率（纸和玻璃） 水资源 水资源使用强度
富营养化	肥料表观消费，在选定河流中以 N、P、BOD 和 DO 形式测定 与废物相联系的人口百分比 水处理厂	森林资源面积	森林面积和分布
		土壤退化（沙漠化和侵蚀）	土地利用变化
酸化作用	SO_x 和 NO_x 排放 酸性降水的浓度（pH，SO_4^{2-}，NO_3^-）	总指标、不针对特定问题	人口增长和密度 GDP 增长 工业和农业生产 能源供给和结构 道路交通和车辆 储备 污染减少和控制费用 公众对环境的意见
有毒污染物	危险废物产生 选定河流中铅、镉、铬和铜的浓度 无铅汽油的市场份额		

　　（3）世界银行关于国家财富的衡量——真实储蓄　1995 年，世界银行启动了一项监测环境可持续发展进程的实验项目，并发布了《监测环境的进展》（*Monitoring Environmental Progress*），其中提出以"真实储蓄"的定量框架去描述国家的实质性财富。1998 年，Dixon 在《扩展衡量国家财富的手段》一书中将其进一步加以具体化。尽管该理论体系和计算方法并非专门针对可持续发展能力建设的领域，但世界银行尝试通过对人造资本、自然资本和人力资本三个方面的衡量来反映一个国家的真实财富。这个方法假设可持续发展是一个维持和创造现有财富的过程。这个关于国家财富的观点将财富的范围从人造资本和自然资本，扩展到了包括人造资本、自然资本、社会资本和人才资本在内的 4 个方面：

　　① 人造资本主要通过国家的固定资产数量来衡量，包括机械、运输设备、建筑结构和城市土地等。

　　② 自然资本则通过 6 个方面来衡量，如农田、牧地、木材、非生产性林地（non-timber forest）带来的收益、自然保护区和不可再生资源（金属、矿藏、石油、煤、天然气）。

　　③ 社会资本通过对人与人之间的社会关系，社会体制（例如，当地机构的数量和类型、市民的自由指数、社会的迁移率或犯罪，以及司法/政府方面，如法院系统的独立性等）以及社会资本对发展进程中带来的影响类型（比如，增长、公平和脱贫）来衡量。社会资本通常以法律秩序、公民组织机能、个体文化和团体责任、有效率的市场和政府、宽容以及公众信任的形式来表现。

　　④ 人力资本通过已获得的技能（例如教育）和健康的程度（例如预期寿命）来衡量。人类的技能、知识和健康，能够用于投资、增值和创造稳定的生产力，但也可能被过度使用、损耗和贬值。

　　要选择体现上述四个方面的一系列指标，其基础是这些指标可以货币化，并能被赋予一个明确的数值。真实储蓄使用货币化方法与加和方法对数据进行处理，可以监测和比较不同国家的可持续发展进程。不同类型的资本通过一系列已经选择好的指标来衡量，大部分的指标都来源于经济统计指标和环境统计指标。城市的发展趋势用经过调整后的真实储蓄（调整包括需要从储蓄中减去自然资源的损耗和环境污染引起的损害，并加上教育支出）占国内生产总值的百分率来衡量。真实储蓄代表了一个国家真正有能力对外借出和对生产性资产进行投资的产品的总量。

表 4.4 简单地描述了真实储蓄的研究框架和计算所涉及的主要宏观经济指标，并对真实储蓄、真实投资以及绿色国内生产总值加以对照。

表 4.4　CSD 提出的可持续发展指标体系中的指标摘录

绿色国内生产总值 （Eco-Domenstic Product）	真实投资 （Genuine Investment）	真实储蓄 （Genuine Saving）
GDP －产品资本的折旧 ＝国内净产值（NDP） －自然资源的损耗 －污染损失 ＝EDP	固定资产投资 ＋库存变化 ＋教育投资 ＝总投资（gross investment） －固定资产折旧 ＝净投资（net investment） －自然资源的损耗 －污染损失 ＝真实投资	GDP －商品和服务的消费 ＝储蓄（saving） ＋教育投资 ＝总储蓄（gross saving） －产品资本的折旧 ＝净储蓄（net saving） －自然资源的损耗 －污染损失 ＝真实储蓄

从表 4.4 中可以看出，真实储蓄比绿色 GDP 更关注于对发展的投入，也具有更强的政策相关性。除了传统的直接影响公共和私人储蓄和投资行为的货币和金融政策以外，许多影响资源开采和污染物排放的政策也都与之直接相关。如果全面考察计算真实储蓄时所得到的一组指标——总投资、总储蓄、净储蓄、真实储蓄，可以对真实储蓄的政策相关性有更清楚的认识。

此外，随着人力资本这一概念的发展，对人力资本的投资也越来越成为人们关注的重点。根据世界银行所做的估算，对于大多数国家而言，无论其收入等级如何，人力资本在资本总量中所占比例都在 60％以上，因此绝不应当予以忽视。

有关研究认为，就人力资本的培养和发展而言，传统的投资观念只考虑了对校舍等固定资产的投资，而把日常的教育经费作为消费来处理，但实际上这部分投入对于人力资本的产生和发展是不可或缺的，因此，在新的计算框架下应当作为投资来处理。因此，在下面的计算框架中，在国内总投资的基础上，加上经常性教育投资，形成广义国内总投资，作为计算真实储蓄的基础。

真实储蓄，从理论上来说，可以作为衡量一个城市或国家可持续发展的较好的综合指标。但是在城市一级应用真实储蓄这一概念时，涉及地区之间金融资本的流动问题。例如，国家一级的净国外借入应该相当于地区一级的净区外借入，但是目前地区的统计年鉴中只涉及国外借款，国内各地区之间的资本流动难以体现并加以计算，而这一项在很多情况下又是不容忽视的，会导致储蓄（即 GDP 与总消费之差）与城市的实际投资不相等，因此可能影响真实储蓄这一概念的适用性。为了防止上述问题的影响，仅靠在衡量储蓄时，用投资加上净出口是不够的，因为城市一级净出口（包括国内和国外的净出口）的衡量十分粗略。因此，在这种情况下，需要计算真实投资，可以对真实储蓄进行一定程度的补充。

真实投资的计算起点是固定资产投资和库存变化。并不是所有的固定资产投资都是有效的，据研究表明，某国 1995 年贷款中有 2/3 不能正常运转，投资未形成市场需要的有效的生产能力，无法偿还贷款，相当部分为呆账。在计算中，这一部分就不是有效投资，应该扣除。用有效投资再减去固定资产折旧、资源损耗和污染损失，就得到了真实投资。

真实投资可以与真实储蓄一起反映一个城市的可持续性。真实储蓄可以反映较长时段的可持续发展情况，因为在一个较长时段，一个城市的储蓄和投资的账户是平衡的。而真实投资则可以在一个较短的时期，反映一个城市投资的有效性、投资中资源损耗和污染损失的情况等。

在城市一级的可持续发展指标体系研究中，世界上也有很多城市进行了尝试，根据不同的情况制定不同的指标体系，侧重点各不相同。这里介绍欧洲城市的可持续发展指标体系。

欧洲可持续城市报告委员会认识到将可持续指标作为定量评价可持续性执行情况的工具的需要。如果可持续性是一贯的政策目标，衡量人们是否在向它发展就成为可能。世界银行将指标定义为将信息集中为一种有用形态的衡量，而且强调波动的未解决的问题以及在时间上的变化和不确定性。所有有关指标建设的组织似乎都认同，指标为政策决定（预期的）和评价政策实施（回顾性指标）提供了有用的工具，但是他们强调它们的限制性（世界资源研究所，1994）。

可持续性指标的数量和显著性近年来得到了广泛关注，但是它们在衡量城市可持续性方面的真正实践还处于起始阶段。如果环境状态的描述性指标建立在真实的、具体的物理指标基础之上，它们更加易于建立并通过相对于特定的工作和域值判定来解释。性能指标建立在政策规则和目标基础之上。没有特定目标的指标是毫无意义的，而且如果没有一个政策性框架并对目前形势进行诊断，这些指标对于城市生活质量提高没有贡献。

城市指标不能包括全部的环境指标，就如环境指标不仅仅是取得城市可持续性的因素。社会经济问题起着关键的作用，而且社会经济指标是必需的。这是都柏林国家指标论坛和雷思会议的第一个结论，在这次会议上，来自城市网络和国际组织的 40 多个代表与 200 个研究者和决策者一起讨论了指标在城市政策中的使用（OECD，1997）。

欧洲可持续城市报告委员会制定了欧洲城市可持续发展的指标结构：

① 全球气候指标（GCI）。CO_2、CH_4、N_2O 和 CFCs、卤化烃排放总量。

② 空气质量指标（AQI）。每年超过警戒水平并且交通受阻的天数。

③ 酸化指标。SO_2 沉降/hm^2、NO_2 沉降/hm^2、NH_3 沉降/hm^2。

④ 生态系统毒性指标（ETI）。镉、多环芳香烃、汞、环氧乙烷、氟化物和铜的排放量。

⑤ 城市流动指标（UMI）或者清洁交通指标。每年每个居民乘坐私人汽车的里程以及上下班和满足基本需要的里程总数。

⑥ 废物管理指标（WMI）。通过焚烧和有控制、无控制的填埋处理废物量；废物再利用或回收量。

⑦ 能源消费指标（ECI）。不同来源产品（可更新能源、电力、汽油、煤油、重质燃料油、天然气、碳和木材）的能源消费量。

⑧ 水消费指标（WCI）。

⑨ 公害指标（DI）。具有一个有关被上述因子严重影响的人口百分数的次指标非常必要。

⑩ 社会公平指标（SJI）。具有一个有关被上述原因严重影响的人口百分比的次指标非常必要。有一个关于人口弱势群体（少年、妇女、残疾人和长期失业者）的次指标也很必要。

⑪ 住房质量指标（HQI）。无家可归者占居民和那些可能会成为无家可归者的百分数。

⑫ 城市安全指标（USI）。具有一个有关不可逆的长期伤害的次指标非常必要。

⑬ 经济城市可持续性指标（ESI）。

⑭ 绿色、公共空间和遗产指标（GPI），对于城市生活质量而言，每个居民拥有绿地、遗产地和公共空间面积是非常重要的。它们被建议为替代指标。

⑮ 市民参与指标（CPI）。

⑯ 独特的可持续性指标（USI）。

4.3.2 国内生态城市指标研究与实践进展

4.3.2.1 理论研究进展

国内生态城市的指标体系主要有两类，一类是从社会、经济、自然三个子系统的分析出发构成的指标体系，这类指标体系的应用较广泛，另一类是从城市生态系统的结构、功能、协调度考虑建立的指标体系，指标综合的方法也主要以加权平均为主。生态城市规划建设的目的是实现社会、经济、自然复合生态系统的高度协调和可持续发展，所以也可以用环境、资源核算作为评价指标。对指标体系中指标的数量问题，主要存在两种观点，一种是少而精，一种是详细而全面。但是两者在应用上都存在争议，过少的指标会被认为不够全面，而过多的指标会因为指标间的相关性导致指标间关系复杂，指标综合结果无法正确反映各指标的重要性。

盛学良等从社会、经济、资源与环境、人口四个方面构建了生态城市指标体系（表4.5）。王如松等在研究扬州市生态城市建设时从社会、经济、自然三个子系统的状态、动态和实力三个方面构建了生态城市评价指标体系（表4.6），宋永昌先生等从结构、功能、协调度三个方面构建了生态城市指标体系（表4.7），刘则渊等则从可持续发展的角度，分经济可持续、社会可持续、生态可持续三个方面建立了生态城市评价指标体系（表4.8）。纵观各种定量研究，由于研究的目的不同，各地的具体情况不同，所建的指标体系侧重点和内容也不尽相同。到目前为止，还没有系统的、获得普遍认同的生态城市指标体系。

笔者认为，生态城市作为一种目标同时是一种理念，是一个不断完善的过程。在进行生态城市评价时，应该采取刚性与柔性结合的方法。指标设计也应该随着城市建设的进步而有所不同，目前关于生态城市评价指标体系没有统一认识的主要原因就是不同的专家对生态城市有着不同的认识。每个学者根据自己学识背景的特点为生态城市勾画了一个蓝图，也就产生了不同的指标体系以及具体不同的指标值。

生态城市建设是过程与目标的结合，在实现最高目标之前，要经过多个阶段，在每个阶段都会有不同的主题。世界各国的城市在发展过程中都有各自不同的特点，笔者认为在制定一个共同指标体系的基础上，各城市应该增加符合城市特色的指标。关于生态城市评价指标体系的研究必将随着对生态城市研究的深入而不断成熟。

4.3.2.2　天津市生态城市指标体系研究

天津市2006年全面启动生态城市建设工作。在进行天津市生态城市建设指标体系设定过程中，充分考虑到天津的区域经济特色（三层经济圈）和生态环境优势（滨海城市），以及社会文明等方面，结合天津的现实基础条件，借鉴国内外城市的建设经验，将天津的生态城市建设主要体现在三个方面上：经济方面、环境保护方面和社会进步方面。指标的选取和目标值的确定都遵循一定的原则。力争将天津建设成为生态经济发达、生态环境优美、生态家园和谐、生态文化繁荣、可持续发展能力强的人居生态城市。

选择指标坚持以下原则：

① 可持续发展原则，实现环境效益、经济效益、社会效益统一。指标体系作为一个有机整体，体现可持续发展战略。

② 因地制宜的原则。从当地实际情况出发，科学合理地评价各项建设事业的发展成就。

③ 资源合理利用的原则。指标体系选择突出自然资源的合理开发利用和有效保护。

④ 生态经济结构与功能整体优化和不断提高的原则。

⑤ 系统性、科学性、超前性、整体协调共生的原则。

⑥ 可操作性原则，指标的设置尽可能利用现有统计指标。指标具有可测性，易于量化，即在实际调查中，指标数据易于通过统计资料整理、抽样调查、典型调查和直接从有关部门获得。在科学分析的基础上，力求简洁，尽量选择有代表性的综合指标和主要指标，并辅之以一些辅助性指标。

⑦ 针对性原则指标体系的建立针对目前天津城市建设的发展趋势。

⑧ 规范性原则。

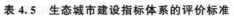

表 4.5　生态城市建设指标体系的评价标准

目标层 S	准则层 D	指标层 C	单位	评价标准
生态城市	社会进步 D1	C1 城市化水平	%	60.0
		C2 城市人均拥有道路面积	m²	20.0
		C3 社会保险综合参保率	%	95.0
		C4 刑事案件发生率	件/万人	20.0
		C5 城镇失业率	%	1.2
		C6 财政支出占 GDP 的比重	%	20.0
		C7 万人拥有病床数	张/万人	100.0
		C8 万人拥有医生数	人/万人	40.0
		C9 百人拥有电话机费	部/百人	60.0
	经济发展 D2	C10 从业系数	%	60.0
		C11 GDP 年增长率	%	5.0
		C12 人均 GDP	元	33000
		C13 各分区人均 GDP 变动系数	%	30.0
		C14 三产比重	%	50.0
		C15 人均粮食产量	kg	600.0
		C16 经济外向度	%	50.0
		C17 土地产出率	万元/km²	25000
	科技与教育 D3	C18 科技投入占 GDP 的比重	%	2.0
		C19 文教卫生投入占 GDP 的比重	%	5.0
		C20 高等教育入学率	%	30.0
		C21 人均受教育程度	A	10.0
		C22 万人中小学教师数	人/万人	100.0
		C23 万人拥有科技人员	人/万人	800.0
		C24 人均公共藏书量	册/人	3.0
		C25 科技贡献率	%	75.0
	资源条件 D4	C26 人均耕地面积	hm²/人	0.1066
		C27 人均水资源拥有量	m³/人	10000
		C28 单位 GDP 能耗	吨标准煤/万元	0.5
		C29 单位 GDP 用水量	t/万元	20.0
		C30 人均能耗	吨标准煤/人	2.0
		C31 人均生活用水量	L/d	300.0
		C32 人均生活用电	kW·h/人	500.0
	生态环境 D5	C33 环境保护投资指数	%	3.5
		C34 城市人均公共绿地面积	m²	15.0
		C35 建成区绿化覆盖率	%	40.0
		C36 环境功能区达标率	%	100.0
		C37 自然保护区覆盖率	%	10.0
	人口与生活 D6	C38 人口自然增长率	‰	4.0
		C39 城镇居民人均居住面积	m²	20.0
		C40 农村人均居住面积	m²	40.0
		C41 城乡居民人均收入比	无量纲	0.80
		C42 平均预期寿命	岁	75.0
		C43 城镇居民恩格尔系数	%	30.0
		C44 农民恩格尔系数	%	40.0

表 4.6　扬州生态城市评价指标体系

一级指标	二级指标	三级指标	四级指标
生态城市综合发展能力	发展状态	经济水平	人均国内生产总值/万元 国土产出率/(万元/km²)
		生活质量	人均期望寿命/a 住房指数(城市人均居住面积/农村人均居住面积)
		环境质量	区域优于Ⅲ类水体比例 空气质量指数(全年优于三级天数比例) 森林覆盖率 公众对环境的满意率
	发展动态	经济动态	GDP 年增长率 能源产出率/(工业增加值万元/能耗吨标准煤) 财政收入占 GDP 比例/%
		社会动态	基尼指数倒数(社会公平性)
		环保动态	退化土地恢复率 工业废水排放达标率 城区生活垃圾无害化资源化率 畜禽粪便资源化率
	发展实力	经济发展实力	企业 ISO 14000 认证率(含实现清洁生产企业) 固定资产投资占 GDP 比例
		社会发展实力	从事研发人员比例 成人平均受教育年限 政府职能部门符合生态规划的政策条例比率
		生态建设实力	环境保护投资占 GDP 比例 受保护地面积比率 市民环境知识普及和参与率

表 4.7　生态城市指标体系标准值

	项目(地域)	单位	标准值	依据
结构 人口结构	人口密度(市区)	人/km²	3500.00	参照欧洲的柏林、华沙、维也纳三市的平均
	人均期望寿命(市域)	岁	78.00	东京现状值
	万人高等学历数(市域)	人/万人	1180.00	首尔现状值
基础设施	人均道路面积(市区)	m²/人	28.00	伦敦现状值
	人均住房面积(市区)	m²/人	16.00	东京、首尔等城市现状值
	万人病床数(市区)	床/万人	90.00	国内领先城市(如太原)现状
城市环境	污染控制综合得分(市区)	50 为满分	50.00	国家环保总局制定的标准
	大气质量(SO₂)(市区)	μg/L	15.00	深圳的现状值
	环境噪声(市区)	dB(A)	<50.00	国家一级标准
城市绿化	人均公共绿地(市区)	m²/人	16.00	国内城市最大值
	绿化覆盖率(市区)	%	45.00	深圳的现状值
	自然保留地面积率(市域)	%	12.00	国家生态环境建设中期目标

续表

项目(地域)		单 位	标准值	依 据
功能	**物质还原**			
	工业固废无害处理率(市域)	%	100.00	国际标准
	废水处理率(市域)	%	100.00	国际标准
	工业废气处理率(市域)	%	100.00	国际标准
	资源配置 百人电话数(市区)	部/百人	76.00	东京现状值
	人均生活用水(市区)	L/d	455.00	参考国际先进城市值
	人均生活用电(市区)	kw·h/d	8.00	参考国际先进城市值
	生产效率 人均GDP(市域)	元	400000.00	东京现状值
	万元GDP能耗(市域)	吨标煤/万元	0.50	香港现状值
	土地产出率(市域)	万元/km²	70000.00	香港现状值
协调度	**社会保障** 人均保险费(市区)	元	2100.00	根据香港、广州等城市标准
	失业率(市区)	%	1.20	接近国际大城市最好年份的失业率
	劳保福利占工资比重(市区)	%	50.00	可达到的最大值
	城市文明 万人藏书量(市区)	册/万人	34000.00	东京、首尔、莫斯科的现状值
	卫生达标率(市区)	%	100.00	国家标准
	刑案发生率(市区)	件/万人	0.05	外推值
	可持续性 环保投资占GDP比重(市域)	%	2.50	根据发达国家现状值外推
	科教投资占GDP比重(市域)	%	2.50	根据发达国家现状值外推
	城乡收入比值	0~1	1.00	根据缩小城乡差别的要求

注：万人具有高等学历人数——是指常住人口中具有大专以上学历（包括在校生）的人数，其比例越高，社会智能化程度越高，城市文明程度越高，有利于科学技术的进一步发展；污染控制综合得分——污染控制采用1995年37个城市环境综合整治定量考核指标，包括水污染排放总量削减率、大气污染排放总量削减率、烟尘控制区覆盖率、环境噪声达标区覆盖率、工业废气达标率、民用型煤气普及率、工业固体废弃物综合利用率、危险废物处置率；空气质量——大气环境质量的评价也涉及许多不同因子，鉴于我国城市大气污染主要为煤烟型污染，因此目前选用最富代表性的SO₂浓度作为评价指标；自然保留地面积——城市中自然保留地是指国家级或地方级的自然保护区以及国家森林公园等，其面积比例越大，表明人与自然的协调程度越高；土地产出率——土地产出率以单位面积土地上的产值计算，它体现了土地面积和产品的经济价值之间的关系，反映了一个城市的技术结构，是衡量城市总体功效的一个指标；劳保福利占工资比重——劳保福利是社会保障制度的重要内容，可以用来衡量城市的协调性；城市卫生达标率——城市卫生达标率包括环境卫生、市容卫生、绿化、除害、单位及居民区卫生等达到一定程度的指标，可按国家爱卫会对卫生达标评比的等级分类，确定卫生达标率；城乡收入比——城乡收入比是指农民人均收入与城市居民人均收入的比值，城市的发展趋势是城市乡村化、乡村城市化，两者日渐融合，两者的差距将逐渐减小，这是城乡协调发展的方向。

表4.8　生态城市建设标准

			标准值
一、经济可持续			
1. 人均GDP(购买力平价)/美元	e1		2
2. 第三产业增加值/GDP/%	e2		55
3. 就业率/%	e3		95
4. 投资率/%	e4		33.1
5. 物价变动率/%(绝对值)	e5		131
6. 万元产值能耗	e6		500
7. 旅游收入/GDP/%	e7		10
二、社会可持续			
8. 人均受教育年限/a	s1		14
9. 科技投入/GDP/%	s2		2
10. 恩格尔系数/%	s3		35

		标准值
11. 基尼系数/%	s4	35
12. 万人医生数/人	s5	30
13. 每万人案件发生率/个	s6	200
14. 平均预期寿命/岁	s7	76
15. 每百人拥有电话/部	s8	51
16. 城市化率/%	s9	75
17. 人均居住面积/m²	s10	20
18. 人均道路面积/m²	s11	15
三、生态可持续		
19. 人均水资源/[m³/(人·a)]	n1	6500
20. 清洁饮用水普及率/%	n2	100
21. 污水排放处理达标率/%	n3	100
22. 淡水抽取量/水资源总量	n4	31.7%
23. 废水排放量/(km²·a)⁻¹	n5	0.1万吨
24. 废气排放量/(km²·a)⁻¹	n6	0.05m³
25. 固体废物排放量/(km²·a)⁻¹	n7	50万吨
26. 废物回收利用率/%	n8	70
27. 环境噪声	n9	50分贝
28. 悬浮物/(μg/m³)	n10	25
29. SO₂/(μg/m³)	n11	14
30. NO$_x$/(μg/m³)	n12	14
31. 绿化覆盖率/%	n13	50
32. 人均公共绿地/m²	n14	100
33. 环保投入/GDP/%	n15	100
34. 燃气普及率/%	n16	95
35. 垃圾无害化处理率/%	n17	70
36. 集中供热率/%	n18	30
37. 水土保持率/%	n19	5
38. 土地储备率/%	n20	10
39. 耕地率/%	n21	
40. 自然保护区面积占土地面积的比例/%	n22	

　　现在对生态城市的建设,并没有统一的标准。本次研究中指标目标值的确定主要是结合天津的现实基础,参考国内国外的一些良好城市发展的指标值,国家生态市的指标值以及天津已经发展规划的指标值。

　　指标体系中有些指标已经达到或目前就已接近国家生态市指标值,则目标值取规划值或国家生态市指标值中的高值(表4.9)。

表 4.9　天津市生态城市建设指标体系

类　别	序号	名　　称	单　位	备注	现状值 2000年	目标值 2030年
经济发展指标	1	人均国内生产总值	元/人	●	2161	≥3万元
	2	年人均财政收入	元/人	●	—	≥5000
	3	农民年人均纯收入	元/人	●	—	≥1.1万
	4	城镇居民年人均纯收入	元/人	●	—	≥2.4万
	5	第三产业占GDP比例	%	●	46.0	≥62
	6	单位GDP能耗	吨标煤/万元	●	—	≤1.4
	7	单位GDP水耗	m³/万元	●	—	≤150
	8	应当实施清洁生产企业的比例 规模化企业通过ISO 14000认证比率	%	●	—	100 ≥20

续表

类 别	序号	名 称	单 位	备注	现状值 2000 年	目标值 2030 年
经济发展指标	9	国土经济密度	万元/km²	◆	1450.8	7 万
	10	科技投入占 GDP 比例	%	◆	23	70
	11	环境治理投资占 GDP 比例	%	◆	1.58	5
	12	绿色产业比重	%	◆	42.1	100
	13	高新技术产业比重	%	◆	23	70
	14	国内生产总值年平均增长率	%	◆	10.0	5.0
	15	城乡收入比	%	◆	1.86	1
	16	生态农业（绿色产品基地）开发率	%	◆	—	≥15
生态环境指标	17	森林覆盖率	%	●	10.2	≥30
	18	受保护地区占国土面积比例	%	●	9.28	≥17
	19	退化土地恢复率	%	●	—	≥90
	20	城市空气质量	好于或等于 2 级标准的天数/a	●	—	≥280
	21	城市水功能区水质达标率	%	●	—	100，且城市无四类水体
	22	近岸海域水环境质量达标率	%	●		100，且城市无四类水体
	23	主要污染物排放强度 二氧化硫 COD	kg/万元（GDP）	●	—	<5.0 <5.0
	24	集中式饮用水水源水质达标率	%	●		100
	25	城镇生活污水集中处理率	%	●	51.6	100
	26	工业用水重复率	%	●	—	>50
	27	噪声达标区覆盖率	%	●	—	≥95
	28	城镇生活垃圾无害化处理率	%	●	62.5	100
	29	工业固体废物处置利用率	%	●	—	>80 无危险废物排放
	30	城镇人均公共绿地面积	m³/人	●	5.4	>16
	31	旅游区环境达标率	%	●	—	100
	32	湿地保护率	%	◆	90	100
	33	农村畜禽废弃物无害化处理率	%	◆	46.8	100
	34	节水措施利用率 1	%	◆	—	100
	35	节水措施利用率 2	%	◆	—	80
	36	城市绿化覆盖率	%	◆	10.2	>45
	37	工业废水处理率	%	◆	98.1	100
	38	农业污灌水质达标率	%	◆	—	100
	39	船舶垃圾集中岸上处理率	%	◆	—	100
	40	乡镇企业污染治理达标率	%	◆	—	100
	41	清洁能源普及率 1	%	◆	—	>70
	42	清洁能源普及率 2	%	◆	—	>10
	43	机动车尾气达标率	%	◆	71.33	>90

类　别	序号	名　　称	单　位	备注	现状值 2000 年	目标值 2030 年
	44	城市生命线系统完好率	%	•		＞80
	45	城市化水平	%	•	—	＞55
	46	城市燃气普及率	%	•	—	＞92
	47	采暖地区集中供热普及率	%	•	—	＞65
	48	恩格尔系数	%	•	—	＜40
	49	基尼系数	%	•	—	0.3～0.4
	50	高等教育入学率	%	•	—	＞30
	51	环境保护宣传教育普及率	%	•	—	＞85
	52	公众对环境的满意率	%	•	—	＞90
社会进步指标	53	城镇人口密度	人/km²	◆	1008	2000
	54	城镇居民住房人均建筑面积	m²/人	◆	13.8	＞30
	55	人均道路面积	m²/人	◆	8.66	＞28
	56	城镇人均生活用水	L/d	◆	144.9	450
	57	城镇人均生活用电	(kW·h)/d	◆	0.78	8
	58	万人大学生数	人/万人	◆	900.7	1180
	59	历史文物保护率	%	◆	—	100
	60	刑事案件发生率	件/万人	◆	0.13	0.05
	61	人均保险费	元	◆	955	2100
	62	劳保福利占工资比重	%	◆	7.69	50
	63	万人拥有病床数	张	◆	44.2	90
	64	信息化指数(2001 年为 100%)		◆	—	300
	65	平均预期寿命	岁	◆	75.95	＞81
	66	万人拥有藏书量	万册/万人	◆	2.1	3.4
	67	旅游资源保护率	%	◆	—	100

注：凡是标有符号 • 的为国家生态市建设指标；符号 ◆ 为增添的天津市生态城市建设的必选指标。

4.3.3 生态城市指标不确定性研究

以上总结分析了目前国内外有关生态城市指标体系的研究与实践概况，总体来看，近年来国内外涉及生态城市指标体系的研究与应用都在增多，并出现了注重综合、向社会经济方面扩展的趋势。在可持续发展指标体系的研究中，出现了注重价值化手段和治理能力的倾向，但目前有关研究，尤其是近期较多见于可持续发展指标体系中的生态环境指标，多半集中在确定性目标上，在城市不确定性方面考虑较为粗略，可以看出大家对此重视不够。有人认为对于生态城市，其研究本身尚处起步阶段，很多确定性问题尚不清楚，更无暇顾及那些不确定性因素了。还有人认为城市指标出于方便管理、建设城市的需要，而将城市不同组成要素加以量化，因此指标应尽量确定而避免不确定，这些观点看上去有一定道理，但城市不确定性影响是无法回避的事实，它渗透到城市的各个部分，包括指标体系。值得注意的是，虽然国内很多城市正在进行生态城市的规划建设，但目前仍没有真正意义上建成的生态城市，因此生态城市及其指标体系研究尚处在摸索阶段，而无法评论不确定性对它们的具体影响。

不确定性包括参数内部的不确定性以及参数之间的不确定性。对于生态城市指标体系而言，参数内部的不确定性主要来自一些社会、经济指标，通常多从定性角度分析，因此比较容易解决。而生态城市指标体系的主要优势，在于利用模型或者数学方法将单个指标体系系统化，因此必须将参数之间的不确定性作为研究重点，除此之外，在指标体系制定过程的不同阶段，都会碰到参数的不确定性问题。指标体系是建立在某些原则基础上的指标集合，它是一个完整的有机整体，而不是一些指标的简单组合。因此，城市生态系统，作为一个社会、经济、自然的复合生态系统，其指标体系也应该从社会、经济和自然（环境）三个角度来确定。但由于指标体系确立的复杂性，很难达到统一的标准，如联合国可持续发展委员会（UNCSD）早期制定的生态可持续发展指标共有 134 个，即使是改革后的 CSD 新框架也包括了 15 项 39 个子项。假设每个参数都是确定的，那建立 CSD 参数系统的矩阵关系也是相当复杂的，何况还要考虑参数本身以及参数之间的不确定性。

当指标体系的种类确定之后，需要对指标体系进行量化，包括阈值、贡献率（或权重）的量化。目前，关于指标体系阈值的确定，并没有统一方法。目前国内多采用的方法是：凡已有国家标准的指标，尽量采用规定的标准值；参考国外具有良好特色的城市现状值作为标准值，参考国内城市的现状值，做趋势外推，确定标准值；依据现有的环境与社会、经济协调发展的理论，力求定量化作为标准值；对那些目前统计数据尚不完整，但在指标体系中又十分重点的指标，在缺乏有关指标统计数据前，暂用类似指标替代。根据这些确定原则，可以看出，指标体系的阈值是不确定的，因为在参考国外某些城市现状值作为标准时，容易造成主观上的差异而导致了不确定性问题的产生，这类指标如人均期望寿命、人均道路面积等。另一个不确定性问题产生的原因则来自外推过程。比如像刑案发生率、环保投资占GDP 比重等指标，由于需要根据其他城市的现状值进行外推，而在外推过程中，大量复杂因素的影响如外界随机扰动的影响、测量误差的影响、主观判断的差异，均会造成外推系数不确定。

指标体系的阈值确定之后，为了对城市生态化水平进行综合评价，需要对各指标体系的贡献率（即权值）进行量化，在量化过程中，贡献率也是不确定的。目前关于各类指标贡献率的确定，多用层次分析法，专家评价法，或是二者相结合的方法。然而，层次分析或是专家评价这些方法本身都具有较大的主观性，因为专家的意见在某些时候，某种程度上可能会出现一些不一致的现象。比如说，对生态经济指标、生态环境指标和生态社会指标三者的贡献率进行评价时，专家的差异、专家的认识水平以及国家的政策导向都有可能影响到专家的意见。比如，在某次专家评价时，可能生态经济指标的贡献率要大一些，在另一次评价时，生态环境指标的贡献率会大一些，因此，各指标体系的贡献率的不确定性是显然的。

在制定生态城市指标时，应该用既科学又灵活的方法，对其同时进行定性与定量的分析，才能最大限度地减少不确定性对指标体系所带来的不利影响。

制定生态城市指标，必须充分考虑不确定问题的影响，一般必须注意因子的弹性、层次性、区域性以及可操作性等原则，尤其是弹性原则。

指标体系的内容不宜变化过于频繁，在一定的时期内，应保持其相对的稳定性。另一方面，城市本身是一个动态发展的过程，生态城市的内涵也随历史阶段的不同而有所变化，这就要求反映生态城市内涵的评价指标体系必须具有一定的弹性，能够适应不同时期区域发展

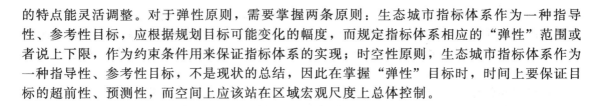

的特点能灵活调整。对于弹性原则，需要掌握两条原则：生态城市指标体系作为一种指导性、参考性目标，应根据规划目标可能变化的幅度，而规定指标体系相应的"弹性"范围或者说上下限，作为约束条件用来保证指标体系的实现；时空性原则，生态城市指标体系作为一种指导性、参考性目标，不是现状的总结，因此在掌握"弹性"目标时，时间上要保证目标的超前性、预测性，而空间上应该站在区域宏观尺度上总体控制。

5 生态城市规划

生态城市的衡量标准为人们指出了一个比较清晰的城市发展目标。要实现生态城市的发展目标，必须有一个科学的生态城市规划。生态城市规划是城市发展之纲，是城市设计、城市建设和城市管理等一切工作的总体指导原则。

本章对生态城市规划的基本内容，以及生态城市规划中的资源、空间、产业结构与布局发展等内容进行了探讨。

5.1 生态城市规划基本理论

生态城市规划是生态城市建设的前提和基础。生态城市规划思想的前身是同样以可持续发展为核心的城市生态规划。城市生态规划以生态学原理为指导，运用环境科学、系统科学的方法，对城市复合生态系统进行规划，协调系统内的各种生态关系，改善系统结构和功能，确保自然平衡和资源保护，以促进人与自然协调发展。城市生态规划从产生、发展演变至高级阶段——生态城市规划，都运用了生态系统整体优化的原理，在深入研究城市复合生态系统的基础上，从广义生态层面上对城市发展的经济、社会、环境生态进行更高层次、更完善的全面规划，实现生态城市的结构生态化和功能生态化，立体化推进生态城市建设。

5.1.1 生态城市规划的内涵

生态城市规划是根据生态学的原理，综合研究城市生态系统中人与住所的关系，并应用社会工程、系统工程、生态工程、环境工程等现代科学与技术手段，协调现代城市中经济系统与生物系统的关系，保护与合理利用一切自然资源与能源，提高资源的再生和综合利用水平，提高人类对城市生态系统的自我调节、修复、维持和发展的能力，达到既能满足人类生存、享受和持续发展的需要，又能保护人类自身生存环境的目的。

生态城市规划与城市生态规划具有根本的区别，实际上，生态城市规划可以看作是复合生态系统观念在各层次的城市规划中的体现，而不仅仅是一个城市生态系统的规划。

生态城市的规划与传统的城市规划区别，在于它强调以可持续发展为指导，以人与自然相和谐为价值取向，应用各种现代科学技术手段，分析利用自然环境、社会、文化、经济等各种信息，去模拟设计和调控系统内的各种生态关系，从而提出人与自然和谐发展的调控对策。生态城市的规划设计把人与自然看作一个整体，以自然生态优先的原则来协调人与自然的关系，促使系统向更有序、稳定、协调的方向发展，最终目的是引导城市实现人、自然、城市的和谐共存，持续发展。

5.1.2 生态城市规划的国内外研究现状

生态城市规划应该说源自生态规划，从其发展来说，已有一段不算太短的发展历史了。George Marsh 在 *Man and Nature Physical Geography as Modified by Human Action* (1864) 中首次提出合理地规划人类活动，使之与自然环境协调，而不是破坏自然。玛希 (George Marsh, 1864)、鲍威尔 (John Powell, 1897) 和格迪斯 (Patrick Geddes, 1915) 关于生态评价、生态勘察和综合规划的理论和实践被视为是奠定了 20 世纪生态规划的基础。

而霍华德的"田园城市"、沙里宁的"有机疏散论"和芝加哥"人类生态学派"关于城市景观、功能、绿地系统方面的生态规划被认为是掀起了生态规划的第一个高潮。

20世纪20年代美国区域规划协会的成立（1923）明确宣布了规划与生态学的密切联系。Machaye认为：区域规划就是生态学，尤其是人类生态学。20世纪20～30年代，美国的欧姆斯特德（Olmsted）倡导的"城市公园"与始于1893年芝加哥的"城市美化运动"（City Beautiful Movement）尝试通过建设城市公园绿地系统来改善日益恶化的城市环境。20世纪40年代，美国区域规划协会发起了"公园建设和自然保护运动"。这期间，生态规划的理论尚未成形，但生态思想已经开始渗入到城市规划领域，并为城市规划注入了新的活力。

20世纪60年代持续高涨的环境保护运动，使人类重新思考人与自然的关系，重新探讨协调人类活动与自然过程的途径，寻求社会经济持续发展与自然共同进化的道路，从而迎来生态规划的复苏与蓬勃发展。这期间，生态规划的概念得到进一步明确，西欧各国开展了"环境运动"。1969年，克罗（D. S. Crowe）提出景观规划概念；奥德姆（H. T. Odum）进一步提出生态系统模式，把生态功能与相应的用地模式联系起来，并实践于区域规划。同年，美国宾夕法尼亚大学教授McHarg通过具体的案例研究，对生态规划的工作流程及应用方法做了较全面的探讨，并发表了《设计结合自然》（*Design with Nature*）提出了规划结合生态思想的概念和方法。1972年，联合国人类环境委员会通过《斯德哥尔摩宣言》，提出人与生物圈、人工环境和自然环境间应保持协调，要保护环境、保持生态平衡。进入80年代，全球生态环境观念逐步形成，规划工作者开始寻求在生态原则下构建动态的、协调的、又能满足人们需要的城市。1982年，《自然的设计》（*Nature's Design*）进一步阐述了麦克哈格的生态规划思想，力图建立在城市生态平衡基础上的自然的人造环境。现在"可持续发展"、"生态城市模式"的概念已深入人心，生态城市规划已成为世界各地城市规划研究的热点，许多大城市如广岛、特兰托、华盛顿、堪培拉等都已进行了生态城市规划研究。

在中国，生态省、生态市、生态县、生态村建设正在进行试点工作。生态规划亦在各地蓬勃开展，如欧阳志云等根据可持续发展理论的要求，探讨了生态过程、景观格局、生态敏感性、生态风险以及土地质量及区位的生态学评价。而马世骏、王如松等根据复合生态系统理论，提出辨识-模拟-调控的生态规划方法和泛目标规划方法。

近年来，生态城市规划的理论和方法正逐步开始成熟和完善，中国环境科学研究院、中国科学院生态环境研究中心、北京大学、北京师范大学、清华大学、北京化工大学、南京大学等一些科研院所与高校已经基本形成了比较系统和完整的生态城市规划方法与思路，并开始将理论与方法与实践结合，在国家环保总局领导下，分别为广州、佛山、扬州、长沙、绍兴、哈尔滨、厦门等主要城市做了生态城市规划，同时更多的城市也已经正在或准备制定生态城市规划。2003年5月国家环保总局颁布《生态县、生态市、生态省建设指标（试行）》标准，标志着生态城市规划在中国进入全面发展和逐步推广的阶段。

5.1.3　生态城市规划的原则、程序与主要内容

5.1.3.1　生态城市规划的原则

生态城市是联合国在"人与生物圈"计划中提出的概念，旨在促进城市的可持续发展。联合国在该计划中提出了生态城市规划的五项总体原则：生态保护战略，包括自然保护、动植物及资源保护和污染防治；生态基础设施，即自然景观和腹地对城市的持久支持能力；居民的生活标准；文化历史的保护；将自然融入城市。具体来说，可以从下面几个方面考虑。

（1）城市生态位最优化原则　生态位是指物种在群落中，在空间和营养关系方面所占的地位。城市生态位是一个城市提供给人们的或可被人们利用的各种生态因子和生态关系的集

合。它不仅反映了一个城市的现状对于人类各种经济活动和生活活动的适宜程度，而且也反映了一个城市的性质、功能、地位、作用及其人口、资源、环境的优劣势，从而决定它在人们心目中的吸引力和离心力。城市生态位是决定城市竞争力的根本因素。

城市生态位大致可分为两大类：一类是资源利用、生产条件生态位，简称生产生态位，包括城市的经济水平；一类是环境质量、生活水平生态位，简称生活生态位，包括社会环境和自然环境。城市生态位的最优化可以从宏观和微观两方面来解读，从宏观层面而言，城市生态位反映整个城市的现状对于人类生产活动和生活活动的适宜程度与吸引力，应以生活活动为主，同时生产活动不能与生活活动相冲突；从微观层面而言，城市生态位在提供优良的生态位方面对每个城市居民都应是公平的。虽然城市提供给居民的居住空间，从空间角度来看存在差异，但生态位大体是相当的。

（2）生物多样性原则　大量事实证明，生物群落与环境之间保持动态平衡稳定状态的能力，同生态系统物种、结构的多样性、复杂性呈正相关关系。也就是说，生态系统结构越多样、复杂，其抗干扰的能力则越强，因而也越容易保持其动态平衡的稳定状态。城市生物多样性，是指城市范围内除人以外的各种活的生物体，在有规律地结合在一起的前提下，所体现出来的基因、物种和生态系统的分异程度。城市生物多样性与城市自然生态环境系统的结构、功能直接联系，与大气环境、水环境、岩土环境共同构成了城市居民赖以生存的生态环境基础，是生物与生境间、生态环境与人类间的复杂关系的体现。城市生态环境是指特定区域内的人口、资源、环境通过复杂的相生相克关系建立起来的人类聚居地。

由于与自然界的生物生存的环境有较大的差异，城市生物多样性也表现出自身的特点。在经济价值、丰富度、地球物质循环与能量代谢等方面，城市生物多样性虽然与自然界生物多样性无法相比，但由于城市生物多样性是在一个相对狭小的面积上，近距离地为城市人口服务，因而它是非常重要的。

（3）城市的成长性原则　城市的发展是一个动态的过程，而城市规划也是随着城市的发展而变化的，城市规划要为城市的未来留下足够的发展空间。成长性是生态系统的基本特征，一切自然群落和人工群落都遵循群落生长或演替的规律运行。人们在利用自然资源时，也必须遵循这一规律，否则就会导致"生态逆退"。将成长性（演替性）原则运用于城市规划，就是将一个城市的文脉、历史、文化、建筑、邻里和社区的物质形式当作一种生命形式、生命体系来对待，人们要根据它的"生命"历史和生存状态来维护它、保持它、发展它和更新它。

（4）生态承载力原则　城市生态承载力原则是指从生态学角度来看，城市发展以及城市人群赖以生存的生态系统所能承受的人类活动强度是有极限的，即城市发展存在着生态极限。城市发展有一定的规模，自然生态环境是限定城市发展规模的最主要因素。在城市规划中，坚持城市生态承载力原则，应做到以下几个方面：①在城市规划过程中，要科学地估算城市生态系统的承载能力，并运用技术、经济、社会、生活等手段来保护、提高这种能力。②要调整控制城市人口的总数、密度与构成。这是一个城市生态经济发展的重要指标。③要考虑城市的产业种类、数量结构与布局。这些指标对生态环境资源的开发与利用、污染的产生与净化，都具有十分重要的影响。④要考虑环境的自净能力和人工净化能力，它们直接关系着城市的生存质量与发展规模。增加兴建城市生态森林广场来取代大型硬底广场及草坪广场，通过立方体绿化来增加绿量，提高对空气污染的自净能力。适当兴建污水处理厂对水污染的人工净化能力。⑤要考虑城市生态系统中资源的再利用问题。通过对系统中人文要素的合理布局，达到资源循环利用的目的；通过规划建设生态型建筑，增加人文要素与自然要素的融合性、相互增益性，从而提高城市生态的承载力。

（5）复合生态原则　生态城市的社会、经济、自然各子系统是相互联系、相互依存、不可分割的，共同构成有机整体。规划设计必须将三者有机结合起来，三者兼顾、综合考量，不偏废任一方面，使整体效益最高。规划设计要利用三方面的互补性，协调相互之间的冲突和矛盾，努力在三者间寻求平衡。这一原则是规划的难点和重点，规划既要利于自然，又要造福于人类，也不能只考虑短期的经济效益，而忽视人的实际生活需要和可能对生存环境造成的胁迫与影响，社会、经济、生态目标要提到同等重要的地位来考虑，但在某些规划问题上，生态环境问题比短期的经济利益更要得到优先考虑，因为经济决策可以根据实际情况进行修改调整，但造成的社会、环境后果却不容易改变，会持续很长的时间。

以上这些原则是普遍性的，但生态城市是地区性的，地区的特殊性又受自然地理和社会文化两方面的影响，因此，这些原则的具体应用需要与空间、时间和人（社会）的结合，在不同的实际情况中灵活应用。

5.1.3.2 生态城市规划的程序

美国华盛顿大学 Steiner 曾于 20 世纪 60 年代末提出资源管理生态规划的程序包括七个步骤，即：确定规划目标——资源数据清单和分析——区域适宜度分析——方案选择——规划方案实施——规划执行——方案评价。生态城市规划不仅限于土地利用和资源管理，而应根据城市社会、经济、自然等方面的信息，从宏观、综合的角度，研究区域或城市的生态建设或在对城市复合生态系统中社会、经济、自然的广泛调查基础上，结合专家咨询意见，应用城市生态学、系统分析和城市规划原理相结合的方法而进行。

在生态城市规划的实际操作过程中，各个城市根据自己的情况不同，可能在规划程序上有差别。但主要的操作程序相同，就是首先了解城市的目前状况，然后根据生态城市建设的目标进行各专项规划。

5.1.3.3 生态城市规划的主要内容

（1）城市生命支持系统 城市生态系统的生存与发展取决于其生命支持系统的活力，包括区域生态基础设施（光、热、水、气候、土壤、生物等）的承载力、生态服务功能的强弱、物质代谢链的闭合与滞竭程度，以及景观生态的时、空、量等的整合性。其重点在于以下几点。

① 水资源利用规划。市区：开发各种节水技术节约用水；雨污水分流，建设储蓄雨水的设施，路面采用不含锌的材料，下水道口采取隔油措施等，并通过湿地等进行自然净化。郊区：保护农田灌溉水；控制农业面源污染，禽畜牧场污染，在饮用水源地退耕还林；集中居民用地以更有效地建设、利用水处理设施。

② 土地利用规划。合理的土地利用规划是维护城市生态系统平衡、保持其健康发展的保证。城市建设用地的扩张是造成地球生态能力损失的重要原因之一。这种生态能力的损失不仅仅体现在直接的土地生物生产量上，更为严重的是由此引发的连锁反应。由于土壤活性丧失导致的生态系统物质循环阻断，不仅使得世界上大多数城市垃圾围城，更严重的是某些物质无法回归自然本位，造成地球环境的总体灾变。城市生态系统的有机整体性要求各个子系统必须相互协调，任何局部的失调都有可能造成整个系统崩溃。科学合理的土地利用规划是生态城市规划的重要组成。

③ 能源规划。节约能源，建筑物充分利用阳光，开发密封性能好的材料，使用节能电器等；开发永续能源和再生能源，充分利用太阳能、风能、水能，生物制气。能源利用的最终方式是电和氢气，使污染达到最小。

④ 交通规划。发展电车和氢气车，使用电力或清洁燃料；市中心和居民区限制燃油汽车通行，保留特种车辆的紧急通道。通过集中城市化、提高货运费用、发展耐用物品来减少交通需求；提高交通用地的利用效率；发展船运和铁路运输等。

⑤ 生态绿地系统规划。打破城郊界限，扩大城市生态系统的范围，努力增加绿化量，

提高城市绿地率、覆盖率和人均绿地面积，调控好公共绿地均匀度，充分考虑绿地系统规划对城市生态环境和绿地游憩的影响；通过合理布局绿地以减少汽车尾气、烟尘等环境污染；考虑生物多样性的保护，为生物栖境和迁移通道预留空间。

（2）空间发展战略规划　良好的空间发展战略规划是生态城市规划的基础内容。现代城市中有很多城市出现交通、大气污染、功能团混乱等问题的主要原因就是在城市规划时就没有良好的空间发展布局规划，许多城市出现了摊大饼现象。生态城市建设中要解决这些问题，就必须从战略高度认识到空间布局规划的重要性。

（3）生态产业规划　生态产业通过两个或两个以上的生产体系之间的系统耦合，使物质、能量能多级利用、高效产出，资源、环境能系统开发、持续利用。生态产业注重改变生产工艺，合理选择生产模式。循环生产模式能使生产过程中向环境排放的物质减少到最低程度，实现资源、能源的综合利用。

生态产业规划通过生态产业将区域国土规划、城乡建设规划、生态环境规划和社会经济规划融为一体，促进城乡结合、工农结合、环境保护和经济建设结合；为企业提供具体产品和工艺的生态评价、生态设计、生态工程与生态管理的方法。

（4）生态人居环境规划　城市的表现形式是社区的格局、形态，人作为复合生态系统的主体，其日常活动对城市生态系统的好坏起着重要作用。因此，生态城市规划中强调社区建设，创造和谐、优美的人居环境。

① 生态建筑。开发各种节水、节能生态建筑技术，建筑设计中开发利用太阳能，采用自然通风，使用无污染材料，增加居住环境的健康性和舒适性；减少建筑对自然环境的不利影响，广泛利用屋顶、墙面、广场等立体植被，增加城市氧气产生量；区内广场、道路采用生态化的"绿色道路"，如用带孔隙的地砖铺地，孔隙内种植绿草，增加地面透水性，降低地表径流。

② 生态景观。强调历史文化的延续，突出多样性的人文景观。充分发掘利用当地的自然、文化潜力（生物的和非生物的因素），以满足居民的生活需要；建设健康和多样化的人类生活环境。

③ 生态社区。社区作为生态城市管理体系主体构成最重要的部分，在生态城市规划中也是重要的组成部分。生态社区规划时要充分考虑到社区的发展和环境的承载能力，衡量指标多为人均绿地面积、人均公共设施率等。

5.2　生态城市生命支持系统规划

5.2.1　水资源利用与保护规划

水是一种宝贵的自然资源，是人类和一切生物赖以生存和发展的物质基础，而城市水资源又是人类生存和城市发展的重要条件。随着城市经济的发展和人们生活质量的提高，对水的需求量急剧增长，而水资源是有限的。因此，有效地保护和合理利用水资源是城市经济持续发展的重要保证。

由于城市数量、城市人口、城市规模和城市工业的迅猛发展，需水量急剧增长，城市水资源的供需矛盾也日益尖锐化，全球性水资源短缺已成为众所关注的普遍性问题。

5.2.1.1　水资源利用与保护规划的主要内容

制定上游水源涵养林和水土资源保护规划；禁止乱围垦，保护鱼类和其他水生生物的生存环境；积极研究和推广保护水源地、水生态系统和防止水污染的新技术；兴建一批跨流域调水工程和调蓄能力较大的水利工程，恢复水生态平衡；健全水土资源保护和管理体制，制定相应的政策、法规和条例。

5.2.1.2 中国面临的水资源主要问题

(1) 水资源短缺，供水困难 中国是一个水资源短缺的国家，淡水资源总量为 28000 亿立方米，人均只有 2300m³，扣除难以利用的洪水径流和散布在偏远地区的地下水资源后，现实可利用的淡水资源量则更少，仅为 11000 亿立方米左右，人均可利用的水资源量约为 900m³，并且时空分布极不均衡。

城市因人口密集、工业发达，用水需求过度集中，所以人均拥有的可利用淡水资源量很少，远远低于全国平均水平例如，北京市水资源总量高达 40.8 亿立方米，按单位国土面积水资源占有量计算，大约相当于河北省的两倍，但人均可利用水资源量 1997 年仅为 373m³，远远低于全国 900m³ 的人均水平。上海和天津则更少，人均拥有量分别为 199m³ 和 161m³（含调入的水资源量）。另据统计，全国有 400 多个城市不同程度缺水，其中 100 多个城市严重缺水，每年因缺水而影响的工业产值达 2000 多亿元。

进入 21 世纪，随着人口的增长、生活水平的提高、城市化进程加快，水资源短缺的状况会更加突出。

(2) 水质污染严重 目前，无论是地表水还是地下水，中国的水质污染非常严重。据 2001 年《中国水资源公报》中报道 2001 年全国废污水排放总量 626 亿吨（不包括火电直流冷却水），在 12.1 万千米评价河长中，水质在 Ⅳ 类以上的污染河长占 38.6%。在评价的 24 个湖泊中，只有 10 个湖泊水质符合或优于 Ⅲ 类水。由于大量城市污水未经处理直接排入水域，全国 90% 以上的城市水域受到不同程度的污染，水环境普遍恶化，近 50% 重点城镇的集中饮用水水源不符合取水标准。其实，无论是现在，还是将来，水污染都是城市的最大隐患，它不仅恶化城市生态环境，还毁坏城市水源，使本已紧张的城市供水雪上加霜，进一步加剧了城市水危机。

(3) 用水效率不高，用水严重浪费 中国城市水资源供给和使用过程中跑冒滴漏等严重浪费水的现象普遍存在，多数城市用水器具和自来水管网的漏失率在 20% 以上。工业用水的重复利用率据统计为 30%～40%，日、美、德的重复利用率则已达到 90% 以上。由此可见，中国面临的水资源形势是，一方面资源短缺，另一方面经营粗放，浪费严重，利用效率低。

(4) 水的供需矛盾更加尖锐 中国水资源总量为 28000 亿立方米，而根据国际上评估的标准，中国水资源的可利用量大约为 10000～11000 亿立方米，2001 年，中国年总用水量达到了 5567 亿立方米，按照 21 世纪中叶中国达到中等发达国家水平的战略目标，初步估计，中国未来水需求将达到 7500～8000 亿立方米。专家预言，2030 年中国人口将达到峰值 16 亿，那么人均水资源量将降到低谷。如果未来 30 年工业用水成倍增加、城市化水平成倍上升、小城镇快速发展，基于目前污废水的处理和回收利用偏低的现状，则污废水的排放量将会数倍、甚至十几倍地增加，势必加剧水环境的恶化。因此，人口的增长导致的污废水量加大，以及可经济开发的水源受到区域的限制、可开发利用水资源的难度越来越大，未来城市水的供需矛盾将会更加尖锐。

5.2.1.3 中国城市水资源的利用与保护对策

(1) 城市水资源的有效保护 中国对水资源的保护十分重视，颁布了一系列法律法规，如《中华人民共和国水污染防治法》、《中华人民共和国水法》、《中华人民共和国水土保持法》等；制定了各类水的环境质量标准和各级各类污水的综合排放标准、行业标准；建立了比较完善的水资源环境保护制度，特别是"环境影响评价"、"三同时"制度，对保护与防治城市水资源污染起到一定的作用。但是，随着经济的高速发展和人口的急剧增长，废水排放量不断上升。据统计，近年来全国废水年排放量近 600 亿吨，其中约 80% 未经处理直接排入水域，90% 以上的城市沿河水域遭到污染，导致许多城市出现水质性缺水。因此，必须采取行之有效的措施，使有限的水资源得到真正的保护。

① 完善现有的法律、制度，加强管理力度 水资源保护和水污染防治是生态系统的重要组成部分，水污染防治偏重于末端治理，而水资源保护是防患于未然，以前端治理为核心，它涵盖了水污染防治的全部。水资源的保护是指水质和水量的保护，水量是水资源的根，水质是水资源的本，统筹水的质和量，才能抓住水资源的根本。而目前的水资源保护主要是以污染防治为主，以水质作为衡量标准，忽视了水量的影响；在水污染防治立法上主要是基于水环境，而忽视水的资源性及水作为资源时，量与质的不可分割性，更没有考虑受纳河段水体作为水资源供给时对水质的要求。同时，现行的环境保护制度也存在一些问题，比如"环境影响评价制度"，虽有法律规定为必须遵守的制度但还没有普遍实行，除了认识和重视程度不够之外，更主要的是检查力度还不够，实施细则以及评价内容、程序和方法还有待完善改进；目前城市中大量兴建住宅小区，但住宅区的验收尚未被明确纳入其中，致使城市生活污水污染加重，这也是城市内河污染加剧的重要原因。因此，急需颁布一部突出水作为资源主体地位的全国性的水资源保护法规，修改完善现有的管理制度，加大监督检查力度。

② 调整产业结构，减少污染和水资源消耗量 现在中国的产业应逐步向低能耗低污染的高新技术产业转化；关停那些耗水量大、污染重、治污代价高的企业，并研究开发和推行先进的治理技术，提高废水处理效率。

③ 加快污水处理系统建设，提高污水处理率 由于建设和运行污水处理设施需要投入大量的资金，又不能产生明显的经济效益，因此城市污水的处理率整体上都偏低。现在要解放思想，拓展投资渠道，运用市场机制，利用现有的污水处理项目进行合资、融资，还可以适当收取水资源费，多方筹集资金，加快城市污水处理设施的建设和完善。

④ 大力推行清洁生产，实施循环经济 现在的污染防治政策应更新观念，逐步转变为从源头控制污染的产生。在企业中推广清洁生产，做到合理选择原料及产品设计，防止对环境的不利；改造生产工艺，更新生产设备，最大限度地提高生产效率，减少污染排放；加强生产管理，减少和杜绝跑、冒、滴、漏，最终达到污染物零排放。按照生态学的原理，研究和调整城市工业结构、生产技术管理方法，建设生态工业示范园区，实现城市经济的良性循环，达到经济发展与环境的最大程度地协调。这样才能从根本上杜绝对水资源破坏性的使用，维护城市水资源的自然生态循环，保证水资源的永续利用。

（2）城市水资源的合理利用

① 提高水资源的利用效率 充分挖掘水资源潜力，并采取先进的工艺流程，提高工业用水的重复利用率和降低工业用水定额，是缓解城市供水紧张的一项重要措施，也是建立节水型社会生产体系的重要组成部分。中国工业用水 20 世纪 60％～70％是冷却用水，对水质影响不大，完全具备重复利用的条件。但目前中国重复利用率还很低，20 世纪 70 年代发达国家的重复利用率已经达到 60％～70％。近年来先进国家钢铁、化工、造纸工业水的重复利用率分别达 98％、92％、85％。中国各地情况很不平衡，除上海、北京、大连等少数城市重复利用率可达 70％～80％外，其他多数城市还停留在 20％～50％之间，因此有很大潜力。近年来中国不少开采地下水的城市采取空调冷却用水回灌再利用措施，在水价政策上，对回灌用水采取不收水费的鼓励政策，取得良好效果。

② 废水净化再利用，实行废水资源化 据调查统计，1995 全国城市工业废水年排放量已达 $440 \times 10^8 \mathrm{m}^3$，1997 年据《中国水资源公报》报道，全国废污水的年排放总量上升到 $584 \times 10^8 \mathrm{m}^3$。根据全国 118 座大城市浅层地下水的调查，97.5％的城市受到不同程度的污染，其中 40％的城市受到严重污染。因此必须严格控制污水排放，加强污水净化处理能力。如果 60％的废污水能够得到处理，那么就可有 $250 \times 10^8 \mathrm{m}^3$ 转化为再生水，用来弥补全国的

缺水量还绰绰有余。所以，废水净化再利用，实行废水资源化，既能缓解城市用水的供需矛盾，又可防止污染，保护生态环境，具有明显的社会、经济与生态环境效益。

③ 充分利用矿坑排水，实行排供结合　目前已知沿太行山麓就有不少煤田，由于大水矿床疏干问题得不到解决而未能开发。如果矿山排水能与当地城市供水结合起来，就能一举两得。据计算，这一地区的矿坑排水量每年可达 $5×10^8 m^3$ 左右，如能充分利用，那么对缓解城市供水紧张就可以发挥重要作用。现在有些城市，如河南的平顶山市和焦作市，在实行矿山排供结合方面都已取得较好效果。

④ 开发利用雨洪水、咸水与海水　开发利用雨水已成为当今世界水资源开发的潮流之一。城市大面积建筑群形成的不透水面使雨水收集具备最有利的条件。每平方公里收集10mm 的雨水，就可获得 $1×10^4 m^3$ 的水量。城市面积越大，降水越多，可望收集的雨水也越多。城市雨水收集不仅使城市供水得到大量补充，同时还可缓解城市下游的雨洪威胁。

中国沿海地区和内陆地区，地下咸水（包括微咸水）分布较广，如华北平原就达 $30×10^8 m^3$ 左右，如果采取淡化措施，仍有一定的利用价值。国外许多滨海城市，还利用海水作为工业用水。海水的开发利用潜力很大，是缓解滨海地区水资源供需矛盾的一项重要对策。

⑤ 开展地下水资源的人工补给　根据国外经验，采取地表水、地下水联合开发，相互调剂，利用多余洪水对地下水进行人工调蓄措施，是扩大水资源和解决地下水过量开采的有效途径。发达国家在城市取水过程中，20％～40％的地下水依靠人工调蓄补给。如荷兰阿姆斯特丹的滨海沙丘人工补给措施，年灌入量达 $4000×10^4 m^3$，解决了枯水季节的供水不足，成为该市主要供水水源之一。人工补给不仅能解决地下水过量开采问题，而且还有改良水质、排水回收利用、废水处理、阻止海水入侵、防止地面沉降、控制地震等重大技术用途。开发地下水库具有占用土地少、蒸发消耗小、调蓄能力强、引灌工程简便、工程周期短、耗资小、效益高等优点。根据华北降水年际变化大的特点，拦蓄降水和地表弃水，建立地下水库，实行以丰补欠，能最大限度地对水资源进行多年调节，增大当地径流利用系数，提高城市供水的保证率。

⑥ 制定合理的水价政策，促进水资源商品化　遵照市场经济原则，按成本、按不同用途、按供需关系确定水价，按用水量分户收费。事实说明，制定合理的水价政策，实行水资源市场化，是防止浪费、缓解供需矛盾的有效途径。

5.2.2　土地资源利用与保护规划

城市土地是城市存在和发展的物质前提，是城市社会、经济运行的物质载体，城市的发展依赖于一定地域范围内的土地空间的利用。因此，城市土地资源是生态城市建设的重要基础。

城市土地利用的空间配置直接影响到城市生态环境质量的优劣，故无论是新建城市或改建城市的生态规划都必须因地制宜地进行土地利用布局的研究。除应考虑城市的性质、规模和城市产业的构成外，还应综合考虑用地大小、地形地貌、山脉、河流、气候、水文及工程地质等自然要素的制约。

城市用地构成一般可分为工业用地、生活居住用地、市政设施用地、道路交通用地、绿化用地等，它们各自对环境质量有不同的要求，本身又给环境带来不同特征、不同程度的影响。因此，在生态城市的规划中，应综合研究城市用地状况与环境条件的相互关系，按照城市的规模、性质、产业结构和城市总体规划及环境保护规划的要求，提出调整用地结构的建议和科学依据，促使土地利用布局趋于合理。

5.2.2.1　中国城市土地资源面临的问题

（1）城市规模过度膨胀，占用大量耕地　随着城市化进程的加快和城市人口的增长，相应的土地需求也随之增加，从而城市用地规模越来越大。城市规模的扩大一方面是城市社会经济发展的结果；另一方面是数量扩张型和资源浪费的粗放式土地利用的结果。按国家土地局利用卫星资料对北京等31个特大城市的城市用地规模进行分析，表明中国特大城市和城区用地规模平均增长50.1％，特大城市用地规模增长弹性系数为2.29。据有关专家研究，城市用地规模增长弹性系数1.12较为合理，这说明中国城市用地规模过度膨胀，用地增长速度远远高于城市人口增长速度。

（2）城市用地结构及空间布局不合理　土地利用结构反映城市各用地单位用地的比例关系，直接关系到土地的利用效果。在中国的城市中，大量第二产业集中在城市，生产用地过大，商业、公用设施用地少，城市道路、广场、绿化、体育等公共设施用地严重不足。并且城市土地利用区位不合理，如工业、住宅用地混杂，工业、行政事业单位占据城市的黄金地段，工业用地占据城市中心，致使城市土地区位效益降低，城市生态环境差，严重制约了城市的投资环境，阻碍了城市社会经济的发展。

（3）城市土地闲置、浪费现象十分严重，利用率低　由于中国长期以来实行城市土地无偿划拨与无偿使用，多征少用，早征迟用，甚至征而不用的现象时有发生。另外，在城市向外迅猛扩张的同时，很多城市的旧城区存在着建筑陈旧、基础设施落后、容积率低、建筑层数低和土地产出效率低等问题，土地长期处于低效利用的状态，闲置、浪费现象十分严重。

（4）城市土地管理效率偏低　目前中国城市土地存在着城建和土管两套管理机制，它们各自都有自己的管理方式和城市发展规划，因而不可避免地产生冲突和管理混乱。而且多家管理的结果必然是利益抢、责任推，常常是没人管理或管理不善，形成了许多管理上的盲点。长期以来各自为政，乱占、滥用耕地和城市公共设施用地的现象十分普遍。此外，土地市场机制金融体制的不健全给用地和转让过程中的暗箱操作提供了滋生的土壤。某些部门和企业无偿使用或低价获得城市土地，造成国有资产的大量流失，而且也造成了代际之间城市土地不可持续的社会问题。

5.2.2.2　中国生态城市建设中的土地资源利用对策

（1）建立合理的城市体系，严格控制城市规模　城市规模的适度性，直接影响着城市土地的利用效益。中国城市的发展方针是：合理控制大城市，积极发展中小城市。而在实际运用过程中却是有悖于此方针。在许多城市发展过程中贪大求洋，盲目扩大城市用地规模，使得一些城市基础设施重复建设，功能趋同化，造成土地资源严重浪费和低效率使用。因此，必须在一定地域内建立合理、优化的城市体系，严格控制城市规模；诱导城市向非耕地区发展，既有利于城市生态环境的改善，又有利于耕地的保护，各城市应严格依照城市总体规划的要求有序发展，不要一味追求规模的无限制扩张。

（2）通过土地置换，合理调整城市用地结构，使城市土地利用效益最大化　城市土地作为一种稀缺资源，具有很强的增值能力。面对城市用地结构的不合理和城市人均占有土地不断下降，要更好地挖掘城市土地利用潜力，充分发挥土地的利用效益，不仅要求我们在宏观上控制用地，而且还要在微观上节约用地，因地制宜地合理调整城市用地结构；将那些占地面积大、污染严重、经济效益相对较低的工业从城市搬迁到地价较低、空间广阔的城市边缘地带；适当扩大城市道路、绿化等用地比例，大力发展第三产业，尽量形成以中心地带商业为主、中间地带住宅为主、边缘地带工业为主的城市空间布局，以保证城市在可持续生态环境下充分发挥土地的最大效益。

（3）提高城市土地利用效率　面对当前城市土地利用效率低下、空间结构不合理的现状，应根据城市规划，采用市场调节机制，通过土地置换、土地储备等措施，使位居城市中心区的企业、政府机关等非经营性或经营收益低的单位迁出，使具有支付地租能力的商业逐渐向城市中心区集中，实现城市用地结构和布局的调整，达到尽其地力，优地优用。适当缩减城市工业用地特别是城市重工业用地比例，并使其向城市边缘的工业园区集中；适当扩大城市居住、商业与服务业用地比例，要在降低建筑密度的同时提高建筑容积率；适当扩大城市道路、绿化、广场、体育用地等城市基础设施用地比例，不断改善城市居民的居住环境，以实现城市可持续生态环境下的土地最大利用率。

（4）进一步完善政策法规，加强城市土地管理 完善土地政策法规、严格城市土地管理是实现城市土地可持续利用关键措施之一。一要依法管地、依法用地，加大土地部门的监察执法力度及其对违法用地的执法力度。二要用动态的眼光管理城市土地，在规划限制下严格土地用途管制，严格执行农用地转为非农用地的审批制度，严格执行建设用地的一书两证制度。三要理顺土地管理体制，建立和完善土地收购储备制度。四要完善城镇土地有偿出让、转让的有关法规政策。在出让、转让过程中坚持公平、公正、公开的原则，对土地的出让、转让采用以拍卖招标为主、协议为辅，以获得城市土地的最大效益。

5.2.3 能源发展战略规划

5.2.3.1 能源问题

能源是国民经济发展的动力，能源影响和制约了城市发展的水平和速度，决定了城市发展的方向和趋势。城市能源的构成、利用效率及其他特征，不仅对城市的社会经济发展和城市生态环境起着重要的作用，而且对国家和整个人居环境质量产生重要的影响。

随着经济持续快速增长对能源需求的不断扩大，能源和经济、环境之间的矛盾日益凸显，能源问题已成为制约城市经济社会发展的一个重要问题。中国城市的能源问题主要有以下几个方面。

（1）城市能源供应面临两大高峰，形势严峻 中国城市能源供应所面临的两大高峰其一是，中国正处于城市化高潮，全国每年约有 1800 万人从农村迁往城市。城市化的起飞期也正是能源消耗的起飞期，决定了中国能源的消耗将因为城市化而有一个较大的增长。其二，城市化高峰与机动化高潮合并，中国城市机动化高潮对城市能源供应的压力也是相当大的。而城市化与城市机动化两大高潮对能源的合并压力将大大增加城市能源供应的难度。

（2）城市能源效率落后于世界先进水平 总体来看，中国目前的能源利用效率低于国际先进水平 10 个百分点以上。国民经济的一些主要部门，如工业部门、交通部门、建筑部门及居民，对能源利用的效率普遍都很低。

（3）能源紧张已经影响中国城市发展 进入新世纪以来，中国经济呈现出新一轮的快速增长形势，能源生产的增长并不能满足能源需求的增长。

（4）城市建筑耗能严重，且效率低 目前，中国每年城乡新建房屋建筑面积近 20 亿平方米，其中 80％以上为高耗能建筑。已有建筑近 400 亿平方米，95％左右是高能耗建筑。中国单位建筑面积能耗是发达国家的 2～3 倍，给社会造成了沉重的能源负担和严重的环境污染，已成为制约中国可持续发展的突出问题。

（5）落后的能源结构，使生态环境受到极大的负面影响 中国是仅有的以煤炭为主要能源的国家，中国煤炭生产消费量占世界 1/3 以上，总体而言，煤炭在中国能源消费中的比例超过 65％以上，煤炭用于发电的比重只占 30％左右。中国城市以煤为主的能源结构使城市的生态环境受到极大的负面影响。

5.2.3.2 生态城市建设中的能源发展策略

（1）生态城市建设中的能源发展战略重点 与过去中国以能源供给为导向的开源型能源战略相比较，以可持续发展为导向的新的国家能源战略有两个根本性的转变：一是要求将节能置于能源发展战略的首位。这是因为节能和提高能效不仅可以缓解能源供需矛盾，保障能源安全，而且具有减少二氧化碳排放，保护环境的双重功效；二是能源使用的"环境限制"

（环境要求对能源使用的制约）今后将作为决策能源战略的重要内部因素考虑。因此，能源消耗最少，环境污染最小将成为中国可持续发展能源战略的主要目标。

在可持续发展能源战略的背景下，与国家和区域层面的能源战略相比较，城市能源战略主要侧重于以下方面。

① 城市能源战略的重点是综合统筹能源与城市经济发展、社会进步和环境保护之间的相互关系。首先，能源是城市经济发展的保障，经济发展受到能源供给的制约，同时这种制约又可能反过来促进城市经济结构的调整、城市产业升级和技术进步；其次，城市能源供应的目标是支持和保障城市经济发展，但它又受到社会进步和环境保护要求的相应制约。如全球气候变化和温室气体排放等国际公约、城市能源使用的公平性问题、社会人民生活对城市空气质量的要求以及城市自身的环境容量等都将成为城市能源战略制定的关键因素。

② 城市能源战略不仅是保障城市能源供应，更重要的是要在城市发展模式、城市生活方式、城市建设过程以及城市居民的用能行为中逐步促进能源使用方式的根本性改变。因此，可持续发展的城市能源系统建设不仅是一个物质系统建设的问题，而是包括能源知识、能源观念、能源政策以及能源战略的长远和根本目标。

③ 城市能源战略不仅要有合理的目标和政策架构，其关键还在于实施。而实施的关键在于将城市能源战略的目标和政策具体落实到城市发展建设的各个系统、各个层面与各个环节之中。尤其是随着人民生活水平的提高以及消费结构的升级，交通与建筑能耗所占总能源消耗的比重迅速增加，并逐渐成为未来中国能源需求增长的主要因素。

（2）生态城市建设中的能源发展对策

① 长期坚持节能降耗，提高能源利用率的战略　随着经济的增长，各个国家都已经把节能降耗，提高能源的利用率作为能源发展的目标。中国能源的利用率比较低，能源浪费的现象比比皆是。因此，在中国实行节能降耗和提高能效有着巨大的潜力和可能。中国要以较少能源投入实现经济增长的目标，很大程度上取决于节能潜力的挖掘。因此，应将节能放在能源战略的首要地位，持之以恒地坚持节能降耗，提高能源利用率的战略。

② 加速能源结构调整，大力发展清洁能源的战略　为了保护环境，实现能源、环境、经济的协调发展，世界各国都非常重视洁净能源的发展，以加速能源结构调整步伐。自2005 年 2 月 16 日《联合国气候变化公约京都议定书》正式生效实施后，二氧化碳减排额成为一种商品在世界流通。目前中国二氧化碳排放量已位居世界第二，其他温室气体排放量也居世界前列。如不加以控制，在将来受到具体减排指标约束时，很多行业会大受冲击，不得不花费大量资金向排放量较小的国家购买排放权。《京都议定书》在更深层次上推动了中国能源结构的变革，为新能源产业的发展提供了很好的机遇，能源结构调整将是中国新世纪能源战略的主题。

③ 积极开发和利用可再生能源的战略　随着技术和管理水平的不断提高、产业规模的不断扩大，可再生能源在保障能源供应、实现可持续发展等方面将发挥越来越重要的作用，而且越来越受到各国政府的重视。开发利用可再生能源已经成为世界能源可持续发展战略的重点，成为大多数发达国家和部分发展中国家 21 世纪能源发展战略的重要组成部分。国际能源机构预测，到 2020 年，可再生能源在全球能源消费中的比例将达到 30%。面对即将到来的可再生能源时代，各国正在迅速前进。丹麦的风力发电已达到总发电量的 18%，而德国 2000 年风力发电已经占世界风力发电量的三分之一。法国计划在 2025 年风力发电达到发电总量的 25%。中国具有丰富的水能、风能、太阳能等可再生资源，而且已经具备了一定的技术积累，在中长期战略上应做好大力发展可再生能源的部署。

④ 建立城市节能型产业　《中国可持续能源项目》指出，先进的建筑节能标准和家用电器能效标准，将使中国在降低能源使用量的同时，形成一个新型的节能产业。目前，中国颁

布了一系列的节能法规，给发展城市节能产业带来了良好的契机。节能型产业是城市产业的一个极有潜力的新生事物，当人们将节能型产业推广至城市所有领域时，其前途不可限量。

⑤ 城市规划推行生态设计　在城市规划中推行生态设计是节能与城市规划结合的重要方面，生态设计对于节约能源具有重要的作用。杨经文在《设计的生态（绿色）方法（摘要）》中指出，生态设计的要点之一，就是要尽全面地确保一个设计对生态系统和生物圈内的不可再生能源产生最小的系统影响（或者产生量大的有益影响）生态设计的最低目标，是在目前的技术水平条件下设计物质和能源消耗较少的生活方式，这种生活方式也称为"低度生活方式"。

城市规划推行生态设计在城市形态方面，应强调城市的紧凑发展；在解决城市交通问题方面，应优先发展公共交通，城市形态越紧凑，公共交通越发达，城市能耗就越低，这已经被不少研究与实践所证明。

5.2.4　交通规划

5.2.4.1　城市交通规划的产生和作用

（1）城市交通规划的产生　纵观城市的发展史，可以看出这样的普遍规律：城市的形成和演变取决于交通，城市的发展又倒过来促进了交通。交通发展与城市演变互相影响，兴衰与共，是一个不可分割的有机整体。在《雅典宪章》中，城市被定义为具有工作、生活、游憩和交通四大功能的空间集合体。而在上述四大功能中，交通是联系工作、生活、游憩三个功能的纽带，也是保证这三个功能发挥作用的基本条件。古登堡（A. Z. Guttenberg）和梅耶（B. L. Meier）提出了城市发展的交通通讯理论。这种理论认为城市是由于城市中各类物质设施和科学技术水平的提升而得到发展的。物质设施改善和科学技术的广泛运用促进城市发展，最典型的例子是交通设施的发展。从步行交通到马车交通，再到铁路和汽车交通，直至当今的远距离通讯设施的完善和广泛应用，都促进了城市整体和全面的发展。英国专家汤姆逊认为城市交通有两个基本特点：城市交通设施既是一项为了满足社会需求的服务设施，又是城市用地的一个组成部分。交通用地常占市中心用地面积的30％～40％。城市一方面是为人们各种活动服务的，另一方面又跟建筑物和建筑物内的活动相互依存。城市的结构，它的用地范围的扩展，城市生活的方式和特点等，全都跟城市交通系统的性质和质量有关。

城市交通规划是随着城市交通问题的产生而产生的。二次大战后，经济复苏的到来和汽油供给限制的取消，欧美各国共同面临着小汽车数量日益膨胀，道路容量不足的局面。如到1950年，美国已有汽车4916万辆。因此当时的交通学研究主要集中在如何进一步提供足够的道路容量上。在此指引下，各国采取的都是大规模修建高等级道路的对策。至于什么样的道路该有多宽，需要几条车道，交叉口如何处理，设立交通标志的依据是什么等问题，在道路设计时都没有考虑，因此城市道路的增加虽然在一定时期内缓解了交通紧张状态，但很快又重新陷入了交通拥挤，同时又出现了车辆存放的问题。现实问题的出现使交通学家重新思考城市交通问题的解决办法，20世纪50年代城市交通规划应运而生。所谓城市交通规划是确定城市交通发展目标，设计达到该目标的策略，制定和实施计划的过程。完成于1962年的"芝加哥综合交通规划"是早期城市交通规划的典范。

中国对城市交通规划的了解始于20世纪70年代末，随着中国经济的开放搞活，城市交通发展迅速，原有道路系统同交通发展的矛盾日益突出。1979年起美国交通专家的陆续来访，带来了美国交通规划的理论和经验，使中国开始了解城市交通规划。深圳1985年率先编制的城市交通规划标志着中国进入城市交通规划的自主研究阶段。

（2）城市交通规划的作用　无论一个城市、一个地区，还是一个国家，它的交通运输系统都是由各种既相对独立又互相配合、互为补充的多种交通方式（multi-modal）组合而成的。城市交通只是其中一个独具特色、并同样由多种交通方式组合起来的运输系统。因此，城市交通规划的主要作用就在于如何最大限度地提高城市运输系统中各个因素的能力，并使整个系统的效益与效率最大化。它包括：①引导作用，即对城市区域社会经济空间形态发展的引导，促进经济结构和经济布局的调整；②支持作用，即通过规划城市区域空间的基本支撑框架以支持经济的发展；③保障作用，即保障经济发展战略的实现，对于地震等灾害的救援来说，有效的交通网络是最基本的生命线。

5.2.4.2　国外的城市交通规划

（1）美国的大都市交通规划　美国负责大都市交通规划的机构（MPO）在组织形式上有不同的特征，其所考虑的区域范围也参差悬殊。但其规划理念是一致的，都是依照联邦交通法的要求，体现"连续滚动、综合全面、多方协调"的过程，即所谓的"3C"规划。交通规划的连续滚动，定期修订，保证它能不断结合实际情况的变化，为未来交通发展提供更科学的规划指导。

综合全面是交通方式本身多样性所决定的，大都市区的交通规划必须要考虑对外交通（航空、铁路、公路、水运）的影响，必须要考虑市内的各种货运交通方式（机动车、公交、自行车、行人）；同时还要考虑经济、城市用地发展和环境方面的制约因素。在美国，即使是20年的长远交通规划，也十分强调对各种资金渠道的分析，并在此基础上拟定出财政上可行的规划蓝图。交通规划的综合性还体现于要与城市的用地规划相协调，与环境保护的要求相适应。

交通规划多方协调的过程保证了规划的广泛参与性。一方面大都市的各地方政府和主要的交通机构，在交通规划方面需达成广泛的共识。另一方面，交通规划编制部门采取公众咨询的形式广泛征询市民、各利益集团和群众组织对交通规划方案的意见。

不论大都市交通规划机构的组成形式如何，编制不同层次的交通规划和交通投资计划是其共同的任务。

（2）加拿大　加拿大的城市规划中明确优先发展城市公共交通。加拿大20世纪50年代到70年代城市交通规划主要是解决道路交通网的建立和完善，80年代以来交通规划的重点是交通系统及管理的优化。

加拿大联邦政府交通部的职能主要是立法，制定交通发展战略，管理航空和省际间的铁路、港口、破冰和抢险等工作。联邦政府不管理城市交通，城市交通主要由省、地区城市和市级管理。加拿大城市公交系统的建设与运营采取社会福利性的投资模式。

（3）莫斯科　莫斯科总体规划（1988～2010年）确定，加快发展统一的、首先是地铁的街外快速交通系统。在地面交通方面，将积极发展无轨电车。

城市交通系统发展的主要任务是减少大多数居民上下班乘车时间，降低客运车辆车厢乘客的人数。组织客运交通的一个重要方面是建设电气化铁路。在保证市民交通方面，电气化铁路的意义日趋上升，尤其对于开发莫斯科市环形公路外的新区起着十分重要的作用。

为达到2010年交通规划目标，其采取的对策仍然是坚持以发展公共交通为主的方针，提高公共交通车辆的运行速度和各种公共交通车辆的总客量。发展地面交通的基本要求是提高道路网的密度。

5.2.4.3　中国的城市交通规划

（1）中国城市交通规划存在的不足　经过二十多年的研究和实践，中国城市交通规划在制度、理论、技术等方面都取得了很大的进展。但可持续发展观念的提出、中国对城市可持续发展和交通可持续发展的关注，对中国21世纪的城市交通规划又提出了新的要求。反思目前中国的城市交通规划，主要的不足体现在以下几个方面。

① 现有的城市交通规划理论和方法是单一面向交通的规划理论和方法，解决交通问题

是规划的唯一目标，没有考虑资源的优化利用及环境保护。因此，以此方法规划的城市交通系统，其建设过程不一定符合城市的可持续发展战略。

② 没有导入交通发展与土地资源优化利用之间的反馈过程，道路网络贪大，盲目追求高等级、高标准，注重交通设施的数量而忽略系统的功能，不仅限制了交通规划技术的发展，更为严重的是造成了国家土地资源的浪费。

③ 缺乏规范化的能源消耗评价、环境影响评价技术方法，现有的城市交通规划方案的测试和评价，一般只从技术和经济两方面考虑。

④ 没有建立供需两个方面解决交通问题的交通需求管理的概念，即不能通过交通政策等的导向作用，减少机动车的出行量，使需求在时空上均匀化，交通结构日益合理化。

（2）城市生态交通规划理论框架 城市交通作为生态城市这个复杂系统的一个子系统，其发展必然是向生态化方向演化。以生态学为理论基础，考虑生态极限的约束和满足交通需求的前提下，在城市交通规划与建设中，最大程度地降低因交通系统正常运转所造成的环境污染和资源消耗，形成向生态化演化的城市交通系统，即城市生态交通。

城市生态交通规划中除了包括常规的规划内容之外，还必须综合考虑交通环境问题。通过预测在不同政策、措施和技术条件下，各规划方案的服务水平和环境状况，根据交通环境容量和交通环境承载力两个关键指标的约束，制定交通发展方案及相应的发展对策、建议。为此，提出生态城市交通规划的理论框架（见图5.1）。该框架除了常规内容外，还涉及一些新的内容，其具体内容如下所述。

① 从城市空间结构入手，考虑交通环境对城市发展的制约因素，从城市的空间结构布局方面来减少城市的交通资源消耗、污染排放和交通需求，同时还应综合考虑整个交通规划的反馈要求，确定合理的城市空间结构布局。

② 将确定合理的交通方式和结构的理念贯穿到整个规划过程，充分考虑各种交通方式的运输效率、城市的规划和布局、居民交通行为选择的偏好等因素，以及道路等基础设施的承载能力、交通工具的实际运载能力和交通管理能力，把交通活动对交通环境的影响约束在一定的范围内。同时，该规划理论还明确提出以合理交通结构为导向进行土地利用模式的开发，保证合理交通结构的实现。此外，满足政策要求和环境限值约束的合理交通结构不可能是单一的固定数值，而应是一个合理的可行范围，在该范围内通过反复迭代来选择最优规划方案。

③ 规划方案的确定并不是被动地接受交通环境承载力的约束，而是充分考虑交通系统发展与承载力之间双向作用关系，协调优化，使交通发展与交通环境同时达到"双赢"。同时，随着科技进步和新型低能耗、低污染交通工具的引入，交通排放因子、能耗和资金消耗等特性相应变化，导致在交通环境容量下降和环境质量标准提高趋势下，交通环境承载力反而不断增大，即城市交通系统发展允许规模上限不断扩大。

④ 针对交通需求预测中的交通结构、各种交通方式的平均出行距离等指标的预测结果，结合车辆排放因子、车辆能耗特性、交通行为者和居民的心理影响承受状况、资金利用情况等参数，测算该方案下可能发生的交通环境承载力，如果满足交通环境承载力的限制，则说明规划方案既满足交通需求又符合交通环境约束；否则，就需对规划方案进行调整，提出满足环境承载力的调整控制方案。

5.2.5 城市绿地系统规划

城市绿地系统规划作为城市总体规划的一个重要专项本应是城市总体规划的社会效益、经济效益和环境效益三大目标的综合体现，而环境效益是最主要的体现者和重要保障，且是城市居民生态价值观的集中反映。

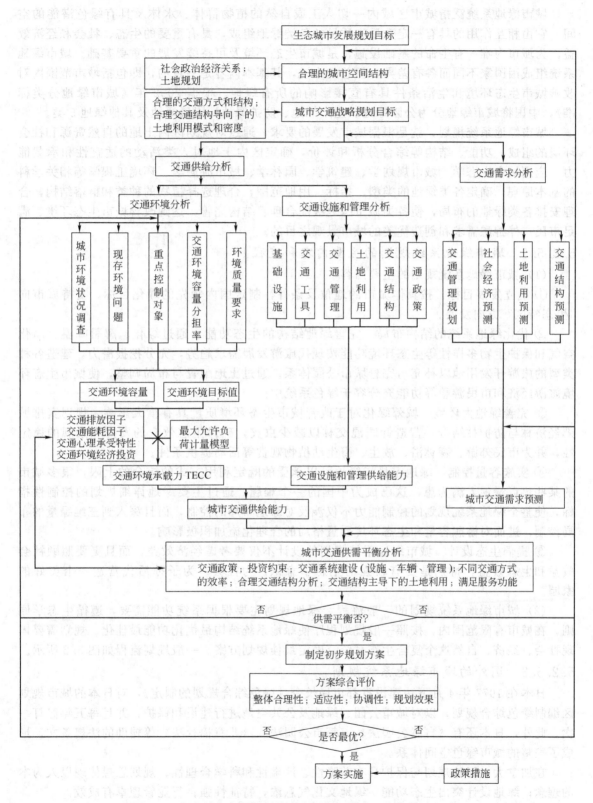

图 5.1　生态城市交通规划的理论框架（引自：李晓燕，2006）

5.2.5.1 城市绿地系统规划的内涵

城市绿地系统泛指城市区域内一切人工或自然的植物群体、水体及具有绿色潜能的空间,它由相互作用的具有一定数量和质量的各类绿地组成,具有重要的生态、社会和经济效益,为城市内唯一有生命的基础设施,是城市生态环境及可持续发展的重要基础。城市绿地系统组成因国家不同而各有差异,但总的来说,其基本内容是一致的,即包括城市范围内对改善城市生态环境和生活条件具有直接影响的所有绿地。根据2002年《城市绿地分类标准》,中国将城市绿地分为公园绿地、生产绿地、防护绿地、附属绿地及其他绿地5类。

城市绿地系统规划,就是根据城市发展的要求,通过对规划区内土地的自然资源和社会环境的组成、功能、结构等综合分析和评价,确定区内土地对人类活动的适宜性和承载能力,应用城市生态学、城市规划学、建筑学、园林学、城市游憩学、环境工程学等相关学科的基本原理,确定各类绿地的类型、指标、用地范围,合理选择植物的种类和群落结构,合理安排各类绿地的布局,使各类城市绿地级配合理、结构完善,达到改善城市生态环境、满足市民户外游憩需求和创造优美的城市景观之目的。

5.2.5.2 城市绿地系统规划的主要内容和流程

(1)城市绿地系统规划的主要内容

① 确立发展目标 按具体城市的地位及条件,制定国内领先的绿化目标,支持城市向"生态特区"方向发展。

② 优化绿地系统的结构布局 完善绿地结构的生态功能,通过绿化、解暑降温、净化空气和保护生物多样性等生态环境功能按现代旅游发展需求趋势,充分挖掘潜力,建造各种类型的旅游开发用地以补充与完善城市公园体系。通过土地配置与布局调整,使城市生态环境旅游经济和市民游憩等功能充分容于绿色系统中。

③ 完善绿地大环境 城郊绿化对于改善城市生态环境质量具有重大影响。规划安排城郊经济林与防护林结合,营造针阔混交林以减少虫灾,确保生态效应的发挥和景观的稳定性,并为市民郊游、森林浴、放生、野生动植物观赏等活动提供条件。

④ 实施容量控制 绿地容量指绿地可以承受的既定利用方式的综合的上限,很多城市的某些热点绿地人满为患,这已成为中国的一个难题。通过主要绿地详细规划的控制性指标,使整个绿地系统规划的控制能力不仅涉及对绿地布局的控制,而且深入到三维绿量的布局控制,进而对游憩容量和生态环境质量格局的合理化施加积极影响。

⑤ 提倡生态设计 城市绿地系统规划的设计不仅要考虑经济效益,而且更要照顾社会效益和生态效益,特别是要有较强的生态学意识,为社会、为子孙后代营造一个美好的家园。

(2)城市绿地系统规划的一般流程 绿地规划主要根据系统功能需要,遵循生态学原则,在城市有限范围内,按照一般规划程序使绿地系统结构最优化功能最佳化。规划需要体现社会、经济、自然这个复合生态系统,确定最佳规划方案。一般规划流程如图5.2所示。

5.2.5.3 国外的城市绿地系统规划

日本在1977年4月下达建设省都市局长令《绿色综合规划的制定》,对日本的城市规划区编制绿色综合规划,以对城甫公园、绿地及公共空地进行建设和保护,并且每五年修订一次。此外,日本还有《自然公园法》、《都市公园法》、《儿童福社法》等辅助的法规条文,形成了完整的城市绿色空间体系。

在加拿大,绿地规划与保护具有前瞻性、严肃性和科学合理性;规划思想体现以人为本的理念;绿地设计突出生态功能;绿地文化气息浓,特征性强;行业管理卓有成效。

国外园林绿化的最大特点是简洁朴实大方,处处体现大自然的风格特色。如美国城市绿

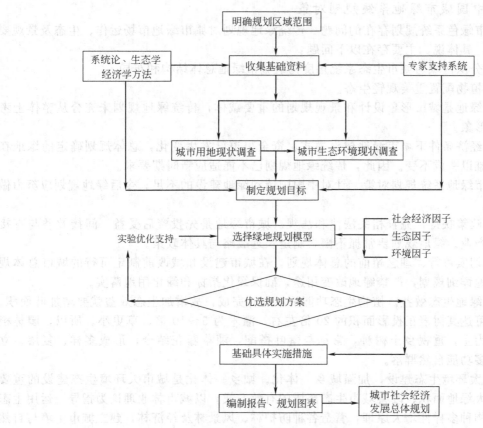

图 5.2　生态城市绿地规划流程（仿许书军，2003）

化率相当高，公路、街道两侧和居民社区除去建筑，草坪和树木覆盖所有空地，草坪常绿，修剪平整，没有杂草，绿化品位较高。根据对世界 49 个城市的统计，人均公共绿地 10m² 人以上的占 70%。新加坡土地面积 648km²，人口 386 万，人口密度 5965 人 km²，现有绿地 7500hm²，人均 25m² 人，进入世界城市绿化先进行列。就人均公园面积而言，2000 年，美国华盛顿为 50m² 人，澳大利亚堪培拉为 70m² 人，瑞典斯德哥尔摩超过 68.3m² 人。

国外成功的规划范例有：

① 美国城市公共绿地布局因地制宜，适地适树，很少有大体量的园林建筑、小品等设施，植物自然式种植，简朴大方。设计手法多是大手笔、大色调疏林草地。常绿与落叶树结合，乔灌草花结合，林相丰富，林冠线变化多端，园林景观野趣盎然，处处体现自然美。

② 二战后德国政府把城市周围地带低价售给居民，修建永久性"私人田园"。田园一切设施取于自然，禁止用砖瓦、水泥和金属材料。田园周围是低矮篱笆、灌丛和野花，小路两边草地布置许多木凳供入歇脚。

③ 新加坡为建设"热带优秀城市"，在概念性规划、发展指导规划中对每寸土地使用性质、强度进行了严格限制，建筑成片和集中密集建设，向空中发展，留出地面空间进行美化绿化。

④ 维也纳、巴黎、科隆、莱比锡等城市拆墙建设花园环路，维也纳的花园环路同教堂、大学、音乐厅等公共建筑为一体。

⑤ 罗马、塔拉戈纳等环城绿地将城墙、花园、露天博物馆等作为整体布置，罗马在开辟道路和绿地的同时保护城墙残段，在其周围开辟道路和绿化带，形成环城公园。其共同点是绿化圈、文化圈、水系风景圈等共融和谐。

5.2.5.4　中国城市绿地系统规划对策

（1）城市绿色系统规划存在的问题　传统绿地规划对城市绿地市场运作、生态及景观要求很少考虑，具体说，主要存在以下问题：

① 未充分从区域与城市生态系统角度构筑城市绿地总体结构和布局。

② 绿地植物配置重美观轻生态。

③ 城市绿地是城市形象设计和景观规划的重要载体，传统绿地规划未充分从整体上考虑塑造城市形象。

④ 市场经济条件下城市绿地建设模式、资金渠道已发生变化，总体规划确定的绿地在实施过程中难以一成不变。因此，传统绿地规划已不能适应新时期要求。

（2）城市绿地系统规划对策　针对中国国情和绿地建设的不足，今后绿地规划应努力做到以下几点。

① 加强政策扶持，完善相关法律和法规。城市绿地是先投资后受益、间接效益与直接效益并存的产业。绿地规划要常抓不懈，制定长远战略与具体政策。

② 制定切实可行、理念超前的总体规划。在城市建设和城改前制定可行的城市总体规划，编制绿地详细规划，严禁绿地改变用途，确保绿化指标和绿化用地落实。

③ 提高绿地生态效益。植物生态功能基本靠叶完成，故增加生态效益就要增加叶面积。乔木叶面积可达其树冠正投影面积的 20 倍左右，灌木为 5～10 倍，草更小。所以，园林植物要以乔木为主，重视乡土树种，常绿与落叶搭配，灌草藤花结合，形成多样、复层、立体、生态的多功能自然群落。

④ 重视大环境生态建设，加强城乡一体化。城乡一体化是城市大环境生态建设的重要组成，是扩大绿地面积、改善城市生态环境的有效方式。以城市林业理论为指导，运用生态系统边缘带物种多样性增大原理，营造各种防护林、风景林及经济林，建立城市生境与自然环境联系的生物廊道，为野生动物提供迁徙通道和栖息地。

⑤ 多方筹措资金。城市绿化是社会公益事业，除从城市维护费中列支和有关部门筹集资金外，还要调动全社会力量。

⑥ 引进参与式管理。城市居民参与城市绿地规划及建设，可增进居民与政府的相互理解和沟通。

5.3　生态城市的空间规划

5.3.1　空间规划的内涵、理论基础和编制方法

（1）空间规划的内涵　空间规划是社会经济、社会、文化和生态政策的地理表达。它寻求从空间上改善居民的生活质量，合理组织人类的活动；寻求平衡的区域发展和健康的、高质量的环境。它寻求可持续发展下的国家和区域空间的合理规划、设计、建设和管理。空间规划具有明显的特征：它强调可持续发展的观念，用长远和广阔的视野看发展；强调综合性的观念，综合考虑社会政治、经济、历史文化和生态环境，更强调地域或地理的观念，承认地域差别和发展的不平衡，采取相应的政策、措施共同发展，求同存异。

传统的空间规划与土地利用有关，往往被视为典型的物质性规划。在新自由主义盛行的20 世纪 70 年代后期至 80 年代，空间规划作为防止市场失效的一种管理手段受到冷落，在很多国家空间规划只不过是部门性的土地利用管理规划。20 世纪 80 年代末和 90 年代初以来，在很多发达国家规划理论和实践更加关注空间发展的整体性和协调性，各种规划形式开始统一成为一种整合的、协调的和战略性的公共管理体系。欧洲大陆国家首先把这种具有整合和协调空间发展功能的规划体系称为空间规划，后来空间规划成为欧洲国家乃至很多发达

国家对不同地域层次规划体系的统称。在这一意义上，空间规划就是注重空间地域的规划，更加注重地域发展的整体性、协调性和战略性，被认为是可持续发展必不可少的公共管理工具。

（2）空间规划的理论基础　城市规划是综合性学科，空间规划作为城市规划学科纵向发展的一个分支和交叉学科，是城市规划学科发展的方向和前沿之一。可持续发展理论、全球经济一体化、网络城市、城市竞争与协作、景观生态学和生态城市理论与区域管理是相关的基础理论。

空间规划比城市规划更加复杂，因此空间规划的理论体系研究是一个庞大的系统工程，吴良镛先生的"人居环境科学"为中国城市规划科学的发展、为国家空间规划体系的建立构筑了一个良好的框架。

（3）空间规划的理论基础　空间规划的目标是通过综合的规划设计，在促进社会经济发展和保护地域文化和生态环境的总体目标下，为人提供有利于人性发展的环境和可持续发展的空间，因此，以人地关系为主的人居环境是空间规划关注的中心问题。空间规划要解决加速发展与环境保护、地区和城乡的均衡整体发展、城市和自然环境的改善、城乡良好的发展模式、传统文化的保护、资源合理利用等问题。将世界银行关于城市可持续发展的标准（具有活力，具有竞争力，可资信的城市，良好的政府和管理）引申，空间规划的目的就是创造有活力、具有竞争力、生态环境良好的区域，缩小地区差距，资源共享，建立高效的区域协调管理机制。

空间规划是民主的、整体的、可行的，而且是长期的。空间规划必须是开放和透明的，必须是公众参与和民主决策的。空间规划要考虑建立在共同价值、文化和利益上的跨地域的区域概念的存在，同时要考虑不同地方、国家行政体制的异同。空间规划要分析和考虑经济、社会、文化、生态和环境方面长期的发展趋势。空间规划要确保各部门、各行业规划和政策的协调，并将其整合为一个统一的整体。空间规划不仅是一个共同的目标、纲领，更是一个行动计划。

空间规划的程序和方法要适应空间规划内涵的要求，对传统的城市规划方法，如"三段论"、"四段论"和"动态、连续的城市规划"的思想要进一步发展。空间规划方法应更强调参与、民主和行动，整体看，空间规划要包括三个大的阶段和内容：共同的目标、共同的意象、共同的行动。

5.3.2　国外空间规划发展趋势及对中国的启示

5.3.2.1　国外的空间规划

随着全球化、区域化、地方化、市场化和信息化进程不断深入，国外空间规划出现如下趋势：

① 在空间规划的理念上，继续强调国民的各种机会均等和区域的均衡发展等传统理念之外，各国根据联合国环境与发展大会的宗旨，重视可持续发展，保护自然和发展文化等。

② 随着地方化进程不断深入，空间规划也注重提高地区经济竞争力，鼓励地方发挥智慧和特长去策划和实施国家项目，加强纵向和横向的协调，支持地区的自立和跨行政区域的合作。

③ 在经济和环境的全球化、世界局部地区的统合等国际形势下，空间规划必须考虑全球化的影响因素和可持续发展，欧盟出现了跨国制定和实施空间规划。

④ 空间规划开始重视国家为国民提高优质公共服务等软件方面的服务，以确保国民就近公共服务和知识机会均等。

⑤ 在空间规划中，中央政府的宏观调控作用加强，及时公布规划信息，鼓励公众积极

参与，出现了以政府与居民的合作伙伴方式进行开发建设的方式。

⑥ 空间规划中，以城市为核心，带动周围农村的城市圈规划越来越重要，努力构筑新的城市与农村关系。

5.3.2.2 国外空间规划对中国的启示

尽管由于国家组织结构和行政管理体制不同，国外在空间规划管理方面的成功经验不可能完全适应中国空间规划管理的要求，但仍有如下几个值得借鉴的方面。

① 中国是一个幅员辽阔的国家，地域类型多样，人均资源短缺，尤其是耕地和淡水源严重不足；处于社会主义初级阶段新旧体制的矛盾冲突，从计划经济向市场经济的转轨加剧了区域之间的不平衡。国外空间规划法规比较完善，中国应借鉴国外成功验，结合本国国情，尽快制定和完善空间规划的法律体系，保证空间规划的强制性、约束性。

② 空间规划内容要增加能保证规划实施的、较为完整的政策和措施，转变中国空规划重指标轻策略的弊病，增强空间规划的可操作性，避免制定难于实施的空间规划，切保证空间规划的总体性和战略性地位，使之成为国家宏观调控的重要手段。比如，可借鉴欧盟的结构基金，设立中国的国家结构基金，引导不同区域协调发展。

③ 中国正处在工业化和城市化的发展阶段，资源与环境是制约社会经济可持续发展的重要因素。把社会经济的持续发展中的生态环境保护与规划制定紧密结合起来是规划定所必须遵循的思想。制定规划应该从规划区域的空间特点出发，协调和平衡空间结构系，落实生态和环保概念，保护自然界，促进人类和自然的和谐统一，促进经济的可持续发展。

④ 借鉴国外地方化经验，空间规划的各个环节都应该引入公众参与，公众参与应以法律或条例的形式予以确定，避免流于形式，以共同参与、共同负责、共同受益为原则，快建立有效的地方化空间规划和管理模式。

⑤ 制定合理科学的空间规划体系，建立控制性规划、指导性规划和建筑施工规划级规划体系。空间规划的内容应按从上到下的不同层次依次有不同但层次间能紧密衔接内容：从战略规划、概念规划、全国国土整治纲要到区域规划和城市与地区规划，相应地分为从指导性（全国国土规划纲要、大区规划）到操作性（城市总体规划）和控制性（城市详细划）层层约束，形成完善的空间规划体系。

⑥ 中国空间规划理论和方法不足，应有选择性地引入国外空间规划理论与方法，中国的国情相结合，尤其应与中国的历史、文化、地理条件及体制特点等相结合，不断创新发展，形成适合中国国情的空间规划体系的理论与方法。

⑦ 各层次空间规划应与相应的行政地域相对应，建立集中统一的规划编制队伍和实施的管理机构，强化规划的宏观调控职能。引入并加强规划方案实施效果的预期评价，并由此进行不同规划方案的优劣比较。

5.3.3 中国生态城市空间规划的主要内容

5.3.3.1 落实以新城开发促进旧城保护的空间政策

在高速发展阶段，很多大城市往往采取建设新城的模式拓展城市空间，向外转移产业和人口，以缓解由于老城人口和社会经济活动过度密集给城市运行造成的巨大压力。

（1）按城市空间发展时序持续推进新城开发　快速有效地推进新城开发是保护老城和绿色开敞空间的基础，而新城开发的难点是按照城市空间发展时序，以"开发一片，成熟一片"的方式有重点地培育新城，尽快形成分散老城的反磁力中心，避免分散开发。但是，这并不意味着按不同的时期将所有的项目都往一个新城集中。事实上为了形成良好的城市空间形态，一个城市可能规划两个以上的新城，这些新城具有不同的功能分工，有的是综合性的，有的是专业性的（如产业、教育、居住等）。

正确的开发策略是按城市空间发展时序，在保证专业性的功能向专业性新城集中的同时，将一般性的功能向优先发展的新城集中。为加快新城建设，还需要相应的政策跟进：加快推进按照规划单元实行区划调整或统一的管理体制，赋予新市区市一级的管理权限；建立统一的土地储备、供给、经营管理体制，取消以项目补地政策；采用 TOD 和 SOD 模式鼓励新区的交通市政设施、公益性设施建设，优先将市政府所能控制的大型配套设施放到新区建设；建立与城市总体功能定位和空间布局相对应的考核体系。

（2）严格保护老城，促进功能的提升和进行结构调整　为疏散老城人口，必须严格控制老城住宅，特别是高层住宅的建设。保护老城并不是控制其发展，而是将发展的重点从规模扩张转向结构和功能调整：一是通过土地置换，逐步搬迁老城内的污染企业，仅仅保留小部分无污染的都市型工业；二是增加绿地，完善市政设施配套，改善老城交通状况和人居环境质量；三是逐步完善为社区服务的公共服务设施，但对大规模高档次的大型公共设施集中在老城建设的行为必须严格控制。

（3）有选择地发展重点小城镇的政策　为了集聚生产要素，发挥集聚效应，必须有选择地发展重点小城镇，使许多发展条件优越、善于抓住发展机遇的小城镇发展成为小城市甚至是中等城市，这样的小城镇最有可能出现在大城市周边，通过合理培育，它们将发展成为中小城市或者成为大城市的新城。

首先，按照城镇体系规划选择发展基础好、发展潜力大的小城镇，建立基本建设投资向其进行重点建设的城镇倾斜的制度。其次，避免小城镇之间的无序竞争，建立由区县开发区建设招商、管理的制度。最后，制定鼓励农村城市化人口到重点城镇定居、投资、就业等政策。

5.3.3.2　保护绿色开敞空间

绿色开敞空间系指存在于城市建筑实体空间之外的开敞式、融于自然的、具有公益效益的绿色空间。一般来讲，包括河湖水系、园林绿地、中心广场、城市森林公园、动物园、防护林带、果园、基本农田保护用地、闲置空地、草原、湿地以及道路广场、停车场用地等，是具有生态、生活休闲、文化交流、贴近自然、调节气候、景观价值等功能的必要空间，是人与环境协调发展的基本空间，是体现环境效益、社会效益的直接空间，同时也具有重要的经济效益。

绿色开敞空间是城市里具有功能作用的必须有的空间，不是可有可无和无关紧要的闲置空间和多余空间。要保护规划划定的绿色开敞空间，尤其是那些并非由自然山水隔离形成的区域，只有将规划转化为具体的空间管制政策，才能取得有效的保护效果。首先，对划定的绿化隔离带内的零散的农村聚居点，要严格控制其开发建设行为，同时研究制定多管齐下的对策，包括支农资金的投放、生态产业的引导、林业富民工程的实施、土地置换制度等。其次，制定现存山林、水体、绿色植被的保护制度，将规划绿色开敞空间用绿线形式划定并赋予法律地位，制定分类指导绿色开敞空间建设与管理的规定。最后，在将绿化隔离带内的集体土地转化为国有土地的基础上，将规划绿色开敞空间作为储备用地纳入市一级统一管理。

5.3.3.3　保护独特空间

城市空间不光是由大量的建筑物、构筑物和市政道路、工程设施构成的，还包括青山碧水、风景名胜和古树名木、文物古迹以及历史街区和历史建筑、历史事件遗址等，这是城市自然风貌、环境特色、历史年轮、文化价值和特殊意义的象征和见证，是城市空间有别于其他城市的异质空间，是城市独有的一笔自然和人文的宝贵财富和遗产，是一个不能够忽视，更不允许破坏或拆除重建的独特空间。

城市独特空间存在的意义、价值和魅力是巨大的、是用金钱买不来的。随着人们文化素养和生活水平的提高，以及国内外交流和旅游事业的发展，城市独特空间的重要性会越来越大。

5.3.3.4 开发潜在空间

城市空间不仅指地面空间，包括其由建筑为主组成的实体空间和开放空间，而且还应当包括地下空间，或称为隐蔽空间。地下空间是指埋在地表层以下的可挖掘利用的空间和潜在空间，包括地下商城、地铁、地下文物、地下通道、人防战备工程、地下洞穴风景区、地下工厂车间以及山洞和黄土地区的下沉式窑洞民居等。地下空间具有隐蔽性、节能性、不影响地面生态环境等特点。中国城市地下空间的开发利用具有巨大潜力，是一个不能忽视的有待开发的空间。

由于城市经济实力有限，中国城市对地下空间的开发利用长期以来处于非常有限的局面，至今只有几个城市建有地铁，一些城市建有少量的地下商场、仓库、娱乐场所、博物馆、海洋馆、旅馆、车库等，根本谈不上对地下空间的充分开发利用，还处于一个有待大量开发的境地，是一个尚待开发的潜在空间。

中国城市的潜在空间，除地下空间外，还有城市的荒山秃岭、煤矿城市的塌陷区、废河道、沙碱地、荒芜的土地、能耕种的土地和采石坊等，可以称之为城市里的劣势空间，或称之为闲置空间。随着城镇化进程和城市经济社会的大发展，人们势必就会触及这部分用地，去改造它，以便想方设法开发利用这些廉价的土地，或辟为公园绿地，或引水成水面，或利用坑坑洼洼、峭壁陡岩、沟壑洞穴加工为城市景观景点，或经过地基处理搞房地产开发，只要肯动脑筋，付出一定的经济代价，就一定能变无用空间为有用空间。事实上有一些城市已经注意到了这一点，比如十堰的环形市区内的荒山、太原的汾河、兰州的皋岚山和白塔山、徐州的云龙山、日照的采石坑等，经过精心改造和植树造林进行绿化，都收到了很好的效果。

5.4 生态城市的产业规划

产业规划就是对产业发展布局、产业结构调整进行整体布置和规划。

产业结构是指生产要素在各产业部门间的比例构成和它们之间相互依存、相互制约的联系。即一个国家或地区的劳动力、资金、各种自然资源与物质资料在国民经济各部门之间的配置状况及其相互制约的方式。产业结构的分类可以从不同的角度来进行，将所有产业部门划分为第一产业、第二产业、第三产业共三大类，是当前国际上最通用的、最全面划分产业结构的权威方法。

产业布局是产业结构在地域空间上的投影（分布形态），不同的产业部门具有不同的分布形态。产业布局的合理与否，关系到一个区域的整体经济效益。布局合理，有利于资源优势的发挥，有利于市场经济成本的降低，有利于提高城市经济的整体竞争力，有利于调整城市内的利益格局。现在的问题是，从区域经济角度看，在传统的计划经济体制下形成的一些产业布局存在着明显的不合理性，普遍问题是，存在行政壁垒、利益障碍和行业归属的限制，造成人流、物流和资金流的逆行或乱行。有些企业本来一墙之隔，互为供求关系或互为上下游产品，却老死不相往来，各自按各自的渠道进原料、出产品，造成很大的浪费。

5.4.1 产业结构与布局对城市发展的影响

5.4.1.1 产业结构对城市发展的影响

产业结构的合理化对城市发展的作用主要表现在三个方面：

① 随着社会生产力的发展，社会分工日趋专业化，部门间商品交易更加频繁，交易的内容和规模日趋扩展。结构的优化有助于降低部门间的交易费用，提高经济效益。

② 现代经济增长不仅取决于资本、劳动力的投入，而且取决于资源的合理配置。如果产业结构扭曲，资源配置的效果就会降低，社会经济的持续、稳定、协调发展将不能实现。

③ 技术进步对城市可持续发展的作用是通过产业结构关联实现的。技术进步会导致产业结构的变动和调整，但是技术创新不可能在所有部门之间均匀展开，科学技术要转化为现实生产力，必定首先被某个特定生产部门所吸收，然后再向别的部门扩展，产生波及与放大效应。如果产业结构不合理，结构关联将发生扭曲，技术创新的波及与放大效应必然会受到严重的限制。

产业结构高度化对城市可持续发展的意义主要表现在：

① 它成为集约型增长方式的主要决定因素。在现阶段，经济发展将越来越取决于科技进步。在丹尼森的分析框架中，经济增长的因素分为过渡性要素和持续性要素两类。资源配置的改善和规模经济属于过渡性因素，唯有知识的进展、技术的进步能够持续地对经济增长做出贡献。

② 它对自然资源的利用与环境保护有着重要意义。首先以技术和信息替代物质消耗，体现了物质消耗和环境污染的减少。其次，各种自然物质可能被多次使用和反复使用。最后，物品在使用功能完成后可重新变成可利用的资源。因此，产业结构高度化可以使经济增长与资源、环境相协调，有利于可持续发展。

5.4.1.2 产业布局对城市发展的影响

在城市复合系统中，各产业选择或变迁到不同区位时，将会给城市发展带来不同影响。产业布局科学、合理，符合城市生态经济系统正常运行、协调发展的规律，城市发展产生的经济效益、社会效益和环境效益高，就有助于实现城市的可持续发展，反之，产业布局不合理，不能带来丰富的经济效益、社会效益和环境效益，城市发展的效率必然就低，阻碍城市的可持续发展。如上所述，产业布局变动对城市发展的影响主要包括两个方面：正面影响和负面影响。产业布局正面影响成为城市发展的推动力，而负面影响则成为城市发展的阻力。城市产业布局变动过程中所产生的正面影响与负面影响，是城市发展过程中不可分割的两种作用，体现了城市发展过程中的矛盾性。

总体来说，产业布局变动对城市发展的影响，主要表现在三个方面：

一是城市经济发展。当某一产业由于空间变动而能获得优势的区位时，区位优势的直接表现就是由于产业的发展而拉动经济增长。而产业布局不合理引起企业之间能流、物流、信息流的交流不畅时，生产成本必然升高，削弱城市经济发展。

二是促进城市社会结构的优化。产业布局的变化是引起产业人口变动的直接原因，也是优化城市居住空间的动因；同时产业布局的变化，也会增加原居住区居民的择业空间。同时，还会改善交通、社会治安等问题。

三是生态环境问题。城市生态系统和区域景观格局随着城市化的进展在不断演替和变化。城市的产业空间布局演化驱动着城市地区生态系统和景观格局的演替，从而改变城市地区能流、物流、信息流和人流的循环和空间态势，进而影响着城市及其影响区域的自然过程、物理过程、化学过程、生物过程和人文过程，对自然和生态环境造成冲击。生态环境恶化是经济发展与生态环境之间矛盾激化的结果，它实质上是一个产业经济问题。如何在社会经济发展的同时，通过合理的产业布局模式，使城市地区的生态系统向着良性的方向演化，以最大的可能减小对自然、生态环境的影响，是城市可持续发展的目标。

5.4.2 产业规划的方法和理论

（1）目前产业规划的一般方法和理论基础 在城市规划过程中，产业规划有其规范方法：首先进行经济发展阶段和产业结构分析，以明确当前产业问题和预测未来发展方向；其次根据全球、区域或周边城市产业转移、区域政策和本地产业特征等，分析产业发展面临的机遇、挑战及优劣势；再次，针对现状和发展条件，突出产业发展的总体战略，如结构升级、集群化、高技术化、区域协调分工等，并按一定标准确定优势（或主导）产业及其战略；最后，根据现状产业分布和"发展连片、企业进园"等原则，确定"点、轴、带、圈、片、区"的总体布局，或提出优势产业布局意向，明确各区产业类型及规模，有些则将产业布局任务交给空间部分。

产业规划的一般方法存在着实践过程中常被忽略却起支撑作用的基础理论，主要有：发展阶段理论、产业结构理论、主导产业理论、劳动地域分工理论、比较优势理论、全球化理论、产业集群理论，和各种不均衡发展理论如区位论、中心地理论、增长极理论、点-轴开发理论、梯度推移理论，以及一些优势产业相关理论，如高新技术产业等。

（2）产业规划理论的不足　随着时间的推移和发展环境的变化，上述理论基础在指导当前产业规划时逐渐暴露出一些问题与不足、主要为理论体系的不足，大部分基础理论相对宏观、长效和落后；具体理论的不适，对规划城市针对性不强；理论选择的缺乏，基础理论直接运用，未加检验等。

（3）产业规划理论的可能突破

① 产业基础理论体系的丰富和完善　产业理论本身在不断发展和完善，传统产业理论也经历着更新，应将传统理论的新发展和综合、完善的先进理论一起纳入产业规划的基础理论体系。另外，从本质上讲，产业发展是社会运行的结果，还需将影响社会运行的关键要素引入其中，以丰富其内涵。

② 针对规划城市选择指导理论　具体城市应该具体选择指导理论，基于"实践-理论-实践-理论"的互动关系，选择方式可以按照以下步骤：明确规划城市的社会经济特征，总结产业发展的关键问题；提炼关键问题，发展、改变所必需的基本（经济）原则，选择适宜理论，同时明确理论的指导作用。

5.4.3　产业规划的主要内容

产业结构与布局的调整，是一项综合性的系统工程，除了需要确立产业定位以及先导产业、主导产业、支柱产业之外，还需要制定有效的配套措施来保障产业结构与布局调整的实施。

5.4.3.1　生态城市中产业结构调整

① 加强都市型农业建设。增加农业的投入，重点放在水利、林业和农业科技的研究开发及推广应用上，积极推进农业产业化经营，增加农民收入。

② 制定旨在推动城市化进程的政策，全面发展大、中、小城市和小城镇，促进农村剩余劳动力的产业转移。

③ 通过国有企业的改组改造，优化企业的所有制结构、规模结构、产品结构、技术水平和内部管理机制，从根本上改变国有企业的面貌。

④ 继续加强能源交通、通信、城市公用设施、环保等基础设施和基础产业的建设，以政府投资为主，同时引入多样化的融资方式，注重合理布局。

⑤ 合理发展劳动密集型产业和第三产业，发挥资源比较优势。第三产业的发展既是优化产业结构的需要，也是缓解当前就业压力的主要途径。金融保险业、房地产业、信息产业、文化体育等行业都将是极具市场前景的行业。

⑥ 积极发展环保产业。政府要对环保产业的发展给予政策和资金的支持。对污染严重的企业，实施关、停、并、转，限制其发展；对环保型企业，政府要在政策、资金和管理上引导、鼓励其发展。环保产业的技术要求高，资金投入大，政府要采取各种措施，鼓励企业

加大科研投入，提高其科研自主开发能力；加强对环保产品市场的规范和引导。

⑦ 加大科技创新力度，发展高新技术产业，加快产业结构升级。技术进步是产业发展的主导和决定因素，产业的高技术化是产业结构调整的重要内容，必须采取强有力的措施，推动各产业的技术进步。同时，通过建立高科技风险基金或其他方式，增加政府在科研及其成果的推广应用上的投入，促进高技术的产业化，包括电子信息技术、先进制造技术、新能源技术、生物工程技术、航天技术等。

5.4.3.2 生态城市中产业布局调整

（1）实现生产力要素的城市间合理布局　生产力要素布局要充分发挥政府经济职能，遵循市场经济规律，正确处理中央与地方集权与分权，制定科学的产业政策。坚持因地制宜、统筹安排、合理布局的原则，使各城市的优势能够在劳动地域分工的基础上得到较好发挥，提高生产力要素布局效益，使各城市经济在优势互补的基础上协调发展。

（2）实现城市间产业结构协调和产业结构合理　当前各城市经济自成体系，产业结构趋同，地区经济封锁，贸易摩擦不断。如能根据地域分工、比较优势来制定城市产业政策，可使各地的主导产业相异，实现合理分工和产业结构协调；在各城市内因主导产业相异，与其相关联的产业也不相同，城市产业结构合理化就应呈现以主导产业为核心，以相关联产业为两翼，以基础产业为依托的结构特征。这对消除中国当前城市经济发展中的弊端，发挥城市优势会起到积极作用。

（3）实现资源配置合理化和经济效益高度化　资源有效配置，因不同地域和时间有不同效率；资源有效使用，因不同地域和时间的社会承认体现不同价值。政府为了促进资源在地域空间和时间上的有效配置而制定产业政策，弥补市场机制在配置资源和提高效率中的缺陷，促进生产力要素在地区间充分自由流动，提高生产力要素布局空间效益、时间效益和宏观结构效益，使经济效率在投入产出效率和资源配置效率两方面得到合理提高，从而促进生产力水平和整个国民经济效益的提高。

（4）缩小不合理的地区经济差距，促进社会公平　适当的经济差距对宏观经济运行有一定积极作用，但差距不合理的过度扩大则对宏观经济运行产生不利影响，会引发一系列经济和社会问题。实施产业布局政策，扶持落后地区的经济发展，培育适合欠发达地区的主导产业或新兴产业，以形成区域的"增长极"和经济中心。通过这些"增长极"和经济中心对周围地区的经济辐射和传导带动周围地区和整个区域经济系统的整体发展，在发展中缩小区域间的经济差距，为最终实现共同富裕创造坚实的物质基础。

5.5　生态人居环境规划

5.5.1　城市人居环境的特点

城市人居环境是人类聚居环境的重要组成部分，城市人居环境对全人类的社会经济发展有着深远的影响。早在 1972 年，联合国人居环境会议宣言就指出："人类的定居和城市化工作必须加以规划，以避免对环境的不良影响，并取得社会、经济和环境三方面的最大利益。""人类环境的维护与改善是一项影响人类福利与经济发展的重要课题，是全世界人民的迫切愿望，也是所有政府应肩负的责任。"

城市人居环境是人居环境中的一个部分，其重要性愈来愈突出。国际权威机构曾预测，到 2006 年，世界人口的一半，即 32 亿将成为城市居民。城市人居环境既具有一般人居环境的特点，又具有其自身的特点。

（1）高强度的集聚　城市人居环境是物质、能量、人口、资金等要素和生产、生活、交通等功能高度集聚的区域，其特点是在有限的自然空间内积聚了高强度的能流、物流和信息流，所以，城市人居环境在本质上存在着较高的风险——有限自然空间与高强度人类活动的矛盾，以及不同利益群体对有限自然空间的竞争性使用。

（2）高程度的组织化　在城市这个人口密度高、活动规模大、自然因素有限的特殊空间内，人们的行为必须得到较高程度的组织，在生活、生产、流通等方面具有非常严密的组织，才能维持城市环境本来就比较脆弱的内部平衡，因此，城市具有较高程度的组织化。这是城市比其他人居环境类型具有更高组织效益（效应）的内在原因。但城市人居环境高度的组织性并不能掩盖其所具有的脆弱性的特点，因为从本质上说，城市人居环境不是个自给自足的系统，而是个依赖外力才能维持和生存的系统。

（3）高度的内在扩张性　城市人居环境的主体——城市人类生活在人造环境中，他们虽然不可能脱离自然环境而生存，但城市人类对自然环境的依赖性逐渐淡化，而发展物质文明和人造环境的积极性却不断增加，并不断地扩大其领域和范围，这是城市人居环境的扩张性特征。

（4）演进过程中具有显著的外涉效应　城市人类在发展过程中不断改造周边的自然环境以适应自己的需求。随着城市人居环境在地域上的扩张，城市在地区和国家的地位和作用越来越重要，其引致的外涉效应也越来越突出。

5.5.2　生态人居环境规划的目标、原则和内容

5.5.2.1　生态人居规划的目标和原则

理想的人居环境是人与自然的和谐统一，生态人居环境规划的目标是建设可持续发展的、"生态人居"环境。生态人居规划的原则主要为以下几点。

① 生态理念的充分贯彻：人居环境的建造和维护以生态的原则为标准和依据，对整个环境的基础设施的打造、产业选择、项目设计、功能布局、景观构造、技术运用、文化主题、生活模式等都以生态目标和经济目标的实现为前提，在生态规划确定的指标体系控制范围内进行。

② 系统的和谐：人与整个系统的和谐，各个系统之间的和谐，生态人居不是受制于物质环境，不是以物质环境的需要去分隔人，去构筑人的空间。强调整个生态人居中生态状态、生存状态、生活状态的完美和谐，是城乡一元化的结构。

③ 生物多样性：不仅是保护生物的多样性和复杂性，而且还包括社会组织结构和阶级层次的多样性，在人的经济组织活动中体现产业、聚落和建筑产品等各个方面的多样性和综合性。在整个自然生态、经济生态和社会生态上这三个不同的圈层达到一种完美的和谐。

④ 尊重自然：建立正确的人与自然的关系，尊重自然、保护自然，尽量小的对原始自然环境进行变动。

⑤ 乡土化：延续地方文化和民俗，充分利用当地材料，结合地域气候、地形地貌。

⑥ 安全性原则：住区环境不仅要保证居民日常生活安全，还要考虑突发情况下的安全，如火灾、地震、洪水等，因此要有防灾设施和避难场所。

⑦ 方便性原则：住区环境对居民提供的方便性服务主要体现在住区的内外交通、内外系统关系、公共服务设施的配套和服务方式的便利程度上。

5.5.2.2　生态人居规划的内容

（1）安全与健康的人居环境

① 构建完善的生态人居水系统　水与人们的生活息息相关，应该把水资源的合理利用列入生态化建设的重要位置。

② 建立废弃物处理系统　选择填埋、国内外焚烧技术等，对回收价值较大的垃圾进行循环再利用。建立废弃物处理系统，实现垃圾"无害化、减量化、资源化"结合的处理。

③ 加强生物多样性保护 城市生物多样性的减少，会给城市发展和人类身心健康造成一系列不良的影响，如自然生态环境与社会环境恶化、乱占土地、气候变化、大气和水质污染、水资源短缺、热岛效应、人口密集、患病率高等有关。从某种意义上来说，保护生物多样性就是保护人类自己的生存与发展。

④ 创建空气清新的居住环境和"蓝天、白云"的视觉享受 限制、处理现有大气污染源，尤其位于生活区上风向的污染源建议搬迁；加强城市货运车辆扬尘的监测和防治工作，加强城镇绿化和道路清洁工作，适时洒水，减少扬尘；加强对汽车尾气的监测和防治工作，加装净化器，逐步推广使用无铅汽油，在市区道路上限制、逐步淘汰尾气排放不合格的车辆，限制摩托车数量；积极开展植物绿化工作，降低城市粉尘污染，合理布局城市绿化隔离带以阻断外界污染物扩散至居住区。

居民住房采用绿色建筑、生态建材，防止室内空气污染，保证居民的身体健康。

⑤ 创建安静的生活环境 实行车辆分流，改善道路结构，分设汽车、自行车和人行道，中间设绿化隔离带，控制交通噪声对城市环境的影响。过境交通不能穿越居住区，以保持居住安静。

较大噪声污染源如铁路、交通主干线、飞机场、大噪声厂矿等严禁设置在居住区、文教区附近，应当规定在远离居住区、文教区的一定距离之外，并实施减噪措施，建设减噪墙、防护林等。

（2）建设舒适宜人的生态人居环境 优化居民的住房条件，建设"舒适、健康、高效、美观"的生态住区，居住区的建筑逐步实现以生态建材为主的绿色建筑。

① 优化居住环境首先要对老城区一些居住区进行优化，对"城中村"问题较为严重、居民住房条件相对比较差的，应该切实解决"城中村"问题。

② 建设生态住宅。生态住宅的特征概括起来有四点，即舒适、健康、高效、美观。生态住宅的几项主要指标如下：适宜的温度和湿度；充足的日照以实现杀菌消毒；有良好的通风以获得新鲜空气；无辐射、无污染的室内装饰材料；住宅应尽可能减少对自然环境的负面影响，如减少有害气体、二氧化碳、固体垃圾等有害物的排放，减少对生物圈的破坏；实现生态住宅与大自然和谐的完美境界；住宅设计能够满足人们的审美需求，具有生态美学的特征。

③ 建立良好的绿化环境。在居住区外围建设广场绿地、行道树、道路绿岛、庭院绿地等构建居住区隔离带，它们对于阻断外界污染物扩散、降噪以及美化环境，为居民提供休憩场所发挥着巨大的作用。一般来说，休闲绿地、广场、公园等不能距离居民区太远，要具有一定的服务半径，考虑绿地、公园的公众可达性。

绿地应满足居住区环境的需求、美化的需求、游憩的需求以及防灾避难、隐蔽建筑等需求。

居住区绿地一般包括居住区公园，为全居住区居民就近使用，相当于小型公园，设施丰富，步行路程以 10min 左右，距离为800～1000m 为宜。

居住小区中心游园位于居住小区中心，主要供小区内居民使用，服务半径以 400～500m 为宜。小游园仍以绿化为主，多设座椅以供居民休息，也可以有简单的儿童游戏设施。

居住组团绿地以住宅组团内居民为服务对象，特别满足老年人和儿童的活动要求，离住宅入口最大步行距离在 100m 左右为宜。

（3）便利、均质分布的配套基础服务设施 服务设施应满足居民物质生活和文化生活的需要，具有合理的服务半径，方便日常生活和活动。一般来讲，居住区级主要包括专业性服务设施，俱乐部、医院、影剧院、银行、邮电局和居住区级行政机构，合理服务半径为

800～1000m。居住小区级包括菜场、综合商店、饮食、油粮、幼托、小学、中学等，合理服务半径为 400～500m。居住组团包括小商店、活动室、卫生站、居委会等，合理服务半径为 150～200m。

公共设施应均衡布置，适应不同层次居民的需求，公建项目的配置标准要有一定幅度的差别性，规划配置与市场调节相结合。

① 居住密度控制。居住环境的舒适性目标必然要求城市居住的低密度发展方向。居住密度应与绿地系统共建，与生态绿地网络化相结合，根据城市布局特点选择建设适合居住的生态小区，建设功能完善、环境优美、富有特色的新城区。

② 绿色交通。城市交通影响城市环境舒适度是一个广泛的概念，既包括交通方便、安全和快速的要求，也包括城市环境清洁、宁静、生动、美观的要求。

建立方便而安全的交通系统，居住区道路系统功能分级明确、主次分明。居住区、居住小区、住宅组团及宅前小路合理配合，功能明确，过境交通不能穿越居住区，以保持居住安静和老人、儿童走路安全。道路应形成系统，具有相对独立性和封闭性，避免城市干道的汽车交通在小区内穿行。

多样化的交通工具。城市交通工具逐渐向着快速、方便、安全、舒适、清洁的方向发展。绿色交通近期目标是加强完善公共交通系统，有目的地控制摩托车的数量，提倡短距离的自行车出行，适当鼓励私家小汽车的数量。

（4）生态居住区示范工程建设　在规划期内建设一处生态居住示范区，组织专家进行设计竞赛、择优确定方案。整个方案既要结合当地生态环境和发展方向，体现出的建筑风格，又要应用当今科技发展的最新成果，采用新设计、新工艺、新技术、新材料，实现生态环境保护的高起步。并且，生态居住区建设要在取得经验的基础上进行普及。

6
生态城市的建设

生态城市建设是基于城市及其周围地区生态系统承载能力的走向、可持续发展的一种自适应过程，必须通过政府引导、科技催化、企业兴办和社会参与，促进生态卫生、生态安全、生态产业、生态景观和生态文化等不同层面的进化式发展，实现环境、经济和人的协调发展。建设以适宜于人类生活的生态城市首先必须运用生态学原理，全面系统地理解城市环境、经济、政治、社会和文化间复杂的相互作用关系，运用生态工程技术设计城市、乡镇和村庄，以促进居民身心健康、提高生活质量、保护其赖以生存的生态系统。生态城市旨在采用整体论的系统方法，促进综合性的行政管理，建设一类高效的生态产业、人们的需求和愿望得到满足、和谐的生态文化和功能整合的生态景观，实现自然、农业和人居环境的有机结合。

建设生态城市包含以下五个层面。

• 生态安全：向所有居民提供洁净的空气、安全可靠的水、食物、住房和就业机会，以及市政服务设施和减灾防灾措施的保障。

• 生态卫生：通过高效率低成本的生态工程手段，对粪便、污水和垃圾进行处理和再生利用。

• 生态产业：促进产业的生态转型，强化资源的再利用、产品的生命周期设计、可更新能源的开发、生态高效的运输，在保护资源和环境的同时，满足居民的生活需求。

• 生态景观：通过对人工环境、开放空间，如公园、广场、街道桥梁等连接点和自然要素、水路和城市轮廓线的整合，在节约能源、资源，减少交通事故和空气污染的前提下，为所有居民提供便利的城市交通。同时，防止水环境恶化，减少热岛效应和对全球环境恶化的影响。

• 生态文化：帮助人们认识其在与自然关系中所处的位置和应负的环境责任，尊重地方文化，诱导人们的消费行为，改变传统的消费方式，增强自我调节的能力，以维持城市生态系统的高质量运行。

6.1 城市的生态安全建设

6.1.1 城市生态安全的内涵

生态安全的概念最早由美国政界提出，并得到国际学术界的重视。由于研究历史短暂，对生态安全的定义、研究内容以及研究方法的认识尚不统一。目前关于生态安全概念基本上存在着广义和狭义两种理解：前者以 IASA 于 1989 年提出的为代表，包括自然生态安全、经济生态安全和社会生态安全；后者是指自然和半自然生态系统的安全。中国学者对生态安全的理解多集中在其狭义概念上，主要从生态系统或者生态环境方面对其进行阐述。左伟将生态安全理解为一个国家或区域生存和发展所需的生态环境处于不受或少受破坏与威胁的状态。王朝科认为生态安全是指生态系统保持过程连续、结构稳定和功能完整的一种超稳定状态。郭中伟从生态系统服务功能角度概括了生态安全的含义，一是生态系统自身是否安全，即其是否受到破坏，二是生态系统对于人类是否安全，即生态系统所提供的服务是否满足人类的生态需要。黄青等从生态承载力的角度对生态安全进行理解，认为人与环境相互作用的过程中，生态系统的承载能力大于人类对它的影响时所处的一种状态。也有学者将生态安全与保障程度相联系，把生态安全定义为人类在生产、生活和健康等方面不受生态破坏与环境污染等影响的保障程度。曲格平认为生态安全包括两层基本含义：一是防止由于生态环境的退化对经济基础造成威胁，主要指环境质量状况低劣和自然资源的减少和退化削弱了经济可持续发展的支撑能力；二是防止由于环境破坏和自然资源短缺引发人民群众的不满，特别是环境难民的大量产生，从而导致国家的动荡。

显然，从不同的角度都可以对生态安全做出不同的解释与定义，但无论如何，生态安全所表征的是一种存在于相对宏观尺度上的不受胁迫的安全状态与和谐的共生关系，主要包括资源安全、生物安全、环境安全与生态系统安全等，其终点是人类安全。

城市生态安全是生态安全的一个重要方面，是指城市赖以生存发展的生态环境系统处于一种不受污染和不受危害或破坏的良好状态。这时，城市保持着一种完善的结构和健全的生态功能，并具有一定的自我调节与净化能力。城市生态环境是人类从事社会经济活动的物质基础，是城市形成和持续发展的支持系统，因此，城市生态安全也必然是城市安全的基础条件。

城市生态安全始终是可持续发展的核心任务。城市建设要设法避免一些对城市生态安全会造成不利影响的因素，如城市大气污染、水系污染、热岛效应、土地污染、光污染、噪声污染、城市建筑综合征、传染性疾病等间接或直接危害人们身心健康的不安全因素，同时注重城市生态系统功能的恢复与完善。因此，如何在城市化进程中重视城市生态安全方面的建设就显得越来越重要。正如吴良镛院士所指出的那样："城市化和建筑像江潮一样地发展，像水波纹一样地逼近，一方面有大量的建设，产生出巨大的生命力和生产力，另一方面也在进行相当多的大尺度的破坏。"这就要求城市的更新与发展在强调以人为本的同时，必须协调自然生态安全、经济生态安全和社会生态安全的平衡和谐地发展，从而才能有效地构筑起一个复合的人工生态安全系统，从而保障人们在生活、健康、安乐、基本权利、生活保障来源、必要资源、社会秩序和人类适应环境变化的能力等方面处于不受威胁的状态。

城市生态系统是一个不断发展的复合系统。城市的规模随时间的推移呈不断扩大的趋势。城市的结构从低层次到高层次发展。城市发展的驱动力是社会经济的发展，社会经济的发展对自然资源以及对生态容量的过度占用，是城市生态安全问题产生的根源。不同的发展阶段具有不同的社会经济发展水平，也就会导致不同程度的自然生态系统的胁迫。随着时间的推移，人类社会的发展从粗放型经济发展到集约型经济，再到循环生态型经济。粗放型的社会经济发展模式其城市的生态安全性较低，而循环经济的发展模式给城市带来较高的生态安全性。另外，从空间尺度上分析，不同的空间尺度有不同的自然条件，不同的自然条件又决定着不同的城市生态安全水平。因此，从时空尺度上分析，城市生态安全具有动态特征。

在宏观上，国外对生态安全的研究主要围绕生态安全的概念及生态安全与国家安全、民族问题、军事战略、可持续发展和全球化的相互关系而展开。从微观角度看，目前国外关于生态安全的研究主要集中在两个方面：一是基因工程生物的生态（环境）风险与生态（环境）安全；二是化学品的施用对农业生态系统健康及生态（环境）安全的影响。国外的城市生态安全方面的探索和研究集中了交叉学科的优势，如全球著名的美国圣菲研究所的科学家偏重于功能上研究生态系统的复杂性；俄罗斯在城市生态安全的研究主要侧重于工业发展的城市生态安全的保障和能源领域的城市生态安全政策。

马宗晋院士从灾害学研究的角度指出：灾害、环境和社会是一个互馈的系统，安全科学研究的对象不仅仅是技术安全的问题，应从狭义的范畴转向广义的范畴。廖志杰等从可持续发展水平及其空间分布特征方面，定量给出了中国生态环境指数。金磊认为，要实现世界城市目标，应当强化城市生态安全建设，如深化城市规划，防止过度开发，要重视基础设施建设；吴博任认为消除环境四害是城市生态安全建设的重点，城市建设中的生态建设必须与其他设施建设同步完成，优先完成；曹伟从城市规划和城市建筑的角度，对城市生态安全的理论框架进行了构建，并对城市生态安全的影响要素进行了宏观的定性分析。由此可见，无论国内还是国外，大多数针对城市生态安全的研究实际上是对城市内自然生态系统的安全研究，而不是广泛意义上的整个系统安全的研究。

6.1.2　城市生态安全问题分析

6.1.2.1　城市生态安全问题

城市生态系统的发展需要自然生态系统的强大的服务功能的支持。然而城市化进程对生态环境造成了严重的胁迫，使自然生态系统遭到前所未有的破坏，导致了城市生态安全问题的产生。支持城市发展的生态环境条件主要包括资源和环境两个方面。因此，城市生态安全问题主要表现为环境污染、资源供给短缺、自然灾害等带来的不安全性。

城市的发展无论是工农业，还是城市建筑和交通的建设等都需要利用各种自然资源。资源是城市发展的物质基础。人类在利用资源的过程中也造成了对资源供应的压力。一方面由于利用使不可更新资源的储量减少，或是利用过度破坏了可更新资源的更新能力而造成了可更新资源的短缺。另一方面，由于环境污染造成对资源的破坏。中国能源年消费量已从1996年的13.9亿吨标准煤上升到2002年的14.8亿吨标准煤，平均每年递增约0.13亿吨标准煤。铁矿石资源的保有储量已从1995年的478.94亿吨下降到213.6亿吨，平均每年递减约33.2亿吨。资源短缺威胁着城市的进一步发展。

目前，水污染、大气污染、土壤污染等环境污染阻碍了城市的持续发展。一方面人类的健康受到严重威胁，如大气中的污染物：二氧化硫、氮氧化物、颗粒物等在浓度达到一定的量时都会对人体健康造成危害。当人体吸入高浓度二氧化硫时，可引起急性支气管炎、肺水肿，其症状为咳嗽、胸闷、胸痛、呼吸困难。极高浓度时可因水肿引起窒息死亡。另一方面，由于污染导致自然生态系统的服务功能丧失，使人类失去生存发展的基础。如，水体污染使人类失去清洁水源而无法生存。水环境污染导致的健康问题也是非常严重的。1950年发生在日本水俣湾的汞中毒事件就是一个突出的例子。据联合国环境规划署统计，目前世界仍有大量的人口由于得不到安全饮用水而染上各种传染性疾病，仅痢疾每年造成100～200万人死亡；发展中国家大约10％的人口受到肠道蠕虫的感染等。环境污染严重威胁着人类的健康。土壤污染，将使人类失去健康的食物来源而面临生存危机。因此，环境污染是一个重要的城市生态安全问题。此外，人类活动也诱发了许多的生态灾难，水土流失及沙尘暴等也威胁着人类的生存。

6.1.2.2　影响城市生态安全的基本因素

影响城市生态安全的基本因素主要有自然灾害和人为灾害两个方面，有时候前者只能预防而很难避免，而后者则可以通过科学决策来避免或减少这种影响的强度，这就要充分评估人的介入及其干预后果。

（1）自然资源方面　自然资源对城市生态安全构成严重的威胁，主要表现在以下方面：水土流失严重造成河道淤积，从而给城市供水系统带来威胁；土地荒漠化加剧而产生沙尘暴影响城市大气环境；而农业建设用地大幅度增加使耕地资源在不断减少；城市蔓延迅速，而维护城市生态平衡的郊区大批耕地、城市河流、森林遭到建设性地破坏。

环境与健康安全有着直接联系：化学污染产生的"环境激素"，通过环境介质和食物链进入人体或野生动物体内，干扰其内分泌系统和生殖功能，影响后代的生存和繁衍，再加上饮用水污染、大气污染、食品污染，使它们的生命健康受到严重威胁。而在生物安全问题上，生态环境的破坏和对野生动植物的滥捕滥猎加剧了生物消亡的速度，"基因污染"也严重破坏生物多样性。因此，对于海港城市而言，城市物流中的生物安全检疫也是维护城市生态安全的重要环节。

在中国，城市生态安全的外部环境不容乐观，城市生态安全正面临挑战。需要特别指出的是，中国的生态环境整体还呈恶化趋势，基础损耗整体居高不下，尤其在城市化进程加快的今天，城市生态安全面临的形势更为严峻。因此，应从城市生态安全的战略角度，制定改变中国基础损耗高的措施，尽快降低资源与生态环境的基础损耗。

（2）人为灾害方面　大量事实反复证明，人为因素的作用，特别是不合理的开发建设活动是造成生态破坏的重要原因。急功近利、盲目追求"高速度"等错误思想观念，把环境保护长期排斥于社会经济开发战略、政策和计划之外，致使决策失误一再发生，导致一场场生态灾难。令人担忧的是，实至今日，新的城市生态破坏行为还时有发生。由于城市盲目求大而采用摊大饼式的蔓延，不仅造成耕地减少，而且原有自然生态平衡被打破，新的生态平衡又未能建立起来，人工生态世界又代替不了自然生态功能，这样造成人工环境中的生态空白，给城市生态带来不安全因素。

① 技术因素　现代城市建设中使用了大量的新技术，改善了城市居民的生存条件与生活质量，但这些技术也具有"双刃剑"效应，它也给人们带来了不安全的因素。就是在人类知识十分发达的今天，人类智力的发展最终还要通过资源物质的载体来体现。而高科技产业发展所代表的正是这种资源深度化加工的最新进程。随着人类对自身利益和生存环境的再认识，可持续发展观念的深入人心，各种防污治污意识、能力和技术的相应提高，城市的发展必将步入生态环境的改善阶段，朝着城市生态安全的方向迈进，成为人类社会进步与发展的动力。

② 决策失误　决策失误导致的生态破坏是最大的破坏。当前行政权力机关应加强环保教育，正视存在的城市环境问题，切实做到经济建设与环境保护协调发展；其次，要增强全民的环境意识，让广大民众认识到生态环境恶化的严重性和后果，从自身做起，保护环境。生态破坏加剧了贫困，影响了社会安定乃至国家安全。据有关机构的初步估算，中国在治理污染和保护、恢复环境上的投入，已数倍或数十倍于从污染和破坏环境中所达到的经济收益的总和。因此，西部面临的城市化更不能以牺牲城市生态安全为代价。在宁夏、内蒙古一些沙化严重的地区，当地农民被迫远走他乡，成为生态灾民。其中某些城市边缘区已经成了生态灾民避难营，就连城市出现的民工潮也与某些地方的生态危机不无关系。另一方面，大批外来流动人口会加剧城市的生态危机。

③ 城市化进程　城市化是人类社会经济和文化发展的产物，是社会发展的趋势和文明的标志。有资料表明，2000 年发达国家的城市化率达到 75%，明显高于发展中国家。中国近几年随着经济的发展，城市化发展迅速，2003 年城市化水平已达到 40.53%。预计 2025 年世界城市化率将达到 62.5%，中国将达到 60% 左右。城市化进程使人类逐步从自然生态系统分离出来形成以人为中心的城市生态系统。城市生态系统的形成使人类从适应自然规律的生存理念转向改造自然的生存理念。由于自然生态系统的强大的生态服务功能的支持，在相当长的时期里，人类城市化进程为人类提供了丰富的物质和舒适便利的生活条件。但是，城市化进程对自然生态系统的胁迫随着粗放型经济的发展而日趋严重。森林毁坏，耕地占用，环境污染等使自然生态系统遭到了严重的破坏，逐渐弱化了生态系统的服务功能，人类生存受到严重的威胁。城市化加剧了人类活动对生态环境的胁迫而导致严重的人类生存危机，促使人们开始关注城市生态安全问题。

6.1.2.3　城市生态安全问题的应对策略

（1）严格控制人口增长，加强人口管理，提高人口素质　人类在城市生态的发展过程中一直处于主导地位，控制人口是解决城市生态安全问题的关键。首先，可以利用人口容量的水桶理论来计算出城市的人口容量，以此评判城市的人口现状。要坚持计划生育，加大宣传力度，提高人们少生优生的意识，特别是城市郊区和部分不发达的小城镇，可以通过开发卫星城市来减轻大城市主城区的人口压力。其次，要加强人口管理（包括人口数量调节、质量提高、结构调整、分布迁移调控等）。

城市人口管理的难点和重点都是对流动人口的管理，可通过下列措施来加强对流动人口的管理：改变对流动人口的观念；宏观的总量控制、中观的职业技能培训和微观的服务性管理相结合；建立流动人口的行业协会和劳动工会；加强流动人口子弟学校办学审批，建立完善全国统一的流动人口子弟学校的学籍认证制度；将流动人口管理纳入属地人口管理统一体系。另外还可以建立人口管理信息系统，利用城市人口发展模型掌握城市人口动态，做好城市人口预测。在控制人口增长和加强人口管理的基础上还要提高人口的素质，普及教育并保证其质量。可以将环保教育融入到知识教育中，从儿童开始抓起，与此同时营造城市文化氛围，增强人们的环保和法制意识。

（2）推行清洁生产，构建循环经济系统　在向城市可持续发展的过渡中，实施清洁生产、建立循环经济体系是一个基本步骤。从目前来看，清洁生产主要表现为各国际组织、政府机构和民间组织从保护环境的角度，对生产过程（后来也延伸到消费）提出的一系列规范要求，即要求从生产的源头，包括产品和工艺设计、原材料使用、生产过程、产品和产品使用寿命结束以后对人体和环境的影响各个环节都采取清洁措施，预防污染的产生或者把污染危害控制在最低限度。概括地说就是：低消耗、低污染、高产出。清洁生产的理念从 20 世纪 90 年代初被引入中国后，得到了广泛宣传，政府有关部门不仅倡导，也进行了积极的培训、示范和推广。

从 20 世纪 90 年代以来，循环经济在发达国家已经成为一股潮流和趋势，有的国家还以立法的方式加以推进。循环经济是人们模仿自然生态系统的物质循环和能量流动规律所建构的经济系统，并使得经济系统和谐地纳入到自然生态系统的物质循环过程中。在传统经济中，人们以越来越高的强度把地球上的物质和能源开采出来，在生产加工和消费过程中又把污染和废物大量地排放到环境中去，对资源的利用常常是粗放的和一次性的，通过把资源持续不断地变成废物来实现经济的数量型增长，导致了许多自然资源的短缺与枯竭，并酿成了灾难性环境污染后果。与此不同，循环经济倡导的是一种建立在物质不断循环利用基础上的经济发展模式，要求把经济活动按照自然生态系统的模式，组织成物质反复循环流动的过程，使得整个经济系统以及生产和消费的过程基本上不产生或只产生很少的废弃物。循环经济为工业化以来的传统经济转向可持续发展的经济提供了战略性的理论范式，从而根本上消解长期以来环境与发展之间的尖锐冲突。

从清洁生产和循环经济两者关系来看，清洁生产具体表现为单个生产者和消费者的行为，这种微观层次的清洁生产和消费行为，通过发展为工业生态链和农业生态链，进一步实现区域和产业层次的废物和资源再利用，并通过政府、企业、消费者在市场上的有利于环境的互动行为，上升形成循环经济形态。就此而言，清洁生产是循环经济形态的微观基础，循环经济则是清洁生产的最终发展目标，各种产业的、区域的生态链和生态经济系统则构成清洁生产到循环经济系统的中间环节。衡量清洁生产是否达到目的，仅仅衡量某个企业或某个行业是不够的，应当看其是否在区域、国家层次形成生态经济系统。

（3）调整产业结构，做好城市规划　调整产业结构，促使城市经济走向生态经济。生态经济不仅能够减少污染排放，更重要的是充分利用资源，提高生产效率。生态经济就是将原料和废品相互利用的工业有机地结合起来，实行废品再利用或者处理（简单的、合理的技术处理）之后再利用，从而实现经济发展与环境保护的双赢。发展中的城市应对将要开发的产业做好预测，进行合理搭配，做到产业多元化、生态化。在新城区建设中要引入景观生态学方法来规划设计城市建筑。

（4）完善立法，加强管理力度　管理部门要及时察觉新产生的城市生态安全问题，针对产生的问题及时立法，以便在处理问题时有法可依，与此同时还要对潜在的问题做出预防，完善一些环保法律。

在城市管理过程中，管理要分工明确，解决多部门管理但无主要管理部门和次要管理部门之分的现状，采取一个部门主管其他部门协助、责任定位的方法。管理过程中要有监督体制，加大管理力度。

（5）引入生态安全评价体系　目前用得较多的是生态承载力分析方法，最新的方法是生态足迹法。利用生态足迹法可直接分析某城市在给定时间内占用的地球生物生产率的数量，通过地区或国家的资源消费与自己所拥有的资源与能源的比较，判断该城市的发展是否处于生态承载力范围，其生态系统是否安全。同时应该注意城市生态系统的特殊性，在做评价的时候应增加或者减少一些指标，不同的城市的具体的评价体系是不完全相同的。

6.2　城市生态卫生建设

研究生态卫生系统，首先应研究什么是生态卫生？生态卫生是应用生态学原理，以无害化、减量化、资源化为准则，建设生态卫生设施，将无害化处理后的粪便合理地加以资源化利用，并在粪便无害化处理过程中节水、节能、节省土地资源等，从而达到保护健康和生态平衡的目的。

目前，有关生态卫生系统的概念已进行了很多深入和广泛的讨论，2002年8月在深圳举行的第五届国际生态城市大会发表的深圳宣言确定的生态卫生的定义是：通过高效率低成本的生态工程手段，对粪便、污水和垃圾进行处理和再生利用。该定义将垃圾处理也纳入了生态卫生的范围，进一步丰富了生态卫生的内涵。

20世纪后期，随着淡水资源危机的加剧，保护环境和实施可持续发展战略日益深入人心，世界许多国家陆续开展了有关卫生设施、排水系统更新改造的研究。70年代瑞典开发成功了无水厕所装置，并出口到其他国家。80年代美国和加拿大也陆续建设了堆肥式厕所，并不断改进；90年代国际绿色和平组织在西太平洋群岛曾提出了一项"清洁发展"的动议，为此，澳大利亚某生态工程公司设计建造了一个管理废水和排泄物的零排放系统，取代了传统的水冲厕所；德国、瑞典、挪威、美国、加拿大等一些欧洲、北美国家和一些发展中国家也相继开展了这方面有关研究和实践。与此同时中国在传统的粪便堆肥的基础上，也发展了无水冲厕所和多种生态形厕所和相应的排水系统。

世界上75%的家庭垃圾来自城市。据估计，城市中每人每天产生的固体垃圾数量从低收入国家的0.3kg到高收入国家的3kg。如果按保守估计，全球每人每天产生0.5kg的垃圾，那么每天城市将产生150万吨固体垃圾。全世界有将近1/3~1/2的城市垃圾没有被收集。许多垃圾被丢弃到街上、空地上、溪流里、河流和运河中。固体垃圾为携带疾病的蚊虫和老鼠的滋生提供了场所。在雨季，排水管和运河经常被垃圾堵塞，洪水发生时，坑式厕所和化粪池被淹，排泄物混入了饮用水中。所有这些都造成了腹泻疾病的传播。在许多发展中国家的城镇中，固体垃圾的堆集常成为城市周边巨大的垃圾山，极大的影响了生活在其附近的人们的身体健康。在一些地方，废弃物污染了附近的溪流与河流，对土地和空气造成危害。

6.2.1　生态卫生的内涵

今天的城市需要我们关注5个方面的全球性问题：城市卫生设施（厕所）匮乏、固体废物得不到妥善的处理和再利用、8 亿人处于失业或半失业状态、有几百万的人在不安全的条件下依靠捡垃圾为生、用于农业生态的肥料短缺。生态城市建设中生态卫生的概念需要处理这些问题，需要运用系统方法组织解决方案，致力于为居民提供更好的生活环境。

1992 年世界环发大会曾通过了著名的《21 世纪议程》，该议程对于"保护淡水资源的质量和供应"以及"固体废物的无害环境管理以及同污水有关的问题"等都单独列章予以讨论。它要求到 2005 年发展中国家应对至少 50％的污水、废水与固体废物进行处理或处置，要求到 2025 年处置所有的污水。当时还未在世界范围内提出要建设生态卫生（排水）系统，改变传统排水系统的任务。

2000 年 9 月联合国千年会议时，宣布要对淡水供应领域存在的紧迫问题采取措施，明确提出，水资源的不可持续开发利用的原有模式将不得不逐步终止，水管理策略上的变化将在区域和国家层次上开展。

接着 2000 年 10 月，在德国波恩召开了有关生态卫生（排水）系统的国际讨论会，会议的主题是"闭合有关废水管理和卫生系统的环路"（Ecosan—closing the loop in wastewater management and sanitation）。来自世界各国的 200 位专家出席了会议。会议为加强在生态卫生（排水）系统领域的国际信息交流与合作做出了重大贡献，同时，也为德国正在实施的"生态卫生（排水）系统项目"计划开展国际间的合作奠定了更好的基础。这次会议的召开标志着建立生态卫生（排水）系统问题已在世界范围引起了广泛关注，并建立了相关信息网络。会议认为特别应在城市范围建立有关生态卫生（排水）系统的示范项目。

2001 年 12 月召开的国际淡水讨论会（International Conference on Freshwater）也指出，非可持续发展的用水模式是使有限水资源日益短缺的重要原因，会议提出的主要对应措施之一就是"提高水的利用效率"。会议也对传统的用水模式和排水系统提出了质疑。

有关生态卫生的发展更多地被列入世界范围的国际讨论会，说明生态卫生的研究和实践已在世界范围越来越多的国家和地区展开。但目前对生态卫生系统关注较多的是生态卫生排水系统，主要是针对粪便、污水等问题展开研究的。

生态卫生系统或称生态卫生（排水）系统，国外一般称"Ecological Sanitation"，其常用缩写为"Ecosan"。90 年前德国建筑师 Leberrecht Migge 就提出了生态卫生（排水）系统的概念，并在城市地区付诸实施。瑞典 Winblad konsulf 认为，生态卫生（排水）系统应满足三条简单的原则，即：能够防止对环境的污染；能够破坏人体排泄物中的病原体；排泄物中的营养物质可作为肥料循环利用。为此，他认为中国和亚洲一些国家与堆肥相结合的厕所是早期、原始的生态卫生（排水）厕所，已有上千年的历史。

目前，有关"生态卫生（排水）系统"的概念已进行了很多深入和广泛的讨论，其核心要点可以归纳如下：人粪尿排泄物和其他有机垃圾应采用接近自然的、低能耗的堆肥处理方法进行处理；使人排泄物和其他有机废弃物中的营养物质能安全地予以回收利用，并形成闭合循环系统；高效、安全、合理地用水，排出的污水处理后得以安全利用，或回送补给地下水，也形成闭合的循环系统；更广义的理解，还应包括雨水的收集、储存、利用以及渗流补给地下水。提出这一概念的基本出发点是将排水系统视为是全球生态圈和水圈的一个有关子系统，并以可持续发展的战略去思考解决生态圈和水圈中发生的问题，力图建立一个生态型的，可经济运行的排水系统，并使水资源和营养物质得以形成闭合的循环，见图 6.1。

生态卫生系统是由技术和社会行为所控制，自然生命支持系统所维持，由生态过程所活化的一类物质代谢系统，它由相互影响、相互制约的人居环境系统、废物管理系统、卫生保健系统、农田生产系统共同组成。

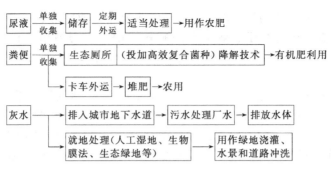

图 6.1 生态卫生（排水）系统污水处理流程

生态卫生的社会生态功能表现为：健康、清洁、卫生、方便、减轻市政工程的处理负担；其经济生态功能表现为：低投入、低运行费、节水、节土、节能、节省资源；其自然生态功能表现为：使大气、水污染，使用化肥，蚊虫、病毒和碳排放等最小化或零排放。

6.2.2 生态卫生的国内外实践

6.2.2.1 国外实践

（1）欧洲

① 德国 德国联邦政府经济与合作发展部（BMZ）于 2001 年 5 月起动了一项将用 5～6 年时间完成的生态卫生（排水）系统计划，其名称是"生态的和经济的可持续发展的废水管理和卫生系统"（Ecosan-ecologically and economically sustainable wastewate management and sanitation systems）。其目标是用 2 年左右的时间研究制定可用于指导国家和国际上发展生态卫生（排水）系统的导则；以人口密集的城市为主要目标建立生态卫生（排水）系统示范工程，并要求形成产业化生产的相关产品；建立一个全球共享的信息知识网络，传播和交流有关生态卫生（排水）系统开发研究的情况。

生态卫生（排水）设施已开始扩大到居住区或整个城市供水排水系统的规划和建设中，德国实施的 AKWA2100 研究项目是个典型的代表。该项计划的名称是："城市废水基础设施系统的方案选择"（Alternativen der Kommunalen Wasserver und Abwasserentsorgung 2100），简称 AKWA2100，该计划是一项由多学科、部门和单位参加的长期研究项目。它选择了有不同地区特征的两个城市作为研究示范地点。一个是德国西部鲁尔区的多特蒙沽市市郊的 Asseln 市，另一个是莱茵河北部 Seln 市郊的 Bork 市。该项目将通过已建立的综合评估体系，运用层次分析法对不同方案进行评估，其结果将作为城市规划建设决策的依据。

在示范工程方面，德国在鲁贝克市郊区占地 3.5hm^2 的居住区建立了带有真空系统的便器排水系统。该居住区有 350 个居民。其生态卫生（排水）系统建有真空泵站，真空度为 5×10^4 Pa。现代真空厕所的噪声已可做成小于一般水冲马桶的噪声。粪便污水（每日仅约 2～2.5m^3）与厨余垃圾混合物在沼气池中消化，池子容积是 50m^3。沼气池产生的肥料由卡车运至农田附近建有的储池，其容积可储存 8 个月的储量。住宅排出的其余废水（每日约 25m^3）经生物膜法和人工湿地处理。该示范工程由银行资助建设。其排水系统连同相关供热、供电、通讯等系统均由一家私人公司运营。

② 欧洲其他国家 丹麦政府于 1997 年决定资助 4200 万丹麦元实施旨在研究排水系统设施的"生态活动计划"（ecological action plan），重点研究废水的生态处理方法和营养物质及雨水的回收利用问题。

瑞士也开展了有关更新对人排泄营养物的管理，建立新的城市水系统的研究项目。该项研究包括建立新型厕所对尿液分别收集和控制进行研究；用尿液生产制造农业用肥料的研究；新型浴室的研究；人排泄物输送的研究；建立两个小规模的示范点等。

英国开展了"多学科综合评价水循环技术的选择"项目研究。重点研究被收集的污水和雨水处理回用技术，并对其相应可能带来的危险进行研究，并要求对选择在居民、学校、医院、办公区等不同地方实施的可行性进行评估。英国已研制成功名为"斜坡"的卫生系统，已在英国和爱尔兰投入市场。这种厕所基本上不用水冲，不必使用除臭剂，也不需要有排污管道。粪便在盛放木屑的塑料箱内分解为混合肥料。1 个厕所 1 年大约产生 1.2t 固体肥料和 4t 液体肥料。

法国巴黎 Hygefac 实验室在 1994~1996 年期间成功分离出一种细菌，被命名为 Azofac，这种细菌由约 56 多种不同的好氧菌组成，将这种细菌置于人畜粪便中可以有效减少臭味。这一技术的应用潜力已由法国国家测试实验室（LNE）加以确认：该技术可以减少约 80％的氨气和约 90％的硫化氢；使用这种细菌处理过的肥料可以提高玉米产量约 19％。

瑞典研究开发了一种非混合型（no-mix）马桶，或称分离式厕所，即将尿液单独流入一储罐，储存半年以后，某些药物残留物将其分解破坏，然后用作农肥，粪便做堆肥处理。该种装置已有 3000 余套在应用。

欧国最近还开始使用一种真空抽水马桶，每次冲洗仅需 0.7~1.0L。真空系统真空度为 5×10^4 Pa，真空管直径为 50mm。冲厕粪便水同家庭有机垃圾破碎后一同在半集中式沼气池中处理，产生的沼气作为天然气的补充能源。挪威奥斯陆也建立了类似的生态厕所，粪便用卡车运走做堆肥处理。

（2）美国 美国国家环保局早在 20 世纪 80 年代就支持建立了一批带有堆肥功能的厕所，并在国家有关营养污染物控制的相关法规中鼓励这类生态卫生（排水）系统的建设和应用，美国许多州每年在修改相关法规时也都增加支持和鼓励生态卫生（排水）系统发展的内容，规定房主和使用者不必自己去维护生态厕所，而由得到政府资助的区域相关组织负责。目前生态卫生（排水）系统已在上市销售的住宅、公共建设、商业用户和学校等建筑中开始推广应用。

在技术创新方面，美国哈佛大学认为生态卫生（排水）系统是一种未来很有希望的技术，研究开发了一种带有固体传感器的微型芯片，可用于控制沼气堆肥厕所运行的程序。

（3）澳洲 澳大利亚 CSIRO 研究所于 20 世纪末启动了"城市水计划"（Urban Water Program，UWP）项目研究，目的在于减少用水和废水处理对生态环境产生的影响，并降低供水、排水和雨水设施服务的成本。

另外，一些发展中国家，如尼日利亚、赞比亚、埃塞俄比亚、印度和孟加拉等国也结合本国具体情况在有关生态卫生（排水）系统不同层次的问题方面进行了广泛的研究和实践。在应用现代科技手段装备生态卫生（排水）系统方面，很多国家结合当地具体条件还做出了许多创新。

（4）日本 日本是一个非常注重卫生文化的国家，在全国范围内成立了以专家、教授为领导的专门协会，负责不定期对全国各地公共卫生设施进行检查、评比，还把每年的 11 月 11 日定为全国厕所日，呼吁公众共同创造美好的"方便"环境。日本也是最重视生态厕所研究开发的国家之一，Tadaharu Ishikawa 教授最早发明了免水生态厕所。它由木箱及加热装置组成，将驯化的菌种在木箱内的木屑（锯末）中培养，木屑温度升高至 50℃左右，落入的粪便在菌群的作用下分解成 CO_2 和 H_2O 而木屑本身变化很小，因此不需经常更换。最后的残渣无臭味，成为土壤中很好的有机肥料。

6.2.2.2 中国实践

中国历史上北方城市地区就有采用"坑厕"或称"干厕"、南方城市采用木制"马桶"的传统，粪便均由工人清淘和输送，经处理后用于农肥，但是近年来大都被污水管网连接的水冲厕所取代。传统的污水管网和集中污水处理厂的排水系统目前仍是中国城市排水系统建设发展的基本模式。

　　生态厕所是根据整体、协调、循环、自生的原理和废物就地处理的原则设计开发出来的产品，是具有舒适的卫生环境、与自然环境共生的划时代的厕所。生态厕所是生态卫生系统的主要类型，是营养物质循环的枢纽和关键环节。

　　1991 年在中国浙江金华市建成了四座带有粪便消化池的生态公共厕所。它将粪便分散，就地进行无害化处理，产生的有机营养液用作绿化肥料，产生的沼气可作为炊事能源。生态公厕的发展得到了浙江省和国家建设部的重视和支持，曾采取多种措施予以推广。目前金华市已将这种就地分散处理污水的生态卫生（排水）系统推广在住宅小区、学校、公用和商业建筑、工厂企业等建筑中应用。据统计，到 2001 年底仅金华市区就已建设该种装置系统 2300 余套。当地还颁发了相应的行政法规，并在实践中形成了配套的服务和管理体系。实践证明，金华市生态卫生（排水）系统的建设体现了水和营养物质的闭合循环利用的可持续发展战略，并具有技术和经济上的合理性和可行性。

　　另外，云南省昆明海埂公园采用国际先进的土壤渗滤系统处理技术，建设生态公共厕所。常州市研制成太阳能生态厕所。大连某生物技术开发有限公司通过自主创新，利用生物技术酶解粪便，实现粪便无害化处理，使最终排除物可堆肥成为有机肥料，并集成机械制造、自控、电子等相关领域的先进技术开发出具有智能控制的多型号无水型生态环保公厕。采用最新微生物生息循环技术建成的生态厕所，已经陆续在山西平遥古城、五台山、湖南张家界等景区及数个旅游城市安装，正式投入使用，得到良好反响。

6.3　城市的生态产业建设

　　生态产业是按生态经济原理和知识经济规律组织起来的基于生态系统承载力，具有高效的经济过程及和谐的生态功能的网络型进化型产业。它通过两个或两个以上的生产体系或环节之间的系统耦合，使物质、能量能多次利用、高效产出，资源环境能系统开发、持续利用。企业发展的多样性与优势度，开放度与自主度，力度与柔度，速度与稳定度达到有机结合，污染负效应变为正效益。与传统产业相比较，生态产业具有显著特征（见表 6.1）。

表 6.1　生态产业与传统产业的比较

类　别	传　统　产　业	生　态　产　业
目标	单一利润、产品导向	综合效益、功能导向
结构	链式、刚性	网状、自适应型
规模化趋势	产业单一化、大型化	产业多样化、网络化
系统耦合关系	纵向、部门经济	横向、复合生态经济
功能	产品生产	产品＋社会服务、生态服务＋能力建设
	对产品销售市场负责	对产品生命周期的全过程负责
经济效益	局部效益高、整体效益低	综合效益高、整体效益大
废弃物	向环境排放、负效益	系统内资源化、正效益
调节机制	上部控制、正反馈为主	内部调节、正负反馈平衡
环境保护	末端治理、高投入、无回报	过程控制、低投入、正回报
社会效益	减少就业机会	增加就业机会
行为生态	被动、分工专门化、行为机械化	主动、一专多能，行为人性化
自然生态	厂内生产与厂外环境分离	与厂外相关环境构成复合生态体
稳定性	对外部依赖性高	抗外部干扰能力强
进化策略	更新换代难、代价大	协同进化快、代价小
可持续能力	低	高
策略管理机制	人治、自我调节能力弱	生态控制、自我调节能力强
研究与开发能力	低、封闭性	高、开放性
工业景观	灰色、破碎、反差大	绿色、和谐、生机勃勃

引自：王如松，2000

生态产业实质上是生态工程在各产业中的应用，从而形成生态农业、生态工业、生态三产业等生态产业体系。生态工程是为了人类社会和自然双双受益，着眼于生态系统，特别是社会-经济-自然复合生态系统的可持续发展能力的整合工程技术，促进人与自然和谐，经济与环境协调发展，从追求一维的经济增长或自然保护，走向富裕（经济与生态资产的增长与积累）、健康（人的身心健康及生态系统服务功能与代谢过程的健康）、文明（物质、精神和生态文明）三位一体的复合生态繁荣。

6.3.1 生态工业

6.3.1.1 生态工业的内涵与理论基础

（1）生态工业的内涵　目前在学术界尚无普遍接受的生态工业定义，根据联合国工业与发展组织的定义，生态工业是指"在不破坏基本生态进程的前提下，促进工业在长期内给社会和经济利益做出贡献的工业化模式"。Allenby（1995）认为生态工业是指"仿照自然界生态过程物质循环的方式来规划工业生产系统的一种工业模式。在生态工业系统中，各生产过程不是孤立的，而是通过物料流、能量流和信息流互相关联，一个过程的废物可以作为另一过程的原料而加以利用。生态工业追求的是系统内各生产过程从原料、中间产物、废物到产品的物质循环，达到资源、能源、投资的最优利用"。中国也有学者将生态工业定义为"生态工业是指合理地、充分地、节约地利用资源，工业产品在生产和消费过程中对生态环境和人体健康的损害最小以及废弃物多层次综合再生利用的工业模式"（李树，2002）。

生态工业的实质就是以生态理论为指导，模拟自然生态系统各个组成部分（生产者、消费者、还原者）的功能，充分利用不同企业、产业、项目或工艺流程等之间，资源、主副产品或废弃物的横向耦合、纵向闭合、上下衔接、协同共生的相互关系，使工业系统内各企业的投入产出之间像自然生态系统那样有机衔接，物质和能量在循环转化中得到充分利用，并且无污染、无废物排出。

（2）生态工业的理论基础　生态工业的理论基础是工业生态学。虽然工业生态思想产生得较早，但将它作为一门科学进行研究还是近十年的事情。1989年9月，美国通用汽车公司研究部副总裁罗伯特·福罗什和负责发动机研究的尼古拉·加劳布劳斯在《科学美国人》上发表了题为《可持续工业发展战略》的文章，其中正式提出了工业生态学的概念。同期，Ayres介绍了工业新陈代谢的概念。这些创新想法汇集到一起，就形成了工业生态学这门学科。

工业生态学理论的主要思想是把工业系统视为一类特定的生态系统。同自然生态系统一样，工业系统是物质、能量和信息流动的特定分配，而且完整的工业系统有赖于由生物圈提供的资源和服务，这些是工业系统不能或缺的。工业生态系统的核心是使工业体系模仿自然生态系统的运行规则，实现人类的可持续发展。

6.3.1.2 生态工业的实践形式——生态工业园

（1）生态工业园的内涵　20世纪90年代初，"生态工业园"的概念开始在一些学术论文和报告中出现。但到目前为止，生态工业园的定义还不是很统一，存在多种定义。

1995年，Cote和Hall给出了生态工业园的定义：生态工业园是一个工业系统，它保存着自然和经济资源；并减少生产过程中的物质、能量、风险和处理成本与责任；改善运作效率、质量、工人的健康；而且提供废物的再生利用和销售获利的机会。

1996年10月，美国可持续发展总统委员会提出的定义是：一个有计划的物质和能量交换的工业系统，寻求能源和原材料消耗的最小化、废物产生的最小化，并力图建立可持续的经济、生态和社会关系。

美国劳爱乐提出的概念是：生态工业园是建立在一块固定地域上的由制造企业和服务企

业形成的企业社区。在该社区内，各成员单位通过共同管理环境事宜和经济事宜来获取更大的环境效益、经济效益和社会效益。整个企业社区将能获得比单个企业通过个体行为的最优化所能获得的效益之和更大的效益。

综合以上观点，可以把生态工业园定义为：生态工业园是依据循环经济理论和产业生态学原理而设计成的一种新型工业组织形态，是生态工业的聚集场所。生态工业园遵从循环经济的减量化（Reduce）、再使用（Reuse）、再循环（Recycle）3R 原则，其目标是尽量减少区域废物，将园区内一个工厂或企业产生的副产品用作另一个工厂的投入或原材料，通过废物交换、循环利用、清洁生产等手段，通过不同企业或工艺流程间的横向耦合及资源共享，为废物找到下游的"分解者"，建立工业生态系统的"食物链"和"食物网"，最终实现园区内污染物的"零排放"。

（2）国外生态工业园区的发展状况

① 丹麦工艺园区的发展　位于丹麦哥本哈根西部大约 100km 的卡伦堡城镇可以说是一个典型的高效、和谐的生态工业园，被称为生态工业园的经典范例。在该园区内，各种企业按照生态学共生原理建立了一种和谐复杂的、互利互惠的合作关系，目前在该园区内包括发电厂、炼油厂、生物技术厂、塑料板厂、硫酸厂、水泥厂、种植园以及卡伦堡镇的供热系统，各企业通过贸易方式利用生产过程中产生的废弃物或副产品，作为自己生产中的原料，或部分替代原料。

卡伦堡工业共生体的形成完全是通过公司间的自发的合作逐步形成的，出于经济上节省开支、减少成本的考虑，很多公司结合在一起，通过共同使用资源从而提高了使用资源的效率，同时相互间利用副产品，不但节省了用于购买原材料的成本，还减少了原先由于排放污染物而必须缴纳的环境税费，取得了经济和环境效益的双丰收。卡伦堡生态工业园向人们提供的成功经验可以归纳为以下几个方面：所有合约都是由企业双方协商决定的，即双方是自愿的，而不能通过任何行政的或其他强制性的手段加以干涉；达成的每个协议是由于企业双方都觉得有利可图，可以为自己带来商业利益；每一方都应尽力使风险最小化。

② 美国生态工业园区的发展　20 世纪 70 年代以来，在美国环境保护署（EPA）和可持续发展总统委员会（PCSD）的支持下，美国的一些生态工业园项目应运而生，涉及生物能源的开发、废物处理、清洁工业、固体和液体废物的再循环等多种方面。从 1993 年开始，生态工业园在美国发展迅速。美国政府在总统可持续发展委员会下还专门设立了一个"生态工业园特别工作组"。目前，美国已有近 20 个生态工业园区，并各具特色。

③ 加拿大生态工业园区的发展　自 1995 年以来，生态工业园项目在加拿大多伦多的 Portland 工业区逐步展开。这一工业区汇集了有废物和能量交换潜力的多种制造和服务行业。目前，加拿大约 40 个生态工业园中有 9 个被认为具备很强的生态工业性质，其中，涉及到的工业组合主要有：蒸汽发生器、造纸厂、包装业的组合；化学工业、发电、苯乙烯、聚氯乙烯、生物燃料的组合；发电、钢铁、造纸厂、刨花板厂的组合；热电站、石油提炼、水泥厂；石油冶炼、合成橡胶厂、石化工厂、蒸汽发电站等组合。

（3）中国生态工业园区的整体发展思路及典型案例

① 中国生态工业园区的整体发展思路　生态工业园的地域分布：生态工业园在全国各地的分布与其他类型的工业园一样，受到城市开放程度、地理位置、用地条件、工业结构层次和城市发展协调性及对外交通能力等因素的限制。生态工业园要根据当地的自然条件和技术条件，科学合理地选择和调整产业结构和布局结构，以获得地尽其利、物尽其用的最大生态效益和经济效益。生态工业园不是封闭的个体，它通过原料链接把周边区域的企业纳入到整个生态工业系统中，以实现经济和环境"双赢"。

生态工业园的行业定位：生态工业园行业的选择应根据中国经济及产业结构，争取在各主要行业及污染严重的传统产业内开展，以加快中国的产业生态化进程。

② 中国生态工业园区建设典型案例　生态工业园是可持续发展概念的一个可操作的内涵，是经济发展和环境保护的大势所趋。国内在生态工业园方面进行了很多积极的实践和大胆的探索，目前，在建和拟建的生态工业园大概有二百多个。下面以几个正在或准备建设规划的生态工业园为例，简单介绍一下它们的实践经验。

a. 贵港国家生态工业（制糖）示范园区　广西贵港国家生态工业（制糖）示范园区是国内最典型的一个案例。该园区正以贵糖（集团）股份有限公司为核心，以蔗田、制糖、酒精、造纸、热电联产、环境综合处理等 6 个系统为框架，通过盘活、优化、提升、扩展等步骤，在编制的《贵港国家生态工业（制糖）示范园建设规划纲要》基础上，逐步完善生态工业示范园区。

这 6 个系统关系紧密，通过副产物、废弃物和能量的相互交换和衔接，形成了比较完整的闭合工业生态网络。"甘蔗—制糖—酒精—造纸—热电—水泥—复合肥"这样一个多行业综合性的链网结构，使得行业之间优势互补，达到园区内资源的最佳配置、物质的循环流动、废弃物的有效利用，并将环境污染减少到最低水平，大大加强了园区整体抵御市场风险的能力。这种以生态工业思路发展制糖工业的做法，为中国制糖工业结构调整、解决行业结构性污染问题开辟了一条新路。

b. 天津泰达生态工业园　天津经济技术开发区（Tianjin economic technological development area，TEDA）属于国家级的工业园，坐落于天津市塘沽区，位于渤海之滨，开发区绿地面积达 439.74m²，人均绿地面积 81.60m²，是国内第一家通过生态工业园建设规划的经济技术开发区。近年来，随着产业结构的不断优化，泰达逐步发展成为一个包括自然、工业和社会新型组织形式的综合体，在产品代谢和废物代谢层面形成了各具特色的工业群落，信息共享取得实质性进展，表现出"群落、合作、绩效和效率"的特征，呈现出生态工业园的发展雏形。

开发区主要以电子信息业、生物制药业、汽车制造业和食品饮料业四个支柱产业为重点，通过产业链、产品链和废物链的构建与完善，资源和废物的减量化等措施，大力发展生态工业。目前，泰达工业园区正朝着生态化方向前进，由原来的末端治理转向产品代谢和废物代谢的过程化管理，由单向的信息发送转向双向的信息共享，并将"静脉产业"作为生态工业链完善的着力点，实施产业化方案，从而形成了企业间的互利共生、区域层面的物质循环，展现出循环经济亮点。

c. 苏州高新区　苏州高新区创建国家生态工业示范园区建设规划，于 2003 年 12 月 19 日通过国家环保总局主持的专家论证会。生态工业园和循环经济建设已经全面启动。已经完成和正在开展的主要工作有：全面开展绿色高新区活动；工业企业推进清洁生产审核和 ISO 14000 认证工作；加速生态园的建设，加快废物代谢类补链项目的建设。

（4）中国生态工业园发展所面临的挑战和发展策略　由于中国生态工业园的发展还处于探索阶段，不可避免会遇到很多问题。以下从政策、经济、管理等方面探讨了生态工业园面临的挑战。

① 中国在环境保护技术方面相对落后于西方发达国家，而发达国家对这一领域的技术进行贸易限制，使得中国生态工业园的开发面临严峻的技术挑战。

② 生态工业园是一种依托于市场经济的开发模式，而中国生态工业的市场机制反应不是很灵敏，这不仅使中国生态工业园的发展缺乏行动纲领，而且还表现出各企业在入园时积极性不是很高。

③ 管理部门在协调企业利益和企业与社区利益方面的能力有限，造成许多企业对自己的原料来源、数量、性质，能源的种类和消耗量以及排放物的种类和数量存在着一定的隐

瞒，使整个生态工业园的管理和资源协调不够透明。这导致生态工业园的运作存在不少问题。

④ 目前的环境法规，有关工业园的管理办法，都是严格限制污染性项目的引入或进入。而按照生态工业理念，通常被限制的污染性项目的废物在工业生态系统中可能是中间产品或副产品。因此所谓污染性项目在生态工业园内外以及不同生态工业园内的生态内涵可能有所不同，应根据具体情况而定。

⑤ 中国对生态工业的宣传和认识不充分，部分企业在入园时，对整个园区的运行机制和方式不了解。

中国目前正在经历新一轮市场经济条件下的工业化浪潮，以民营企业、乡镇企业、三资企业为主体的新工业区不断扩大。同时原有国有大中型企业也纷纷面临改造重组，迫切需要尽可能地减少工业化过程中付出的巨大环境成本。生态工业园中的许多设想和国外实践对于指导中国当前区域经济发展有重要意义。考虑到中国的现实国情，发展生态工业园须做好以下几方面工作。

① 完善环境保护相关法规　在中国，工业系统的环境保护法律法规主要是针对污染防治，特别是末端治理。它显然不适于以高效的资源循环利用和污染零排放为目标和基本特征的生态工业的发展。因此有必要建立和完善与生态工业发展相适应的法律法规，如规定工业系统资源循环利用责、权、利的法律法规、规定工业企业采用环境无害化技术和清洁生产工艺的法律法规等。

② 定位好政府的作用　目前，政府在生态工业园的规划建设中起着重要的作用。生态工业园的运作是在遵循市场经济的规则下获得经济利益和环境绩效的共同发展，定位好政府在园区规划建设中的作用将有利于园区的发展，在中国，尤其要认识到这一点。

③ 企业层面的要求　企业层面的要求主要包括以下几个方面：企业内部的物料循环，要求企业注重单个企业本身的清洁生产，使用清洁的能源、清洁的生产工艺、制造绿色的产品，且要求园区内的各企业实现企业内部物料的循环；整个园区内的循环，即在更大的范围内实施循环经济的法则，把不同的工厂联结起来形成共享资源和互换副产品的产业共生组织；建立园区静脉产业。

④ 生态工业园最初的建设重点不应该放在建立能源、水和废物交换上，而应该放在建立有利于园区发展的公共设施上　因为和废物交换设施相比，公共设施相对来说需要较少的投入，但同时却能产生合理的经济和环境效益。当这些项目建好后，公司可以尝试建立共生的能源、水和废物交换系统。生态工业园的发展是一个长期的过程，为了刺激其发展，建立一些低成本、高效益的、设施"简单"的交换中心非常重要。

⑤ 财务管理　在生态工业园的规划建设中，其财务管理不能只是由政府来操作，公司也应该积极地参与进来。这样的目的一是提高财务的透明度，二是增强公司在项目实施过程中的责任。

⑥ 开展国际合作，制定新的融资方案　在生态工业园规划与建设方面，美国、日本和欧洲的一些国家和地区已经先行一步，积累了较多理论基础和实践经验。我们应当本着全人类可持续发展的精神，在生态工业园规划和建设中广泛开展国际合作，多渠道的引进资金、技术和人才，建设高起点的、高效率的国际化生态工业园。

⑦ 旧工业园改造　在中国旧工业园进行生态工业园的规划是可能的。首先应培养企业（特别是国有大中型企业）对市场的敏感和参与精神，同时对已有企业进行筛选，不具备市场潜力和发展活力的企业将自行淘汰。选出对区域发展影响重大、有区域竞争优势的一个或几个支撑企业，对其进行重点培养，并围绕它们通过政府、专业协会或委员会为生态工业园组织可能的废物流动关系。

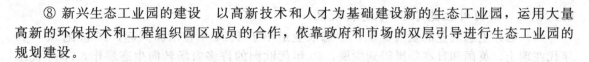

⑧ 新兴生态工业园的建设　以高新技术和人才为基础建设新的生态工业园，运用大量高新的环保技术和工程组织园区成员的合作，依靠政府和市场的双层引导进行生态工业园的规划建设。

6.3.2　生态农业

6.3.2.1　生态农业的内涵、特征及模式

（1）生态农业的内涵　生态农业指遵循生态学和经济学的原理和规律，按照系统工程的方法，运用当代先进的农业科技和现代管理手段，建立的人类生存和自然环境间相互协调、相互增益的经济、生态、社会三效益协调发展的现代化农业体系。生态农业是全面规划、总体协调、良性循环的整体性农业，是无废弃物、无污染、集约、高产、优质、高效农业。持续发展是当今世界农业发展的一种新战略、新趋势，它是对石油农业和替代农业反思的结果，世界各国都在为此做出努力。生态农业的目标，一是积极增产粮食；二是促进农村综合发展，增加农村劳动力的就业机会和收入；三是合理利用和保护资源，改善生态环境。中国生态农业与世界持续农业战略，在思想上完全吻合，符合世界农业持续发展潮流。

（2）生态农业的特征　生态农业能实现农业的高产、优质、高效、持续发展，达到生态和经济两系统的良性循环和经济、生态、社会三大效益的统一。中国生态农业是具有中国特色的可持续发展的现代化农业。

① 综合性　生态农业强调发挥农业生态系统的整体功能，以大农业为出发点，按"整体、协调、循环、再生"的原则，全面规划，调整和优化农业结构，使农、林、牧、副、渔各业和农村一二三产业综合发展，并使各业之间互相支持，相得益彰，提高综合生产能力。

② 多样性　生态农业针对中国地域辽阔，各地自然条件、资源基础、经济与社会发展水平差异较大的情况，充分吸收中国传统农业精华，结合现代科学技术，以多种生态模式、生态工程和丰富多彩的技术类型装备农业生产，使各区域都能扬长避短，充分发挥地区优势，各产业都根据社会需要与当地实际协调发展。

③ 高效性　生态农业通过物质循环和能量多层次综合利用和系列化深加工，实现经济增值，实行废弃物资源化利用，降低农业成本，提高效益，为农村大量剩余劳动力创造农业内部就业机会，保护农民从事农业的积极性。

（3）生态农业的模式及配套技术　中国生态农业是在中国农业实践与研究中逐步发展形成的一种新型农业方式，是中国农业现代化的必然选择。中国在 1993～1998 年首批 51 个生态农业县建设试点项目中，各县都分别总结提出了 3～10 个适应当地条件的主体生态农业模式。通过反复研讨，农业部推出了十大生态农业模式和技术，并将其作为今后一段时间的重点任务加以推广。

① 北方"四位一体"生态模式及配套技术；

② 南方"猪—沼—果"生态模式及配套技术；

③ 平原农林牧复合生态模式及配套技术；

④ 草地生态恢复与持续利用模式及配套技术；

⑤ 生态种植模式；

⑥ 生态畜牧业生产模式及配套技术；

⑦ 生态渔业模式及配套技术；

⑧ 丘陵山区小流域综合治理利用型；

⑨ 设施生态农业模式及配套技术；

⑩ 观光生态农业模式及配套技术。

6.3.2.2　国内外生态农业的发展概况

（1）国外生态农业的发展概况　生态农业最早于1924年在欧洲兴起，20世纪30～40年代在瑞士、英国和日本等国得到发展，60年代欧洲的许多农场转向生态耕作，70年代末东南亚地区开始研究生态农业，从20世纪90年代开始生态农业在世界各国有了较大发展。生态农业发展最快的是欧盟。1986～1996年欧盟国家生态农地面积年增长率达到30％。1995年欧盟从事生态农业的生产者不到农业生产者总数的1.0％，1997年达到1.3％。至2000年，全球194个国家中有141个国家开始或已经开始发展生态农业，欧盟生态农业生产者数量增长率连年保持在25％以上。

1988年美国即开始了低投入和可持续农业（LISA，Low Input and Sustainable Agriculture）研究和教育计划。英国建立了不同规模、不同类型的生态农场，并对生态农业进行了较为深入的研究。日本是自然农法的主要宣传、推广国家。菲律宾、德国等国家对可持续农业的研究也较为重视。

波兰是欧洲农业大国，其生态农业耕地面积为5万公顷，占波兰农业用地总面积的0.3％。相对欧盟其他国家，波兰无论在农场数量还是在种植面积上都是非常少的。波兰农业部正致力于迅速增加生态农场的数量，提高生态食品的市场份额，以提高农民收入并最终使广大消费者受益。波兰农业化肥用量非常少，致使波兰的生态质量和生物多样性都是欧洲最好的。几乎所有波兰的耕地都没有重金属和其他工业来源的污染，而且化肥用量比其他经济合作与发展组织国家低2～3倍，杀虫剂用量低大约7倍。这为波兰大力推广生态农业提供了良好的基础。同时，无论是农民还是地方政府对发展生态农业都表现出了极大的兴趣。按照波兰农业部2004年4月15日的规定，生态农场主可以申请领到一定数量的补助金以用于缴纳监测费用，补助金由国家财政预算支付，而且按照生态农业耕地用途的不同，生态农场主可获得一定数额来自于欧盟基金的补助。

为缓解大量使用化肥、农药对农业环境的严重污染，德国于20世纪60～70年代开始倡导发展有机农业，实施农地休耕、减少化肥和农药施用量、提高农产品质量、保护生态环境等措施。德国生态农业的要求：不使用化学合成的除虫剂、除草剂，使用有益天敌的或机械的除草方法；不使用易溶的化学肥料，而是有机肥或长效肥；利用腐殖质保持土壤肥力；采用轮作或间作等方式种植；不使用化学合成的植物生长调节剂；控制牧场载畜量；动物饲养采用天然饲料；不使用抗生素；不使用转基因技术。经过30多年，德国已发展成为当今世界上最大的有机食品生产国和消费国之一。据统计，近10年来德国从事有机农业的农用土地面积增加了50％。

在菲律宾首都马尼拉附近，有一个玛雅农场，养有猪、牛、鸭等家畜，有农场、饲养场、渔场，还有屠宰场、肉食加工厂和罐头加工厂、沼气池等，这实际是一个农牧渔、加工业紧密结合的综合性农工企业。它巧妙地利用了生态系统中物质和能量流动的路线，实现了物质和能量的循环使用，使农场有机物几乎都得到适当地利用，又几乎没有废弃物排放到环境中，可以说是巧夺天工的杰作。

（2）中国生态农业的崛起与发展　中国生态农业包括传统生态农业和现代生态农业。中国的传统农业经历了漫长的发展过程，具有悠久的历史。中国农业文化是东方农业文化的发源地，对世界农业的发展产生了巨大的影响。在传统农业发展过程中，劳动人民在生产实践中创造了人与自然和谐相处的宝贵经验，产生了"天人合一"的朴素的生态农业文化。

我国现代生态农业的兴起与发展，一方面与当时国际上替代农业思潮的影响有关，另一方面与我国传统农业状况及农业经济发展需求市场有关。生态农业在我国发展的历史并不长，但由于政府的高度重视、科技界的积极探索，广大农民的积极参与和创新以及生态农业本身的强大生命力，已取得了明显成就。

20 世纪 80 年代，针对农业生态环境和生产条件逐步恶化趋势，农业部提出了发展生态农业的总体思路，并开展了一系列的生态农业试点示范。1980 年在银川召开了全面农业生态经济学学术研讨会，在会上第一次使用了"生态农业"的概念，1982 年中国农业环境保护协会在四川乐山召开有关会议，正式向主管部门提出发展生态农业的建议。1993 年，农业部、国家发展计划委员会、财政部、科技部、水利部、国家环境保护总局和国家林业局联合组织开展了全国 51 个生态农业试点县建设，取得了显著的经济、环境、社会效益。2000 年启动了第二批 51 个生态农业示范县工作。经过十几年的发展，我国已有不同类型、不同规模的生态农业试点达 2000 多个，遍布全国 30 多个省市、自治区，生态农业建设面积 1 亿多亩（1 亩≈666.67m²），占全国耕地面积的 7% 左右。

6.3.2.3 都市型生态农业

（1）都市型生态农业的内涵 都市型生态农业是一种以中心城市发展为核心的区域性生态农业，是资源、环境、生态、经济社会等协调发展的可持续农业系统，是依靠科技进步和创新发展的高科技现代农业产业，是具有充分比较优势并有较强市场竞争力的农业。都市型生态农业系统应具备三大功能：一是生态功能；二是经济功能，最基本的是生产性功能；三是社会文化功能。根据三大功能，都市型生态农业可持续发展的内涵主要包括三方面的内容，即生态环境可持续发展、经济可持续发展和社会可持续发展。

都市型生态农业内涵主要有以下四点：

① 协调城市与乡村同步建设发展关系，按城市生态系统，建设山、水、城、林、田为一体的自然生态圈。

② 控制人口，保护环境，协调人与自然的关系，综合治理城乡生产、生活环境，建设绿色屏障，形成花园式工厂、公园式农田、园林式城镇的人居环境。

③ 利用城市特有功能，开发农业综合生产，协调城乡互动互利关系，引进人才技术、资金和设施，加速科技成果转换，带动农业产业化发展。

④ 建设农业生产基地，开发绿色（有机）食品生产，协调自然再生产与社会再生产的关系，以基地建设扩大农业生产规模，以绿色食品生产扩大销售市场，达到服务城市、富裕农村的目的，实现农业可持续发展。

（2）都市型生态农业的特征 都市型生态农业建设伴随城市化进程而不断调整农业生态系统。系统调整的核心是生物种群，通过生物与环境两大部分的互相作用，以及人为调控，形成新的农业生态系统。在具体实施过程中，依靠生态农业工程技术应用来实现。因此，都市型生态农业特征具有以下四点：

① 生态调控性，按城市生态系统进行调节和控制，将农业自然资源高效持续地转化为城乡市民所需的各种农产品。

② 生态稳定性，通过生物对自然条件的选择，扩大优势生物种群在该区域的种植和养殖，进而形成规模生产能力。

③ 高效性，在都市型农业生产区域内，选用的生物种群多数是人为选择的高产、高效的品种，加之先进的生产管理和技术推广，促进了物质与能量的快速转化，达到高效益生产的目的。

④ 双重性，都市型生态农业生产既要服从于自然生态环境，又要服从于城乡社会与经济发展。也就是说，一方面在自然条件下，调整生物种群，选择高产、高效、高品质的生物种，另一方面按照市场经济规律和城乡人民需求发展生产。

（3）建设都市型生态农业的基本途径

① 建立有区域特色的生态农业，满足生态城市建设的需要。首先要满足城市生态环境建设的需求，在城市基础设施逐步完善的基础上，城市及城镇全面进行绿色规划，提高绿地

及生态功能建设管理水平，逐步形成总量适宜、分布均衡、生物多样性（特别是植物）特色鲜明的大都市和小城镇生态环境。生态城市的建设为打造都市及城镇生态环境、美化庭院甚至家庭客厅、阳台与卧室以及苗木、花卉提供了广阔的市场特色。生态林业、花卉业以及花卉服务业是都市型生态农业的重要选择。其次要满足城市居民的主、副食品的需要。重点在品种开发更新，调优种植结构，推行农业标准化强化生态技术，按照近郊发展都市农业、远郊发展特色生态农业的思路，按地域的生态经济要素，兼顾整体性和区域性，做大做强区域特色生态经济。

② 利用都市辐射效应，发展观光旅游生态农业。观光旅游生态农业以农业和农村为载体，包括观光农园、休闲农场等，形成具有第三产业特征的一种农业生产经营形式。

6.3.3 生态服务业

生态服务业也可称为生态第三产业，也就是第三产业生态化。第三产业是指以服务形式投入的产业，它包括商贸、金融、服务、通讯、管理、科研、教育和卫生等多部门，这些产业从功能上来看，它们又都属于社会发展的范畴，经济学家认为，在人均 GDP 达到 1000 美元之后，人们的消费要求提高的同时必然会遇到人们需求多样化的问题，尤其对公共教育、公共卫生、环境保护和休闲旅游等方面的需求将会大大增加。这些需求增长的领域都属于第三产业，因此，服务业的发展在一定程度上标志着社会发展的水平，只有服务业发展了，才能体现出社会的进步，只有第一、第二、第三产业协调发展了，经济与社会才算得上全面发展。

随着城市经济的发展，第三产业在国民经济总值中的比重将越来越大，但第三产业尤其是商业、餐饮服务业、房地产业、交通运输业、旅游业等迅速发展所带来的区域环境影响也日趋广泛和深刻，必须采取措施改变其经营观念，将生态经济的思想融入到整个第三产业的发展进程中，采取循环经济的发展模式，建立低耗、低废、高效、和谐的产业组织结构，产业内部物流、能流畅通，与城市其他组分之间融洽、协调，并共同构成平衡稳定、协调发展的生态城市。

6.3.3.1 服务业的环境影响

(1) 商业、饮食业、广告业和娱乐业等行业的发展对生态环境的影响

① 白色污染　商业现代生活的同时，给环境带来了"白色污染"。"白色污染"是以一次性或是不能长久使用的塑料制品为主体的，如塑料袋、塑料瓶、一次性饭盒、塑料包装品等，这些塑料制品被人们使用完当垃圾随手抛弃后，在自然状态下至少需要 200 年才能完全降解为无害物质。目前，这些不能降解的一次性饭盒和废旧塑料大多被简单地压埋在垃圾场中，不仅占用了大量土地，而且产生废气、滋生细菌，甚至引发剧烈的爆炸。

② 饮食文化的影响　随着经济社会的发展，人们生活水平的提高，对吃的需求越来越高，致使许多受法律保护的野生动物被滥捕滥杀，加速了其灭亡的步伐，导致了许多疾病的发生。

③ 光、噪声污染对人体的伤害　色彩斑斓的彩灯和日益增多的灯箱广告，对人类的身体健康产生了危害。彩光灯产生的紫外线大大高于阳光，长期处于其照耀下，可诱发鼻出血、脱牙、白内障甚至白血病、癌症等疾病，对人的心理也会形成一定压力。娱乐业产生的噪声不仅对人的听力、视力有伤害，而且经常出入歌舞厅的人会产生心动过速、血压升高、恶心呕吐等症状。

(2) 旅游、房地产业发展带来的环境污染　盲目开发房地产挤占了宝贵的绿地及农耕地资源，同时往往造成植被破坏、某些珍贵的不可再生资源的衰退和灭亡，破坏了自然景观；建筑施工、装修噪声及垃圾对居民的生活产生影响；玻璃幕墙大量使用，形成的光辐射、风

影区和"热岛"、"风岛"、"雾岛"效应也危及人身健康及环境质量。

（3）交通运输对环境的影响 交通运输对环境的影响主要体现在噪声、垃圾、汽车尾气等方面。

（4）信息产业发展带来的环境污染 大功率高压输电、无线电通信、电视和广播等在人们周围生成大量电磁波，各种电子设备、家用电器、电脑也会产生强度不等的电磁波。电磁波污染看不见和摸不着，被称为"无形杀手"。

6.3.3.2 生态服务业的发展对策

为使第三产业发展不影响和破坏环境，并把环境作为第三产业发展的内生变量，进而使环境具有更新自身的经济基础，得以维持物质与能量的循环，为人类生存提供一个良好的生产、生活环境，就必须大力发展环保型（生态型）第三产业，确保经济社会的可持续发展。

① 树立第三产业发展的生态观。从优化投资环境、美化居住环境、强化经济社会可持续发展的高度，来认识发展生态服务业的现实意义，通过各种形式，学习和宣传现代经济理论和环保知识，摒弃传统的发展观，树立起防止污染先于治理，综合利用先于最终治理的环境保护超前意识，使第三产业的发展既不浪费资源，也不影响和破坏环境，又要为满足人们的需要提供称心如意的服务。

② 完善法律体系，加大执法力度。首先，制定和完善法律法规体系，在今后应加强对市场新情况和新问题的研究，根据保护环境的需要，适时增加新的法律法规和实施细则，争取在影响和破坏环境之前就有章可循。其次，加大执法力度，有法必依。对知法犯法者，一旦发现，就应该进行严厉的经济处罚，维护法律的尊严和保护环境不被破坏。

③深化改革，顺应绿色趋势，培育新的经济增长点，促进环保型第三产业发展。主要包括以下几个方面：大力发展生态旅游；发展绿色建筑；大力发展电子商务；转变消费行为，走绿色消费之路。

6.4 城市的生态景观建设

6.4.1 城市生态景观的内涵与特征

6.4.1.1 生态景观的内涵

生态景观是社会-经济-自然复合生态系统的多维生态网络，包括自然景观（地理格局、水文过程、气候条件、生物活力）、经济景观（能源、交通、基础设施、土地利用、产业过程）、人文景观（人口、体制、文化、历史、风俗、风尚、伦理、信仰等）的格局、过程和功能的多维耦合，是由物理的、化学的、生物的、区域的、社会的、经济的及文化的组分在时、空、量、构、序范畴上相互作用形成的人与自然的复合生态网络。它不仅包括有形的地理和生物景观，还包括了无形的个体与整体、内部与外部，过去和未来以及主观与客观间的系统生态联系。它强调人类生态系统内部与外部环境之间的和谐，系统结构和功能的耦合，过去、现在和未来发展的关联，以及天、地、人之间的融洽性。

生态景观的作用不仅仅是提供视觉审美效果，或者是单纯为城市居民创造一个休憩、娱乐的场所，更需要在现代科学技术的基础上，创造性地引入自然的、具有新时代人文要素的景观作品，以回应城市高速发展所带来的人、城市、自然之间的矛盾。生态景观是改善城市生态环境、提高城市品位、促进旅游购物、吸引外商投资办企业的重要途径，对社会经济可持续发展，加快城乡一体化建设具有现实意义。

在城市生态景观的构建研究方面，王如松依据景观生态整合原理，探讨了北京城市景观发展中绿地、居住区和交通系统的整合来营建北京城市生态景观；王起宏运用景观生态学的

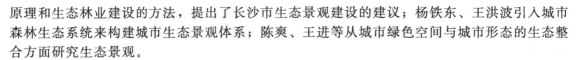

原理和生态林业建设的方法，提出了长沙市生态景观建设的建议；杨铁东、王洪波引入城市森林生态系统来构建城市生态景观体系；陈爽、王进等从城市绿色空间与城市形态的生态整合方面研究生态景观。

6.4.1.2 生态景观的特征

城市作为一个复杂的社会-经济-自然复合生态系统，其中包含各种构成要素，共同作用形成具有当地特色的人居环境，而一个人居环境舒适的城市，其生态景观具有以下几个特性。

（1）和谐性 即结构与功能，内环境与外环境，形与神，客观实体与主观感受，物理联系与生态关系的和谐程度。它反映在人-自然统一体的各组成部分间，如人与自然、人与其他物种、人与社会、社会各群体、人的精神等方面，其中包含人与自然共生、回归自然、贴近自然、自然融于城市，更重要的是体现在人与社会上。和谐性是生态城市的核心内容。

（2）整体性 生态城市是兼顾不同时间、空间的人类住区，合理配置资源，兼顾社会、经济和环境三者的整体效益，具有地理、水文、生态系统及文化传统的空间及时间连续性、完整性和一致性，协调发展与限制、发展与公平的关系，强调人类与自然系统在一定时空整体协调的新秩序下寻求发展。

（3）多样性 多样性是生物圈特有的生态现象，体现在景观、生态系统、物种、社会、产业及文化的多样性。生态城市改变了一般工业城市的单一性、专业化和理性化分割，进行多样性重组，它的多样性不仅包括生物多样性，还包括文化多样性、景观多样性、功能多样性、空间多样性、建筑多样性、交通多样性、选择多样性等更广泛的内容。生态城市不是单一的发展模式与类型，而是充分体现各地域自然、经济、文化、历史特性的个性化城市。

（4）畅达性 城市作为一个复杂的社会-经济-自然复合生态系统，系统内部之间及与系统外部间存在大量的物质、能量、信息的流动，和谐的生态城市则表现出城市内部以及与外部系统之间物质、能量、信息的交换能顺利通畅，无障碍。

（5）安全性 在城市的气候上、地形上、资源供给上、环境健康上及生理和心理影响上具有很强的安全性，为城市的人类、动物、植物、微生物等提供安宁祥和的环境。

（6）可持续性 城市生态系统具有较强的自组织自调节机能，产生较高的生态效率与社会效用，满足城市的健康、协调、持续发展。

6.4.2 城市生态景观的构建原则

6.4.2.1 以人为本的原则

人是城市活动的主体，任何景观都应以人的需求为出发点体现对人的关怀，满足人的各种生理和心理需求，营造优美的人居环境。一个城市生态景观构建的成败、水平的高低，就看它在多大程度上满足了人类户外环境活动的需要，是否符合人类的户外行为需求，是否顾及人与社会群体的公共环境质量、人与自然环境的和谐程度。

6.4.2.2 尊重地域和历史文化的原则

历史性和地域性是构筑城市生态景观的前提。应充分尊重具有历史纪念价值和艺术价值的景观，突出自身的历史文化和风土民情特色，保持自己的城市风格。城市生态景观构建要尊重地域文化与艺术，探寻传统文化中适应时代要求的内容、形式和风格，塑造新的形式，创造新的形象。应注重人文景观的地方性与现代性相结合，城市景观的建设与促进城市经济发展结合，改善居住环境，提高生活质量与促进城市文化进步相结合。

6.4.2.3 生态原则

要尊重自然，保护自然景观，注重环境容量，增加生态多样保护环境敏感区，环境管理与生态工程相结合；人文景观与自景观有机结合，增加景观多样性；建设绿化空间体系，增

加绿化及开敞空间。

6.4.2.4　保持整体性原则

城市生态景观既要体现城市形象和个性，讲究变化中求一，统一中有变化，又要着眼全局，结合现状地形地貌，合理确定景观点、廊、人文活动空间体系及建筑风格、色彩等的控制，从整体出发使景观结构、格局和比例与区域自然特征和经济发展相应，谋求生态、社会、经济效益的统一，与城市形态实现用地结构和功能组织上的统一。

6.4.2.5　多样性原则

针对城市景观中自然生态系统少的特点，适当补充自然分，注意补充物种的多样性，协调城市景观结构；同时，规划时运用形式多样的廊道、嵌块体相结合，宽窄廊道相结合，大小嵌体集中与分散相结合，与城市的建筑、功能布局、空间安排紧密和协调。

6.4.2.6　尊重自然，结合自然的原则

自然环境是人类赖以生存和发展的基础，尊重并强化城市自然景观特征，把自然山水环境引入城市，使人工环境与自然环境和谐共处，有助于城市特色的创造。

6.4.3　城市生态景观的构建途径

6.4.3.1　保护和建立多样化的乡土生境，体现城市生态设计的地方特色

首先，人类不断从环境中获得生活的一切需要，如水源、食物、能源等。生活空间中的一草一木都是人类长期与自然环境相互作用的结果。人类对环境的认识和理解是自身经验的有机衍生和积淀。因为物种的消失已成为当代最主要的环境问题，所以保护和利用地带性物种是时代对城市景观设计的要求。乡土物种不但最适宜于在当地生长，且管理和维护成本少。要依据当地乡土材料，充分利用当地植物和建材，保护和建立多样化的乡土生境系统进行城市生态设计。

其次，由于现代人的需要可能与历史上该场所中的人的需要不尽相同。因此，城市生态设计决不意味着模仿和拘泥于传统的形式。新的设计形式应以场所的自然过程为依据，依据场所中的阳光、地形、水、风、土壤、植被及能量等。设计的过程就是将这些带有场所特征的自然因素融入在设计之中，维护场所的健康，适应场所自然生态过程。所以，城市生态设计，必须尊重传统文化和乡土生境系统，考虑地方特色或传统文化给予城市生态设计的启示。

6.4.3.2　城市生态设计要保护环境，充分利用与节约自然资源

要实现人类生存环境的可持续发展必须对不可再生资源加以保护和节约使用。即使是可再生资源，其再生能力也是有限的，因此对它们的使用也需要采用保本取息的方式加以利用。在大规模的城市发展过程中，对特殊自然景观元素或生态系统的保护尤显重要。如城区和城郊湿地的保护，自然水系和山林的保护等。

城市生态设计中如果合理利用自然生态过程，则可以大大减少能源的使用，提高能源、土地、水、生物资源的使用效率。新技术的采用往往可以数以倍计地减少能源和资源的消耗。城市绿化中即使是物种和植物配植方式的不同，如林地取代草坪地、带性树种取代外来园艺品种，也可大大节约能源和资源的耗费。此外，还包括减少灌溉用水、少用或不用化肥和除草剂，并能自身繁衍。不考虑维护问题的城市绿化，只能是一项非生态的工程。

6.4.3.3　完善城市总体布局，强化城市建筑密集区景观的建设

营造自然景观优美、建筑风貌时尚新颖、生态调控功能完善的城市分区，同时，要改造旧城区，保护古建筑，运用都市里的村庄、城市中的乡村民居度假村、生态公园模式改造"城中村"，发展绿色社区；完善城市商务区和各种服务系统，优化交通网络，密切城市各组

团的联系，满足居民的多元交通方式需求，降低各种出行方式的"时间成本"和"环境成本"，形成具有亲和力和凝聚力的最佳人居环境。

城市景观具有大量的、规则的人工景观要素，如大楼、街道、绿化带、商业区、文教区、工业区、仓储区等，是各种人造景观的高度集合。一个城市景观生态功能的优劣，不仅要使各功能区能充分发挥其作用，还要使各功能区在空间上的组合搭配合理，协调不同功能区的物流、能流的输入和输出的效率。在城市规划和建设中则应精心设计建筑群体的空间构成，注意对城市建筑物的数量、轮廓、色彩、材料等的控制，保持城市流畅的轮廓线和特色；同时，要合理布局斑块和廊道，精心营造城市绿色生态空间系统。

6.5 城市的生态文化建设

从生态学角度看，文化是人类适应所处环境的重要手段，是人类对所处环境的一种社会生态适应。环境在进化，人类文化也在发展。文化与环境协调进化则人类文明就发展。否则，就可能造成生态危机，导致文化的退化和人类文明的衰亡。

生态文化自古有之，从采集狩猎文化到农业、林业、城市绿化等都属于生态文化的范畴。但由于历史的原因，由于在很长一段时间内人与生态的矛盾尚未突出出来，生态文化一直是融合于其他文化之中，而未能成为一种独立的文化形态，更谈不上成为社会的主流文化。直到工业文明带来生态危机，生态学和环境科学研究的深入，环境意识的普及，可持续发展成为指导世界各国经济、社会发展的战略，生态文化才得到很大发展，并作为现代文化的基础层，与其他文化一起共同构成现代文化体系。随着人类社会的日益生态化，人类文明不断向生态文明演进，生态文化将不可抗拒地成为可持续发展社会的主流文化。

生态文化是生态城市的软件，完善的生态文化软件环境是生态城市顺利运行的保障。生态文化的建设必须从其层次性着手，对物态文化、行为文化、体制文化和心智文化进行全面建设，最终实现生态文化体系的整体性提高这一目标。生态文化建设的核心是生态意识的培育，通过面向全社会各阶层的生态教育以及广泛的宣传，使人与自然和谐发展的思想深入人心。此外，生态体制的建立和完善是生态文化体系建设的有力保障，政府应该从城市总体规划到具体的经济、社会发展决策中体现绿色的体制和机制，为城市生态文化支撑起一个绿色的骨架，使城市生态文化能切实的在各个层次顺利开展。

6.5.1 城市生态文化的内涵和意义

6.5.1.1 城市生态文化的内涵

生态文化就是以人为本，协调人与自然和谐相处关系的文化，它反映了事物发展的客观规律，是一种启迪天人合一思想的生态境界，是诱导健康、文明的生产生活消费方式的文化。生态文化是吸取各种文化精华的现代文化，是物质文明与生态文明在人与自然生态关系上的具体表现，是要求人与自然和谐共存并稳定发展的文化。

生态文化与其他文化相比有两个不同。

(1) 生态文化的对象指向于生态 生态文化关心的是人类的任何活动是否有利于生态的平衡、生态的保护。在生态文化看来，凡是有利于平衡生态的保护活动是值得肯定的、大力提倡的，凡是不利于生态的平衡、生态的保护的活动是应该反对的、予以禁止的。

(2) 生态文化是全球文化 人类只有一个地球，人类要想更好地生存和发展，必须爱护地球，保护生态。保护生态符合全人类的共同利益。生态文化作为处理人与生态关系的手段、工具、准则，在社会伦理价值上是中立的，可以为不同地区、种族、国家、阶级共同拥有，为不同层次的价值主体共同接受，它是人类共同的文化财富，是全球文化，没有民族

性、国民性、阶级性。

6.5.1.2　城市生态文化的意义

（1）生态文化为生态城市建设提供理论根据　人们只有掌握了生态规律，运用科学的理论作指导，才能更好地适应生态，实现人类与环境协调发展。生态文化的不断创新，生态学、环境科学的发展，将加深人们对生态规律的认识，从而为生态城市建设提供坚实的理论基础和依据。可以说，人们对生态规律的认识程度即生态文化的发展程度决定和体现着生态城市建设的水平。要建设生态城市必须大力宣传普及生态知识，不断发展创新生态文化。

（2）生态文化为生态城市建设提供动力　生态文化的形成和发展将凝聚起巨大的精神力量，对生态城市建设发挥巨大的推动作用。生态文化中的生态产品、生态产业，能克服现代工业在创造物质文明的同时带来生态危机的弊端，使经济效益和生态效益及社会效益相得益彰，使经济整体和长远增效；生态文化中的生态制度，对人们的活动有约束力，约束人们遵循生态规律，并最终化为自觉的行动；这些都可化为可持续发展的动力源泉。尤其是生态文化中的生态精神，更是有巨大的激励和教化作用，能够把人心凝聚到关注生态、保护生态上来，使人讲求生态道德，激发人们热爱大自然、拥抱大自然、与自然和谐进化的情感和美感，激发人们自觉为生态保护和建设、为可持续发展贡献自己的聪明才智和热血汗水。

（3）生态文化为生态城市建设提供手段　生态城市不是凭空想当然、仅靠人的愿望就能实现的，需要具体的手段、途径、工具和方法。生态文化中生态产品和生态技术的创新，将为可持续发展提供有效的手段、途径、工具和方法。如污染预防控制处理技术的发展，将使人们能从技术上有效地预防污染的发生，及时处理控制污染，使大自然还蓝天、绿色于人们。

（4）生态文化为生态城市建设提供新的生长域　从生态角度看，人类社会发展每个方面（无论是吃和穿、还是住和行），每个领域（无论是生产、流通、还是消费领域），每个产业（无论是第一产业、第二产业、还是第三产业），都存在生态创新的新领域。生态文化中的生态产品、生态技术、生态产业的不断创新和发展，将为生态城市建设持续提供越来越多的新的生长域，既不破坏生态，又能满足人们的发展需求，并为人们提供新的就业机会。

（5）生态文化为生态城市建设提供规范　生态城市建设需要有一套有利于其发展、保障其发展的规章制度。生态文化中生态制度的创新，将为人们提供行为规范，约束人们的行为保护生态，实现生态城市。

6.5.2　城市生态文化的特点

6.5.2.1　城市生态文化的层次性

城市的生态文化既有精神要素也有物质要素，具体分为物态文化、体制文化、行为文化、心智文化四个建设层次。

物态文化是城市生态文化的物质载体，其建设就是在人们的生态意识的指引下，运用生态化的方法规划和建设城市，促进传统文化与现代文化的结合。在城市建设中推广生态建筑的设计理念，美化城市景观，建设地方特色鲜明，生态系统良性循环的城市环境。

体制文化是城市生态文化建设的保障体系，它是指管理社会、经济和自然生态关系的体制、制度、政策、法规、机构、组织等。生态城市的体制文化建设必须建立经济、法律和行政等一整套的绿色城市管理制度链，并为生态城市的运作建立指导性框架。

行为文化是城市生态文化的外在表现，它是指生态化的生产方式和生活方式。生态化的生产方式包括清洁生产和绿色营销，在企业的生产和经营中考虑环境效应，通过各种手段建立企业的环保新形象。生态化的生活方式就是转变消费模式，倡导绿色消费，这种消费模式除了"绿色食品"以外还有"生态饭店"、"生态住宅"、"生态礼品"等。

心智文化是生态文化的灵魂根源，它是生态文化发展的内在推动力，主要包括生态意识和生态思维。城市生态文化建设中心智文化的建设主要是指通过提高人们对生态文化的认知水平，来转变人们的价值取向，培养人们的生态伦理观念，产生对可持续的生产和消费方式的主观需求。

6.5.2.2　城市生态文化的整体性

如上所述，心智文化、体制文化、行为文化和物态文化这四个领域分别从内在动力、保障体系、外在表现和物质载体等不同的深度来建设城市的生态文化。它们既相互区别，又相互影响，共同组成城市生态文化的一个循环整体（图6.2）。心智文化指导着制度文化的建设，制度文化又约束着人们的行为文化，行为文化作用于外界环境，物化为城市的物态文化，而人与自然和谐共处的物态文化又陶冶了人们的情操，启迪着心智文化的建设，各个层次在循环往复的作用之中，共同提高城市生态文化的建设水平。

图 6.2　城市生态文化的循环整体

（引自：夏晶，2006）

6.5.3　城市生态文化建设

6.5.3.1　生态文化建设的原则

（1）继承性与创新性原则　生态文化建设应该遵循文化的继承性原则，继承传统文化的优点，特别是吸收古代朴素的生态文化观念。在博大精深的中国传统文化中，积累了许多质朴的生态伦理智慧。比如，在哲学上道家提出的人法地、地法天、道法自然、天人一体的思想和儒家发展的天人合一的思想；在伦理方面，主张尊重生命，热爱万物，在佛教中严戒杀生；在行为规范中主张尊重自然，按自然规律办事。此外还有大量的热爱自然、赞美自然的诗歌、散文、游记、小说等文学作品。对这些生态智慧结晶，我们要提倡"古为今用"，在生态文化建设中要联系实际，将批判继承与发展创新有机结合起来。

（2）科学性原则　生态文化是综合自然科学、经济科学和人文科学的文化，生态文化建设必然涉及生态学、环境科学、技术科学和社会科学等多学科的知识。在建设过程中需要遵循这些学科本身的科学规律和法则。

（3）时代性原则　生态文化具有导向性，需要符合时代发展的规律。因此，生态文化建设必须基于生态保护和建设的现状，在此基础上建设适合现阶段的生态文化。

（4）循序渐进性原则　生态文化建设是生态城市建设的重要组成部分，生态城市建设是一个长期的过程，生态文化建设必须围绕生态城市建设的目标任务有步骤的进行。而且文化建设本身就是一个循序渐进的过程，特别是公民的思想观念的转变需要整个社会经济和知识水平的提高等多方面的推动。

（5）个性化原则　每个区域都有各自的发展特点和区域特色，因此各个区域的生态文化建设的重点也就不同，在经济比较落后的地区，如在西部大开发中，要充分考虑生态文化带来的经济效益，以效益带动生态文化前进，要最大限度地提高生态文化建设的经济绩效；在经济发展水平高的地区，如东部沿海的发达地区，要将重点放在人居环境的安全和人的健康和精神需求上。由于历史的沉淀和发展过程的不同，每个地区都有自己的特色文化，生态文化建设就是要挖掘本区域的特色文化，发挥优势。

6.5.3.2 生态文化建设策略

生态文化是生态城市建设的软件，它的建设重点在于人们的思维方式和城市的组织结构，在建设的途径上应该以教育和宣传手段为主，建立完善的生态体制，同时辅以经济手段，给以必要的物力和财力支持。

（1）通过生态教育的普及，积极培育生态意识　生态教育应该是面向全社会公众的，既有儿童的基础教育，又有青年的高等教育，还包括广泛的社会教育以及决策层的培训等。

环保基础教育则主要针对小学生和幼儿，也包括初级和中级学校的学生，进行较为系统的环保科普知识、环保法律法规知识和环境道德伦理知识教育。首先应以渗透教育为主，根据任课教师对环境保护的认知程度，结合自然、生物等相关学科的教学活动向学生渗透环保知识。其次还可以开办环保特色学校和特色课程，并组织业余环保团体，丰富第二课堂（课外活动）的环保教育内容。

环保高等教育既要注重大学生生态意识的提高，又要完善生态环境的科学技术教育。大学生是未来社会生产的主体，因此要让他们认识到当前生态环境所面临的危机，并转变其传统的价值观念，形成人与自然和谐发展的价值观。对大学生进行生态文化教育，必须创造一门高度综合的、能够充分体现生态文化思想精髓的学科，这门学科应当融自然科学与人文社会科学于一体，以利于文、理各专业学生的学习。此外，还要强化应用型生态技术的科研和教育，为生态产业的发展提供技术支持。

对于政府人员的环保教育主要是在岗培训，有利于他们系统地掌握生态环境保护的基础知识；另一方面，要求定期考核，把这方面的知识的贯彻实施引入具体的工作，并且与政绩考核挂钩，作为业绩的一部分加以考察。

城市是人类居住的密集地区，要在全社会推行生态文化，必须进行社区的生态教育。首先要让公众了解目前城市存在的生态环境问题，并且通过在社区便利店设立绿色产品专柜，以及在小区放置不同颜色的垃圾桶等措施，来鼓励小区居民进行绿色消费和垃圾分类等绿色生活方式。其次要提高居民对政府和企业行为的监督能力，使得环保的公众参与能真正落到实处。

（2）通过生态宣传的扩大，加强引导生态意识　宣传手段信息量大，涉及面广，可以很好的弥补环境教育的不足。媒体作为信息流动的主要渠道，对社会舆论和民众生活的影响日益扩大，几乎达到了无孔不入的地步，成为影响民众生活方式或思想情绪的主要因素之一。据民间组织"自然之友协会"和国家教育部等机构 1996～1998 年间连续做的调查统计，新闻媒体对公众影响最大的是在消费领域，其中 1997 年，全国 76 种非环境专业报纸中，报道环境保护的新闻篇幅占总版面的 1.6％，而各种广告则占 26％强。因此，需要改变原有的宣传策略，一方面加强对于环境政策的宣传，提高环境管理的透明度；另一方面，利用媒体对于公众消费的导向作用，引导人们的消费行为向绿色消费转化。

除了媒体的信息发布，社会活动也能够起到很好的宣传作用。例如丹麦首都哥本哈根开展了生态市场交易日活动，这是该市在进行生态城市建设时所采用的改善环境的又一个富有创意的活动。从 1997 年 8 月开始，每个星期六，商贩们携带生态产品（包括生态食品）在城区的中心广场进行交易。通过生态交易日，一方面鼓励了生态食品的生产和销售，另一方面也让公众了解到生态城市项目其他方面的内容。日益涌现的环保组织可以改变由官方作为单一的环境宣传者的情况，扩大环境宣传的影响面。但是必须理顺环保组织与政府之间的关系，环保组织应该协助政府，带动公众共同保护生态环境。

（3）通过生态体制的建立，确保生态文化的推行　一个城市的发展离不开政府政策的正确引导，城市生态文化建设同样离不开生态体制的保障和支撑。政府应该从城市总体规划到具体的经济、社会发展决策中体现绿色的体制和机制，为城市生态文化支撑起一个绿色的骨架，使城市生态文化能切实的在各个层次顺利开展。

首先，要在城市总体发展规划的高度确立生态城市建设的目标，实施环境与发展综合决策；其次，调整经济发展制度，用以指引"绿色经济"的发展；再次，进一步完善环境法规，加强环境执法力度；同时，还要畅通信息反馈渠道，增加体制的透明度，建立政府管理体制中的公众参与制度。

在政策体制的建设中着力于建立引导性的环境政策，目的是合理引导企业、公众和社会团体的环境意愿和环境行为，运用经济刺激、利益刺激和教育引导等方法促使其共同参与生态环境的保护。目前正在推广的有企业环境行为的信息公开化制度，政府部门运用信息手段将企业的环境行为向公众发布，然后由公众对企业施加压力迫使其改进环境行为。通过引导性的环境政策，不仅很好地约束了企业的行为，更可以有效地引导公众参与环境保护。

（4）借助经济手段，鼓励采取生态行为　城市是经济和文化等各类活动的密集之地，生态文化建设要求人们采取生态化的行为方式，然而环境的外部性却是生态行为普及的阻碍之一。政府采取补贴等经济手段，能有效激励人们采取生态行为，从而推动生态文化的建设。

绿色补贴是对于保护生态环境的绿色行为进行经济上的补助，政府对企业主动治理环境的行为采取补偿政策，补偿的方式包括减税、贷款优惠、低息补贴等。但是受补贴的单位必须检查自己的环保行为，资源能源的利用状况，并定期向有关政府部门报告。此外，政府还可以根据情况，对投资环保产业的企业和个人给予资金资助。例如，日本政府对城市修建垃圾处理设施提供财政补助，向修建一般废弃物处理设施、产业废弃物处理设施或其他废弃物处理设施者提供必要的资金援助和其他援助。

除了补助措施以外，还可以建立绿色账户。所谓绿色账户就是记录下一个城市、一个学校或者一个家庭日常生活的资源消费情况，以便确定主要的资源消费量，并为有效削减资源消费和资源循环利用提供依据。

7

生态城市的管理

在生态城市的建设过程中，对生态城市的整个建设进行全过程系统管理是非常关键的。生态城市管理同生态城市规划、生态城市建设同等重要。生态城市管理是指把生态城市视为一个复合系统，运用系统科学的理论和方法，控制和实施对生态城市的全面管理。生态城市管理系统由生态城市管理目标、管理主体、管理对象、管理方法等组成，是一个涉及面广、多目标、多层次、多变量的综合性系统。生态城市管理必须超越传统城市管理的旧模式，对城市管理的思想、方法、手段等进行变革，建立适应生态城市运行的新的管理体系。本章介绍了有关生态城市建设管理的内容，阐述了现代城市管理理论在生态城市管理中的作用，并对公众参与对于生态城市建设的重要意义进行了论述。

生态城市的建设和管理是一个系统工程，涉及一个城市建设和管理的方方面面。政府作为城市的管理者，需要有管理理论的指导。现代管理理论随着社会的"工业化"发展而来，理论发展丰富充实。对于西方的优秀管理理论，我们应采取"拿来主义"的方式，取其精华、去其糟粕，了解其产生的背景，结合中国的特殊情况，创建出具有中国特色的现代管理理论。

生态城市管理同生态城市规划、生态城市建设同等重要。生态城市管理也必须如同规划建设一样超越传统城市的旧模式，对原有城市管理的思想、方法、手段、体制等进行变革，建立适应生态城市运行的新的管理体系。生态城市各系统组分、各种社会经济活动、各项设施、自然演进过程等能有序地、协调地运作、达到人——自然的和谐，这离不开人对其组织、控制，即管理。若没有有效的管理，生态城市规划得再好，也难以实施，建设得再好，也难以持久，其正常运行也会被打破，出现混乱、无序而导致失调。通过有效的管理，能充分调动城市主体——人的积极性和自觉性，把最活跃的人的因素同其他各种物的因素有机地结合起来，从而推动城市各个系统高效有序地运行。

7.1 生态城市管理的目标和原则

7.1.1 生态城市管理目标

（1）经济目的——效率增长 一个真正意义上的生态城市，从经济角度来说，要有合理的产业结构、产业布局、适当的经济增长速度；更重要的是，要有节约资源和能源的生态方式，要有低投入、高产出、低污染、高循环、高效运行的生产系统和控制系统；尤其要强调的是资源和能源的有效利用和系统过程的高效运行，以最大限度地用最少的投入获得最大的产出和效率。

（2）社会目的——公平富裕 建立生态城市管理体系的社会目标就是要达到公平富裕。在保证城市系统经济健康发展的同时，不能使贫富差距扩大，严格控制基尼系数；提高居民的生活质量，不断降低恩格尔系数。

（3）自然目的——生态良性循环 生态目标是要达到生态良性循环。也就是说，尽量在城市系统内部保持物质、能源的循环流动，从外界输入的能量流、物流、信息流以保持抵消系统运行中的熵增为限；减少不可利用的废弃物的产生，提倡生态化生产和消费，化末端治理为前端治理。总而言之，要保持生态城市本身的发展是理性的、自觉的，符合社会利益的。

7.1.2　生态城市管理原则

生态城市社会、经济及形态等方面的网状结构，决定了其管理必定打破传统条块分割的情况，加强横向联系，建立起网络组织管理结构，实现网络式管理。为了进行科学化合理化的管理，必须制定相应的管理原则和方法，以确保生态城市充分发挥各种功能，满足人民物质和精神生活的多种需要，实现城市的可持续发展。生态城市管理原则，就是管理者在对生态城市进行管理时所必须遵守的行为准则与规范。尽管每个城市在实现生态化的进程中各自的条件、实现的目标、发展模式不一，但总体来说必须共同遵守以下一些基本原则。

（1）最大限度满足公众需要的原则　这是城市建设的根本目的。这里所谓的最大限度，是指在当前经济条件尤其是当前生产力条件下能够满足公众需要的最大限度。为城市居民创造合理、美好的生活和工作环境，是每一个城市发展中应追求的目标。要处理好发展与资源环境承载力的关系，促进人与自然和谐发展。在满足人们日益增长的物质文化需求的同时，一定要符合生态城市建设进程中的不同情况，既注意市民生活质量的提高，又不诱导居民超前消费、盲目消费，减少生态环境的破坏。

（2）统一规划、统一投资、统一建设、统一管理的原则　生态城市应是个完整的系统，各子系统只有在城市管理者和决策者的统一规划指导下，各行各业之间才能合理布局，合理投资建设。历史已经证明，计划经济时期条块分割的管理体制，割断了城市各部门之间的有机联系，各自为政，造成重复建设。同时，只考虑局部合理，而违背了"城市的本质就是社会化"的原理，阻碍了城市和现代化发展。日益加快的现代化步伐使我国城市管理体制处于新旧两种体制转换时期，生态城市管理必须要从过去的分割局面转到统一规划、投资、建设及管理的轨道上来。

（3）追求综合效益原则　即指经济效益、社会效益和环境效益三者统一相互促进的原则。坚持追求综合效益原则就是要从城市总体战略目标出发，对经济活动、社会活动、环境条件做全面的综合的规划管理，以使生态城市的社会效益、经济效益、环境效益得到协调发展。高度的社会化生产没有相互配套的基础设施不行，高效能的基础设施没有高质量的空间环境也不行。在生态城市建设与管理中，一定要兼顾三方的利益，取得最佳综合效益。考核城市效益的指标也不应是单纯从经济上做投入产出分析，而应是深层次、系统化、多向度的目标体系，促使城市的经济建设、文化建设、环境保护协调发展。

（4）实行因市制宜的原则　不同的城市自然条件与发展方向不同，其功能也不一样。城市性质的不同，在生态城市规划建设及管理中都应区别对待，而不能脱离实际，实施教条式管理。

（5）整体性原则　要从生态城市系统的整体着眼，把握生态城市的整体特性来构建生态城市管理系统。要在管理系统各子系统之间构建支配与从属、策动与响应、决策与执行、控制与反馈、催化与被催化等一系列不对称关系，并科学地划定这些关系比例，使之综合运用，主动协调生态城市系统各要素与系统及要素之间的相互关系，统筹兼顾，做到局部服从整体，整体效益最优。

（6）动态性原则　生态城市是一个非平衡的、动态的发展系统，必须要从系统外不断输入负熵流，才能维持它的相对的稳定状态。构建生态城市管理系统要充分研究并掌握生态城市的运动规律，生态城市管理系统既要适应生态城市的发展，又要调节、控制和引导生态城市的发展，保证生态城市在发展中不断地根据外界条件进行相应的优化调整。

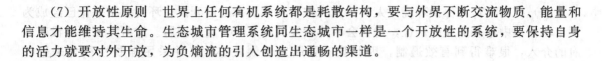

（7）开放性原则　世界上任何有机系统都是耗散结构，要与外界不断交流物质、能量和信息才能维持其生命。生态城市管理系统同生态城市一样是一个开放性的系统，要保持自身的活力就要对外开放，为负熵流的引入创造出通畅的渠道。

7.2　生态城市管理的主体

生态城市的社会领域完全自治化，多元化的城市管理主体体系实现了充分对外开放。在多元化的城市管理主体体系中，各管理主体的地位和作用不尽相同，各主体之间在管理地位、管理领域、运作机制、管理方式等方面存在着较大差异，相互联系，相互制约，使体系保持非均匀、非平衡状态。多元化的主体体系具有规模大、分工细、关系复杂、目标多样、信息量激增等特点，各主体之间的相互作用和协作方式各不相同，强化非线性作用，加强协同是生态城市管理主体体系自我完善和自我发展的根本途径。

生态城市管理的主体是生态城市管理体系的基本组成部分，主要由城市的居民、社区、社会组织和政府等组成。

7.2.1　政府

在生态城市管理系统中，政府组织是城市管理的代表和主导，处于生态城市管理系统的中心位置，是城市管理不可替代的组织者和指挥者。

政府组织是带有公共权威性质的国家行政机关，国家行政权力只能由行政机关来行使。政府通过依法制定行政规章，发布行政命令，采取行政措施等手段，对社会公共事务进行管理，任何其他个人和组织都不能取而代之。政府的权威是政府在对社会实施政治统治以及管理社会生活和经济活动的过程中形成的，因此行政权力的行使要具有公共性，不能用来服务于个别团体和个人的特殊利益。行政权力要依法行使，因为社会公共权威性质是由法律的普遍性和规范性体现出来的，依法行政是政府取得普遍权威的前提。

政府的行政活动是国家意志的执行，因此行政活动必然受制于统治阶级的意志而带有浓厚的政治性。但是政府作为公共管理组织，其目标或宗旨必须有公益性本质，在形式上不能仅仅服务于统治阶级的利益，必须以整个社会的公共利益为目标，进行社会事务管理，推动社会整体发展。现代政府是维护社会公正、效率，弥补市场不足的制度性工具，在国家政权稳定的条件下，政府行政活动主要体现为社会性意义。

政府的行政活动是国家意志的执行，是对国家制定的宪法和法律的全面贯彻和实施，因此在政府的法定管辖范围内，其权力行使具有普遍的强制效力，任何个人、单位或社会团体必须服从。

政府的任务就是要提供"公共物品"，政府的生命力来自于它的社会服务作用。政府需要提供的公共物品主要有以下几个方面。

（1）提供经济基础　对社会全面发展进行宏观规划，为政府管理社会和社会自身运行提供总体性的政策框架。政府要为市场经济体系的正常运转提供必需的制度和规则，积极建设各项市场制度，维护市场的有效性，及时采取各种调控手段，保持经济的稳定性。

（2）提供公共产品　促进文化教育事业的发展和科学技术的进步；发展社会公用事业，公用事业涉及范围相当广泛，具有"公共物品"的性质，直接关系到广大公众的生活质量，需要政府来进行管理。

（3）协调冲突，保持社会稳定　维护社会公共秩序，保护产权；调节收入分配，维持公平与效率；建立、健全社会保障体系等是政府的传统职能，也是生态城市政府管理社会的基本内容。

（4）控制人口，保护环境　人口数量失控、自然资源过度开发、环境急剧恶化已经成为了市场活动中市场失灵的例证，对社会的持续发展构成了严重的威胁。这些方面如果没有政府的介入，很难得到有效遏制，因此政府要制定管制性办法，并采用强制性权力来进行管理。

随着政府与社会的分离，传统的全能型、保护型、干预型政府职能模式已经无法适应现代城市管理和发展的需要，生态城市政府在职能上要实现从"划桨人"到"掌舵人"的转变。根据生态城市的内涵和基本特性，政府要发挥市场在资源配置中的基础性作用，能够由市场解决的问题，要尽量用市场方式进行解决，减少不必要的干预。

政府职能的合理配置是政府实行有效管理的前提。作为生态城市管理系统的核心，政府同样具有耗散结构形态，保持开放性、远离平衡态、内部非线性作用是生态城市政府建立和完善职能模式的标准。现在要求的是突出服务、以服务促管理的引导型政府职能模式，政府的行政行为应当具体体现为：依法行政、规范行政、透明行政、高效行政、服务行政、廉洁行政。

生态城市管理主体多元化，公共权力社会化，并不意味着削弱甚至否定政府的职能，而是要转变政府职能，实现政府管理服务化。引导型政府对生态城市的管理要以经济、法律手段和服务相结合为主，简政放权，把主要精力用于宏观引导和科学管理，履行好政府的社会职能，创造优良的法律环境、管理环境和管理秩序。

一般而言，城市政府的管理职能主要体现在以下几个方面：

首先是城市公共物品的提供。公共物品是典型的市场失灵的领域，必须依靠政府来提供。城市高度的聚集性，要求政府必须提供足够的公共物品满足城市发展的需要。在生态城市建设过程中，尤其需要政府提供所谓的绿色公共物品（green public goods）来保持城市的可持续发展。绿色公共物品包括无污染的环境控制手段、经济生产方式、公平的治安、司法环境等。

其次是对要素空间流动的干预。城市的聚集利益和区位竞争虽然可以使既定的行为主体实现合理的空间布局，但是，城市的健康有序的发展还取决于生态城市系统外部的要素的合理流动。对某一个具体的城市而言，对于各种要素的流入和流出进行适当的干预是必要的。

最后是城市发展战略的制定。一个城市要想生存和发展，就必须利用自身的资源、所在城市区域的优势来发展。就必须对城市内部、外部的软硬件环境做出适当调整，制定出适合自己发展战略。当然，这一切依靠市场或者个体的力量是无法实现的，必须依靠城市政府的力量。

7.2.2　居民

本质上说，生态城市管理的指导原则是"人本思想"。生态城市发展过程中的一切诸如规划、建设、投资、调控等管理活动，在最后都会细化到某个具体的"人"的层次，也就是居民这一层次。居民是指居住在城市所辖区域内的公民。居民是城市生态系统最基本的也是最重要的组成部分。

城市的一切活动都围绕着居民展开并服务于居民。以人为本是生态城市的基本性质，也是构建生态城市管理系统的基本原则，满足人的需要、实现人的全面发展是生态城市及其管理系统的根本目标。因此不能简单地把居民看作城市管理的对象而应该让他们成为城市管理的积极行动者。"居民是城市管理主体中的基础细胞，他们的参与使城市管理的机制从被动外推转化为内生参与，是现代化城市管理的重要动力。"以人为本的生态城市管理系统的任何一项活动都离不开居民的积极参与。增加城市管理的开放度，加强对居民的教育和熏陶，着力提高公众的道德水平、文化水平、民主观念、法制观念、参与观念等素质，提高他们参与城市管理的自觉性，动员他们共同参与现代城市管理，让居民真正成为城市的主人和城市管理的主体，是现代城市管理的发展趋势。

从生物属性的角度来说，作为城市生态系统的底层生物部分，居民既是具体的生产者，也是具体的消费者。作为生产者，居民的活动为保持城市生态系统正常运行供给能量、信息，例如城市经济系统的发展、环境生态的保持，都需要居民的辛勤工作和文明的生活方式；同时，居民又是具体的消费者，居民的生活也会产生给生态系统正常运行造成压力，比如人口的无谓增多、不生态的生活方式等。

从社会属性来说，居民是城市生态系统最基本的部分，也是最为重要的部分。作为组成生态城市管理的最基本的要素，居民个人的生态伦理或者生态道德、生态消费的水平决定了生态城市系统管理的有序化和系统化的程度。

居民作为城市生态系统中最基本的组成部分，是整个系统效益最直接的受益者，也是系统负效益最直接的受害者。从整个系统管理的高度来看，单个居民的各种活动是盲目的，相对于整个系统运行的层次而言，追求个体利益最大化是居民最为直接的价值取向。因此，保持管理系统正常演变的条件，就是通过各种居民以外的约束条件，如道德约束、社会文化约束、法律约束、行政约束这些有形的或者无形的约束使得居民的个人活动的整体价值取向符合生态发展原则。

7.2.3 社区

社区这个概念以前更多的是一种城市规划上的概念，多指按照某种原则划分的城市的一块区域而已，例如商业社区、工业社区等，这是从社区功能的角度来划分的。现在，随着城市发展观念的演变，社区作为人类社会组成部分的成分愈加重了。现代城市管理理论认为，社区是居民的共同聚集体，但也必须符合如下原则：

首先，社区是一块居民聚居的区域，包含一定的区域范围。在地理上具有趋近性。其次，社区具有文化共同的特点。现在城市居民的乡土观念和血缘观念是相当淡化的，但是一般对社区具有相当的认同感。文化上的共同之处，使得社区的居民具有类似于乡土观念的自豪感和亲切感。在我国由于历史的原因，教育社区、科研社区、工厂社区、军事社区这种自豪感可能表现得最为明显。第三，社区是居民居住、休闲、购物乃至于生产的区域，在这里城市的基本功能可以得到体现。最后，社区具有程度不同的组织性，这一点在我国尤其明显。对于一个大型的厂矿往往就是城市的主要的组成部分。

社区作为生态城市管理体系主体构成最重要的部分，社区作为生态城市管理的主要部分，就必须要成为符合生态原则的生态社区。所谓的生态社区主要包括以下的内容：社区环境生态化：这主要是为社区内的居民营造一个优雅的自然环境，包括绿地、纯净的空气、相应的活动空间。规划时要充分考虑到社区的发展和环境的承载能力，衡量指标多为人均绿地面积、人均公共设施率。社区发展的生态意识：作为居民有组织的共同体，社区发展也必须自始至终贯穿着生态发展的原则，也就是说，对于社区的组织者而言，一般是城市政府的基层组织或者派出机构具体的实施，而城市政府则从整体上予以把握，主要是依据社区的类型，赋予不同的生态发展的原则。

从这个基本的原则出发，各个不同类型的社区作为生态城市管理的主体，具有不同的管理方式和发展方向。

社区是由居住在一定地域范围人群组成的、具有相关利益和内在互动关系的地域性社会生活共同体。换句话说，社区就是以自然地缘和适度的人口规模以及服务辐射力为条件划分的，成员间以首属关系和归属感为联系纽带，具有公认的行为规范和秩序的组织单位。城市社区是最贴近居民的组织，是生态城市民主建设的基石。作为管理主体之一，生态城市管理系统中的社区将比传统社区发挥出更大更积极的作用。

社区是居民与社会服务之间沟通的桥梁，为居民提供信息服务和牵线搭桥的各种中介服务。更重要的是，社区作为其全体居民的代言人，是联系政府与社会组织和居民的纽带，是政府与居民之间的沟通渠道。政府将自己的一部分权力和管理职能下放给社区，实现还政于民，促进生态城市社会的自治化。借助社区的桥梁作用，政府可以与各类社会组织及个人建立起相互理解、相互信任、和谐共生的良性互动关系，政府紧紧依靠民间社会组织和居民，从单纯行政管理走向全社会通力合作的民主治理。

生态城市的社区经政府授权，协调居民、物业公司、居委会、业主委员会以及地域内各单位、各团体等各方利益，紧抓住群众最现实、最关心、最直接的问题，为群众办实事、解难事、做好事，切实把人民群众的利益实现好、维护好、发展好。社区将居民组织起来，整合社区居民的利益，维护社区居民的合法权益，维持社区的公共秩序和社会稳定。

调整社区内社会成员利益关系的组织和规则，一般不是以行政权力的直接介入为前提的，而是由自立、自主、平等的社会成员，通过自治组织以一定的契约方式（如社区公约）建立起来的，社区居民享有充分的知情权、决策权、管理权、监督权，实现自我发展、自我管理、自我服务、自我教育。居民通过社区内的各种服务组织和代表不同居民利益的社会团体，使自己的物质需求、精神需求以及政治参与需求得到满足。社区就是重新建立的市民民主自治、民主参与、民主决策的组织网络。

7.2.4 社会团体

社会团体是执行某种社会职能，具有相当组织程度和组织目的的、相对独立的非赢利居民组织。社会团体的出现打破了社区地理上的限制，在横向的范围内和居民社区构成了管理主体体系的网络。社会团体由有共同的兴趣相关原则和组织原则的公民聚合而成，按照章程开展活动。社会团体的性质、宗旨多种多样，活动领域十分广泛。社会团体直接参与社会政治、经济、文化、社会生活，它们能够更确切、直接地反映公众的意见，已成为公众参与决策的组织者和代表，是社会管理的一支基本力量。它们凭借自己的组织优势和社会优势，代行了政府的某些职能，减少了政府的工作量。

社会团体具有如下基本性质：

（1）非赢利性 社会团体的目的是公益事业，所以他是非赢利性的，支撑团体运转的经费主要是来自社会捐赠或者会员单位出资，少量的受到政府相关部门的资助。

（2）公益性 社会团体一般不属于某个具体的企业或者政府，然而其活动却完全是公益性的。这类组织的发达程度受限于居民、社会的文明程度。

（3）符合现代社会发展的思潮 现代社会信息技术的发展和居民文明程度的提高，出现了大社会、小政府的趋势。社会团体的充分发展是柔性手段，辅以政府的刚性手段，使城市能够更加健康的发展。

相对于纵向的政府管理体制，横向的社会团体以公益事业为出发点，更能贴近公众，超越国家机制的官僚作风，对公众产生权威性影响力，具有增进人际和谐的优势和功能，有利于城市管理系统的健康发展。社会团体在社会管理中有以下主要职能：

① 组织职能——社会团体可以把某一阶层、某一方面的人民群众组织起来，把个体行为集合为团体行为，发挥出更大的合力。

② 参与职能——社会团体广泛地参与民主管理和社会监督，在政治、经济、文化生活中将发挥出越来越大的影响力。

③ 教育职能——社会团体通过开展各种活动，对组织内成员进行教育和引导，提高成员的各项素质。

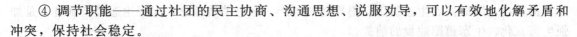
④ 调节职能——通过社团的民主协商、沟通思想、说服劝导，可以有效地化解矛盾和冲突，保持社会稳定。

社会团体能够使居民的个体行为转变为团体行为，发挥更大的作用，合作是团体的特征，合作能够更大地发挥合力。相对于纵向的政府管理体制而言，横向的社会团体的潜移默化的对居民的影响有利于提高居民的文明程度，更加有利于城市管理系统的健康发展。

7.3 生态城市管理的对象

城市管理是现代城市发展的龙头，城市管理贯穿于城市发展的全过程。城市管理的对象从总体上来说是城市的全部社会活动及其运行过程。现代化城市是一个由经济系统、社会系统、生态系统组成的复合系统，同时进行着经济再生产、人口再生产和生态再生产，三种再生产分别产生经济效益、社会效益和生态效益。因此城市管理包含了城市社会管理、城市经济管理、城市生态环境管理三个方面。

7.3.1 生态城市社会管理

在生态城市系统中，社会生态处于核心位置，经济管理与环境管理都是以服务社会发展为目的，社会管理是生态城市管理最重要的对象。生态城市社会管理内容十分繁杂具体，涉及城市社会的方方面面，这里就几个重要领域进行探讨。

（1）控制人口数量，优化人口结构 人口增长过快是当前世界面临的主要问题，人口问题是制约可持续发展的首要问题，是影响经济和社会发展的关键因素。人是城市的主要消费者，他们的生活也给城市源源不断地带来了熵增，环境必须给城市提供足够的资源、能源等负熵流才能保持城市持续健康发展，人口数量过于庞大势必会给环境带来无法承受的压力。从本质上讲，人口问题就是发展问题，建设生态城市，必须使人口规模与资源供求之间保持平衡，即把人口再生产控制在城市自然资源和环境承载能力允许的范围之内。如果不能把人口控制住，大量的经济成果就会被过快增长的人口抵消掉。

人口问题不只是数量问题，还包括人口素质、人口结构与分布等问题。公众素质、生态意识水平决定其生产、生活方式，居民消费生态化，以符合生态道德为消费指导方针，可以把废物的产生量降至最低，资源循环利用，最大限度地减少熵增并增加负熵流的引入；人口素质低下必然造成有限资源的严重浪费。生态城市必须要加大在教育、文化、卫生等方面的投入，提高人口素质，优化人口结构，逐步增加知识在整个劳动中的比重；把人口控制与环境保护、资源利用结合起来，实现人口、经济、资源和环境协调发展。

（2）建立完善的法律体系，实现法律生态化 生态化社会需要生态化法律。为了实现人与自然和谐这一生态城市的发展目标，必须要用生态法律调整人与人之间的社会关系，赋予公民生态权利，规定公民的生态义务，并以国家强制力保障实施，使人们的生产、生活既符合生态规律，又符合社会经济规律。

生态城市管理系统在严格遵守和执行国家的法律、法规的同时，也要根据国家的统一法制，制定和实施适合城市特点，反映公众要求的地方性法规和规章，建立适应城市生态化发展的法律综合体系，使城市生态发展实现法律化、制度化。

（3）以生态文化、生态道德建设为手段，培育生态文明观 生态文化是生态生产力的客观反映，是推动社会前进的精神动力；生态道德是实现可持续发展的道德基础，是生态法律的必要补充。进行生态文化和生态道德建设是生态城市管理的一项庞大的系统工程，必须要高度重视和长抓不懈。具体需要做好以下几方面工作。

① 打造生态文化、生态道德基础。经济、生产生活方式及其制度层面，是文化和道德

发展的基础，因此发展生态经济，倡导清洁生产、绿色消费理念，完善生态经济制度，是加强生态文化、生态道德建设的前提。

② 加强生态文明教育，树立尊重生命、热爱自然的城市生态道德规范，让生态道德理念深入人心，培育共同遵守生态道德规范的良好社会风气。

③ 制定生态文明的行为规范，建立绿色消费、清洁生产的生态道德准则，把"量入而出"和"资源许可"作为生态城市生产、生活准则。

④ 扩大生态文化的表现形式，建设一支强大的生态文化队伍。不仅要充分利用文学、艺术来表现生态文明，还要在全社会普及生态科学，鼓励生态科学的研究，深化生态伦理建设。

⑤ 保护和继承生态文化遗产，吸收国内外生态文化精髓，发展具有城市特色的生态文化。

（4）发展绿色教育，实现绿色化教育 教育对现代社会发展的作用不言而喻，确立教育在城市发展政策中的优先地位，保证每个人特别是青少年都有接受教育的机会是对生态城市教育最低层次的要求。发展绿色教育，构建符合并能够引导生态文明发展的绿色教育体系是生态城市教育事业的发展趋势。相对于传统教育，绿色教育是以生态学原理和规律为指导，以生态学的世界观和方法论为方针，以建设生态文明为目标的富有活力、充满创新的生态化教育。生态城市的绿色教育可分为两个层次，即学校绿色教育和社会绿色教育。学校绿色教育不仅要对学生进行生态文明观教育而且要致力于构建符合生态文明的教育理论、教育观念、教育内容、教育方法等，形成绿色化教育。社会绿色教育以培养公众绿色精神，提高公众参与生态环境保护的自觉性为目的，采取多种途径，如媒体宣传、树立典型、文化熏陶等，推动生态文明的形成和发展。

（5）建立健全的社会保障体系，保持社会稳定 社会保障是国家或社会依法建立的对社会成员基本生活予以保障的具有经济福利性的社会安全制度与系统。社会保障是现代城市文明的重要标志和城市健康发展的必要条件，其核心内容是向弱势群体提供保护与援助，化解可能发生的各种社会矛盾。

（6）建立完善的社区服务体系，促进人的全面发展 社区发展的根本目的在于满足社区居民的物质和精神生活的需求，提高社区居民的生活水平和生活质量，促进人的全面发展。要树立以人为本的社区管理理念，把满足居民物质需求、精神需求以及个性发展的需求作为社区管理准则，把社区服务作为社区建设的核心，为居民提供居住、就业、供应、教育、医疗、保健、娱乐等各项服务。

建立完善的社区服务体系的前提是实现社区服务专业化、产业化、社会化，"社区服务专业化、产业化、社会化是市场经济发展的必然产物"。因此，必须将市场竞争机制引入到社区服务中，促进社区服务协调、高效发展。

7.3.2　生态城市经济管理

城市的经济建设是城市的主要活动，也是城市发展的直接动力。生态城市的经济建设与管理决定着生态城市的发展方向、发展速度。为了保证生态城市持续、健康地发展，必须选择与自然生态和谐、协调的经济发展模式——生态经济。生态经济采用代表先进生产力水平的"绿色技术"，以追求人与自然的和谐为目标，以降低消耗、减轻环境污染为标准，在生产、生活过程中实现资源的节约和环境的改善，是符合可持续发展要求的经济模式。

生态城市经济管理除包含制定和实施城市经济发展计划、对经济活动进行有效的监督和控制、维护城市市场秩序等基本任务外，以下三方面经济管理任务尤为重要。

（1）引导城市经济从生化经济向阳光经济转变　以大量消耗资源、能源为代价的生化经济，导致资源枯竭、环境污染、生态破坏，是不可持续的经济增长方式。石油、天然气、煤炭等生化资源终究会枯竭，生化经济迟早会走上末路。抛弃粗放型增长的生化经济，向集约型经济转变是历史在今天做出的必然选择。阳光经济（生态经济）以阳光型能源和原料为基础，在遵循生态规律的前提下，按经济规律发展，是集约内涵式的可持续经济。引导城市经济向集约内涵式的生态经济转型，是生态城市经济管理最重要的任务。

（2）优化产业结构，从工业型经济向非工业型经济转变　生态经济是可持续发展的基础，生态经济把有利于环境改善和资源节约作为其质的规定性，因此传统工业在生态经济产业结构中的比重将不断下降，并会最终丧失其核心地位。包括石油、煤炭、化工、汽车等在内的对环境危害最为严重的工业将逐步萎缩，服务性经济将逐渐建立。第三产业高度繁荣是生态城市产业结构的鲜明特点，金融、管理、法律、物流、通讯、科研等产业迅速发展，日益成为生态经济的核心。

（3）发展高新技术产业，把生态科技作为生态经济良性运行的重要保障　与传统工业相比，生态城市把高新技术作为工业企业发展的唯一技术动力，产品附加值和科技含量不断提高。工业部门的构成将发生重大变化，污染严重的生产工艺被淘汰，电子、软件、信息产业、生物医药等与环境友好的高新技术企业及环保产业蓬勃发展。在科技领域中，要把生态学的思想、方法、观念渗透到现代科学知识中，实现科技生态化。生态科技是有利于资源节约和环境保护的科学技术，与传统科技概念不同之处是强调了科技的生态效益，产生生态负效益的科技在生态城市中被彻底否定。生态科技包括清洁生产技术、无污染生产技术、合理开发利用资源技术以及能引导绿色生产、生活方式的技术。可以说没有生态科技，生态经济将无从谈起。科技生态化将有力地推动产业的生态化，促进生态农业、生态工业、生态服务业的发展，从而实现产业结构的优化和升级，为生态经济的持续发展提供有力支持。

7.3.3　生态城市生态环境管理

"人与自然的和谐"是生态城市的目标，因此必须要对城市生态系统进行管理，协调人与生态系统之间的关系。依据生态学原理，运用政策、法规、经济、技术、行政、教育等手段对城市生态环境各种生态关系进行调节控制，对城市生态环境系统的结构、功能及协调度进行管理和调控，协调城市中人类社会经济活动与环境的关系，限制或禁止损害环境质量的行为，称为城市生态环境管理。可见，城市生态环境管理是联系社会系统、经济系统与自然系统之间的纽带，通过规范人的行为来实现管理目标。

在城市生态环境管理中，重点是对自然资源的管理，主要包括空气、土地、水、各种生物、各种矿物等。所谓自然环境就是在不同的时间域和空间域中，由这些要素以不同的结构形式联系在一起，并具有一定的状态。在人类活动强烈参与以后，自然环境中的要素及结构、状态就发生了变化。具体说来是物质、能量和信息的流动方式与流动状况发生了改变。如果这些改变将威胁人类（哪怕是后代人）的生存和发展，那就不符合人类的追求和愿望，也不是人类努力发展的目标。因此人类必须管理好自己的"参与行为"。

严格地讲，各种自然资源在地球的物质和能量循环过程中都会得到更新和补充。但是，不同类型的自然资源在更新和补充的速率上存在很大的差异。某些生物可以在一年内繁殖十几代，而矿物资源则要经过数百万年才能形成。根据自然资源的更新或补给速率，自然资源可以划分为两大类：可再生资源和不可再生资源。水、生物和气候属于可再生资源，矿物属于不可再生资源。而土地资源则具有一定的特殊性，从总量上讲，它属于恒量资源；但从农业意义上讲，它属于可再生资源。

对于可再生资源来说，目前面临的主要问题是，人类对它的开发利用速率远远超过它的补给速率，以致可再生资源的基底不断萎缩，甚至濒临灭绝。因此，可再生资源管理的目标是确保人类对可再生资源的开发利用速率不超过补给速率，维护生态系统和基因的多样性，拯救濒危的动植物资源。

对于不可再生资源来说，目前面临的主要问题是，人类对它的开发利用数量呈指数增长，以致部分不可再生资源将会在可预见的时期内被消耗殆尽。

对于生态城市生态环境管理来说，保护和恢复受损的自然生境也很重要。由于在城市发展的前期，人们没有认识到自然环境的重要性。很多自然生境遭到破坏，生境质量下降，要建设生态城市，加大对城市自然保留地的保护力度，对生态城市建设起到基础的制约作用。

7.4　生态城市管理的方式和手段

7.4.1　生态城市管理方式

传统管理的观念是建立在以人为中心基础上的，认为管理目的是为了人获得更多的利益和更高的价值。在传统城市里，就是用这种思想去指导人们的管理活动，去管理城市，其缺陷是显而易见的，其出发点不是人-自然系统的整体利益，而局限于社会经济系统，忽视对自然生态系统主动式、非功利性管理，在管理过程中社会经济系统较之自然系统具有优先性，这样社会、经济、自然系统不可能平等、协调发展，人-自然的和谐也不可能实现。在生态城市里，城市发展与自然系统是平衡协调的。管理则把人放到更大系统（人-自然系统）中去，以人-自然的和谐作为目标，人的利益不再具有原来系统（社会经济系统）的唯一性，而是把人-自然系统的整体利益放在首位，其次是人类及其他部分的利益。

这种新的管理方式是与生态城市倡导的生态价值观相适应的，管理成为联系社会经济系统与自然系统各层次之间的纽带，管理不仅将管理范围扩大到人-自然系统，是一种整体（综合）管理，而且将管理的重点由传统的外部调控转向内部的自我调控。虽然生态城市管理调控的主体仍然是人，但超越了人类物种的自我中心，认识到人是自然整体的有机组成部分，而且人是有智慧的生物，是地球自然进化的最高层次，有责任而且有能力承担人-自然系统的管理者的神圣职责。在提高人-自然系统整体价值的过程中来实现自身的价值，这是生态城市管理的总原则和总目标，也是其本质内涵。

生态城市管理以人-自然系统作为管理的对象，即对社会、经济、自然系统管理的结合与统一，包含"管"和"理"的双重行为，它具有整体、民主、科学和动态的特点。"管"者通过发布法令、制度等，进行指挥、控制和约束；"理"者是组织、协调、引导，使生态城市达到有条不紊、合情合理的程度。不论是"管"还是"理"，人总是扮演着主体的地位，这是由人的社会性和能动性决定的。生态城市中的政府机构、组织、社团、企业、个人都是生态城市的管理者。从这个意义上讲，人对生态城市的发展起决定性作用，生态城市能否健康发展取决于人的行为观念。人在遵循自然规律基础上可积极地创造性地保持生态城市各系统组分协调，使之向"正"效应方向发展，达到整体效益最高，风险最小。一旦人违背自然规律或管理不善，都会引起生态城市的"病变"。人的管理能力与水平直接关系到生态城市能否正常运行。

对于我国来说，由于具有和西方发达国家不同的国情，因此生态城市管理方式的定位，意味着要根据现代化变迁的大背景及其发展需要，努力实现城市管理中管理职能、管理重点、管理行为、管理体制以及管理方法等方面的现代性转换。

（1）管理职能的转换　现代化浪潮推进着中国社会主义市场经济的全面建立和民主政治

的发展，我国城市政府的职能也正在发生变革，传统的无所不包的政府，承担了太多不该管的社会职能，而该管的公共职能，却又未能管好。一方面造成政府机构的臃肿庞大，窒息了社会的活力；另一方面，又因未能履行公共职能而影响了城市社会的发展，现在已经到了非改不可的地步。我国的第九次人大通过关于政府机构改革的方案，也已经表达了这种决心，职能转换就是要从不合理的职能转向能促进城市发展、顺应形势需要的职能。城市政府其他的一些社会职能将逐步淡化和返还给社会，如直接管理经济的职能。而市政管理的职能将会凸现，因为从本来意义上，市政管理就是典型的城市政府行为。再从城市经济体制改革的意义上说，目前城市政府管理职能转换最重要的内容就是经济管理职能的转变，即在管理手段上从对企业采取行政命令式的直接干预转向以经济调节手段为主的间接管理；在管理权限上要从直接参与微观企业具体经营活动转向以宏观管理平衡为主，搞好统筹规划，协调服务工作，为企业创造外部条件；在管理机构方面，要加强宏观经济规划管理部门和协调监督部门的组织建设与体制完善。

（2）管理重点的转换　　长期以来，我国城市建设和管理遵守着"先生产后生活"的方针，造成并强化了城市经济功能的片面发展，其结果一方面使人成为经济的单面人，城市成为不堪入住的地方，另一方面也使经济的发展失去文化的支撑最终影响城市的长远健康发展。我国建国后的一段时期，不顾各个城市的具体情况和条件片面强调变消费城市为生产城市，忽视城市的其他功能和特点，给许多城市造成严重后果：城市基础设施不足，全国约40％的建城区没有排水设施，45％的地区水源受污染，2/3的城市缺水，文化设施短缺等。因此，城市管理的重点必须从工业化初期城市经济扩张式的发展，转为强调城市发展的内涵和质量，更为注重人文与文化的建设、注重城市的经济与社会的全面协调发展。随着知识经济时代的来临，知识本身已成为经济增长的重要资源，城市的人文和文化建设，对提高城市的格调和品位，对营造一个适宜人的生存和发展的空间，对保护城市的可持续发展，都是不可或缺的。

（3）管理行为的转换　　由于旧体制的影响，以往对城市的发展缺乏整体、宏观、长远的规划和布局，往往呈现出头疼医头、脚疼医脚、急功近利的特点。城市管理和规划的水平太低，眼光太短浅，各个部门之间的协调性很差，以至于城市建设混乱不堪，重复改造、重复开挖的例子不计其数，浪费资源。由此可见，要使城市顺畅的发展，就要提高城市管理的现代化水平，要从分散、局部、短期的管理行为过渡到注重整体、宏观、长远的管理，从低层次到高标准、高水平、高起点，要不断提高城市管理行为的科学性、系统性和连续性。

（4）管理主体的转换　　生态城市管理的根本目的，就在于维护和促进公共利益，提高公众的生活水平。因此，政府和公众在城市管理的目标上是一致的。要改变过去政府作为城市管理唯一主体的情况，动员公众共同参与生态城市管理，把公众真正作为城市的主人和城市管理的主体。要提高公众参与城市管理的自觉性，树立起"人民城市人民管，管好城市为人民"的意识。让公众参与生态城市管理，这一部分内容将在下一节中进行详细讨论。

（5）生态城市管理应是全过程管理　　在生态城市规划、建设和管理三者之中，管理是贯穿始终的。规划、建设的全过程和各个环节，都离不开管理。城市规划付诸实施和建设完成之后，仍然需要长期的管理。城市规划是研究城市未来发展，探索城市发展方向和适度规模，合理布局、综合安排城市各项工程建设。它是一定时期内城市发展的蓝图，对城市建设和发展有着指导、控制和调节作用。而这种作用是通过城市规划管理来实现的。从这个意义上讲，城市规划管理比制定规划更为重要，否则，规划就会变成一纸空文。城市建设也是如此，没有严格的管理，建设质量本身也得不到保证。

7.4.2 生态城市管理手段

生态城市管理是一个涉及面广、多变量、多层次、多目标的综合性复杂大系统问题，必须凭借一定的方式方法和手段方可实现对其有效管理，主要有法律手段、经济手段、行政手段、技术手段、思想手段等。这些手段都是建立在生态价值观基础上的。

法律手段是通过法律、法规来进行约束、调控的管理方法，即通过法规给活动主体规定大致的活动准则及方向，使之符合总体发展要求，它是以一整套科学合理的、完备严密的法规体系为基础的。在生态城市的管理中应加强生态立法，建立适应生态城市建设的立法体系，使生态城市建设法律化、制度化，保证生态城市建设的顺利实施。同时应加大执法力度，控制环境污染，促进污染源治理，逐步改善环境质量。

经济方法是指按照客观规律要求，运用经济杠杆来管理城市，是以利益诱导为手段的间接管理方式。恰当地运用经济方法可以通过协调各种利益主体之间的关系，充分调动利益主体的主动性、积极性和创造性，从而提高城市各个子系统的工作效率，促进城市的发展。生态城市管理的经济方法包含两个层次。一是借助于价格、税收、信贷以及经济合同、经济责任制等经济活动形式调节供求关系，指导城市的生产和消费，从而达到管理城市经济的目的。二是借助于工资、奖金、罚款等经济手段，引导和限制城市居民及部分组织的经济和社会活动，从而达到管理城市社会的目的。

行政方法是指城市行政机关根据国家法律和行政法规所赋予的权力，运用决议、命令、规章、制度、纪律、指示等强制方式，直接组织、指挥、监督城市内各部门和各种社会经济活动的管理手段，它是以行政部门高效、廉洁、科学、民主决策为前提的。行政方法是城市管理的基本方法，也是生态城市采取的基本管理手段。行政方法具有权威性、强制性和垂直性等特征。灵活、针对性强、便于政府管理职能的发挥是行政方法的优点；缺乏平等、协商的民主精神，容易诱发抵触情绪，是行政方法的最大弊端。突出服务，管理服务化是生态城市引导型政府的主要特征。发挥行政方法的优势，克服行政方法的副作用是引导型政府在生态城市管理过程中必须要解决好的问题。一要把行政方法的强制性与有效性结合起来，将行政方法的运用建立在科学的基础之上，反映公众的愿望和要求，能够在实现管理目标的同时维护好管理对象的权益；二要在具体行政手段的使用上突出政府的引导和服务功能，以行政信息和行政咨询服务手段为主，减少行政命令，增加行政引导并逐步取代行政命令；三要把行政方法与法律方法、经济方法、思想教育方法特别是现代信息技术结合起来，提高行政效率，强化管理效果。

技术手段就是指借助一定技术、设施对生态城市进行管理的方法。生态城市管理中的技术手段是指国家建立合理的制度，制定有关的政策和法律，提高科学和技术水平。具体地讲，主要是指提高促进人与自然和谐，环境与经济协调的决策科学水平；提高发展既能高度满足人类消费需要，又与环境友好的新材料、新工艺的科学技术水平。比如提高能源利用效率，发展清洁能源技术，实现以煤、石油等不可再生能源为主的单一能源结构向可再生能源为主的多样化能源结构转变，一方面缓解能源供求矛盾，为发展新的能源供应技术赢得时间，另一方面减少环境污染。同时还要增加可再生能源科技的开发投入，一方面使再生能源和非再生能源在过渡时期配合使用，互相补充；另一方面为逐步转入使用多种新的再生性能源，如太阳能、水能、生物能等形成多样性能源结构奠定基础。

思想手段则是通过宣传教育、社会舆论等途径，对行为主体的思想伦理、行为观念进行引导而达到管理的目的，思想手段是通过主体的自觉性和能动性发挥作用的，是一种社会管理方法。通过加强宣传教育，普及和提高公众的生态意识，倡导人与自然、社会和谐的生态价值观。自觉的生态意识是建设生态城市的关键。

从控制论的角度来看，相对于控制主体而言，法律手段、经济手段、行政手段和技术手段都属于外在控制，是通过主体外在的约束力、控制力来迫使主体按一定的规律规则行事，属于强制性的"他律"行为，是一种"外部化"的管理，这都必须以遵循客观发展规律为前提。法律手段是生态城市外在调节、控制手段的主要方式，因为经济手段、行政手段和技术手段的实施均离不开法律的支持，它们属于广义的法律手段范畴；思想手段则属于内在控制（或自我控制），是在没有外部的强制力量下，主体能自觉自愿地通过内在的自我调节按客观规律活动，属于自觉性的"自律"行为，是一种"内部化"的管理。内在控制较之外部控制更为主动、积极地发挥作用。一个稳定有序的系统内在控制大于外在控制。从这个意义上讲，生态城市是以内在控制为主体的，即其主要管理手段是思想手段，把自发变为自为，把强制变为自觉，这是提高生态城市自调节、自维持、自组织能力，保持其有序发展的关键。

不论是外在控制的法律手段、经济手段、行政手段和技术手段，还是内在控制的思想手段，都是生态城市管理不可或缺的必要的手段，任何单一的管理方法都难胜任，必须采用多种手段、多"管"齐下的方式进行综合管理，多种手段有机结合，互为补充，才能确保生态城市良性循环和协调发展。

在未来社会"生态化"发展的大方向中，如何将现代管理理论成功地应用于生态城市建设管理仍是一个值得不断探索的问题。通过不断总结与实践，相信现代管理理论将为逐步形成自然环境优美、经济系统高效、社会系统和谐的城市人居环境，推动城市和社会经济的跨越式发展发挥重要的作用。

7.5　现代城市管理理论在生态城市管理中的应用

7.5.1　城市管理理论的发展

西方城市管理理论的诞生离不开实践的催化，主要是欧美一些发达国家的建筑师、学者们从城市管理的实践中归纳总结出来的。它的发展贯穿于城市理论的发展过程中，其发展壮大是融城市理论和管理学为一体的结果。它吸收并借鉴了城市经济学、城市社会学、城市地理学、城市规划学、城市生态学及城市人口学等各方面的精华。西方城市管理理论的发展历程大体上经历了以下几个阶段：19世纪末至20世纪二三十年代，以城市空间形态为主的城市管理理论；20世纪30年代，在雅典宪章的影响下，城市管理理论将研究重心转向了城市居住环境，至此城市管理理论开始走向人性化的一面；20世纪五六十年代，伴随着管理学界梅奥的霍桑实验的成功，城市管理理论走向了它的形成时期，以人为本的城市管理理念开始成为城市管理学的主流；20世纪80年代出现的可持续发展的生态战略，标志着城市管理理论进入发展成熟阶段。

7.5.1.1　以城市形态研究为主的城市管理理论

自19世纪末至20世纪二三十年代，人类社会史上出现了许多关于城市管理的理论，这些理论主要从城市形态研究的角度出发对城市管理进行理论上的探讨。这一时期的城市管理理论有了突飞猛进的发展，主要是遵循从城市外在形体到城市内部结构再到城市区域规划的主线来发展演变的，在城市管理理论的演变过程中城市管理方向的不断调整无不渗透出以城市形态为主的管理理念，为城市管理者更好地管理城市指明了方向。这些理论主要包括"田园城市"理论、"带形城市"理论、"巨型城市"理论、"线性城市"理论、"化整为零的城市"理论等。其中影响最大的是"田园城市"理论。

(1)"田园城市"理论　主要内容：田园城市理论认为，田园城市应该把城市和乡村的优点结合起来，把工作地点转向乡村，在乡村建设工业区，然后围绕这些工业区进行绿化，建造房屋，用绿化带将城镇隔离起来，便于居民享受乡村的风景；城市膨胀容易引起城市环境恶化；城市人口聚集、城市无限扩张和土地投机是引起城市灾难的根源。该理论主张通过在大城市周围建设一些小城镇来解决大城市的拥挤和不卫生的情况；工业和商业应由过去的以公营垄断为主转向私营发展为主；城市的土地应归全体居民集体所有，使用土地必须交付租金，租金应全部用以城市运作与经营，以支持城市的发展。

霍华德的田园城市理论对城市管理的发展产生了深远的影响，表现在：田园城市理论反映了历史的必然，随着社会的发展、社会生产力的提高，人为破坏自然环境的程度越来越严重，人们渴望回归大自然、享受田园生活；土地公有、城乡一体化体现了自然与社会的和谐，也指明了未来城市管理理论的基本走向；城市不能无限制的膨胀，带有预见性，对以后城市的发展具有借鉴意义，并在后来的生态论、系统论、可持续发展论、城市有机疏散论等理论中得到了证明。他的这一理论虽然为城市健康发展指明了方向，但是在当时的条件下是不能实现的，就是在科技非常发达的今天也是人们追求的目标。

（2）"带形城市"理论　田园城市理论虽然为城市的发展提出了美好的设想，但是由于当时生产力比较低下，无法实现，因此它只能作为美好的理想模型督促着人们去努力探索。当时很多西方学者受此影响，积极思考城市发展的理论模型。19世纪末西班牙工程师苏里亚·依·马泰提出了"带形城市"（linear city）理论。

该理论主张，城市从核心向外层一圈圈扩展的城市形态已经过时，这种形态将使城市拥挤、卫生恶化；城市发展应依赖交通运输线成带状延伸；城市应有一条宽阔的道路作为脊椎，沿道路脊椎可布置一条或多条电气铁路运输线，可铺设供水、供电等各种地下工程管线；城市的生活用地和生产用地应平行的沿着交通干线布置；居民上下班横向地穿梭于居住区和工业区可以与大自然亲密接触，缓解工作压力和调整心情；城市宽度必须限制，但长度可以无限。

"带形城市理论"的出现遵循田园城市的思想，解决了不少实际问题，突破了原有城市形态，掀起了人们对城市形态建设思考和革新的浪潮，对以后城市分散主义产生了深远的影响。但也存在很多不足之处，首先，此方案实施起来也比较麻烦，城市横向发展导致政府管理成本过高，财政支出与收入不成正比，各个地区的交往和联系不够紧密，不利于城市中心地区的形成与发展，而且居住地与工作地点离得太远，给交通增加了负担，很可能导致交通拥挤。其次，"带形城市"分割了城市的整合功能，不利于各个功能的充分发挥，土地开发和使用也不太方便。

（3）"巨型城市"理论　勒·柯布西埃关于城市规划的理论，被称为"城市集中主义"，它的中心思想包含在《明日的城市》、《阳光城》两部著作之中。在1925年他提出了巴黎改建的新设想方案。他主张用提高人口密度和减少城市用地的办法改造大城市；城市建设必须考虑大城市交通运输方面的需要；用简单的几何图形，并且经常在绘画、建筑艺术和城市建设中进行宣传。

"巨型城市"理论对后来者的最大贡献是以下三个方面：一是在城市管理方法方面突破了原有的建筑艺术，开始引入几何学，更加注重城市建设的准确性和立体感；第二是调整了城市的居住结构，城市中心区由原来的办公和商业聚集地转向居住区；第三，巴黎改建暴露出以往城市管理中的一个重大问题，城市规划与城市财政支出脱节，从巴黎改建的失败不难看出城市规划脱离了经费这一环节是寸步难行的。柯布西埃的伏埃森规划失败的要害就在于此，这同时又给后来者提供了经验教训，城市管理要想取得成功必须处理好各种关系，尤其是城市管理与城市财政的关系。

（4）"线型城市"理论　前苏联建筑师拉夫罗夫·列阿尼多夫等人提出了线型城市理论。他们认为线型城市早在古代就已存在，而且大多是自然形成的，是围绕公路和水道建设形成的，主要目的是为了解决人与自然环境接近的问题。直到19世纪末人们才开始关注线型城市的发展，到30年代中叶已经形成了最普遍的规划理论。这一理论有两大好处，一是可以分散人口，二是可以保持现有森林和田地的不可侵犯性和人与自然的天然接触。但事实证明线型城市只适用于小工业城镇，在大城市凸现了它的缺点，主要是纵向线路太长造成城市的工程技术和交通开支增加；整个城市居民公共和文化生活服务系统拉长，产生了许多不便。但是建筑师们没有意识到这些缺点，仍大力推广线型城市。线型城市的出现将城市管理者的研究视野拉向了生态环境的保护、人与自然的和谐，人们开始由单一的研究城市外在形态转向研究城市与周围环境的协调关系，城市管理的方法开始倾向于综合规划。

（5）"化整为零的城市"理论 "化整为零的城市"，也就是有机疏散理论。该理论是芬兰的建筑师依里尔·沙里宁为缓解城市机能过于集中所产生的弊端而提出来的。1942 年，沙里宁出版了《城市：它的发展、衰败和未来》一书，详尽阐述了有机疏散理论（Theory of Organic Decentralization）。通过考察中世纪欧洲城市和工业革命后的城市建设状况，他提出了治理现代城市衰败、促进其发展的对策就是进行全面的改建与调整。重工业不应该在市中心，轻工业也应该排解出去。城市治理应该按照"有组织分散"的原则，调节城市的发展，大城市作为一个整体发展到一定的阶段就要限制它的规模。这一理论特别适合用地被分割的城市。它对后来欧美各国发展新城、旧城改建以及城市向城郊扩展起到了非常重要的作用。有机疏散理论的提出开始将城市管理理论研究的重点转向城市内部结构的合理配置问题，城市管理者们不再仅仅局限于城市规模的横向发展和城市的宏观管理，而是转向纵向发展和微观管理城市，城市管理的内容不断扩充，管理方法不断更新。

7.5.1.2 以城市内部结构为中心的城市管理理论

受有机疏散理论的影响，20 世纪 20 年代，芝加哥学派将城市看作一个由其内部各个机制紧密联系在一起的有机体，他们的着眼点主要在于研究人与空间的关系，从人口与区域空间的互动关系中着手研究城市发展，并提出了城市社区和区位结构分析等重要理论，突破了以往城市管理拘泥于城市形态规划的局限性，将管理的重点聚焦于城市的内部结构。该理论主张，人在时间和空间上的位置是由城市的亚文化社会的各种因素形成的。他们的主要贡献是在区位结构研究基础上，提出了著名的同心圆理论、扇形理论和多中心理论。

（1）同心圆理论 布吉斯用生态学观点来解释城镇的空间差异，他提出同心圆理论。他认为城市空间的扩展是竞争的结果，城市是一种商业机构，它以市场为基础形成，它的存在完全是由于市场的存在，它的扩展也完全是由于市场竞争的结果。城市随着政治、法律、慈善和福利机构的日益庞大，城市机构日益正规化，正式规范将逐步取代非正规化的手段。城市发展应呈放射状，从中心向外围呈环状扩张侵蚀。这一理论招致了社会各界的批评和指责，因为城市的土地利用并不是均匀地从中心向外递减。但是该理论的假设表明了城市具有自己独特的发展形态和规律，它为科学的城市研究指明了空间结构的研究方向。

（2）扇形城市理论 美国土地经济学家霍伊德于 20 世纪 30 年代提出了扇形城市理论。这一理论最初是以美国 200 多个城市结构的资料进行研究总结出来的。后来经霍伊德加以发扬，他们认为城市内部的发展，尤其是城市居住区，并不像布吉斯所说的那样，城市土地价值是由内向外递增的，而低价格的住宅区也可能自市中心向城外地区蔓延。同时主张，城市的发展一般是从市中心向外蔓延，沿着主要交通要道或者沿着最少阻力的路线向外放射，这势必将城市经济学的研究方法运用到城市管理学之中。

（3）多核心理论 多核心理论是美国地理学家哈里斯（C. D. Harris）和厄尔曼（E. L. Ullman）在 1945 年提出来的，他们认为美国 50 万人口以上的城市，其内部结构并不是只有一个中心，而是多个中心相互协调、相互制约，各中心区依实际情况或以桥梁为中心，或以车站为中心，或以教堂为中心，或以工厂为中心等，成为中心商业区、批发商区、轻工业区、住宅区等。多中心理论的提出为以后城市的发展提出了创造性的建议，使城市管理者的思维豁然开朗，城市的功能不断增加，使城市的发展更加趋向完美。

7.5.1.3 区域规划理论

20 世纪 30 年代，德国地理学家克里斯泰勒通过对德国南部城市的考察研究，于 1933 年完成了《南部德国的中心地》的论著，提出中心地理论，对各国区域规划工作者产生了很大的影响。其中心内容是关于一定区域内城市和城镇的职能、大小与空间结构分布的学说，也就是城市的"级别规模"学说或者城市的区位理论。他主张应从行政管理、市场经济、交通运输等方面对城市的分布、等级规模和空间结构进行研究；处于中心地位的研究要搞好自身的市政建设和基础设施建设，以便影响和服务周边地区。

20 世纪中叶，随着社会学、生态学、地理学、交通学的逐渐独立发展并形成自己的理论，城市研究的领域也随之发生了改变，研究范围越来越广。在英国本土，由于芒福德 1938 年出版的《城市文化》（*The Culture of Cities*）得到了政府官员和规划家的信任，推出了"巴罗报告"（Barrow Report），直接影响了英国社会经济的发展战略，并导致了英国战后城市研究机构的建立。而且这一区域规划思想也传到了美国，美国的城市科学从此也发生了很大的变化。从此城市管理科学开始远离物质形态，而日益走向人口、交通、环境污染、经济发展等复杂的社会问题，城市管理理论的重点也由物质环境建设转向公共政策和社会经济等根本性的问题，规划过程和程序也由综合规划走向系统规划。

7.5.1.4 以城市居住环境为中心的城市管理理论

20 世纪初，随着大城市环境恶化和各种社会问题的相继产生，人们开始注意到城市也是一个人类生活的生态系统，每一个城市都是一个生命有机体，也都存在食物链、生存空间等，城市居民的各种活动都与空间环境有着不可分割的联系，人口流、信息流、物质流、资金流、技术流等与产业、公共设施、资源、环境等有着天然的联系，因此城市管理者们开始把人类作为空间环境的中心因素来考虑，这是城市管理学界第一次将人类从客体定位到主体定位的转变，以人为主体的城市居住环境开始成为城市管理理论的焦点。

20 世纪 30 年代《雅典宪章》的通过，确立了现代城市规划理论的基本原则。《雅典宪章》是一个最具影响力的国际性学术团体——国际现代建筑协会（CIAM），成立于 1928 年，由德国、意大利、比利时、荷兰、奥地利、西班牙、瑞士等国家的著名的城市建筑师和规划师组成的——在 1933 年的学术活动成果。该都市计划宪章包含有总论、现代都市状况、危机及对策、结论等，其主要议题是：都市是市民的社会空间，都市计划要以市民为主体，城市要与其周围地区作为一个整体进行研究；其主要目的是解决市民居住、工作、游憩与交通活动的正常进行，以满足市民心理的、生理的需求。该宪章认为城市居住存在以下主要问题：人口密度过大，缺乏空地和绿化，工业区附近的生活环境不卫生，房屋沿街建造影响居住安静，日照不良，噪声很大，公共设施太少且分布不均匀。因而主张居住区应该建在城市中最好的地段，不同的地段采取不同的人口密度；应有计划地确定工业与居住的关系；新建筑区应多保留空地以便绿化，在市郊保持良好的风景地带，供居民观赏和游玩；应将交通视为城市的基本功能之一，拓宽城市的交通道路，减少交叉口过多的现象，以避免交通拥挤和减少交通事故；城市发展应保护名胜古迹和古建筑风貌。

《雅典宪章》是近代城市规划理论发展史上一个重要的流派，它已超过了当时以城市空间形态为主体的城市管理理论，开始从多学科的融合上考虑规划建设和城市管理，并提出城市规划要适应生产和科技发展的需要，它的以人为本的原则、整体规划的观念、将交通视为城市基本功能的观念一直影响到今天，影响着城市规划和都市圈的发展，由此有人称《雅典宪章》是近现代城市管理和规划的里程碑，它是近代城市由单一规划理念向现代综合管理理念过渡的重要标志，并且《雅典宪章》细化了城市管理的内容，增加了城市的功能，开始将城市管理与社会生产力、社会经济力量、科技力量等客观因素结合在一起。

7.5.1.5 以人为本的城市管理理论

20世纪五六十年代，以梅奥的霍桑实验为标志，城市管理理论进入了它的形成发展时期。梅奥等人运用社会学、心理学、经济学和管理学等方法对企业职工在生产中的行为及原因做了综合分析，并于20世纪30年代发表了《工业社会中的人的问题》，得出了与传统管理理论不一致的观点，被后人评价为"这是管理历史中一次至关重要的航程的开端"，从而开创了具有现代管理科学意义上的行为科学。从此管理科学开始向系统化、科学化发展，城市管理学也因此而逐渐走向成熟。

梅奥等人的霍桑实验主要强调的是管理者重点关心的是人而不是生产；减少管理机构的僵化程度，尽量满足人们各方面的需要；关心人际关系要远超过对工资和效率的关注；作为管理者应更多的关心情感的非逻辑而不是效率的逻辑。从霍桑实验的结论中可以看出作为现代管理者必须做到：①培养自己号召社会、人群的技能，而不是培养技术的技能；②管理工作要通过创造团体和社会团结的氛围来建立人们的归属感，以便克服管理秩序的混乱；③通过权力平均化来加强工会、工厂中的正式组织和非正式组织的结合，以便达到分工协作的目的。

梅奥的霍桑实验为城市管理者敲响了警钟，强化了城市政府的管理职能，同时也暗示城市政府应该更加注重以人为本的管理思想，并将实践上升到理论的高度，为城市管理理论的发展做出了重要的贡献。霍桑实验的成功为城市管理理论引入了新的管理方法，将社会学、心理学、经济学和管理学等方法注入城市管理学界，它标志着城市管理理论的形成，同时也是现代城市管理理论孕育的标志。

7.5.1.6 可持续发展的城市管理理论

20世纪80年代以来，随着可持续发展理念的深入人心，城市管理者开始思考将可持续发展理念运用到城市管理当中去，于是许多学者对此进行了研究并产生了一些相关的理论，主要包括大都市区理论、多中心结构理论、城市郊区化理论、公众参与城市治理的理论等。

(1) 大都市区理论 大都市理论认为，大都市区应具备以下几个特征：具有核心城市，由不同等级规模的城市组成；圈内各城市之间具有高度发达的分工协作关系，具有巨大的整体效益，形成地域上的合理网络；拥有便捷的交通网络，将有机的产业带与密集的城市相结合；人口规模和经济实力雄厚，能够带动整个地区经济的发展，具有相对稳定性和可持续性；具有发达的经济市场，尤其是金融市场要十分发达；必须有发达的高新技术产业作为支柱产业，引领城市群的发展。

大都市区理论认为，随着世界城市经济一体化的迅猛发展，在高度城市化的发达国家和地区，出现了不同层次的世界大都市区：①以纽约为中心的从波士顿到华盛顿的美国东北城市群；②以伦敦为中心，从伦敦到曼切斯特等的英国城市群；③以多伦多、芝加哥为多中心结构的加拿大、美国之间的大湖城市群；④以东京为核心从横滨到大阪的日本城市群；⑤以阿姆斯特丹、鲁尔区和巴黎为核心的西北欧的城市群；⑥以意大利的米兰、都灵与法国的马赛为中心的大城市群；⑦以巴西的里约热内卢与圣保罗等为核心的拉丁美洲城市群。其中以中心城市为核心的大都市区已经成为所在国的经济命脉，日益显示出其强大的优越性。如日本的城市群，面积仅占日本国土总面积的13%，而其产出却占了全日本GNP的58%，聚集了日本将近49%的人口，成为日本经济发展的火车头。

我国也出现了大都市区的趋势，在长江三角洲形成了苏浙沪15个城市联手打造世界级第6大都市圈的格局。这15大城市主要以稳定而强大的上海为经济中心区，形成了发达的经济地区。在空间地域上形成了比较强大的城镇化地带。我国苏浙沪都市圈的形成将会极大地促进我国经济的发展和城市化的高速发展，也将推动世界城市化的进程。

（2）多中心结构理论　自 20 世纪 50 年代开始，城市规划和区域规划在大城市的统一，促成城市多中心结构的形成。多中心结构理论认为，城市管理应该以大城市或特大城市为对象，结合城市结构的现状、自然以及经济条件等因素，把城市管理分为综合管理、统一管理下的分权管理；融合了把大城市化为小城市、小城市化为大城市的思想，以便改善城市空间环境，分散城市人口及其活动的集中。今天的莫斯科新图就是采用的这种规划体系。这种规划总体实施效果很好，但是在控制规模、调整工业布局等方面存在不少问题，这就促使学者加强对城市管理理论的研究。城市多中心结构理论带来了城市结构的变化，以往城市中心是商业繁华的地方，郊区则人烟稀少，二战后大量人口从市中心流向郊区，城市郊区化趋势加强。

（3）城市郊区化理论　城市郊区化理论认为，城市郊区化包括以下几个方面的内容：郊区人口增长速度超过中心城市；郊区发展不应循序渐进地向外拓展，而是呈跳跃式发展；郊区应摆脱对中心城市的依赖，保持相对的独立性；郊区化应给居民提供以下的居住条件，既要接近自然，又不得远离城市，将郊区的幽雅环境与都市生活结合在一起等。

（4）公众参与城市治理的理论　公众参与城市治理的理论是城市管理理论的升华，在实践中运用比较广泛。自公共管理运动开始，各国都在推行行政管理体制改革，把公众参与政府治理作为新公共管理改革的重点大力推行。一般而言，公众参与城市治理的理论源于西方国家，这在理论发展和实践进程上都有迹可循。早在 11、12 世纪，欧洲国家就出现了许多新兴城市或城镇有市民参与管理的实例，当时，官员的选举和新法律的采用都是通过民众大会的同意。而且城市法中明确规定了公众参与城市治理的权利。

到了近代，公众参与城市治理的理论主要体现在城市规划发展方面。早在 1947 年，英国的《城市规划法案》中就确立了公众对城市规划有发表意见的权利，还可以对不满意的地方向主管部门提出上诉。自 20 世纪 60 年代中期开始，公众参与在西方社会中成为城市规划的重要组成部分。英国在 1969 年《城乡规划法案》的修订中，制定了与传统的公众参与有所不同的方法、途径和形式，被称为斯凯夫顿报告（the Skeffington Report）。

20 世纪 60 年代，西方国家进入后工业社会，公平、多元等社会价值观成为社会的主题，在此背景下公众参与城市治理的理论开始向多元、分散、网络化以及多样化的方向发展，公众参与突破以往政府包揽一切事务的局面，向民主行政迈进，使原来自上而下的政府决策转变为政府和市民上下互动、管制和服务相结合的市民社会。20 世纪七八十年代以英国撒切尔夫人为代表的西方政府推行以削减政府预算为目标的行政改革将私域管理的经验和方法引入公众参与城市治理的理论中，十分注重竞争机制的运用，掀起了新公共管理运动，将公众参与城市治理的理论推向了新的起点。

20 世纪 90 年代，Sager 和 Innes 提出了另一个重要的理论"联络性规划"，它侧重研究规划师如何使公众积极参与到城市规划当中的问题。90 年代以后，西方国家兴起的"顾客导向"（Customer Orientation）的行政思想，对公众参与的实践影响也很大，新公共管理运动中大力重塑政府形象将民主的理念渗透到公共管理行政的各个方面，公众在公共管理活动中直接参与到与自身利益密切相关的公共事务管理中，已成为公众参与城市治理理论的主要内容。顾客导向的城市治理将权利与资源直接交还给顾客手中，对公众的要求和愿望提供回应性服务，最终目标是实现政府与顾客之间的良性互动，使政府更好地满足公众的需求和偏好，提高公众参与城市治理的透明度，有效防止代理人的机会主义。

7.5.2　现代城市管理理论在我国生态城市管理中的应用

从 19 世纪末至 20 世纪二三十年代，城市管理理论出现并应用，到 20 世纪 80 年代出现可持续发展的生态战略管理理论，城市管理理论逐渐趋于成熟。现代城市管理理论的最新观点在生态城市管理中的应用对生态城市建设有重要意义。采用现代管理理论指导生态城市的发展建设，运用市场机制，充分发挥公众的作用，采用综合决策机制解决当前生态城市建设中的问题有着十分重要的现实意义。

西方国家在城市管理的过程中积累了很多的经验，有的已经成功运用于生态城市的建设管理中。我国由于长期以来对管理的问题重视不够，造成了管理水平的低下。因此，将现代城市管理理论运用于生态城市管理尤其是我国的生态城市管理显得更加重要。

随着改革开放的进一步深入，我国各级政府机构的职能发生了很大的变化，政府逐渐放弃了物资分配权、物价控制权、企业经营管理权，国有企业逐步萎缩，并且基本实现了股份化、市场化经营，民营企业不断发展壮大。这些变化都为生态城市建设的"现代管理模式"提供了便利条件和坚实基础。

随着我国法制建设的完善，法律的力量在各个领域开始发挥作用，依法治国、依法行政已经成为政府运作的基本要求。政府的职能也因此开始走向法制化的轨道，民众的法律意识、法律观念在逐渐增强，民众参与政府管理和社会公共事务管理的意识和能力在逐渐增强，为现代管理理论在生态城市建设中应用提供了可能。

随着改革的进一步深化，社会主义市场经济体制正在逐步形成，所有制形式正在由"一元化"向"多元化"转变，许多非赢利组织和一些志愿组织正在形成和崛起，民营企业、私营企业和中外合资合作企业获得了较大的发展空间，有的已经具有相当强的经济实力，所有这些都为生态城市建设的市场机制运行提供了有利条件。

用现代管理理论指导我国的生态城市建设要着力解决以下问题。

（1）简化政府管理，积极运用市场机制进行生态城市建设 简化政府管理是为了使政府从政策执行的"当事人"转变为"仲裁者"，从"运动员"转变为"裁判员"，从大量繁琐的具体管理事务中解脱出来，将市场和社会能够自身解决的问题交由市场和社会解决。政府管理部门集中力量重点抓好宏观调控、综合决策、规划计划，真正起到"掌舵"和"导航"的作用，从而动员社会和民间的巨大热情和力量来参与生态城市建设。

（2）拓展融资渠道

① 贷款融资 贷款融资可分为国内贷款和国外贷款。政府在考虑安排贷款时，应以资本经营未来的现金流量和收益作为偿还贷款的资金来源，并将自身的资产作为贷款的安全保障。政府通过设计融资结构和提升信用度获得财团的资金，并用经营资本的收入及时偿还本息，确保生态城市建设的顺利进行。

② 租赁融资 一种方式是为政府和金融租赁公司签订融资租赁合同，金融租赁公司按照合同要求负责筹资，贷款购买政府用于生态城市建设所需的机器和设备，并租给政府部门，政府支付租金，另一种方式是政府与私营租赁公司签约，授权租赁公司负责生态城市建设、经营和管理，政府按合同向租赁公司付租金。该方式可减轻政府的经营负担。

③ 发行城市债券 城市债券的资信度介于中央国债与国有企业债券之间，是一种新的融资手段。由于城市债券的建设项目与居民的切身利益相关，如果该项目能够对城市居民的工作生活产生好的效果，其发行和销售更能得到当地居民的响应与支持。

④ PPP（Pubic-Private Partnerships）模式 是指政府、非赢利性组织和赢利性企业之间基于某个项目而形成的相互合作关系的一种模式。当合作各方参与承建某个项目时，政府并不是把该项目的责任权利全部转移给私人企业，而是以特许权协议为基础进行合作。

⑤ BOT（Build-Operate-Transter）模式 是指项目方政府将该项目的设计、投资、运营和维护的权利特许给国外私营机构，允许其在该期限内通过经营收回合理的费用，合同期满后，将该项目的一切权利转交给项目方政府。

⑥ 利用民间资本 20 世纪 90 年代以来，我国的民间资本增长很快，完全有能力进行生

态城市的基础设施建设。但需要政府加大扶持力度，提高民间资本的投资积极性。

（3）激励公众和社会组织积极参加保护生态环境　目前城市建设中，污染环境和破坏生态的情况还比较严重，以政府有限的力量去监督和管理这些问题还显得力不从心。应该充分发挥非政府组织和志愿组织的作用，非政府组织和志愿组织能够胜任这项工作。但非政府组织和志愿组织却很少开展这项工作，主要原因是激励不足。我国的法律给政府授予了很多、很大的权力，但对非政府组织和志愿组织授予的权力却很少，他们没有"权利"对污染环境和破坏生态行为进行监督和管理。政府应该通过法律途径赋予非政府组织和志愿组织一定的权利，运用经济手段使这一工作进一步深入，政府机构营造一个公平的竞争环境，引入竞争机制，逐步建立起公平的市场竞争规则，规范市场行为，激励非政府组织和志愿组织对污染环境和破坏生态的行为进行有效监督和制约，切实保障其实质性参与，通过扩大公众的知情权、监督权、索赔权和议事权，加强新闻媒介对保护生态环境问题的宣传、报道和监督，形成全民保护生态环境的社会氛围。

在生态城市规划建设中，应鼓励和支持公众参与，应对公众参与评价的内容和程序做出全面、明确和详细的规定，使公众参与评价活动程序化、法律化和制度化，在实践中得到切实落实，而不仅仅停留在鼓励的表面上。使管理体系由过去的封闭式转为开放式，由过去单一的自上而下的运行体制转为自下而上和自上而下双向运行的体制，使开发商、公众、政府之间形成一个现实的、折衷的、公允的规划方案，从而避免在具体建设时产生摩擦与矛盾。

（4）提高规划水平，实行绩效目标控制，积极推行行政问责制　生态城市建设必须要有科学的、高起点又切合实际的规划，在规划思想里导入经济、社会、生态的因素，按符合生态要求的原则进行生态规划。

其次，要确定各职能部门及个人的具体目标，制定科学合理的绩效评估体系，使组织和个人具有更多的灵活性、创新精神和效率。在实践中，要维持城市生态平衡，控制生态环境，就要以"3E"［即 Economy（经济）、Efficiency（效率）、Effectiveness（效益）］为标准。对于那些玩忽职守、不能胜任岗位工作的人员根据考核结果坚决处理，积极推行行政问责制，做到责、权、利相结合。

（5）建立和完善可持续发展的综合决策机制　生态城市建设政策的制定和实施通常涉及到多个部门、多个层次，各自所要解决的问题以及关心的利益往往不同，这便使得生态城市建设政策制定和实施过程成为一个复杂的利益、权利划分的过程。这些部门和机构不仅为整体经济利益和社会利益服务，他们还有着自身利益要求，这样就容易出现各自为政、政出多门的情况。另外，各部门、各组织所处的地位以及决策程序的科学化程度等，也影响着政策的制定和实施过程。因此，要想改变政策制定和机构设置，就要协调各部门组织之间的利益分配，调节在政策问题上的冲突。

7.6　公众参与在生态城市建设与管理中的作用

强调公众参与生态城市管理，不是把公众看作被管理的对象，而应看作是城市管理的参与者；不是把公众当作被教育者，而是向他们提供参与生态城市管理的各种机会；不是只让公众仅仅了解决策的结果，而是应让他们参与城市管理决策、实施和监督。生态城市的建设与管理需要依靠公众来响应，依靠公众参与来落实，依靠一套完善的监督机制来贯彻。公众参与模式在生态城市规划、建设，尤其是在管理过程中，有着极为重要的不可替代的作用。

7.6.1　公众参与的内涵

7.6.1.1　公众参与的定义

所谓公众，指的是政府为之服务的主体群众；参与，指关心或参加某种过程或活动。所

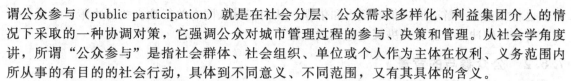

谓公众参与（public participation）就是在社会分层、公众需求多样化、利益集团介入的情况下采取的一种协调对策，它强调公众对城市管理过程的参与、决策和管理。从社会学角度讲，所谓"公众参与"是指社会群体、社会组织、单位或个人作为主体在权利、义务范围内所从事的有目的的社会行动，具体到不同意义、不同范围，又有其具体的含义。

公众参与原则涉及的内容非常广泛，关于其概念和内容学术界众说纷纭，尚未形成统一的认识。公众参与生态城市建设与管理，就是指为了实现城市的生态化、可持续发展，公众广泛参与到城市建设与管理中与他们生活环境息息相关的政策和法规的制定、决策、实施和监督的全过程，实现公众与城市管理者之间的双向交流，集思广益，合理监督，实现经济效益、社会效益、生态环境效益的统一。

现代化的城市管理模式提倡公众参与式的城市管理，公众自下而上地参与和政府自上而下地管理要形成合力。强调公众参与生态城市管理，意味着让他们参与城市管理决策、实施、监督的全过程。

7.6.1.2 公众参与的内涵

在当前公共管理学界广泛研究的新公共管理理论认为，国家的治理是一个上下互动的管理过程。它主要通过合作、协商、伙伴关系确立认同和共同的目标等方式实施对公共事务的管理。公众参与是一种新的管理理念，它恰如其分地阐释了这种新的管理理念。公众参与实际上是国家的权力向社会的回归，公众参与的过程就是一个还政于民的过程。正如托马斯·杰弗逊所说："我不相信世上有比把权力放在人民手上更安全的做法。如果我们认为人民没有足够的智慧去行使这权力，解决的办法不是把权力拿走，而是开启他们。"公众参与生态城市建设的管理强调公众对管理过程的决策、实施和监督，体现了政府和公众之间的良好合作。公众参与作为一种新的管理理念，将促使城市管理逐步向自下而上的转变，最终达到两种形式的平衡。公众的价值观念多元化、需求多元化、民主素质提高和民主意识、参与意识增强对政府提出了新的要求，政府必须更加灵活、更加高效，具有较强的应变力和创造力，对公众的要求更具有响应力，更多地使公众参与管理。它要求政府官员及其他公共部门服务人员由"官僚"转变为"管理者"，由传统的"行政"向"管理"和"治理"转变，提倡顾客导向，政府提供回应性服务，满足公众（顾客）的要求和愿望，提高服务质量，改善政府与社会的关系。作为管理公共事务的政府应具有回应性，它的基本意义就是公共管理人员和管理机构必须对公众的要求做出及时的和负责的反应，不得无故拖延或没有下文，在必要时还应当定期地、主动地向公民征询意见、解释政策和回答问题。

公众参与已逐渐成为与城市建设有关的决策程序的内在组成部分，公众参与涉及三个基本的理念：其一，参与是公众被赋权的过程，是公众的发展权得以维护和保障的过程；其二，参与是公众维护自身利益并实现自身利益的过程；其三，参与城市建设与管理是公众的一种责任。公众参与是加强城市建设与管理，推进社会管理体制创新的重要内容。强调公众的广泛参与对于推进生态城市建设、促进人与自然和谐发展无疑具有重大意义。

公众参与的主要目的在于制约管理者、决策者的自由裁量权，确保他们公正、合理地行使权力。公众参与要求决策者在做出决定之前充分听取公众的意见，并予以适当的考虑。它不仅给予公众直接参与决策、自由发表反对意见的机会，同时还要求对即将做出的决定进行公开讨论，探讨其生态、经济和社会影响。从西方国家的经验来看，公众参与及其形成的压力是城市建设发展的强大动力。公众参与还有广纳资讯和集思广益的功能。利益衡量是政策的关键。信息不畅以及决策人员的认识能力有限是"政府失灵"的重要原因，公众参与可以帮助决策机关及早发现问题，弄清问题的广度与深度，提高决策的科学性与准确性。再者，公众参与是说服和平息反对者、赢得公众支持的有效手段。一方面，公众参与增加了政府决策和管理的公开性、透明度，使政府的决策与管理更加符合民意和反映实际情况；另一方面公众也将能充分了解政府决策的理由和依据，从而能够认同有关行政机关的决策，减少公众与政府之间的冲突，使有关决策得到顺利实施。

7.6.2 公众参与的背景

7.6.2.1 公共管理理论

20 世纪 80 年代兴盛于英、美等西方国家的一种新的公共管理理论和模式——新公共管理运动正扩展至西方各国，并成为政府行政改革的最基本趋势。它强调政府与市场、政府与社会联姻，吸纳市民参与公共管理，为公共组织参与的思想树立了里程碑。新公共管理运动的倡导者盖伊·彼得斯认为，参与的基本观点是官僚体制内的专家无法获得制定政策所需要的全部信息，甚至得不到正确的信息。因此，如果排除公众对重要决策的参与，将会造成政策上的失误。"不论是公共部门还是私人部门，没有一个个体行动者能够拥有解决综合、动态、多样化问题所需要的全部知识与信息；也没有一个个体行动者有足够的知识和能力去应用所有有效的工具"。虽然这很难说是一种新的思想，但这种观点与其他观点不一样，其基本的假定是认为更直接的民主甚至可以在现今复杂的社会中运作。因此，按照这种观点，不论是在问题的确立上、问题的回应上，还是在被接受方案的执行上，都必须让更多的公民来参与。这种观点主张政府应该更加开放，而不应仅仅局限在政策专家以及负责方案的官僚人员的意见上。哈贝马斯已提出"理想对话共同体"和"沟通理性"等概念，来描述那些参与发挥效用的情况。在这种理想化的环境之下，没有个人或理念上的层级限制。相对的，在公开场合上，所有意见都具有同样的价值，而且为了探求社会中的真知灼见，各种观点都应该表达出来。显然，在这种模式之下，决策很不容易也不可能很快做出。但参与的这种民主优势以及解决政策问题所产生的创新理念，使得额外花费的时间和资源具有了正当性。

7.6.2.2 市场与政府的双重失灵

市场是有效率的。在市场经济条件下，市场对资源的配置起基础性作用。市场机制通过价格信号来反映各类资源的相对稀缺程度，调节和实现社会资源的分配。理想的市场机制理论，要求所有市场主体之间的交易都要通过市场来进行，但事实上许多相互作用发生在市场之外。同时市场在限制垄断、提供公共物品、约束极端的个人自私行为以及克服生产的无政府状态等方面存在内在缺陷。这就使得单纯的市场手段无法实现社会资源的最佳配置，即无法实现经济学上的帕累托最优（Pareto optimum），从而构成市场失灵。

以生态城市建设与管理中的环境资源管理为例。环境资源作为一种公共资源，不同于一般的私人物品，不具有排他性，决定了环境资源的需求与供给矛盾无法自动通过市场机制实现相互适应，即由于生产和消费的外部不经济，决定了人们不愿为环境保护和治理污染付费，从而产生"搭便车"心理。而谁都不愿意为此付费的直接结果，就是在环境资源的需求和供给之间无法通过市场机制实现资源的最优配置。但为环境保护和污染治理付费又是必需的，问题是谁来付费，谁来组织行动。市场既然无法做到，人们转而寻求更好的解决办法。

目前，最经济也是最通行的办法是由政府来组织环境保护和污染治理，管理由环境资源的使用者支付的环境保护和污染治理费用。按照公共信托理论，人们把自己的权益委托给中立的第三方——政府，由政府以理性的态度准确把握市场信息，谋求环境资源需求和供给之间矛盾的解决，以弥补市场的缺陷和不足。毫无疑问，政府的工作卓有成效。它以国家强制力为后盾，对环境资源进行管理，治理污染，保护环境，既降低了成本又促进了资源的优化配置，在推动经济社会发展的同时，又保护了环境。但伴随着环境运动的深入和人类环境意识的提高，政府也逐渐暴露出其环境管理的局限，即政府失灵。主要表现在：①政府理性有限。政府臃肿的组织机构、官僚主义造成的不负责任以及人类认识能力的非至上性和对信息需求的无法满足，导致政府对环境污染和破坏反应迟钝，以至于缺乏效率，甚至出现决策失误。②政府管理流于形式。环境管理所支付的费用十分高昂。据估计，美国每年执行联邦环境法律的费用高达 800 亿美元。显然有限的财政经费难以支付如此庞大的开支。而为了谋求地方经济的发展，地方政府往往会把有限的环境保护和污染治理经费挪作他用，使本已捉襟见肘的经费更加雪上加霜。这就使地方政府在环境问题上喊得多做得少，环境管理流于形式。③政府中立有限。政府是由多种部门、机构等不同利益和权利主体组成的联合体，环境作为多元化的利益客体被各部门、机构分割管理，在部门利益、地方利益的驱动下，为追求利益的最大化而使得外部不经济凸显，进而造成各利益主体之间的矛盾，引起转嫁危机、推诿责任等现象的发生。这既造成管理效率低下，又使得人们怀疑政府的中立程度。对拟议行动的环境影响评价，就是为了从"源头"上防止出现不可避免的环境破坏和污染。但对拟议行动的组织者来说，作为市场主体都应当受到市场规律的制约，因而也难免会成为"经济人"，难免会去刻意追求自身利益的最大化，而从根本上忽视对环境的影响，甚至是不可逆的环境影响，形成拟议行动的外部不经济。显然，面对市场和政府的双重失灵，人们必须寻求一种更有效率的途径和方法。这就为市场和政府之外的第三方——公众介入提供了可能，并因此而创造了全新的管理模式——政府管制和公众参与相结合。在政府管制的前提下，由公众作为各利益团体的代表，监督拟议行动的组织者和政府，促使组织者和政府能够以理性的态度对待公众意见，以尽可能的减少决策失误，促进生态城市建设与管理。

7.6.2.3 国家与社会关系的变化，强调公众参与

在全球化时代，全球化运动带来了社会生活的变化，国家行政权力不再是社会的唯一支配力量，各个国家都存在政治职能的转变问题。如何重新定位国家与社会的关系？西方一些激进的学者诉诸于"市民社会"（civil society），肯定了它是与政治国家相对的民间领域，对政治力量的滥用有制衡作用，通过对市民社会的重构来调整国家与社会的关系。在一定意义上，社区是市民社会的基本单位，社区作为人类生活的共同体，具有市民社会的基本特征。而现实中人们的生活世界已经被系统殖民地化了，国家通过行政机构所产生的权力来影响和控制人们的行为，权力手段替代了人们的理性思考，从而加剧了生活世界的精神危机。要摆脱生活世界的精神危机，重建市民社会，离不开公众的积极参与。

7.6.2.4 价值多元化、个性化需要公众参与

在市场经济机制和城市现代化的冲击下，社会呈现出价值多元化的特征。公民社会，即市民社会，在它的基本的社会价值和原则中也强调个人主义和多元主义，公民社会和国家都是为了保护和增进个人的权利和利益而存在的。在公民个性化特征的前提下，公民应通过对话的形式进行交流，在参与中寻求问题的解决。

7.6.2.5 政治民主化需要公众参与

托尼·布莱尔认为：民主的推动要靠寻找公民参与与自身有关的决策的新方式来加强。吉登斯提倡建立新民主国家，他认为关键是"民主制度的民主化"，在公共事务中实现更大程度的透明，实现非正统的民主参与形式。政治民主需要公众参与，否则将不存在民主。

7.6.3 公众参与在生态城市建设与管理中的作用

在美国生态学家 Richad Rezister 提出的生态城市建设的十项计划中，第一项就是普及与提高人们的生态意识。公众是城市的生产者、建设者、消费者、保护者，因此，国外成功的生态城镇建设都刻意地鼓励尽可能广泛的公众参与，无论从规划方案的制定、实际的建设推进过程、还是后续的监督监控，都有具体的措施保证群众的广泛参与。这种做法，在很多城市收到了良好的效果，可以说，广泛的群众参与是国外生态城镇建设得以成功的一个重要保证。

又如德国生态城市 Erlansen 城在建设中，努力与市民一起进行规划，有意与一些行动

小组，特别是与环境有关的小组合作，并使他们在一些具体项目中作为合作伙伴，同时又使他们保持自由，并可以抨击当局的某些决策。

政府治理的过程，并非政府单方面行使权力的过程，而是政府与公众的互动过程，有了公众的参与，才能进行有效的管理。一般而言，政府本身不易从内部主动地改造，政府的为善与为恶、尽责与失职，在很大程度上视国民是否尽了合理的、相当督促的作用。因此，公众的参与是十分重要的。

公众是生态城市建设与管理的主体，政府在制定城市生态发展政策时，必须建立在广泛听取民意的基础之上，只有充分反映人民的需要，政策才有说服力和影响力，才能使公众在参与中，形成关注生态、保护环境的自觉行动，才有助于和谐社会的发展。公众参与生态城市建设与管理，可以起到以下几个方面的作用，促进城市的生态化、可持续发展。

（1）公众参与能提升城市可持续发展能力　生态城市社会包含两个特性：首先，生态城市是生活城，应充分发挥生态潜力为健康的城市服务，不仅把城市作为整体考虑，而且也要使不同环境适应城市中不同年龄不同生活方式的需要；其次，生态城市是市民参与的城市，应使公众、社团、政府机构等所有的人积极参与城市问题讨论以及城市决策。城市服务于人民，同时它也属于人民，在生态城市建设过程中，公众参与编制高起点、高水平、高质量的城市建设规划及其实施，能直接充分体现他们的意愿，指导城市的生态保护与建设，全面提升城市可持续发展的能力。

（2）公众参与生态城市管理能促进城市文明发展，提高政府的决策质量　民主的本质与核心是人民当家作主，人民不但拥有对国家事务的参与权，而且拥有对国家事务的知情权和监督权。政府逐渐意识到公众参与生态城市建设是现代化城市建设与发展的重要内容，让公众参与城市建设，参与生态环境的保护，加强环境监督管理，可以让公众意愿有所表达，增加公共决策执行中的公众支持，减少因违逆民意的公共决策而增加社会动荡，有益于城市建设管理决策的民主化。集思广益，以民意为依归，可以不断提高决策方案的合理性与科学性，促使城市文明程度不断提高。

公众参与作为一种非政府的社会力量，可以将民意真实地反馈给政府，有助于政府的正确决策和修正决策中的偏颇和失误。这样既增加了政策的公开性和透明度，又保证了政策反映实际、尊重民意，使公众对环境政策由消极观望转换为积极的响应和合作，使政策执行中的冲突与摩擦最大程度地减少，更加富有成效。使生态城市的建设变得社会化，更加有效。

（3）公众参与生态城市建设管理能降低政府管理环境的成本　生态城市建设管理是一项复杂的系统工程，需要很大的管理成本。不论是发达国家还是发展中国家，都需要在生态城市建设管理的过程中积极推动公众参与，降低管理成本，保证生态城市建设的有效性，对我国来说，更是如此。公众参与能够降低政府管理的成本：第一，公众参与生态城市管理使生态城市规划、建设及相关政策的推行更加符合民意、民情，使政策在实施中遇到的阻力减少，自然降低了实施成本；第二，公众参与是一种非货币的资本，有了公众的积极参与，一些问题不花钱也可以解决了，比如公共卫生、白色污染、垃圾分类等；第三，公共参与分担了政府的跟踪、检查等监督职能。

（4）公众参与生态城市建设管理能增加公众对生态城市建设的了解　如果把生态城市建设成果视为一项"产品"，那么公众就是该项"产品"的最终"用户"。要让公众对"产品"质量放心，最好的办法就是让公众亲自参与生态城市建设的全过程。公众在参与的过程中，自然而然就加深了了解，并自觉地遵守和执行，从而达到了城市管理的目的。

（5）公众参与生态城市建设管理能够维护公众自身的合法权益　自然环境是人类赖以生存和发展的基本条件，每个人都有与生俱来的享用环境的权利。生态城市建设注重人与自然的和谐统一，追求世世代代的永续发展。在对城市建设工作的总体规划中必然会涉及到一些公众的切身利益，公众参与就能让规划者听到不同的声音，采取最佳的方案以解决不同的矛盾，从而保证规划得以顺利进行，以达到其预期的目的。

（6）协调各方面利益冲突的需要　每个人因为职业、收入、受教育程度、居住环境的差异，生活方式上也存在千差万别，大家考虑问题的角度不一样，各种利益冲突使公众参与的民主意愿日益凸显，公众参与生态城市建设成了一个各种利益需求的"调节阀"，有利于调整和规范发展过程中出现的个人利益与社会整体利益之间的矛盾。引入公众参与，完善公众、社区参与生态城市建设的公众参与机制，将有助于形成良好的生态文化氛围，有利于生态城市建设顺利进行。

总之，公众的参与可以反映公众的需求与偏好，使行政部门的政策与行为能与社会中的大多数公民的需求相契合，回应公众的需求。公众参与可以提高政府的代表能力和回应力；公众参与使公共管理者知晓公众公共组织绩效的评估意见；参与也向公众提供了信息，这些信息有助于公众做出判断政府应该做些什么；参与促使政府的改善，增强公众对政府的信心，亦增强对政策合法性的认同和支持。公众参与将会是生态城市建设管理的不可或缺的重要组成部分。

7.6.4　公众参与的类型和途径

生态城市建设与管理过程中需要广泛的公众参与。公众参与贯穿于生态城市规划决策、建设实施、管理等各个环节。关于公众参与的类型，目前有关学者的研究主要集中于决策环节，在实践和管理环节中，由于公众参与形式和途径的多样性，各个国家和城市都有自己的特点。这里总结了公众参与的主要类型和目前广泛应用的几种途径。

7.6.4.1　专家主导的公众参与

一部分西方学者对公共参与的研究，是从对技术专家主导的公共参与模式进行批判开始的。西方还有学者认为，在处理专家和客户（公众）的关系上，也不能一味强调公众参与。例如有学者认为，专家的意见才可能是对的，至少在多数时候是对的，公众参与会导致人们的观点分歧和相互之间不信任。更有极端者，所谓公共参与只会导致错误观点和思想的蔓延。因此如果专家的意见是"对的"，公众对专家意见的尊重有助于准确地把握和解决问题，达到既定目标。

不过，由于公共决策很难用对错来衡量，一方面不大容易用一个标尺来限制或者鼓励公众对公共决策的参与，保证专家意见得到适度的尊重；另一方面由于专业化的原因，公众也不容易监督专家在决策过程中的行为和职业操守。例如有学者就指出专家的行为往往需要依靠专家之间的控制和监督来达到，公众实际上无法实现这些监督或控制。

因此，另外一些学者指出，在讨论公共参与、专家和公众在参与中结成的关系时，讨论提出和解决问题的机制或许比如何尊重专家更为重要。他们指出，在多数时候技术专家们通常与现实社会保持一定距离，相对孤立地提出问题、分解问题并找出需要克服的"难点"。另外，专家还常常把自己认为的"最有效"的解决办法、策略或者政策作为指令颁布，强加给公众。他们认为这种解决问题的机制忽视了人类实践的全面性，而把问题的提出、研究和解决降低到了发现和解决"需要解决的困难"的简单层面。因此他们指出应该借助公共参与，帮助人们全面理解和诠释整体化的问题发生、发展场景或社会现实。在这样的一个参与过程中人们才能有意识地调整自己与物质世界和社会现实的关系。

7.6.4.2　授权型公众参与

授权型公共参与，从一开始就是作为对专家主导型公共参与的替代而提出的。由于认为专家主导型公共参与存在这样那样的问题。有学者指出，应该给公众提供资源，让他们自己决策应该做什么，并采取他们认为最好的方式去达到其目标。专家原来在公共参与过程中的主导地位，应该转变为协助者的地位。也就是说在公众参与的过程中专家应该逐步帮助公众自己提出和回答以下几个问题：

①（决策）需要解决的问题是什么？

② 有什么可供选择的方法能够最好地提供（分析问题）所需要的数据？

③ 如何分析和解释数据？

④ 如何运用（数据分析）结果？

换言之，在授权型公众参与中，专家不再相对孤立地提出问题、分解问题和提出策略，而是提供必要的信息和资源，帮助公众发现自己关心的问题和选择可能的解决方案。对于提供信息和资源的功能，Brookfield 指出，是一个"帮助学习者（公众）挑战自身，利用不同的方法来诠释自己经验"的过程。这一过程将帮助学习者面对一系列的思想和行动，这些行动将促使他们批判性地重新审视自己的价值观、行动方式和关于生活的假设。因此最重要的是"创造制度和思想上的条件，帮助人们用自己的日常语言，提出自己的问题和决定什么是他们最感兴趣的问题"。

7.6.4.3 协作型公众参与

早在 20 世纪 40 年代，Lewin 就开展了有关这种类型公众参与的基础理论研究。在研究中，他力图从理论上证明可以存在一种更民主的实践者（专家、决策者）和客户（公众）的关系。不过，他研究这一关系的初衷，并不是着眼于政府关于城市和环境问题等方面的公共决策，而是探求一种能够处理当时战后西方社会存在的一些问题，如法西斯主义的移留问题。为了这一目的他探索了协作研究的方法论，作为促使当时集权化的决策过程转变为民主决策过程的指导。在这一方法论的指导下公共参与被视为一个促成有关参与者集体学习的过程。在这一集体学习的过程中有关参与者结成一种新的相互关系。后来，有学者补充指出这种相互关系应该具备以下特点：

① 这种关系强调实践者（决策者）和客户（公众）的共同努力，两者之间互动过程中所决定的共同目标，是这种共同努力的根源；

② 共享的数据（信息）保证参与各方都有一种"探索的精神"；

③ 参与决策的各方，具有相同的机会去影响对方；

④ 一部分实践者和客户在完成共同协商过程后，可以自由决定自己和其余实践者或客户的关系；

⑤ 在这一关系中，影响参与各方做出判断的知识，一方面被认为是可以从先前的实践中综合得到，另一方面也与当时当地决策发生的具体环境有关；

⑥ 这种关系强调，探索（上述知识）的过程会促进（决策）目标和目的形成。

针对这些特点，另外有学者指出，为了更好地理解集体学习、协作型的公共参与，有必要把上述特点的研究和其他社会理论家、哲学家关于认识论的有关理论相结合。还有学者指出，从方法论的角度来说指导协作型的公众参与的理论是很混乱的，其中既有一部分的思想与正统的科学研究相吻合，但是也有另外一些观点与正统的科学研究相偏离。

7.6.4.4 组织能力构建型公众参与

这一类型的公共参与，是 Peirce（1996）针对伊利诺依大学香槟分校和 E-St. Louis 社区合作项目提出来的。这一类型的公共参与被视作是对授权型公共参与的补充。一方面，组织能力构建型的公共参与强调社区居民和专家对项目都有平等影响力，另一方面，它强调专家对本地普通参与有关决策的公众和社区组织进行技术培训和支持的作用，以保证这些公众和社区组织能够更加有效地促进有关机构的能力构建工作，并能真正地参与到有关决策中。

7.6.4.5 技术辅助的公众参与

最近几年，随着信息技术特别是地理信息系统的发展。公共参与的模式日益多样化。一些学者开始探索如何利用这些技术来促进公众对城市规划和其他公共决策的参与。例如Peng（2001）探索了如何利用国际互联网和 GIS 来促进城市规划和有关决策。而 Carver 等则开始关注信息技术支持之下的新型公共参与网络民主和法律的问题。相对而言，这一类型公共参与研究的核心内容比较分散，还没有形成一个相对完整的理论体系。不过从总体上说虽然先进技术会给公共参与带来一系列非技术层面的问题。绝大多数学者基本上还是对于技术对公共参与的促进作用持支持态度的。

7.6.4.6　公众参与的途径

公众参与的途径主要可包括直接参与和间接参与两种模式：直接参与是指公众个体直接参与相关的各类活动，并表达个人的思想、意愿和建议，而不需要通过任何代表、议会、组织团体等间接的手段、途径和形式，包括：①问卷调查和意见访谈，②专家咨询，③会议讨论（座谈会、听证会），④直接协商谈判，⑤公民请愿和公民投票。间接参与是指公众个体经由相关的代表、议会、组织团体等间接的手段、途径和形式来参与相关的各类活动，并通过这些间接的手段、途径和形式表达个人的思想、意愿和建议，包括通过各级政府机关、各级民意代表、各项民意调查、游说、非政府组织和各类民间组织等进行表达。

和这些传统的公众参与方式相比较，生态城市建设中的公众参与最大的特点是参与的广泛性和长期性。生态城市建设是一项复杂的系统工程，要实现这个目标，需要十几年、几十年甚至更长的时间，另外，生态城市建设不仅仅是规划、管理，更多的是每个公民参与建设社会的文明、身边的卫生环境、良好的文化氛围等。生态城市建设涉及城市生活的方方面面，公众参与水平在一定程度上决定了生态城市的目标是否能够实现。

7.6.5　公众参与生态城市管理的机制建设

公众参与机制的建设是一个系统工程，以下仅从思想观念层面、技术层面和制度层面等对如何构建公众参与生态城市建设与管理的机制做探讨。

（1）提高公众参与生态城市建设与管理的意识　对集体公益的关注是以个人权利意识的觉醒为起点的，随着生态城市建设的进程，公众素质的提高也有一个由近及远、由低到高的渐进过程。要使公众参与到生态城市建设中来，首先公众必须有能力参与。既然这是事关全社会发展前途的公众事业，就必须让全社会认知、理解以支持和最大限度地参与管理，而广泛宣传、让生态城市的理念家喻户晓是必需的。同时，必须将这一工作始终如一地贯彻到生态城市建设与管理的全过程中，这也是城市管理部门政务公开、增加透明度、公正公平工作须常抓不懈的重要职责。通过立法、宣传、政务公开、信息通畅，促进民主制度建设，增强公众对生态城市建设与管理的认知、理解、支持和最大程度地参与，开展务实有效的培训、教育、考核等活动，让生态城市真正深入人心，让公众真正关注生态城市建设。公众必须确立强烈的参与型思想观念，努力培育参与意识，提高参与的自觉性和主动性。

要转变观念，在强调公众参与生态城市管理重要意义的同时，理清公众参与和城市管理的关系，不要将公众参与和政府职能对立，认为会削弱妨碍政府职权，而是要把它定位为国家和社会互补的关系格局中，即国家和社会是"正合博弈"的关系。政府应切实从官本位向民本位理念转变。各级政府官员必须尽快走出管理认识误区，真正把吸收公众参与看成一种责任和义务，看成是优化政府行为的必由途径。

公众参与意识的建立，不仅仅是社会公众的事，城市管理者自身的公众参与意识也必须先行强化，要认识到现代城市管理的关键是公众参与，通过和公众的公开接触，在了解城市大量信息的同时，会为规划的新设想、新方案打开思路。而在方案实施过程中，行政命令式的、强制性的手段已经行不通，民主与法制才是市场经济条件下的核心，公众才是决策方案实施过程中的中坚力量。所以生态城市建设必须以公众利益为价值取向。

（2）健全公众参与生态城市管理的制度　要提高公众参与程度离不开制度的保证。政府是制度的主要提供者，完整的制度是国家法律规则与非正式社会行为规则交织而成的规则体系及运行机制，要进一步完善公众参与的法律、法规和制度体系，使公众参与有法可依、有章可循。

① 健全和完善公众参与的法律法规　要通过法律法规明确规定公众参与国家和社会事务的范围、参与途径和参与方式。同时，为了保障公众参与的有效性与公正性，应以法律、法规明确规定不同类型、不同形式公众参与的程序和方法。

② 建立健全公众参与的具体制度　在提高公民参与国家和公共事务行为的制度化水平方面，一是要完善和落实已有的制度，二是要不断进行制度创新，积极探索公众参与的切实有效的制度。针对目前参与机制中参与渠道窄、参与形式少，尤其应在拓展和优化参与渠道、创造灵活多样的参与方式上进行大胆的探索，并使新的参与方式制度化。

（3）确保公众参与生态城市管理的制度有效性　制度的实现是基于制度的有效性，是指一种制度能不能得到有效遵循，并且在有效遵循以后能不能有效解决存在的问题。因此，既要保证公众参与制度被普遍遵循，又要达到实施以后有效解决生态城市管理中的问题，这样的公众参与才具有现实意义。

（4）加大社会信息的开放，从技术层面为公众参与提供基本的技术条件　推行电子政务，建立健全政务公开制度。信息公开是公众有效参与的基本条件和前提。没有信息公开，公众不了解政府决策、决定的事实根据、形成过程、基本目标、预期的成本和效益等情况，就很难对政府的相应决策、决定进行评价，提出自己的意见、建议。因此，通过法律建立经常性的规范化的政务信息公开制度对于保证公众参与的真实和有效是极为重要和必不可少的。

（5）提高公众的参与能力　公众的参与能力具体讲包括以下三种能力。一是认知能力，即对公共决策实质的认知能力；二是程序能力，主要包括两方面能力，一方面是知识和策略技能，即发现公共决策程序和运用程序的能力，另一方面是按照一个人自己的标准评价政府官员和其他参与者的能力；三是习惯性能力，这种能力是关于感觉义务的能力，即感觉到有一种集体共享的利益，值得去做一些事。

（6）扩大参与渠道，保证参与顺畅　公众参与生态城市建设要有一个畅通的渠道，如果渠道不畅通，公众参与就无从谈起，也就无法做到民主化、科学化。为此，一要建立决策项目的预告制度和重大事项的社会公示制度；二要建立和实施在社会各阶层广泛参与基础上的公开听政制度；三要建立社会民意反映制度，通过有效机制，保证公民的意见和愿望及时反映到决策中枢系统中来；四是完善公众接待日工作制度、热线电话制度、公众建议征集制度、信访制度等比较有效的参与渠道，针对其中出现的一些形式主义现象也要通过有效的制度安排加以控制、杜绝。

（7）完善公众参与生态城市管理的监督机制　公众参与仅有知情权、参与权、决策权还不够，对于决策结果，还必须有相关监督机制作为对执行过程的保障。比如设立监督委员会，提高城市管理过程透明度、加强舆论监督等，确保公众参与不流于形式，因而前功尽弃。

科学决策贵在落实，决策落实贵在监督。决策把各方面利益有效协调起来，能够有效调动利益相关者监督决策落实，提高监督效率。否则，仅仅依靠执法部门监督，不仅成本高昂，而且效率也会很低。如：某栋建筑超过规划的高度，可能会影响相邻建筑采光或破坏整体协调；如果某建筑商任意改变住宅区中住宅的外观颜色，可能会影响邻居的审美视觉，这些都会遭到相关者举报，政府主管部门会立即要求违规者及时纠正，并给予处罚。如果某块土地确实需要改变使用性质，也需要召集各利益相关者开听证会，其中邻居的意见对决定有关键作用。

以下来看一个公众参与在生态城市建设中的应用实例——新加坡唐柏城。唐柏居民新城是 1991 年世界人居奖获奖项目,建于 1980 年,占地 960hm²,有人口 28 万,单元房 5.6 万套,花费了 10 年才建成。在新加坡,由于人口密度高,楼群的高密度是不可避免的,所以建筑风格的多样性就显得至关重要。唐柏城居民楼无论从外部样式,曲线和角度,或是从内部布局,都力争富于变化,个个街坊的楼房都有自己独特的风格和色调。

新加坡正试图减少国家在人民生活中所起的作用,而是提倡公民更多的参与并负责决策影响他们生活的事情。居民越来越多地被鼓励参与管理他们自己的房地产和新兴居民城。新城市政会一般由 6~30 个委员组成。当选的国会议员理所当然地兼任新城市委员会委员,那些热心社区公益并享有佳绩口碑的人物,是委员任命的首选。委员们负责的事项包括:社区环境与设施的保护与维修;社区环境的管理与清洁卫生;风景与园艺工程;重要的维修服务;公共财产的管理;负责收服务管理费;开展新城的社区活动等。

正是这样的生态城市硬件和软件双管齐下,唐柏城才成为各国中比较突出的一个生态城市。其中的硬件主要指多样的建筑风格和色调;而软件则主要是居民的参与,即居民自己管理跟自己密切相关的事务。由此,公众参与在生态城市建设中的作用可见一斑。

8

国外发达国家生态城市建设的实践

从 20 世纪 70 年代生态城市的概念提出至今，世界各国对生态城市的理论进行了不断地探索和实践。目前，美国、巴西、新西兰、澳大利亚、南非以及欧盟等国都已经成功地进行了生态城市建设。这些生态城市，从土地利用模式、交通运输方式、社区管理模式、城市空间绿化等方面，为世界其他国家的生态城市建设提供了范例。研究这些生态城市的规划和管理经验，无疑会对我国的生态城市建设产生积极的指导意义。

从 1971 年生态城市的概念提出至今，世界上不少国家的城市生态化建设在不同程度上取得了成功。美国、澳大利亚、阿根廷、新西兰、德国、英国、丹麦、瑞典、南非、日本、新加坡等国家的一些城市对生态城市建设计划提出了基本要求和具体标准。例如巴西的库里蒂巴、澳大利亚的怀阿拉和阿德莱德市、丹麦的哥本哈根以及美国的伯克利、克利夫兰都启动了生态城市建设计划，在经过二十多年的努力后，取得了令人鼓舞的成绩和可用于实际操作的成功经验。

8.1 美国生态城市建设实践

美国的城市是伴随着欧洲殖民者在北美洲的扩张建立起来的，与其他洲一样，北美洲的殖民城市基本上是棋盘状结构，布局无视地形的变化，城市景观毫无特色。随着人们环境意识的增强，美国的城市建设先后经历了 19 世纪的"城市美化"运动，20 世纪初的"田园城市"运动，20 世纪 80 年代的"边缘城市"运动，以及近年来兴起的"生态城市"运动。目前，美国已经在伯克利、克利夫兰和洛杉矶等城市进行了生态城市规划和建设，并取得了巨大成效。

8.1.1 伯克利

国际生态城市运动的创始人，美国生态学家理查德·雷吉斯特于 1975 年创建了"城市生态学研究会"，随后他领导该组织在美国西海岸的伯克利开展了一系列的生态城市建设活动，在其影响下美国政府非常重视发展生态农业和建设生态工业园，这有力地促进了城市可持续发展，伯克利也因此被认为是全球"生态城市"建设的样板。

根据理查德·雷吉斯的观点，生态城市应该是三维的、一体化的复合模式，而不是平面的、随意的。同生态系统一样，城市应该是紧凑的，是为人类而设计的，而不是为汽车设计的，而且在建设生态城市中，应该大幅度减少对自然的"边缘破坏"，从而防止城市蔓延，使城市回归自然。

在"城市生态研究会"创建之前，理查德·雷吉斯组织一批建筑工程师、城市规划者、承包商和热衷于新能源的技术人员，共同成立了"建筑生态俱乐部"，他们提出了一个叫"整合邻里"的设想。1980 年，以整合邻里项目为中心，Farallones 研究所在伯克利购买并整修了一座建筑，他们把它叫"整合的城市房"，在它的南面有一个被动式太阳能温室，屋顶上有太阳能热水板，粪便在干燥厕所内堆积，加上厨房和院子的堆肥来作花园的肥料。另外这里还建造了一些电或以水力为动力的风车，既可作为展览和娱乐，也可作其他用途。但是由于某些原因，该项目其他的设想未能实施。

后来成立了"城市生态研究会"，他们为了继续在伯克利推行生态城市建设的思想，设计了一个六街区的慢行道，设立减速卡，来降低车速。将公交汽车引入街区，以此来取代小汽车。在繁忙的街区，公交车可以代替五到三十辆汽车，因此这显得非常重要。有了慢行道、公交线、太阳能温室、果树以及社区堆肥系统，整合邻里的设想就实现了20%。

关注居住区街道安全和人性化需求也是生态城市建设必不可少的内容。20世纪80年代，美国新城市主义认识到现代城市中步行与机动交通结合的重要性，主张社区以步行为尺度，增强邻里感，降低对私人汽车的依赖，鼓励公共交通。在此基础上产生"步行口袋"主张：在半径约400m、5min步行范围内采用紧凑的布局，社区内部基本以步行方式为主，建设平衡的多功能区域，包括低层高密度住宅、办公楼、商店、幼儿园、体育设施及公园，人们可步行上班、购物并娱乐。

总之，通过建设慢行道、恢复退化河流、沿街种植果树、建造利用太阳能的绿色居所、通过能源利用条例来改造能源利用结构、优化配置公交路线、提倡以步代车等看来可能是微不足道的行动，却使伯克利生态城市建设工作得以扎实有效地进行。

经过20余年的努力，伯克利走出了一条比较成功的生态城市建设之路。现如今，伯克利已经具有典型的城乡一体化的空间结构，在住宅区内，每一栋独立住宅就有一块占地数个住宅面积之大的农田，农田上种植的蔬菜和水果作为"绿色食品"很受当地居民及附近城市居民的欢迎，这些实践都值得我们借鉴和提倡。

目前我们许多城市存在着"城中村"，如果能对这些城市中心散落的村庄进行合理的转型，并结合目前各国努力实践的"都市有机农业"思想（具体内容见本章中有关阿根廷的都市有机农业的详细介绍），它们不仅可以成为城市重要的食品供应地，而且还可以成为城市居民休闲娱乐以及生态教育的场所。

8.1.2 克利夫兰

克利夫兰是俄亥俄州最大的工业城市和湖港，位于伊利湖南岸，凯霍加河口，面积196.8km²。克利夫兰是大湖区和大西洋沿岸间的货物转运中心，钢铁工业为首要部门。市内绿地众多，公园面积约7500hm²，占市区面积1/3以上，有"森林城市"之称。

为了把克利夫兰建设成为一个大湖沿岸的绿色城市，市政府制定了明确的生态城市议程，主要议题包括空气质量、气候变化、能源、绿色建筑、绿色空间、基础设施、政府领导、邻里社区、公共健康、精明增长、区域主义、交通选择等，与之相应的政策措施包括鼓励在新的城市建设和修复中进行生态化设计、强化循环经济项目和资源再生回收、规划自行车路线和设施等，具体见表8.1。

"精明增长"是克利夫兰生态城市建设的重要内容，其核心是：用足城市存量空间，减少盲目扩张；加强对现有社区的重建，重新开发废弃、污染工业用地，以节约基础设施和公共服务成本，保护空地以及土地混合使用；城市建设相对集中，密集组团，生活和就业单元尽量混合，拉近距离，少用汽车，步行上班，步行上学，提供多样化的交通选择方式；优先发展公共交通，鼓励自行车、步行；住房上给居民更多选择，在不同社区，提供不同类型、价格的房屋，满足低收入阶层需要，保证各阶层混居；提倡节能建筑，减少基础设施、房屋的建设、使用成本。

合理的城市化模式有利于城市的集约型增长，"精明增长"理念对我国有借鉴意义。"精明增长"强调环境、社会和经济可持续的共同发展，强调对现有社区的改建和对现有设施的利用，强调减少交通、能源需求以及环境污染来保证生活品质，是一种较为紧凑、集中、高效的发展模式。值得注意的是，美国对城市发展的引导中，有意识地运用城市规划这一重要

表 8.1　克利夫兰的生态城市议程

议　　题	政　策　措　施
空气质量	政府应公正执行法令,削减车辆污染排放及大量空气污染源; 基于环境公平性,城市应该着手降低低收入户及少数居民地区不平衡对环境的影响
气候变化、多元化	与其他城市共同削减温室气体排放量,使城市特色更加多元化
能源	克利夫兰公有电力公司推动太阳能利用,并积极替顾客节省能源; 推动地区风力发电及燃料能等小规模电力的利用
绿色建筑	采取绿色建筑法规以提升建筑品质,包括消耗最少的能源,产生最少的废物,提供健康的户外环境; 提供学校经费辅助,鼓励学校进行学校建筑或整修时运用绿色建筑技术
绿色空间	建设绿色道路和公园,保护自然区域
公共建设	建立一个好的管理系统去保护及维护公共工程建设
社区特色	使高密度社区环境适宜,使居民感到舒适
居民健康	公共卫生部门应提升解决困难问题的能力,包括儿童哮喘、中毒处理及空气污染等问题
可持续发展	政府应与民间企业、学校及非赢利团体合作促进各种问题,包括民众节能、降低废物产生及污染防治等问题
运输方式选择	与其他单位合资交通运输计划,社区的交通规划应鼓励自行车和步行,街道规划应减少出行量和能源消耗
水质	利用立法及地方执行水质改善计划; 提高污水下水管道的接管率
滨水区	湖边、溪边等滨水区能提供民众亲水空间

工具达到节约城市资源的目的。也许这样的城市形态并不完全适合我国所有城市的发展,但我国节约型城市的建设,首先也需要一个合理的城市化模式,从而有利于城市从根本上实现集约型的增长。

在克利夫兰生态城市议程中还包括了区域主义的思想,所谓"区域主义"是指城市政府必须在复杂的区域环境中进行协调工作,城市面临的许多重大失误必须在区域的层面与众多参与者协调。这是因为城市总是在一定的区域范围内,因此城市的规划和发展必须与大范围的区域规划乃至全国规划相协调。克利夫兰整体规划是建设一个大湖沿岸的绿色城市,这必然要求它的生态建设与其邻近的城市、周围水域的生态建设保持一致。

目前我国的生态城市建设,仅仅关注城市本身,而很少考虑到整个大区域的生态建设,尤其是城市与自然区域的整体生态平衡,这必将给生态城市建设造成很大局限。通过研究克利夫兰的生态城市建设经验,我们可以考虑建设"生态都市圈",例如将京、津、冀、鲁等城市建设成为一个环渤海的生态都市圈,从而实现城市与自然区域的总体生态建设。

8.1.3　洛杉矶

洛杉矶是美国第二大城市,位于加利福尼亚州西南部。Los Angeles 是西班牙语,意思是天使,因此美国人把洛杉矶称为天使之城。洛杉矶北枕圣加布里尔山脉,东南靠圣安娜山脉,西濒太平洋;洛杉矶河、圣加布里尔河、圣安娜河流贯其间,是美国最重要的经济中心。

在 1970 年到 1971 年,加利福尼亚州把自然资源的保护纳入城市总体规划,旨在保护、发展和利用自然资源,规定各个城市应该以此为原则,根据自身需要和条件编制其总体规划。洛杉矶的环境保护运动涉及多方面的内容,比如:增强公众健康和生活质量、制定环境保护法及其相关法规,以及通过改变司法权和委托执行计划来保护自然资源等。

在洛杉矶生态城市建设的过程中取得效果比较明显的是其历史遗迹、濒危物种和森林资源的保护。

8.1.3.1 历史遗迹保护

洛杉矶市有很多史前考古遗迹。早在欧洲人到来之前，以打猎为生的印第安人就聚居在洛杉矶地区，他们的各种文化遗迹相继被发现并得到妥善保存。在加州所发现的古人类骨中最老的是一具拉贝瑞阿女性骨架，专家称她埋葬于将近九千年前。

多部联邦政府和地方的法规明确表示要保护史前遗迹和考古资源。虽然在加州总体规划中表示要在地图上标明这些考古遗迹，但依照法律这些遗迹的地址都是保密的，从而使得遗迹免受人为破坏和骚扰。1979 年通过的《联邦考古资源保护法案》，重点保护印第安地区的考古资源和遗迹，同时还包括了关于联邦土地管理者对考古资源进行开发的许可公告发布的要求；美国《遗产法》为保护美国公民遗产制定了具体方针；加利福尼亚州《环境质量法》规定了对考古遗迹进行鉴定和保护的相关内容，从而对考古遗迹提供保护。

如果城市发展计划有使考古遗迹受到破坏的可能，那么计划中就必须提出相应的减缓措施来保护这些遗迹。洛杉矶市的环境保护方针要求城市发展计划的申请者必须尊重和保护考古学家勘查文物和其他的地表活动，这些活动与城市发展计划相关并或多或少地具有重大考古学意义。考古发现可能会暂时中断城市发展计划进程，直到这些遗址和潜在的影响得到妥善评估，以及如果可能，考古资源得到保护、备案或转移。洛杉矶地区由州政府筹建的考古数据库位于南部中心海岸信息中心，关于考古调查研究的一切报告都会在此存档。

洛杉矶还存在很多古生物遗迹，最广为人知且化石资源丰富的遗址在被洛杉矶县管辖的 La Brea Tar Pits，它们位于面积达 $9.3 \times 10^4 \, m^2$ 的汉考克公园，公园中还有一座艺术博物馆和佩奇博物馆，有着丰富的动物植物化石资源。大部分化石可以追溯到四万年前的冰河期，包括猛犸象、犬齿猫、各种昆虫和鸟类。同考古遗迹一样，依照《环境质量法》规定，如果地区发展规划涉及有重大意义的潜在古生物遗迹，开发者应同古生物学家合作，合理安排评估开发活动所产生的潜在影响，并设法减轻对遗迹带来的潜在危害。如果重要古生物资源在建设施工过程中被发现，有关权威部门将指派古生物学家，在合理的时间限定内，命令停止施工，对资源进行评估，直到其得到有效保护或转移。

8.1.3.2 濒危物种保护

在洛杉矶地区生活的至少两百种动物和植物已被列入国家濒危、受威胁或特殊物种名单。一些动物物种由于各种国际条约的存在而受到保护，比如由美国、加拿大、墨西哥和日本联合签署的《迁徙鸟类保护条约》。

加州《本土植物保护法》（NPPA）规定，除了法律规定的特殊情况外，禁止任何捕杀、进口、贩卖濒危植物物种的活动。当渔业和狩猎部门（DFG）通知财产所有者濒危植物存在后，财产所有者在破坏植物之前就必须先通知 DFG，这样一来就为国家抢救濒危植物赢得了机会。1970 年制定的加州《环境质量法》（CEQA）建立了完整的地区发展环境保护程序，在这一程序中反映了当地把物种保护放在首位的普遍观点，如：识别并保护列于名单的所有敏感物种；保护当地物种的密度和数量；评估潜在影响并注意保护动植物栖息地、种群分布和其迁徙通道。

下面介绍一些洛杉矶市关于敏感物种保护和促进动植物繁殖措施的实例。

（1）Belding 的草原麻雀　这种濒危麻雀栖息于 Ballona 的沼泽地带。Playa Vista 提出了包括对沼泽进行恢复的一系列减缓计划，恢复计划将包括加强水的流动，从而增加麻雀赖以生存的水草数量。

（2）加州秃鹰和其他受控濒危物种　包括洛杉矶动物园在内的所有动物园，已经联合其他组织努力研究并实施濒危种的繁殖计划。例如洛杉矶和圣迭戈动物园已经联合隼基金会和美国鱼类和野生动物服务中心，共同实施秃鹰繁殖计划。这一计划包括鸟类人工受控交配，鸟卵孵化，幼秃鹰饲养，释放被捕获的秃鹰到当地山脉并监督其生存状况，研究死亡秃鹰以确定在野外环境中如何更好地保护它们。

（3）加州当地橡树　唯一一种被当地法令特别保护的植物物种是橡树。法律禁止破坏直径 0.2m 以上，高度 1.2m 以上的任何加州当地橡树品种，但这里面不包括矮橡树和苗圃种植的橡树。法律由公共事务部门强制执行；城市规划部门可以批准免除或对与许可证相关的细节进行再分配。公共事务部门作为首要的代理执行部门，在特定的环境下如公共安全受到威胁时，有再分配和免除权。

总之，城市在保护濒危动植物物种方面扮演首要角色，应将对敏感物种的保护和其栖息地恢复的推动工作运用于广泛的实践应用。要继续评估，减小或避免潜在重大影响；减缓对敏感动植物物种和其栖息地的不可避免的重大影响；继续通过加强立法的手段来鼓励对濒危、敏感及稀少物种及其栖息地的保护。

8.1.3.3　森林保护规划

洛杉矶市附近仅存的大片针叶树和阔叶林位于城市边界以外的洛杉矶国家森林公园和圣苏珊娜山脉的北坡（山脉大部分位于圣克拉瑞塔森林公园内）。公园以大的锥形云杉而著名，由圣莫尼卡山脉保护机构管理。

近几十年来，洛杉矶市已经和森林服务中心在很多方面进行了合作，如对森林内及邻近的低密度私有土地进行分区；通过对森林服务中心各项行动的支持来获得森林周边及外围附近的私有土地等。

1908 年这里建立了洛杉矶国家森林公园，它是加州第一个国家森林公园。森林保留地的建立更好地保护了洛杉矶和圣加百利山谷盆地间的分水岭，为动植物提供了大片栖息地，保护了本土植物和野生生物，同时有利于农业的发展，并且为当地超过 120 万的居民提供户外休闲场所，成为当地仅次于海滩的第二大休闲娱乐项目。

洛杉矶国家森林公园作为主要分水岭、开敞空间及本地区娱乐资源，逐步发展了与森林邻近或相接的公园用地，从而更好地协调森林作为物种栖息地的保护作用和其他功能。

8.1.3.4　洛杉矶生态建设对我国的启示

如果只是一味追求照搬他人生态城市建设的经验，必然会造成城市"千篇一律"的现象，也不会实现真正意义上的生态城市。因此生态城市的建设要结合城市自身的特色，如何将这些历史文化遗产、自然区域巧妙地融入生态城市，使其既能得到合理保护，又可以彰显该市特色，这是我国的生态城市建设需要不断探索的领域。

8.2　南美洲生态城市建设实践

8.2.1　巴西库里蒂巴

库里蒂巴（Curitiba）是南美国家巴西东南部的一个大城市，它是帕拉南州首府，人口 160 万，为巴西第 7 大城市，环境优美，在 1990 年被联合国命名为"巴西生态之都"、"城市生态规划样板"。该市以可持续发展的城市规划受到世界的赞誉，尤其是公共交通发展受到国际公共交通联合会（UITP）的推崇，世界银行和世界卫生组织也给予库里蒂巴极高的评价。该市的废物回收和循环使用措施以及能源节约措施也分别得到联合国环境署和国际节约能源机构的嘉奖。

8.2.1.1　库里蒂巴的城市规划

现代库里蒂巴的城市规划最早可以上溯到 1855 年，时任该市公共土地检察官的法国规划师皮埃尔·图路易（Pierre Toulouis）提出了第一个城市规划的构思，指出城市布局应该采取网格型取代过去的圆形模式，而且应该建立方形模式，后来这种设计思想逐渐被新潮的法国设计理念所取代。

20世纪30年代当地的行政主管依据欧洲标准对该市进行规划，将市区分为三个部分：商业区、工业区和居民区。1943年另一位法国规划师阿尔弗雷·阿加什制定了该市的第二个城市规划方案，它套用巴黎的城市发展模式，以老城区为核心，采用一圈圈向外扩大的环状道路和一系列源自老城区的放射形道路相结合的方式来处理城市发展扩大的问题。这是库里蒂巴第一个较为全面的规划，它提出要建设放射状的交通系统，从而连接中心市区、商业区、工业区、居民区和行政区以及按功能区划建立起来的次中心区。这个规划规定了城市的内部连接方式，以及库里蒂巴与其他市中心的连接方式。由于经济和城市快速发展等原因，使得该规划不能按照设想的那样来实施。然而规划中仍然有很多内容被采用，例如建设林阴大道、雨水收集系统等。

一直到20世纪60年代初库里蒂巴都采用阿加什最初的规划方案，后来为了控制大规模移民带来的人口剧增和工业化问题，政府当局对其进行了修改。从60年代开始，库里蒂巴开始探讨从城市总体布局着手，来解决环境和交通问题的新途径。1964年在全国范围内进行了库里蒂巴市新规划的竞标，1965年7月将不同方案予以公示。1966年6月，库里蒂巴市参议会一致通过了巴西建筑师霍赫·威廉（Jorge Wilhelm）的规划方案。该方案最大的特点是改变城市围绕旧城中心呈环形放射状发展的模式，提出了一系列有助于城市社会和商业带状发展的放射型城市结构轴线，见图8.1。它将城市的土地使用、道路和公共交通综合起来考虑，以促进沿轴线形成密度很高但交通便捷的城市区域。在这里，由于公共交通是城市结构轴线的主体，而城市结构轴线又是城市发展的骨架，所以公共交通实际上就成为指导城市增长和贯彻总体规划思想的重要工具。随后，霍赫·威廉的规划又经过修订，更加突出了结构轴线在协调城市土地使用、道路系统和城市交通之间关系的作用。

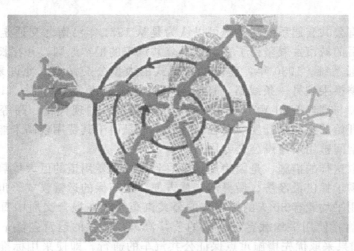

图8.1　库里蒂巴围绕交通轴形成的城市发展模式

为研究、完善和贯彻总体规划方案，库里蒂巴市于1965年成立了城市规划研究院，它的主要任务是协调总体规划所涉及的各种因素，为总体规划的发展和实施创造条件，其成员由市政府任命和指派。从上述意义来说，该院是城市政府结构中的一部分，但是它并不依附于任何一个政府部门，而是具有足够的政治权利进行独立决策并将决策付诸实施。该院的历届院长中最为著名的就是建筑师杰米·勒纳（Jaime Lerner）。

杰米·勒纳1971年竞选库里蒂巴市长成功，并连任3届，成为库里蒂巴当代史上最有影响力的市长。在他的任期内，该市绿化面积从人均0.46m² 增加到46m²，他还开展了"垃圾不是废物"等活动，而他最大的贡献是全面主持实施了60年代通过的城市总体规划方案，在库里蒂巴建立起出类拔萃的一体化城市公交体系。

8.2.1.2 库里蒂巴一体化公共交通体系

库里蒂巴市是国际公认的公共交通模范城市，它以合理的投资使城市整体交通系统达到很高的水平，毫不夸张地说，库里蒂巴的公共交通系统是世界城市交通系统中最好、最实际的，为世界其他国家的城市交通规划提供了范例。

目前，库里蒂巴小汽车保有量达 50 多万辆，平均 3 人拥有 1 辆小汽车，居巴西城市之首，但是发展完善的公交系统高效地吸收了城市高峰时的出行数量，调查显示，库里蒂巴 75％的通勤者在工作期间使用公交系统，该市燃油消耗量是同等规模城市的 25％，城市大气污染远远低于同等规模城市。

日本交通专家中村文彦认为库里蒂巴市的公共交通系统是实现城市可持续发展的典范。研究库里蒂巴一体化公交体系，对于我国的城市可持续发展交通规划具有极其重要的意义。

（1）库里蒂巴的城市公共交通系统　一个城市规划师或交通规划师为一个城市设计一套公共交通系统时，通常有 3 种战略选择：地铁系统，每公里的造价为 1 亿美元；轻轨系统，每公里的造价为 2000 万美元；公交专用道系统，每公里造价为 2 万美元。

传统的设计理念是，当城市人口超过 100 万时，一般都会采用地铁系统来减少地面交通的压力。但是具有 160 万城市人口的巴西库里蒂巴却在大量科学研究的基础上，建立了一个极具特色的一体化公交系统。这个系统秉承了地铁系统的全部优点，而投资只是地铁的很小一部分。库里蒂巴的经验表明，一个城市不必仅因为旅客量的增加就将运输方式从公交转向地铁。

库里蒂巴交通规划的成功之处，还在于将城市公共交通规划纳入城市总体规划，并将城市建设紧密围绕公共交通运输轴线展开，有效地发挥了公共交通的效能，为城市可持续发展创造了条件。

库里蒂巴现有公共交通系统的实施可以认为是从 1974 年沿南北交通走廊建设第一条快速路开始的，以后的城市发展坚持了完全依靠公共汽车的根本原则，并在长期规划的基础上持续发展公共交通系统。1980 年，建设了封闭式的大型公交站点，允许乘客快速、安全、方便地从一条线路换乘到另一条线路。1981 年，库里蒂巴市为了缓解人口增长和经济发展带来的交通压力，与瑞典 VOLVO 公司联系，希望开发一种现代化、高等级、低费用的大容量运送系统，开始的想法是开发一套轻轨系统，但是由于其费用较高未能实施，于是，为轻轨轨道预留的空间被用来建设公交专用路。

实际上，采取这样的措施，是因为规划者看到了公交专用道的巨大优势。公共汽车能为大量居民的出行需求提供最经济、最灵活、最方便、最环保的运营模式。世界银行的一份研究报告指出，使用平均载客 80 人的标准车的公共汽车系统在混合交通中每条车道每小时能够运送 1 万名旅客；使用平均载客 120 人的公共汽车在同样的运营条件下每小时能够运送 1.5 万名旅客；如果采取优先措施重点保证公共汽车的通行，即使采用标准的公共汽车，其运输能力也能达到每小时 1.5 万名旅客，而大型的公共汽车的运输能力可以达到 2 万名旅客；在专用道上运行的公共汽车每小时则能达到 2.3 万名旅客；在交叉口采用立交的高速公共汽车专用道上运行时，其运输能力高达 3 万人以上。

经过几十年的不断完善和发展，库里蒂巴市目前已经形成了较为完善的一体化公共交通系统，成为国际上城市交通规划的典范。整个公共交通系统的核心内容包括：专有路权、车站设置、现代化的公共汽车、类似地铁的票款支付系统以及成功的运营管理机制等。

（2）专有路权　库里蒂巴公共交通系统由 340 条线路、1550 辆公交车组成，覆盖了该市 1100km 的道路，其中公共汽车专用道为 60km，公共汽车日行驶里程为 38000km，每天的客运量为 190 万人。根据其所能提供的服务特征，这些线路可分为快速线、支线、区际联

路线型式	车容量
市中心环线	30
传统的公共汽车	80
支线	80
区间联络线	110
区间联络线	160
大站快车线	110
快速线	110
快速线	160
快速线	270

换乘中心站上的公共汽车

图 8.2 库里蒂巴市公共交通路线示意图

络线或环线、大站快车线、常规的整合放射线及市中心环线等,如图 8.2 所示。

快速线 (express routes),是该市五条主轴线道路上的公共汽车专用道。库里蒂巴市的五条主要轴线每一条都由三条平行的车道组成,其中 1 条大道通向城市中心,另外 1 条背离城市中心,而第 3 条大道则是处于以上两者之间的中央大道,大道之间以标准的城市街块 (block) 隔开。中央大道本身又由 3 条道路组成,它中间就是公共汽车专用道,包含两条快速公共汽车车道,两侧是慢车道,这里的慢车道是指除红色公共汽车以外其他车辆所行驶的道路,一般供私人小汽车和其他车辆使用,公共汽车专用道与慢车道之间是物理隔离带及停车带。在这种公共汽车专用道上行驶的公共汽车一般是红色的双铰接式公共汽车 (定员为270 人),站间距离为 500～1000m。

支线 (feeder routes),是连接各个快速线的主要车站与其周围地区的公共汽车线路,采用橙色公共汽车,包括单机车和铰接车 (定员为 80 人和 160 人)。

区间联络线 (interdistrict routes),是不通过市中心的环线公共汽车线路,把各换乘站与各区连接起来,采用绿色公共汽车,包括单机车和铰接车 (定员分别为 110 人和 160 人)。

对区间线路和支线来说,公共交通系统一体化设计中的一个关键理念就是线路之间必须衔接合理并且可以自由换乘。库里蒂巴通过在 5 条快速线的终点站设置大型换乘枢纽,沿快速线每 2km 设一个中型的终点站,并配备报亭、公用电话、小型邮局及附属商业设施等来提高系统的一体化程度和服务水平。旅客乘坐支线线路到达这些车站,然后可以换乘快速线路或者区间线路。旅客也可以通过红色的快速线路换乘到黄色的常规线路 (在中心区以外的地区循环运行），还可以通过上述车站换乘到绿色的区间联络线路上。

大站快车线或直达线（direct or speedy routes），是连接库里蒂巴市市中心或市内主要地区及周边地区的快速公共汽车线路，站间距离平均为 3km，在圆筒式车站内乘车，主要是快速线和区间线的补充，采用银色单机公共汽车（定员为 110 人）。

常规的整合放射线（conventional integration routes），是连接库里蒂巴市周边地区、整合公共交通系统车站与市中心、在常规道路上行驶的公共汽车线路，采用黄色公共汽车，包括单机车和铰接车（定员分别为 80 人和 160 人）。

市中心环线（city center circle line），是连接市中心主要娱乐场所的公共汽车线路，采用白色小型公共汽车（定员为 30 人）。

（3）车站的设置　库里蒂巴一体化公共交通系统中，共设有三种类型的车站，即管式车站、大型公交站和传统车站。其中管式车站共 374 个，站间距离多为 500～1000m。

一般管式车站都用一个有机玻璃圆筒，直径 3m 左右。市中心大站在马路两侧，各用两个平行的圆筒拼成，可容纳较多乘客。站台的右侧是入口处，左侧是出口处。入口处安装有一个单方向转动闸和计数器，设置收费的工作人员。在左侧的露天站台出口处也装有单方向转动闸，乘客只能出不能进。乘客付费以后，从入口处进入明亮宽敞的筒内候车室。

通过改装传统的公共汽车，使其车门可以直接开向富有创新意义的"管式"车站——车厢与车站地面在一个平面上，旅客无需踏步就可以迅速地上下车辆。同样，这些"管式"车站（图 8.3）中都装备了供残疾人使用的轮椅提升机，而不是在车上，这样既可以打破对质量的限制，又可以简化对设备的维护程序。轮椅提升机还可以在公共汽车到来之前预先将残疾人提升到适当的高度，以加速旅客的上下车速度。

图 8.3　管式公交车站

由于公交车行驶专用道路，故采用上述的管式站台，能够避免乘车高峰时间车门前拥挤的现象；售票工作是在路边的站台里进行，想逃票是非常困难的；乘客可以随时购票，随时入内候车，且可遮风避雨或免遭骄阳直晒之苦，因此，深受人们欢迎。

大型公交站多位于一体化公共交通网络的轴线上，可分为中转式的大型公交站和终端式的大型公交站。中转式的大型公交站为不同的线路提供分隔开的上下车站台，并以地下通道的形式连接这些站台，从而使乘客可以实现方便的换乘。而终端式的大型公交站则位于结构轴线道路的末端，配建有大型的基础设施，包括银行、商店、体育设施、社会保险机构等，减少居民向市中心的集结，以减轻市中心的交通压力。

传统车站是指一般的公交停靠站，乘客可以通过不同的公交线路，到达市区的各个地区。

（4）票款支付　库里蒂巴公共交通系统另一特色之处，就是其类似于地铁的票价支付方式。它采用的是车外购票和一票制的票款支付方式。

传统的公交系统多采用车内收费方式，即乘客在登车后使用现金或代币缴纳车费。而库里蒂巴则将售票系统置于公交候车站台内，在公交车辆进站前完成收费，从而实现快速简单的售票，提高上下车的速度，节省公交等候时间。就具体的操作方法而言，车外售票可以采用传统售票方式，但最好能采用电子收费系统，利用智能卡技术使收费过程自动化，从而产生更多的额外效益。

（5）成功的运营管理机制　库里蒂巴的公共交通系统之所以能发展如此顺利，也是与其成功的运营管理机制密切相关的。库里蒂巴市的公共交通系统由一家属于市政府管理的城市公交公司（URBS）来管理。URBS是一个公私合营机构（市政府占的股份为99%，私人占1%），公司总经理由市政府任命。它的主要工作是承担基础设施、公共交通等城市发展项目的资金筹集和管理，全面负责公交一体化的进程。库里蒂巴市的全部公交线路由10个私人公司经营，URBS的一个重要任务就是对这些公司进行管理和协调，避免各自为政的局面，提高服务质量。私人公司从URBS得到持有公交车辆和提供公交服务的运营许可，拥有车队并且负责完成具体的运营。州政府给私人公司提供许多方便，如私人公司向银行贷款由州政府担保等。这种公私结合的合作方式由公共管理机构确定长期的规划，可以避免因过分关注局部利益使得规划线网不合理而造成的资源浪费，而由私人公司投入主要的建设运营资金，可以在相当程度上减少政府的负担，并保证库里蒂巴市公交系统的良性发展。

在这种公私合营的管理模式下，协调公交事业的再发展与私营企业的运行费用和赢利之间的关系很重要。为此库里蒂巴实行了"运营与票制系统相分离"的运营模式，票制系统则由一个公交系统基金会负责，这个基金会专门设有一个机构来研究按里程定票价的票制体系，采用市政府控制运营里程、私人公司完成运营里程和基金会发售车票的管理体制。这样做的好处是能够充分保证各个公司的收入，不会因为某一线路的乘客少就难以为继；同时从赢利较好的公司中，提取部分资金保留在统一基金中用于公共事业的再发展。库里蒂巴市的公交车通过不断更新，保证优质的服务标准。库里蒂巴市城市化有限责任公司每月向公共汽车公司提供1%的车辆购置费用，车辆在使用一定年限后淘汰下来改造为流动学校或者作为免费运送市民往返公园的交通工具。

（6）合理的鼓励和限制措施　库里蒂巴交通规划一个重要的内容就是把公共交通和步行者放在优先的地位，强调自行车道和步行区应当是公路网和公共交通系统这个整体中不可分割的一部分。因此，该市大兴建自行车道，甚至不惜占用机动车道。市中心设有大面积步行区，既在市中心商业区，又在整合公交系统的总枢纽换乘站附近，考虑到其他城市强化公路建设的设计导致的却是交通更加拥挤，库里蒂巴市并不重视发展私人机动车辆，结果轿车的使用量减少了，污染也减少了。

另外为了鼓励人们利用公共交通，政府采取了一些经济刺激政策，例如：政府规定，年满65岁以上的老人和5岁以下的小孩可以不购车票而乘坐公共交通工具；对有工资收入的库里蒂巴市市民，如乘坐公共交通的费用超过工资6%者，其超过部分由政府补贴，6%以下者由个人负担；穷人可以用清扫垃圾来换取公共汽车车票等。

8.2.1.3　库里蒂巴社会公益项目

目前库里蒂巴有几百个社会公益项目，主要项目包括以下几种。

① 为了帮助低收入和无家可归的人，城市开始了"line to work"的项目，目的是进行

各种实用技能的培训。4 年来，该项目培训了 10 万人。库里蒂巴还开始了救助街道儿童的项目，把露天市场组织起来，以满足街道小贩们的非正式经济要求。

②"免费的环境大学"项目，提高了公民的环境意识和环境责任感。一个城市成为生态城市的前提是对其市民进行环境教育，培养其环境责任感，鼓励公民的公益行为和积极参与。库里蒂巴对此十分重视，除了儿童在学校接受正规的环境教育以外，该市还设立了"免费环境大学"，向家庭主妇、建筑管理人员、商店经理等人提供实用的短期课程，教授日常工作中（即使是最普通的工作）的环境知识。这种课程是某些行业取得执业资格的必备条件，如出租车司机，但是许多人是自愿学习这些课程的。

③ 具有创新意义的垃圾回收项目。库里蒂巴市在解决城市问题的过程中拒绝了那种强调使用成熟技术的传统思路，按现在流行的理论主张日产固体废物超过千吨的城市应建设昂贵的垃圾分拣工厂，但实际上库里蒂巴并没有垃圾分拣厂。该市解决固体废物问题从产生和收集两方面入手。每天由市民回收的纸张可挽救 1200 棵树。1988 年较为著名的环境项目"垃圾不是废物"（garbage is not garbage），引发 70％的家庭参与可再生物质的回收工作，垃圾的循环回收达到 95％，回收材料售给当地工业部门，所获利润用于其他的社会福利项目，同时垃圾回收利用公司为无家可归者提供了就业机会。

在这个环境项目中最具有创新意义的活动就是，市政府在低收入地区专门实行的"垃圾换物"计划。根据这一计划，贫困家庭可以用袋装垃圾换取公共汽车票、一袋食品或孩子上学用的笔记本。其中 62 个住区单位约 34000 余家庭统共用 11000 多吨垃圾换取了近百万张车票和 1200 余吨食品。在 3 年中，100 余所学校的学生用近 200 吨垃圾换取了近 190 万个笔记本。"彻底清除"是另一个创意，即临时雇佣退休和失业人员把城区堆积已久的废物清理干净。这些创意采用了大众参与和劳力密集型方式，而不是依赖于政府职能和大规模的资金投入。创意的实施节约了资金，提高了城市固体垃圾处理系统的效率，同时保护了资源，美化了城市和提供了就业机会。

8.2.1.4　库里蒂巴生态城市建设对我国的启示

库里蒂巴的规划思想被很多发展中国家、甚至发达国家作为典范，其城市化方式很大程度上取决于政府决策，它不仅考虑了城市发展，还通过城市发展实现了其政治和经济意图。库里蒂巴的经验表明，当政府做出规划决策，而且当城市规划成为一个政治目标时，可以通过获得公众支持来提高其成效。如果政府官员能够与规划专家以及公众相互合作，那么规划将会更容易推行，其目标也更容易实现。但是在这些辉煌的成就背后也存在着一些问题，迫切需要采取合理的规划和措施来解决由于城市发展和人口增长所带来的严重城市和环境问题。

随着城市化水平进程的加速，除大力发展小城市与建制镇以安置农村剩余劳动力外，大城市市区的人口、用地规模也会有所增加。为了避免主城区"摊大饼式"向外扩展，导致交通负荷持续增长及居住环境质量下降，在严格控制主城区范围的同时，大力规划发展以主要放射轴线及中外快速环为依托、借生态绿地为分隔的、15～30 万人口且具有配套设施的新城区或卫星城，是十分必要的。这种用地发展模式既与主城区有便捷的快速交通联系，又有就地生产就地生活的协调安排，再加上生态绿地与自然山水的楔入和环绕，使新区的居民更加接近自然，从而获得良好的居住环境。但这些都需要政治家和规划者的勇敢决策和有利政策。

8.2.2　厄瓜多尔 Bahia

1998 年整个厄瓜多尔海岸受到了厄尔尼诺现象的侵袭，厄瓜多尔著名海滨旅游胜地 Bahia 受到暴雨和泥石流的严重破坏，基础服务和食品严重短缺。在厄尔尼诺过后不久，这里又发生了 7.2 级地震，几乎所有的房屋都遭到破坏。

在 Bahia 重建过程中，当地居民在外国 NGO 组织的帮助下，试图建立一个更可持续的城市。1999 年 Bahia 宣布建立生态城市，而且已经开展了很多关于废纸、有机废物和生态恢复的项目，随着其生态城市目标的建立，这里将推行更多的生态项目。

Bahia 已经开展的项目有如下几种。

① 废纸回收项目。废纸回收项目是

图 8.4　用干花装饰的回收纸制品

Bahia 很早之前就开始的生态项目，项目的主要目的是保护环境、进行环境教育以及增加社区收入，尤其是为那些受红树林和热带雨林破坏影响的贫困家庭提供就业机会。通过这个项目可以将回收的废纸变成精美的纸张或卡片，并在上面粘上风干的花，如图 8.4 所示。

② 对 Bahia 市周围的山坡进行生态恢复。

③ 对 Maria Auxiliadora 地区的恢复重建工作，这里完全被厄尔尼诺现象破坏，并且有 20 人在此丧生。恢复之后，这个区域成为 "废墟中的森林"。

④ Fanca 儿童生态俱乐部。

⑤ "Fancan 农产品项目"。这个项目是回收家庭中的所有有机废物，并进行堆肥，然后用于种植果树。

⑥ 生态市场。将 Bahia 市场上的有机和无机废物进行分类收集。有机垃圾被送往 Encarnacion 农场进行堆肥，产生的有机肥料可以用于养虾和为该市树木施肥。这个生态城市试验项目可以减缓该市废物处置系统的压力和污染。

⑦ Encarnacion 农场。主要是堆肥，并且生产有机虾饲料的原材料。

⑧ 有机虾场。这是全球第一个有机虾场，它不仅是一个生产场，而且是野生生物避难场所。大约 30 年之前，在 Bahia 建了第一个养虾场，1977 年大量虾场相继出现，最初虾场建在河口周围的盐碱地上，但是后来由于虾需求量的增加，当地人开始开发红树林，导致红树林湿地迅速退化，最后只剩 5％ 左右。而那些被开发的地方后来变成了废弃的水塘，其中几乎没有植物生长。为了改变这种糟糕的状态，在 Bahia 建立了有机虾场。为了维持虾场的可持续，在水中种植豆科类植物，它们能耐盐耐干燥，又能为虾提供有机肥料，而且可以逐步恢复红树林湿地。

⑨ Cerro Seco 热带雨林保护区。这是 Bahia 的一个私人所有的保护区。

⑩ Rio Muchacho 有机农场/永续农场。

⑪ Rio Muchacho 社区环境学校。

⑫ Bahia 的街道树种植项目。

⑬ 在河口地区的红树林生态恢复项目。

⑭ 生态学校项目（包含 13 个生态学校）。

Bahia 未来项目包括：

① 用湿地系统处理城市废水。

② 全市范围的回收项目。

③ 建立废塑料压缩场，从而可以直接将它们埋在 Bahia，而不用再送到 Guayaquil 进行处理，从而节省了费用。

④ 在街道上种植经济作物。

⑤ 设置自行车专用道。

⑥ 建立生态城市信息中心。

⑦ 加强生态住宅建设，采用替代能源、最优化设计等措施。

8.2.3 阿根廷

都市农业于 20 世纪上半叶率先出现于欧洲的一些国家、美国、日本等发达国家和地区，而后迅速向其他发达国家和地区传播普及。都市农业最初是指都市圈中的农业，即在发达国家一些大都市里保有一些可以耕作的土地并由市民进行农作。随着都市发展和城市社会生活的变化，在市区内少量土地上进行农作已经不能满足都市居民新的消费偏好产生的需要，市区农业用地的职能便开始由市郊土地所代替，从而都市农业的区域范围乃至其功能与作用日渐扩展。

都市有机农场，作为生态城市建设的一个重要方面，已经在许多国家得到认可和实践，被认为是缓解城市地区贫困的有效战略。阿根廷的罗萨里奥城市有机农业发展战略就取得了很大成效。

罗萨里奥的都市农业项目从 2002 年开始启动。项目开始阶段，对 2859 个家庭给予援助，社区学校的菜园每年生产 1400t 蔬菜。项目还包括了 2200 户生产鸡肉的家庭，平均每年约生产 4.4 万吨鸡肉。此项计划采用的方法强调"在实践中学习"，同时能力培养是提供给家庭和社区小组的重要补充。在参与性的技术发展中，每个社区和学校都因此得到了地方支持。

在项目的倡议下，一个包括 50 户无收入家庭的家庭种植者合作社成立。该合作社集中生产和销售那些坐落在非规则聚落的社区种植园生产的有机蔬菜。不用于家庭消费的多余产品的商业化为参加合作社的家庭生产者带来了收入，同时增强了他们自身的组织和管理能力。

整个项目所取得的成果是积极的，共建立了 6 个社区有机花园，占地 37550m²，包括一个生产芳香植物和药用植物的种植园。参与的 50 个家庭在蔬菜消费方面全部达到了自给自足并创造了每月人均 120 美元的额外收入。两个家庭种植园主的合作社成立了，选择性销售组织也被建立起来，他们向家庭直销包装袋和板条箱或每周在市中心的集市上销售。随着垃圾站的减少（这些垃圾站都被改成了种植园），城市环境有所改善。项目参与者与市镇当局达成的合作协议也有了结果，例如，有机蔬菜可以免费提供给社区厨房和那些病患者。

起初产品销售是自发的，1993 年 12 月，一个名为"商业领航员"的天然产品街道集市建立，共 18 个家庭和社区种植园参加（见图 8.5）。由于市场上提供的蔬菜能够吸引消费者，因而它的经验是很成功的。于是，集市进一步成为种植者继续努力的动力。他们越发清楚，对于常规产品，他们需要运用不同的销售理念以使自己的产品在销售中更有竞争力。

罗萨里奥地方政府蔬菜种植部提供了一系列计划，包括培训、优先发展种植和 CEPAR。其中一项成果是，每周将"菜篮子"直销到各户这一销售方式发展起来。1995 年，为商业化发展生产保质保量有机蔬菜的目标一经提出，种植园合作社立即响应，决定每周六在罗萨里奥中心广场举行天然产品销售。

每一个种植园主都能选择自己种植园最好的蔬菜，灵活性很大。每周的集市使他们懂得应该采取一种普遍标准展示他们的产品。负责质量保证的委员会管理每个小组，拒收那些不符合展示标准的蔬菜。在选择到集市展示的产品时，每一个社区种植园都有自己的标准。除了蔬菜，种子、芳香植物、奶酪和从药用植物中获取的染液也在集市上出售（最后一道检验程序由地方政府雇佣的一个生化公司执行）。

收入根据每个种植者的贡献得以合理的分配，数目需经合作社所有成员同意以避免成员

罗萨里奥出售
有机蔬菜的市场

罗萨里奥种植园

图 8.5　罗萨里奥出售有机蔬菜的市场

间的竞争。地方政府通过集市运作、制定标准、帮助种植者将蔬菜由种植园运到集市等方式支持该项目。合作社使每个成员获得了不同程度的自我认同感，明确自己是所有者，并帮助他们建立了一个获得资助、建立信誉和学习销售管理方法的组织。所以，每个成员都很满意。1997 年，合作社包括 11 个菜园、70 名社员和 52600 平方米的种植土地。

8.3　大洋洲澳大利亚和新西兰的生态城市建设实践

8.3.1　澳大利亚阿德莱德生态城市建设实践

8.3.1.1　阿德莱德影子规划

"影子规划"（Shadow Plan）是在理查德·雷吉斯特思想的基础上提出的。1992 年他在阿德莱德参加第二次生态城市会议的时候，惊奇地发现澳大利亚政府的部长和内阁被称为"影子部长"和"影子内阁"，于是提出了"影子规划"的设想。"影子规划"向我们展示了在具有非常清楚的城市生态规划和发展框架情况下，应该如何创建生态城市。

阿德莱德就是"影子规划"一个成功的实践案例，它的时间跨度为 300 年，从 1836 年早期的欧洲移民来到澳大利亚，到 2136 年的生态城市建成，描述了 300 年来澳大利亚阿德莱德地区的变化过程。整个"影子规划"由六个图板组成。

第一个图板描述的是 1836 年，欧洲移民之前，阿德莱德地区的自然环境和开发状况，当时这里是澳大利亚土著民族的聚居地。整个区域被天然的灌木丛和植被覆盖，这里还有清澈的河流、广袤的滨海湿地。对此《阿德莱德的自然史》有详细地描述。

第二块图板描绘的是 1996 年阿德莱德的环境状况。1996 年和 1836 年的环境状况差别甚大，仅仅 160 年的时间，阿德莱德几乎整个原始生态系统都已经不复存在了。

第三块图板描绘的是阿德莱德采用了"影子规划"之后，经过一系列生态建设活动后出现的情况，如河流边建设公园、在城市中建设农业园和树林、限制城市蔓延等。

第四块图板是 2076 年阿德莱德的环境状况。该图板所描绘的是 1996 年旧发展模式和 2136 年影子规划对环境综合作用的结果，此时，旧城区已经开始出现绿色廊道，城市中心区域被限制在城市建成区内，初步显示了生态城市的景象。

第五块图板，描述的是 2112 年的情景。这是由于影子规划的普遍实施所带来的环境改善。虽然还有一些旧城的痕迹，但是整个城市开发基本上与现存生物区建立了平衡关系。

第六块图板描述的是 2136 年，阿德莱德生态城市情景。

总而言之，影子规划显示了如何将一个常规的城市转化为生态城市，因此社区和政府可以利用影子规划，通过不断实现短期内的可行目标，最终实现长期的生态城市目标。

8.3.1.2 阿德莱德生态城市建设具体措施

为了实施以上"影子规划"，需要采取以下步骤。

(1) 改善自然生态系统状况　包括大气、水、土壤、能量、生物多样性、生态敏感地、废水再生循环等，将河流作为未来的绿色廊道。

(2) 将现有的城市中心区改造成未来的生态城市　通常，城市中心区是非常重要的公共空间，其环境状况直接影响到在这里工作或居住的市民的生活质量，因此应该尽量提供多样的服务和设施，同时鼓励公共交通，避免小汽车带来的各种问题。多年来功能分区的城市规划策略，如将居住区和商业区分开，导致人们对汽车的过度依赖，使得城市中心变成一个异常脆弱的区域，因此应该鼓励对城市中心区进行混合功能开发，即同时满足居住、商业和社会等多种功能。城市中心区的住宅应该满足不同收入、不同生活方式的居民的需求，商业开发应该吸引各类商业的进入，公共设施（如图书馆和集会场所）应该起引导作用，使得城市中心在商店都关闭后仍能保持其活跃性。

城市中心区的开放空间应该进行绿化，鼓励步行和骑自行车交通，尽量设计小型停车场，并且建在中心区的外围。

为了减少人们的出行需求，鼓励在阿德莱德建立地方中心区，他们能够为当地居民提供多种服务和工作场所，使他们可以步行去购买生活用品，甚至步行去上班，从而大大降低了对小汽车的使用。

另外还可以建设远程办公中心，这些办公中心为人们提供良好的工作空间和服务设施，因此那些办公室员工大部分时间可以步行来这里上班，他们每星期只有一两天需要去总部办公，跟同事进行面对面的交流。为了方便交流，这些远程办公中心往往位于公共交通车站的附近。

(3) 城市交通方式的转变　在交通方面，阿德莱德市目前很大程度上依靠私家汽车，这是因为这里的公交系统不发达，道路环境限制步行和骑自行车。为了建设生态城市，应该鼓励公共交通、自行车和步行，这不仅可以降低空气污染、能源消耗、减少温室气体的排放，而且可以将节省下来的土地建成公园或作其他用途。

为了提高道路的"可步行性"，首先要限制机动车的速度，通过增加道路两旁的植被密度来改善道路的环境。

交通量少的道路不必很宽，一般不超过 6m，同时尽量减少停车空间，将更多的空间用于城市绿化。对于某些道路应该将车速限制在 30km/h，从而提高在路上行走的孩子们的安全性。道路使用权收费，可以有效地限制交通量，从而为步行者和骑自行车的人提供空间。

有的专家还提出在阿德莱德实行"汽车共用"计划，这个计划可以使得人们随时使用汽车，却不需要购买它，即在居民区附近建设汽车租赁站，人们可以根据需要租借自己所需的汽车，这样他们只需要在使用时支付费用，而不再需要承担诸如停车费等费用。可以建立整个市区的汽车共用系统，即允许一个人把车从 A 地开到 B 地，然后将车归还，再由另一个人把车开到 C 地。

这个汽车共用计划，可以大大减少汽车的数量，减少能源消耗，降低环境空气污染，促使人们对公共交通的使用，而且可以将从建设停车场节省下来的土地建设成公共绿地。计划的具体实施可以由专门的汽车公用公司来执行，也可以由政府的交通部门来实施，这要结合现实情况，并进行成本效益分析，最终选择最优方案。

(4) 阿德莱德区域的各个小城区结合自身特色进行规划建设　每个城市都有其各自的气

候、微气候、土壤以及水文特征，因此每个城市的主导产业必定不同，如位于山脚的城市可以种植果园，位于河边的城市可以种植葡萄园，位于山上的城市可以生产木材等。各个城市之间以及其他生物区之间的联系靠混合交通系统连接。

（5）优化能源利用结构，减少能源消耗　使用可更新能源、资源，促进资源再利用。

8.3.1.3　哈利法克斯生态城规划

哈利法克斯（Halifax）生态城位于阿德莱德市内城哈利法克斯街的原工业区，占地24hm²，是一个有350～400户居民的混合型社区，其中以住宅为主，同时配有商业和社区服务设施。哈利法克斯生态城是澳大利亚第一例生态城市规划，其规划设计主要由建设师保罗·F. 道顿（Paul F. Downton）及政治与生态活动家查利·霍伊尔（Cherie Hoyle）等人完成，项目不仅涉及社区和建筑的环境规划，而且还涉及社会与经济结构的规划。它向传统的商业开发提出挑战，提出了"社区驱动"的生态开发模式。1994年2月哈利法克斯生态城项目获"国际生态城市奖"，1996年6月在伊斯坦布尔举行的联合国人居会议的"城市论坛"中，该项目被作为最佳实践范例。

（1）哈利法克斯的生态开发原则：

① 恢复退化的土地，充分重视土地的生态健康性和开发潜力；

② 平衡发展，平衡开发强度与土地承载力的关系，保护现存的生态特征；

③ 阻止城市蔓延，固定永久自然绿带范围，相对提高人类住区的密度开发或在生态极限允许的开发密度下的开发；

④ 优化能源效用，实现低水平能量消耗，使用可更新能源、地方能源产品和资源再利用技术；

⑤ 利用经济，支持并促进适当的经济活动；

⑥ 提供健康和安全的环境，在生态环境可承受的条件下，为人们创造安全、健康的居住、工作和游憩空间；

⑦ 鼓励社区建设，创造广泛、多样的社会及社区活动；

⑧ 促进社会平等；

⑨ 尊重历史，最大限度保留有意义的历史遗产和人工设施；

⑩ 丰富文化景观；

⑪ 治理生物圈，通过对大气、水、土壤、能源、生物量、食物、生物多样性、生境、生态廊道及废物等方面的修复、补充、提高来改善生物圈，减小城市的生态影响；

⑫ 生态开发的"社区驱动"原则——社区驱动是指一切开发活动由社区控制，社区的规划、设计、建设、管理和维护全过程都由社区居民参与，是一种社区自助性开发方式。

（2）哈利法克斯主要的规划方案　哈利法克斯生态城的规划格网基本呈方形，400mm厚的土墙结构决定了城市基本形态的"经纬"。这些夯实的土墙意味着生态责任，所用泥土主要取自乡村需要恢复的退化或受到侵蚀的土地，它们立于大地之上，最终又回归大地。墙体可使用数百年，它支撑着楼板、屋顶，并起到储热的作用，而且可以隔声，为形成良好的邻里关系提供可能。

建筑都是由专业建筑师和"赤脚建筑师"——居民共同完成的，建筑立面和室内空间是独特的，设计充分反映住户的内在个性。建筑选用对人体无毒、无过敏、节能、低温室气体排放的建筑材料，避免使用木料。建筑设计充分结合隔热、采光、通风等气候特征，全区屋顶上有一千多个太阳能收集器，从而解决了区内的电源供应。另外还建有屋顶花园，既是休闲娱乐场所，又可种植食物，也会增强邻里关系。建筑设计尽量有利于雨水收集，被收集的雨水与区内经处理的"灰水"混合，可用于灌溉屋顶花园，在区内设置一些堆肥厕所使富含有机质的污水不全部流入下水道，不仅为区内植被提供肥料，同时还可制造沼气。

社区还建设了城市生态中心,它是哈利法克斯生态城项目的发源地,在这里通过图书馆、展览、咨询、报告可方便地知晓城市生态的有关知识,了解生态城市规划、设计和建设进展。

哈利法克斯还包括了城乡平衡规划,乡村地区的土地将被购买或划入整个开发的范围,促进其生态恢复,可作为食物基地、娱乐及城市以外的教育场地。根据规定,哈利法克斯新城每个居民至少恢复 $1hm^2$ 退化的土地。土壤侵蚀是澳大利亚最大的环境问题,通过堤岸改造、种植本土植被,阿德莱德农业地区受到严重侵蚀的溪流将得到稳定。在这些乡村地区,受到侵蚀的溪谷的稳固需要土的挖掘,而这又为哈利法克斯生态城新旧城市环境提供了建筑材料。

哈利法克斯生态城项目还重视金融与管理结构的研究、设计和建设,重视社会、经济、文化和宗教的融合,以确保经济和社会基础是平等的、民主的,没有这些,该项目不能真正算得上是"生态的"。

8.3.1.4 阿德莱德生态城市建设对我国的借鉴意义

"生态城市"目标非常宏伟,甚至被许多人认为是不可实现。但是我们可以借助"影子规划"的理念,将生态城市整体目标分阶段来实施,并制定合理的生态城市建设阶段目标,在现有的技术和经济条件下,努力实现阶梯式的跃进,从而实现真正意义上的生态城市。与此同时,可以结合情景分析和模型预测等规划方法,绘制出整个生态城市建设过程的蓝图,并以此来指导生态城市的建设,从而更好地保护自然生态平衡,避免走弯路。

8.3.2 新西兰怀塔克尔生态城市建设实践

怀塔克尔市是新西兰第五大城市,人口 16 万,位于新西兰北岛的中部。在 1000 年以前怀塔克尔被毛利人占据,1830 年以后欧洲移民者才开始抵达,并带来了一系列的工业,如伐木、锯木、制砖、挖胶、亚麻纺织和一些采矿。20 世纪初,园艺业、牧业和葡萄种植业开始兴旺,代替了早期的工业。怀塔克尔环境优美,总面积 $39134hm^2$。它是一个海滨城市,而且被大片的森林覆盖。怀塔克尔山脉是整个城市休闲的好处所,而且是城市重要的水源地。

1993 年,怀塔克尔成为新西兰第一个完成《21 世纪议程》的城市,《21 世纪议程》认为对未来开发和目前活动应有谨慎的和长远的眼光,鼓励社区在经济、社会发展、环境保护和决策方面开展一系列创意活动。作为城市战略规划的拓展,怀塔克尔市的绿色蓝图描绘了其生态城市前景,并阐明了市议会和地方社区为实现这一前景而采取的具体行动。怀塔克尔市早在 20 世纪 90 年代就开始制定城市绿色蓝图,2002 年又进行了修订,制定了"未来十年绿色蓝图"。绿色蓝图是指导该市议会行动的文件,它承诺了市议会对生态城市建设的责任,步骤和具体行动。怀塔克尔市的生态城市蓝图最终是由社区居民而非市议会实现的。

怀塔克尔经过不断的生态城市实践,已经取得了一些重要的成效:

① 1997~2000 年年间,本地的就业率提高了 3%;

② 95% 的新建住宅位于怀塔克尔的城市区域,减轻了对周边乡村和怀塔克尔山脉的生态压力;

③ 每年种植 8 万棵乡土植物;

④ 人均垃圾产生量比 1998/99 年降低了 30%;

⑤ 根据对路况最糟的道路事故统计,怀塔克尔交通安全已经明显改善,例如儿童步行者和骑自行人的事故量减少了一半;

⑥ 实现了社会结构的均衡。

8.3.2.1 怀塔克尔市绿色蓝图

1992 年联合国在巴西召开了"地球峰会",会议的主题是《21 世纪议程》,由此引发了全球对环境问题的关注。《21世纪议程》建议各地方政府制定《21世纪议程》行动计划，来促进本地的可持续发展，因此怀塔克尔市制定了"绿色蓝图"。

绿色蓝图为综合决策提供了依据，其生态城市建设目标是可持续的、动态的、公平的环境、经济和社会环境，如表8.2所列，通过生态城市建设应该能够实现：

① 赋权社区。加强政策导向和远景规划，同时赋权社区，提高其社会、环境和经济福利。

② 城市一体性规划。为了创造一个更可持续的城市，应该将未来人口增长考虑到现有城市规划中，尤其是在那些商业中心、交通枢纽以及交通廊道附近区域。

③ 公众参与。为了加强人和环境之间的联系，应该鼓励人们参与到环境保护和生态修复的活动中，将自然、历史融入日常生活。

④ 提高公民健康和安全感。

⑤ 较少交通量，提高社区的机动性。在城市规划中要尽量减少出行量，鼓励公共交通、自行车和步行。

⑥ 用生命周期方法管理能源、资源和废物。

⑦ 更大的经济独立性。

表8.2 怀塔克尔生态城市建设目标

环　境	社　会	经　济
可持续的环境：意味着要以可持续的方式管理环境，使它能够同时满足当代和后代人的利益。为了维持环境的可持续性，要采取预防措施，或实行"无悔"政策	可持续的社会：关注居民及其后代的社会福利，关注环境。使每个人都能参与决策，享有健康、安全的工作、休闲环境	可持续的经济：可持续的经济首先要有长远眼光，认识到保护环境具有良好的经济意义。这就要求对商品生产方式进行变革，例如使用可更新的资源和能源，减少包装、进行废物回收等。最终促进本地区的经济发展，满足人们经济需求
动态的环境：是指环境在人类活动和自然力的作用下，保持稳定的运动过程。因此，必须对生物多样性加以保护。物种的灭绝会导致生态系统的崩溃，使环境的适应能力遭到破坏	动态的社会：成员之间的差异是有价值的，也是应该受到鼓励的，人们面临探索新思想和新方法的挑战。动态社会珍视成员之间的"差异性"，也珍视其"同一性"	动态的经济：动态的经济是发展丰富多样的经济来适应各种变化，如经济滑坡等，并充分利用新的机会。动态经济往往在一些地方呈现特色，体现地方经济的实力
公平的环境：是指每个人都有权利用环境并使生活达到某种环境质量标准。此外，每个人都有责任保证其行为不影响其他人或后代享有环境的权利	公平的社会：至少应保证人们的福利水平不是由其财富决定的，应给予每个人健康服务、教育、休闲机会和合理的住房标准。它能够满足社会成员不同需求，给予每个人充分参与社会生活各个方面的机会。这意味着公平社会应是有弹性的，能够倾听民声，必须提供社会成员做出决策所需的信息。公平社会也鼓励在允许的范围内最大限度提高个人自由	公平的经济：指通过有报酬的工作，人们都有机会发挥或提高他们的技能。法律禁止就业歧视——包括年龄、种族、性别和残疾，这在某种程度上促进了就业平等。公平经济也打破了禁止人们从事经济活动的障碍，如缺乏经营知识的人、难以获得金融资助的人也都可以从事经营活动

在怀塔克尔城市远景的指导下，发展经济，同时加强可持续发展实践。

8.3.2.2 怀塔克尔市绿色网络建设

通过建设城市绿网，可以为人们提供更多休憩场所，将城市与乡村结合，为怀塔克尔市的野生动植物提供避难所，从而保护该市的自然资源，如溪流、森林等不被破坏。为了使怀塔克尔市更绿，市议会和公众一道开展了很多活动，如"婴儿林"项目（父母为每个新生儿亲自栽种几棵树）、清洁河流活动、废弃地复种等。这个项目是由国家环境署资助的，据此可以为新西兰其他地区环境可持续管理提供示范。

该市城市绿色网络的组成为：现有的树丛、河流、海岸以及其他自然区域；进行生态恢复的区域；私家花园（房主可以种植一些本土的植物）等。通过这个绿色网络，可以将怀塔克尔市的公园、河流、路边植物以及沿海岸线等区域连接在一起。城市生态绿色网络，能够疏通生态瓶颈，改善城市横向生境结构、纵向生境结构和生物种群结构，为城市生物多样性的生态功能提供结构性支持，恢复生物间、生物与无机环境之间的良性作用关系，改善人与自然的关系。

图8.6是怀塔克尔市的绿色网络示意图，图中给出了相关的环境信息，包括该市的自然植被区、宽度大于1m的所有河流的分布、经过生态恢复能够将现有自然植被区域连接起来的区域。

图8.6　怀塔克尔绿色网络规划

为了保护乡土物种，怀塔克尔市还开展了去除杂草以及复植活动。作为城市绿色网络建设的另一重要部分，清洁河流项目可以将怀塔克尔山脉与海洋通过河流廊道连接起来。项目参与者首先选定一条河流,然后志愿者组织提供免费的手套或袋子,组织人员对其进行现场清洁,而且每个月要进行河流水质监测,在需要植被恢复的地方,种植乡土树种,从而使被污染的河流重新变得清洁。

8.3.2.3 怀塔克尔市生态医院

实现建筑生态是实现生态城市的一条必不可少的途径,怀塔克尔市为实现建筑的生态进行了不断的探索与实践,最为有名的是生态医院建设项目。

怀塔克尔市生态医院的建设,不仅可以为西奥克兰地区提供医疗服务,而且能够兼顾环境利益。2000 年开始进行生态医院的选址和设计,从 2001 年开始建设,建设过程中不断进行环境友好的改进,到 2004 年医院建成并对外开放。生态医院极大地节省了对能源和水的消耗以及废物的产生,因为在其设计、施工和建成后引进了很多生态思想,具体见表 8.3。

表 8.3 怀塔克尔市生态医院的生态思想

生态思想	如 何 实 现	原 因
医院设计阶段		
充分利用太阳能	使窗户的高度和方向有利于接受太阳光,尽量使用那些吸光性、保温性好的地板材料,如瓷砖、石板和混凝土等	这样可以减少供热成本
采用自然光	将窗户设在利于采光的位置,还可以设计天窗	减少对采光设施的使用
吸热/储热(自然的或人工的)	在建设过程中就在地板、墙壁或者房顶上安装绝热装置,而不是在建成后安装	良好的绝热效果可以大大节减能源需求
减少建筑垃圾	使用标准的建筑材料,最好其大小和形状也是标准的	减少对物质的消耗和浪费
回收建筑垃圾	成立专门的公司对这些废弃的建筑材料进行回收	这可以产生额外的收益,将废物转化为其他产品
使用植物和其他天然材料	使用岩石、植物和天然洼地等来引导和控制雨水; 建设屋顶花园,这样既可以保持温度恒定,又可以提供休憩地	利用天然材料引导水流,不仅可以美化景观,还可以节约用水; 利用植物对雨水进行过滤,可以节省铺设传统雨水管道的费用
使用天然材料和环境友好材料	使用油毯,而避免乙烯板材; 使用水溶油漆	许多油漆涂料会释放有毒气体
结合艺术和本地文化	让艺术家来设计公共开放空间、步道等; 与当地学校或社区团体合作	可以放松人的心情; 使乏味的环境变得友好、有趣味、与众不同; 反映当地的特性; 维护地方文化传统
无围栏	在医院周围不设围栏	为人们提供方便的服务
建设阶段		
限制和控制雨水	通过以下措施来降低由于暴雨带来的问题: 在某些场所使用半草皮,如停车场; 在现有植被周围施工,尽量避免对他们的破坏,这样在项目建成后就不用再复植	避免对 Henderson 河流的污染
使用可持续材料	推荐使用新西兰可持续种植林中的木材; 使用薄板木材,减少使用钢材	承担人类的生态责任,将某些资源留给后人
用乡土种绿化	使用乡土植物; 使用本地所有的资源	为本地物种提供栖息地; 促进本地经济的发展

生 态 思 想	如 何 实 现	原 因
建成后		
使用定时器或传感器来限制水和电的消耗	低流速水龙头和省水的尿壶	使对水和电的消耗降到最低
鼓励病人和员工使用窗帘	提醒和建议病人和员工及时拉上窗帘以保持热量	通过保持热量来减少对电和供热设备的使用
收集雨水	将收集的雨水用于冲厕或灌溉	节约水资源
及时打开窗户通风	安装方便开关的窗户	避免对冰箱的使用
"灰水"再利用(即洗澡和洗涤所用的废水)	收集和再分配那些没有健康奉献的"灰水"	可以将这些水用于医院的花园和绿地灌溉
减少废物产生	将食品垃圾送给养猪场;厨房垃圾进行堆肥,并用于医院的花园;对玻璃、废纸和包装材料等进行回收	更有效的利用资源

8.4 欧盟各国生态城市建设实践

8.4.1 德国 Erlangen 和弗赖堡生态城市建设

8.4.1.1 Erlangen 的生态城市建设

Erlangen 城位于德国南部(巴伐利亚),距离慕尼黑 200km,它是努恩伯格(Nurnberg)地区的一部分,著名的大学城和"生态城市",人口 10 万,面积 77km²。第二次世界大战后,Erlangen 发展迅速,但是城市的发展也带来了很多环境问题,于是市民与非政府组织开始联合起来进行抗议,促使政府制定出更多与环境相关的政策。

20 世纪 70 年代,Erlangen 当地政府部门制定了一项综合的整体规划,这与开展地方《21 世纪议程》非常相似,该规划自从 1992 年在里约热内卢提出后,已经被广泛推广到世界各地。

这个整体规划中一个非常重要的部分就是景观规划,景观规划中指出应该保护森林、河流以及其他重要的生态区域,并建议在城市中建设更多的贯穿或环绕城市的绿带。在分区规划中,要考虑到这些生态方面的限制,并在允许范围内更好地进行开发利用。

整体规划中还包括一项新的交通规划,该规划不再给汽车交通以特权,并开始减少和限制在居住区和市区的汽车使用,同时积极鼓励以环保方式为主的城市内活动,如步行、骑车和公共交通。

根据整体规划在 Erlangen 建设绿色通道,将市内和城市周边的绿地连接起来,从而为步行和骑车提供了安全健康的环境,这使得 Erlangen 成为了健康之城,因为无论步行还是骑车,城市中任何一个住处通往绿地只需 5~7min。

在家庭废物管理方面由于采用了垃圾回收系统,该市不再需要设置焚烧炉,使得废物实现了资源化。Erlangen 市的经验表明:成为一个生态城市与成为一个有活力的现代科学之城和工业之城是不矛盾的,它们的优点完全可以在可持续发展的前提下相互强化。

8.4.1.2 生态城市弗赖堡

弗赖堡位于德国南部黑森林北麓,面积 153km²,人口 20 万。弗赖堡城市历史悠久,近年来该市高度重视对自然环境的保护,加强了生态环境保护与经济发展的联系,在生态城市建设方面取得一些成效。

弗赖堡为成为生态城市采取了一系列措施,如保护树林、立体绿化、设计渗水地面、恢复自然河道、垃圾分类、减少使用包装等，具体包括：

① 弗赖堡城中街道的地面尽量改造成能通透雨水的生态地面，这大大帮助了地下水位的回升。

② 弗赖堡城边的山地为树林所覆盖，林中有为市民提供休闲服务的餐馆和漫步小道。

③ 弗赖堡城中的高级生态住宅区，能充分节能和利用雨水。该市集中了许多世界领先的太阳能研究和开发机构，从而推动了太阳能设施的普及，建立了"太阳能社区"。

④ 弗赖堡城中用植被覆盖了水泥坡地而能很好地降噪降尘。

⑤ 穿过弗赖堡城中心的河流两岸保留着自然状态，以保护城市河流与河岸的自净作用。

⑥ 弗赖堡的菜市场使用的是麦草而不是塑料包装，由此减少了白色污染。

⑦ 弗赖堡的城市垃圾采取分类回收措施，为了减少生活垃圾，推广实行了堆肥处理系统。对于不可回收的垃圾实行限量制度，超出限额的垃圾收取垃圾税。

8.4.2 英国的城市自然网络建设

英国伦敦非常重视城市生态化建设，特别强调自然环境对城市居民的价值，1890年伦敦郡议会的委员长密斯首先提议在伦敦郡的外围设置环状绿带。1910年，在伦敦举办的城市规划会议上，针对当时伦敦等城市规模过大、交通拥挤等问题，乔治·派朴勒进一步发展了密斯的环状绿地带规划思想，提出了在伦敦市区中心16km的圈域建设环状林阴道的方案。1933年由恩温等为首的伦敦区域规划委员会提出了伦敦绿带的规划方案，但是由于城市产业和人口规模的膨胀，其实施遇到了很大困难。1944年，Patrick Abercrombie和其他人一起发表了著名的《大伦敦区域规划》。《大伦敦区域规划》中，在绿带制定区域采取了限制开发行为的管理方式，以达到建设和保护绿地的目的，同时，通过公园路连接绿带和伦敦市区内的公园绿地，形成了区域性的绿地系统。在1954～1958年的伦敦发展规划中正式采用了该规划中的绿带方案。20世纪70年代，伦敦郡内的许多行政区都制定并公布了关于绿带建设和管理的政策措施。

1984年，大伦敦议会要求地方政府认定并提供对具有自然保护价值场地的保护，在新的发展计划中考虑生态因素，特别是在缺乏野生动物的城市，该市规划大伦敦人均绿地20m²，400m内应有一块绿地。

英国曾是欧洲建造直线型、平整型和种植异国植物园林模式的发源地。而现在，英国的多个地方已把绿化城市的做法转向了恢复乡土植物物种上。由于英国在18世纪、19世纪的鼎盛时期从非洲、亚洲、拉丁美洲获取了大量的植物品，并运回英国后随意种植，使得英国国土上外来植物泛滥，乡土植物消失，给英国人的健康和英国自然界的生态平衡带来了多种至今无法估量的负效应。20世纪90年代以后，英国从事城市绿化研究的学者们开始呼吁：必须走出过于人造的园林花园误区，取而代之的绿化城市方法则应是尽量顺应自然，让树林中长出野花野草来，让街区边生长着英国城市本地的树种，让市民能够辨别哪些才是英国独特的乡土植物。于是，自然公园（natural park）首先在英国伦敦的一些街区出现了。

自然公园的模样与一般的人造花园有很大的不同。首先，自然公园中的植被是模拟自然栽种的，各种乡土的乔、灌、草都茂盛地长在一起。自然公园中的不少知识说明牌是游人们在园中接受了生态教育后自己做的。自然公园中有多处供人休息的木墩，还有能让孩子们长时间玩耍的小沙坑，因此其休闲功能不亚于公园，甚至因其植被景致更接近于自然而使来此小憩的游人愿意呆得更久一些。

一般认为，野生动植物保护地总在人迹稀少的地方，但伦敦的经验表明，城市能够保留一些具自然风貌和野生动植物得以生存的自然栖息地。伦敦具有完善的自然保护政策，议会规定土地开发不能影响自然保护，在任何土地开发获准前，需要考虑大于0.2hm²的废物弃地、受损地和空地的自然保护和娱乐价值。城市自然保护规划强调自然环境对野生动植物生存空间和对当地城市居民的价值,优先保护那些不能在伦敦以外地方重建的区域,反对在特殊科学意义区、地方性自然保护区和其他生态敏感地区进行开发。在评估自然保护的重要性时,不仅考虑生物价值、保护濒危物种和保持物种的丰富度,也考虑当地居民的需求,并据此划定自然保留地。同时,规定相邻地区的发展不能影响自然保护地,并留出生物通道,形成开敞空间的网络结构,保持自然过程的整体性和连续性。目前,伦敦的自然保留地占土地总面积的 16%,建立了市级自然保留地 129 处、区级自然保留地 572 处、社区级 353 处和乡村级 6 处,废弃的墓地、垃圾堆场、铁路、水库和深坑等均作为半自然保留地,这不仅为野生动植物提供了重要的栖息生境,人们也能在这里直接体验自然。伦敦的自然保护和社区相连接,即使在建筑密集区也尽量保留自然区域,划出自然保留地。这些相对较自然的地方是伦敦大部分野生动植物栖息的重要场所,栖息地的管理不仅在于自然保护,尤其关心该地区中的半自然植被。

据有关资料统计,人口达 700 万的伦敦拥有相当可观的野生动植物,其中包括 100 多种定期在大伦敦地区繁殖的鸟类和圣保罗(伦敦的一个区)境内 32km 范围内的 2000 多种植被。稍大型动物有狐狸、獾、鹿等,但其他许多种类往往出现在自然栖息地保留完好的地区。

几个世纪以来,伦敦一直在向外扩张,周边一些乡村逐渐被城镇替代。近 150 年来,这种城市化进程加剧。许多边远村庄、小城镇被纳入城区,组成了如今的大伦敦都市圈。虽然城市化进程加快,但并不是所有乡村都演变为城市了。在都市氛围中,依然保留着一些自然区域,如森林、河流、公用草地、常绿灌木林和农场。这些相对较自然的地方,是伦敦大部分野生动植物栖息的重要场所。

大部分野生动植物只能在某种特定栖息地中生存,这就不难发现大量的野生动植物集中分布在伦敦外围,因为那里的栖息地范围较大。向城市中心区靠近,就会发现和这些自然栖息地相关的英国本地动植物种类逐渐灭绝。最先消失的是那些对栖息地质量要求较高的物种;而那些能够在废弃地或人工种植、严格管理的栖息地中生存的物种尚能保存下来。这样的物种很少,仅有少量的植被和一些野鸽子。鸟类的分布清楚地表明了栖息地的分布,它往往和森林、灌木林或湖泊联系在一起,说明在市镇内部硬质建筑环境中物种很难生存,仅有少量鸟类的巢筑在城市的办公楼或繁华大街上。在城市内部其物种数平均仅有 30 种,而在绿带范围内,物种数超过 80 种。

所以说,伦敦野生动植物的丰富度上要依靠半自然栖息地的存在。之所以称为"半自然",是因为这些地方在人类行为干涉以前保留有自然植被的痕迹,但同时又被人类大大地改变了,不能再被看作真正意义上的自然。重要的自然栖息地主要有以下 3 种。

① 古森林 古森林是重要的栖息地之一,是传统的木材生产基地。古森林的重要特征是其树龄较长,一般有几百年,这就给鸟类、蝙蝠及昆虫提供了特殊的栖息地,尤其吸引那些类似啄木鸟的筑巢鸟类。一些已死和将死的古树也给一些稀有和不同寻常的昆虫创造了一个必要的栖息地。

② 沼泽地 据伦敦自然史记载,19 世纪早期依然保留有许多沼泽地。泰晤士河沿岸经常可以看到小山雀,这些鸟类的生存必须有大范围的芦苇床和沼泽地支持。今天,这样的地方已保留不多。大部分沼泽地已被改建为房屋或工业用地,泰晤士河沿岸也筑了河堤。

③ 灌木林和公用草地 一些街道的名字常常使人回想起这里以前曾有大片的灌木林和草地,在城市化中对自然保护做出恰当的考虑。

1984 年在大伦敦议会(Great London Council,GLC)领导下开展了大伦敦地区野生生物生境的综合调查。人们借助航空图像,对内城>0.5hm²,外城>1hm² 的所有地点做了调查，第一次提供了野生生物的生境范围、质量和分布的资料。在此基础上，评价了每一地点的保护价值，绘制了 1：10000 的不同生境的地图，并提出以下 5 类地点或大区应受到重视和保护：有都市保护意义的地点、有大区保护意义的地点、有地方保护意义的地点、生物走廊和农村保护区域。

在 1984 年大伦敦议会还制定了相应的城市自然保护政策，强调城市野生生物保护和自然对居民提高生活质量的意义，用于指导专业人员和普通市民来参与城市自然保护活动。在生境调查评价的基础上，伦敦市确定了有保护意义的保留地达 1300 余处，包括森林、灌丛、河流、湿地、农场、公共草地、公园、校园、高尔夫球场、赛马场、运河、教堂绿地等。通过保护，目前伦敦有狐、鼹、獾、美洲豪猪、灰松鼠等小型哺乳动物及 30 余种鸟类，城市综合生态环境质量明显改善。

随后，议会在同自然保护政务会磋商后，制定了整个大伦敦地区有关生态优先权及生境、遗址和物种管理规定的指导方针，给土地拥有者、发展商、公众、教育界、伦敦市镇议会和其他法定团体提出进一步意见。市镇议会在实施他们的规划任务和其他土地利用功能时，必须考虑这一方针政策。特别是市镇的地方性规划，必须明确说明生物通道和自然生境，给享受及保护自然分配好位置（不管该处是否已定为特殊科学兴趣基地或当地自然保留地），提出用于保护、加强并确保栖息地适当管理的项目，建立法定的地方性自然保留地和其他地方性兴趣点，在生态价值缺乏的地区创建自然保护用的新栖息地和新生境。

除了提供整个规划框架外，GLC 对一些重要的自然保留地提供专家建议，这其中包括公众需求。在 Chiswick 附近有一块废弃的铁路用地，已自然形成了桦木林。虽然这不是一个建立很久的栖息地，但对当地居民来说，在伦敦西部再也找不到比其更合适的栖息地了。也许此栖息地位置不太恰当，但考虑的重点放在当地居民的需求上，而不是传统的想法认为自然保留地应该用来保护濒危物种，保持物种的丰富度。

除了在规划决策中添加生态内容外，GLC 倡导在现有开发过程中加入自然保护。在泰晤士河旁新居民开发过程中就保留了原有的自然风貌，尤其是些蜿蜒的河道和小岛。许多水利工程的设计中也考虑了当地原有的自然情况，即使在建筑中心区也要考虑划出一定范围作为保留地。

虽然这些小片半自然生境中的物种量不能和那些大范围、不受人为干扰的自然乡村地区相比，但伦敦生境的范围及物种量已相当可观。总体说来，从自然保护这个角度来看，大伦敦地区的半自然生境是物种来源的一个重要基地。

当然，半自然生境也包括一些纯粹人工营造的环境，这些地方能维持大量的野生动植物生存。最好的例子就是一些不用的深坑和水库已成为水生动植物良好的栖息场所。通过创建大量新的人工湿地，使近年来自然湿地的减少得到了平衡。如 19 世纪建造的 Weish Harp 水库目前已改建为一个成功的人工湿地系统。许多其他的小水体也表明，即使是一些原本认为不可能的地方也能转变有效的自然保留地，如某一水处理公司遗留下的一系列作为滤床的水泥罐现在已长满芦苇、水草等，完全是通过自然演替的。另外还有维多利亚墓地自然演变为次生林；铁路沿线成为许多野生动植物重要的避难所。这些人工生境在一定程度上弥补了大量自然生境的丧失，尤其在伦敦中心区，其重要性更加显著。

目前，伦敦市拥有大面积的绿地，并形成网络，其环城绿带宽度达 8～30km，伦敦市还保存了许多自然生态系统，仅市级自然保护场所就有 130 多处，其中大型皇家公园 9 个，还有一些由废弃的铁路、水库、墓地和深坑等改建而成的半自然保留地。由于开展了较好的城市生态建设，在伦敦中心的皇家公园有 40～50 种鸟类繁衍，而城市周边地区，平均只有 12～15 种。英国现行《规划政策指导条例》明确指出设置绿带的目的在于：监督大城市建成区的无序蔓延，保护外围乡村地区免受侵蚀，防止城区的相互连接，保护历史城镇的特

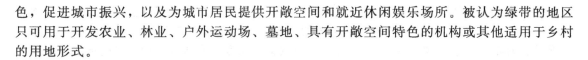

色，促进城市振兴，以及为城市居民提供开敞空间和就近休闲娱乐场所。被认为绿带的地区只可用于开发农业、林业、户外运动场、墓地、具有开敞空间特色的机构或其他适用于乡村的用地形式。

8.4.3 丹麦生态城市建设

8.4.3.1 丹麦生态城市项目

丹麦生态城市项目是一个内容十分丰富的综合性项目，该项目主要在丹麦首都哥本哈根人口密集的 Indre Norrebro 城区进行，项目采取基层组织和区议会之间的合作形式，增加了市民的参与性。该项目是丹麦第一个生态城市的建设项目，旨在建立一个生态城市的示范城区，为丹麦和欧盟的生态城市建设取得经验。

在其实施过程中，极具特色的生态城市项目是建立绿色账户、设立生态市场交易日和吸引学生参与等。

（1）建立绿色账户 绿色账户记录了一个城市、一个学校或者一个家庭日常活动的资源消费，提供了有关环境保护的背景知识，有利于提高人们的环境意识。使用绿色账户，能够比较不同城区的资源消费结构，确定主要的资源消费量，并为有效削减资源消费和资源循环利用提供依据。

（2）生态市场交易日 这是改善地方环境的又一创意活动。从 1997 年 8 月开始，每个星期六，商贩们携带生态产品（包括生态食品）在城区的中心广场进行交易。通过生态交易日，一方面鼓励了生态食品的生产和销售，另一方面也让公众们了解到生态城市项目的其他内容。

（3）吸引学生参与 吸引学生参与是发动社区成员参与的一部分。丹麦生态城市项目十分注重吸引学生参与，其绿色账户和分配资源的生态参数和环境参数试验对象都选择了学校。在学生课程中加入生态课，甚至一些学校的所有课程设计都围绕生态城市主题，对学生和学生家长进行与项目实施有关的培训，还在一所学校建立了旨在培养青少年儿童对生态城市感兴趣，增加相关知识的生态游乐场。

8.4.3.2 哥本哈根的自行车交通政策

哥本哈根是著名的古城和旅游胜地，蒂沃利公园 Tivoli 和美人鱼像可以说是哥本哈根的象征，另外它还是一个自行车的王国，其自行车交通政策可以说是世界典范。

在哥本哈根，每天约有 12.4 万人骑自行车进入市中心，它拥有 300 多公里的、与机动车道一样宽的自行车专用道，这在世界上是绝无有的。在市内还分布着许多"车园"，每个里面放置 2000 多辆自行车向行人免费提供使用。只要你交纳约合 3 美元的押金就可以把车子骑走，然后把车子归还到离你最近的"车园"，领回你的 3 美元。因此，虽然很多哥本哈根市民家中有汽车，但是他们都愿意骑自行车出门，因骑自行车既无废气污染又能锻炼身体，同时还能细细地品味城市风光。自行车已经成为被社会广为接受的交通工具和城市交通的重要组成，1/3 的市民选择骑自行车上班，在街头人们也经常可以看到政府部长和市长骑着自行车去上班的风景。

在哥本哈根自行车道路规划是城市道路规划的不可分割的一部分，早在 20 世纪 60 和 70 年代就已经形成局部自行车道网，现今自行车道网遍布市中心地区，自行车交通与机动车交通、步道交通同样被看作独立的交通系统。2002 年哥本哈根城市道路建设总投资为 6 千万丹麦克朗（7.5 克朗＝1 美元），其中 1/3 被用来改善自行车交通环境。

哥本哈根的自行车政策（2002～2012）的目标是，提高自行车通勤比例，改善骑车人交通安全、提高骑行速度和骑车的舒适性。

（1）发展纲要 哥本哈根市 2000～2003 年预算中写明"制定全面改善自行车使用条件的行动计划包括自行车道路网的扩展方案，提高通行能力、提高安全性和舒适性的方案，以

及必要的设施维护"。

2000 年通过的《城市交通改善计划》包括《改善自行车使用条件子计划》，该计划规定了 2012 年的目标：

① 在全市通勤出行中将自行车交通方式所占比例由 34％提高到 40％。

② 将骑车人重伤和死亡的危险降低 50％。

③ 将认为骑自行车很安全的人群比例从 57％提高到 80％。

④ 将自行车旅行速度从 5km/h 提高到 10km/h。

⑤ 将骑车人不满意、路面质量差的路段控制在自行车道总量的 5％以内。

同时通过的还有 2000 年《自行车绿色路线方案》和 2001 年《自行车道优先计划》，它们是自行车交通政策和行动计划的重要组成。

（2）发展策略　为实现以上目标，哥本哈根的工作重点包括以下 9 个方面。

一是增加自行车道和自行车线：根据《自行车道优先计划（2001～2016）》，未来 15 年将投资 1.23 亿丹麦克朗，建设 51km 长的自行车道和自行车线，图 8.7 为哥本哈根自行车路线规划。

二是设置绿色自行车路线：对于自行车利用者来说自行车绿色路线是一种新的交通设施，特别是对于远距离利用者。这种路线规格较高，不仅提供较宽的自行车道，而且往往还附有步道，在选线上注意利用绿化隔离地区以增强休闲性，并尽量减少与其他机动车道的交叉以减少延误。

三是改善城市中心区自行车使用条件：市中心改善的第一步是 1999 年的示范工程，即在 6 条主要道路上画上了自行车线。另一项改善工程是 2002 年在大约 1km² 历史街区范围，将自行车道联结成网，将单行线改为自行车双行线，并充分考虑步行交通的需求，最终在旧城区建成具有文化艺术风格的国家自行车路线。

四是结合自行车与公共交通：自行车交通和公共交通都有其局限性，不能满足所有交通需求，因此需要考虑将两者进行结合。哥本哈根《公共交通规划（1998）》提出了将自行车带上公共交通车辆进一步扩展了自行车的使用范围；因此计划在公交新环线的所有车站及地铁车站附近，设置自行车停车设施，预计铁路车站将有极大的自行车停车需求，丹麦国家铁路的目标是在郊区车站 25％的自行车位为固定停车场形式，50％为带顶棚的停车场，其余的采用多层停车架形式。近年来，一些郊区车站已经完成改善工作。

五是改善自行车停车设施。

六是改进信号交叉口：为了提高骑车人的安全性，将机动车停车线向后移动，并为通过交叉口的自行车道画上蓝白相间的颜色，使大货车司机及其他机动车司机能够清晰地看到等候信号的自行车。

七是自行车道的维护保养。

八是自行车道的清洁。

九是宣传和提供信息：从 1995 年开始，哥本哈根市开展了大量宣传活动。始于 1996 年的"骑车上班"宣传运动是与丹麦自行车联盟共同开展的每年一度的宣传活动，取得了一定成效，使人们知道哥本哈根是一个自行车城市，也使哥本哈根成为了一个旅游城市。

8.4.3.3　哥本哈根的步行街

汽车的出现和普及，使城市扩展成为可能。经济的迅速发展使发达国家的城市结构、高密度的城镇人口和居住环境、工业污染等问题随着交通问题的日益严重而变得异常突出。车道不断加宽，人行道越来越窄，穿梭的汽车让人提心吊胆，城市污染也日益严重，城市中心区完全陷入瘫痪状态。这些问题使原来居住在这里的中产阶级感到无法忍受，于是他们纷纷到郊区地价相对较低的地区购买住宅，同时零售商也随着他们的迁移而迁移，从而使近百年

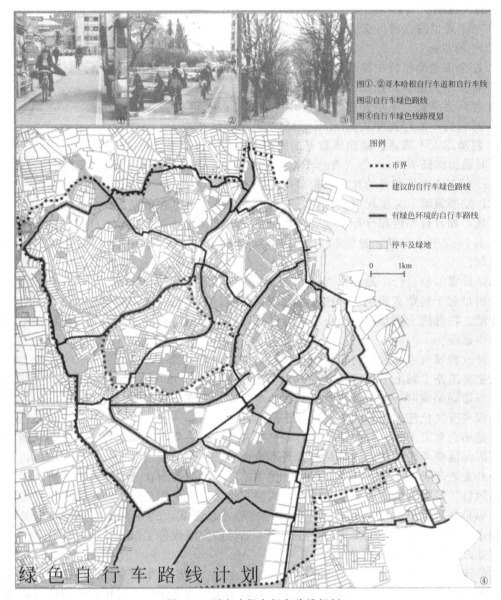

图①、②哥本哈根自行车道和自行车线
图③自行车绿色路线
图④自行车绿色线路规划

图例

···· 市界
—— 建议的自行车绿色路线
—— 有绿色环境的自行车路线
▨ 停车及绿地

0   1km

绿 色 自 行 车 路 线 计 划

图8.7 哥本哈根自行车路线规划

经营起来的城市中心区渐渐衰落，城市中心区的人口分布呈现出车轮状的空间分布形式，市中心成为现代的"贫民窟"。于是中心商业区便颓废萧条，一蹶不振，原有的历史遗存、文化蕴涵和商机潜值统统弃落、衰败为一堆废墟。

20世纪70年代中期，重新振兴旧城中心区，使商业重返市中心的潮流在欧美城市建设史上打开了新的篇章。城市的更新与市中心区的复苏，不再是简单的重复，而是结合城市改造，重新对城市进行再评价、再认识。如果要实现真正意义上的生态城市，那么规划辟建具有现代意识及当地特色的新型商业步行街，势在必行。步行区的设立推动了多种多样的社会、经济和文化活动，不仅有利于市中心的历史保护，同时也加强了人们的地域认同感，使经济效益、环境效益和社会效益有机结合。

这类步行街区选址在旧城及商业中心地段附近，它既与周围地区有便捷的客运交通联系，又有适当分散于各进出口邻近的停车场地；街区内既有各具特色的大小商场、餐饮设施，又有良好的绿化，辅以喷泉、雕塑、小游园、坐椅及小型文娱设施，为居民及旅游者提供一个避开交通噪声、废气污染的宁静清新的环境。国外著名的德国慕尼黑步行广场、法国巴黎的中央步行街均有地铁直达广场底部，它们借自动扶梯进入广场或邻近地铁及众多公交线路。另一个著名的例子是哥本哈根市中心，它从 1962 年设立第一条步行街开始，之后几十年中通过渐变的方式，由步行街、广场、人车共享的步行优先街等共同构成 1.15km² 的网络式步行区，增进了城市活力，也改善了城市人文品质。

1962 年，五万名市民聚集在丹麦首都哥本哈根的阿玛格广场，当时的市长 A. 华沙特·约翰臣宣布哥本哈根步行街成立，成为全世界第一条供民众步行休闲购物的商业步行街。但步行街的横空出世如同所有新生事物的诞生一样，不易为大多数人所接受，许多店主对这个超前的做法深感疑虑，他们担心因顾客的汽车不能进入而使营业额下降，也有很多投资者担心他们的商铺无法出租等。但市长坚定地表示：作为丹麦的首都，应该给市民一个休闲的地方，给游客一个好去处，而且旅游业的发展不但能帮助步行街兴旺发达，同时也会给整个城市带来意想不到的收获。后来，步行街从原来的一条大街连接两个广场扩展为现在的五条大街加上哥本哈根市政府广场和皇家大广场等共计总长超过 3km，堪称世界最长的步行街。

今天的哥本哈根步行街已经成为城市的标志和民族的缩影。人们到步行街已不再仅仅是为购物而来。在周末，人们在步行街上举行各种各样的活动，如音乐会、艺术展览、啤酒节、美食节、文化年等。成功的是人们不再感到商家们只是把顾客当成"提款机"，只想着赚取他们的金钱，而是为使繁华热闹的商业街更富有异国情调而自豪。哥本哈根步行街是一个把商品与文化合二为一的成功样板，文化特色已成为哥本哈根步行街最强大的可持续发展的生命源泉。

8.4.3.4 哥本哈根自行车交通政策对我国的借鉴意义

未来交通系统不只是生活工具，也是生活空间的一部分。生态城市的建设离不开"绿色交通"的支持。绿色交通的环境使人们可以在道路上行驶车辆，也可以散步；可以在道路上疾驶，但也可以在道路上休息；在交通系统中人们不会只是行色匆匆的过客，而可以是悠闲、宁适的归人；人们可以在路边听音乐，可以在路边喝杯咖啡。因此，推动绿色交通是城市交通的发展重点。

1994 年，Chris Bradshaw 提出了绿色交通的等级层次（Green Transportation Hierarchy），它利用出行方式、耗能种类、出行距离、出行速度、交通工具大小、交通工具有效利用程度、出行过程与建筑的关联程度、出行目的、出行者个体特征九类要素来评价交通出行的优先等级，用以指导个人出行及政府决策。图 8.8 中，①显示了交通工具绿色优先级排序；②为国内学者结合国情改进后的排序。

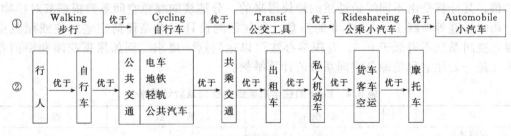

图 8.8 中外绿色交通工具分级

由此可见，在生态城市建设中步行和自行车交通是必不可少的部分。中国是世界上自行车拥有量最多的国家。自改革开放以来，一些大城市根据自行车流量，逐步开辟了自行车专用道路，并在自行车交通量特别大的交叉口，兴建了三层或四层的立体交叉桥。如北京建国门和西直门的三层立交桥，广州区庄的四层立交桥，均可使自行车单独在一层行驶，与机动车完全脱离交叉，尽可能少地不干扰机动车行驶。此外，人们在特殊路段，还兴建了地下自行车专用道路和地下存车库。例如：北京西站前，东西向的莲花池东路修建了417m长的地下隧道，地下一层是自行车专用道路，地下二层是机动车道；在王府井南口也修建了一条长152m、宽10m的地下自行车道路。这些举措对缓解城市交通拥塞的矛盾，以及在减少行车事故方面都取得了显著成效。

但是依据我国国情，如果完全依靠自行车和步行是不可能的。因此我国的自行车政策应该是把自行车同汽车和公共交通工具结合起来，形成一个均衡而多样的交通运输系统，从而构建我国生态城市的绿色交通模式。

8.4.4 瑞典生态城市建设

马尔默是瑞典第三大城市，很早就是一个工业和贸易城市，但是由于受到了高科技产业的冲击，旧有工业面临关停并转，使得整个马尔默面临城市转型。基于马尔默市政府和瑞典政府对"生态可持续发展和未来福利社会"的共同认识，他们希望通过改造，使马尔默西部滨海地区成为世界领先的可持续发展地区。1996年，由马尔默、瑞典、欧盟等有关公共和私营机构一起组织了一次欧洲建筑博览会，通过地区规划、建筑、社区管理等进行可持续发展的超前尝试，这个项目称为Bo01，也被称为"明日之城"（City of Tomorrow），该项目2001年获欧盟的"推广可再生能源奖"。

Bo01的主要内容是可持续发展建筑群，位于马尔默的滨海旧工业区，约30hm²。整个项目采用边建设边展览的形式，主要内容有：土地利用和规划；城市复建和改造；增进信息交流；增加使用清洁技术；增加使用生态建筑材料；增加使用可再生资源。如果项目成功，则可以推动整个马尔默城市的可持续发展，实现对旧工业区的改造，实现资源和废物的循环利用。

8.4.4.1 绿地设计

在城市绿地系统的设计、管理和维护方面，马尔默是一个城市新区可持续发展设计的典范。Bo01的居住区大多数采用围合式的公寓形式。住宅围合成绿地成为住宅庭院，大部分是公共的，也有很小的私人花园和阳台。为保证住宅院落质量的一致性，特为建筑师和景观设计师制定了一系列绿地指标。马尔默市所有的开发商必须遵循两方面准则：绿色空间系数（greenspace factor）和绿色要点（green points）。如果开发商想在Bo01用地内建房子，就必须聘请景观设计师，以保证景观设计师能够较早地介入，此外开发商必须建立一个常设机构来管理和养护公共绿地。

绿色空间系数的得来部分取自柏林20世纪90年代的经验，这个系数衡量整个用地的平均价值，其计算是由不同绿地性质的地块得来的。分地块的绿色空间系数根据其对植物、生态、雨水管理等项赋予0.0~1.0的系数。居住区的设计标准是任何住宅庭院或绿色空间，其绿色空间系数不得低于0.5。有很多办法可以达到这一要求，例如屋顶花园和墙面花园。表8.4是一处住宅庭院绿色空间系数的计算举例。

表8.4 Bo01的住宅庭院绿色空间系数计算举例

项　　目	面积/m²	系　　数	得　　分
花园地块	951	0.5	476
绿色地面	129	1.0	129
绿色墙面	112	0.7	78
绿色屋顶	330	0.8	264
开发水面	23	1.0	23
爬墙植物	72	0.2	14

Bo01 的每个住宅庭院都必须由开发商提供至少 10 项措施，这些措施都列在绿色要点的清单上，列出这些要点的目的是让 Bo01 有一个在生态可持续性上的独特吸引人的形象。

Bo01 一个重要的绿化措施就是植被屋顶（图 8.9）。其主要的功能是调节降水。由于马尔默临近海洋，年降水较多，通过植被屋顶，可以将 60% 的年降水通过蒸发再参与到大气水循环中，其余的水经过植被吸收后再进入雨水收集系统；此外这样还有利于屋面的保温隔热，如一般屋顶的温度在冬季和夏季分别达到 −30℃ 和 +80℃，但经过植被屋顶的调节，冬季和夏季的温度分别为 −5℃ 和 +25℃。

图 8.9　植被屋顶

图 8.10　可再生能源利用示意图

8.4.4.2　可再生能源项目

Bo01 的能源项目是欧盟支持使用可再生能源活动的一部分。Bo01 项目的重要成果之一就是实现了小区 1000 多户住宅单元 100% 依靠可再生能源，包括热能、风能、太阳能、生物质能等（图 8.10）。通过光电系统和风能发电，将能源系统与废物处理系统相结合，用余热产生沼气，沼气经过处理后，通过城市天然气管网向地区供气。

8.4.4.3　生态循环城市

Bo01 设计了当地能源、水和废物的循环系统。Bo01 的雨水全部收集利用。每座公寓楼前都有一个雨水集水池。雨水的循环流动全部在明渠中完成，区内种植水生植物。建筑物中安装了垃圾分类收集设备。

8.4.4.4　高层塔楼

这栋超高层的综合公寓楼由西班牙著名设计师 San-

图 8.11　高层塔楼

tiago Calatrava 设计, 远望是由九个立方体经过叠加后, 又顺时针扭转而成的 (图 8.11)。整个建筑分为 54 层, 总高度约为 190m, 居住总面积达 12150m², 可容纳 150 套居住与办公单元, 于 2005 年完工, 是整个住宅区的标志性建筑。

该建筑自设计方案出台之日起, 就引发了广泛的争论。一方面它在节约用地方面无疑有积极的作用, 另一方面它与周围的环境和传统是如此的不同, 而且造价昂贵。它的建成不仅已成为 Bo01 住宅示范区中最有争议的一笔, 也成为了马尔默市的一个新地标。

8.5 南非 Midrand 生态城市建设

Midrand 距离南非约翰内斯堡中心区 25km, 距离比勒陀利亚 28km, 面积 240km²。由于它位于南非两大重要城市之间, 其经济发展非常迅速。Midrand 主要是由一个商业区、一个轻工业区和一个居民区组成的。Ivory Park 1991 年被正式规划为居民区, 其目的是容纳来自其他城区的移民, 这里仅有 30% 的人来自农村, 其余大部分则是从其他人口密集的城镇搬过来的。

8.5.1 Midrand 生态城市的远景、目标以及建设原则

8.5.1.1 远景: 将 Midrand 发展成为精明的、生态友好的城市

"精明"是指采用合适的人工技术支持城市的可持续发展。例如, 在 Midrand 有很多人在家里通过网络办公, 这样就可以减少交通事故和空气污染, 社区联系将更紧密。在社区内还鼓励按照太阳能热水器、自己种植有机蔬菜、加强社区内部的商业活动、节约用水以及鼓励骑自行车等。另外还应该发展城市旅游业。Midrand 数字化城镇项目可以使其发现自身的缺陷, 从而保证该市全面健康发展。

8.5.1.2 原则

Midrand 生态城市建设的主要原则如下所述。

① 非洲文化复兴: Midrand 生态城市项目要有利于非洲重建, 它应该能够结合非洲传统文化和西方经验来建造一个环境友好的城市。它试图建立一个让非洲人生活和工作都感到舒服的城市空间。

② 公平: Midrand 要实现环境公平性, 即所有人能公平享有自然资源、共同承担环境责任。穷人不能单独忍受发展带来的环境恶化后果。

③ 消除贫穷: Midrand 希望通过投资"社会资本"来消除贫穷, 换言之, 就是对穷人进行培训, 给他们提供就业的资本和机会。

④ 自主: Midrand 应该提高其自主能力, 人们必须给自己创造就业就会, 利用自身的资源和智慧改善他们的生活环境。

⑤ 绿色变革: Midrand 生态城市应该用综合的环境管理体系来指导其工商业的发展, 这就意味着要减少资源消耗、减少污染和废物产生, 提供环境友好的产品和服务。

⑥ 提高生活质量: 向那些无法得到饮用水、良好卫生条件或者安全能源的居民提供基本的服务, 但是必须能够改善城市环境质量, 否则将会使所有人的生活质量下降。

⑦ 保护自然资源。

⑧ 为子孙后代创造美好未来: 可持续发展意味着既能满足当代人需要又不损害后代人利益。Midrand 应该为所有人提供可持续发展的机会。这就要平衡"渴望实现"与"能够实现"目标之间的关系。

8.5.1.3 Midrand 生态城市的目标

① 清洁生产技术: 在 Midrand 鼓励工业采用清洁生产的技术, 从而减少资源消耗、保

护环境。

② 绿色办公楼：鼓励开发商建设绿色办公室，以便减少对能源、水等的消耗，较少废物产生量和交通需求量，保证人员健康。

③ 食品安全：加强对本地生产的有机食品的购买和消费，从而不但可以使社区居民得到健康食品，而且可以缓解贫困状况。

④ 缓解贫困：通过创建可持续发展和绿色经济机制可以实现工资和收入同环境事宜直接联系，进而缓解贫困，如推行永续农业❶。

⑤ 环境友好技术：这个项目主要是鼓励开发和利用环境友好技术，如太阳能发电等。

⑥ 提高住宅的供热效率。

⑦ 交通管理：在 Midrand 建立一个高效便捷的交通体系，具体包括加强公共交通以及自行车道等。

⑧ 固体废物的减量化、回收及再利用。

⑨ 公共场所的建设，包括增加公园数量。

⑩ 通过经济转型提高生态可持续性，建立对穷人的绿色保障体系。

8.5.2　Midrand 生态城市项目

Midrand 一共有 25 个生态城市项目。以下是一些正在实施的项目：

8.5.2.1　规划和发展

在 2000 年地球日时，Midrand 提交了一份环境报告，其中针对生态城市建设的项目包括以下内容。

① 自行车：将自行车项目与其他生态城市项目相结合，例如用自行车把有机农场的蔬菜运出去，用自行车将回收的物品运送到指定的回收点，另外还针对那些距离学校较远的学生。

② 有机农场：鼓励当地的社区居民利用城市中的空闲地来种植新鲜蔬菜。

③ 植草：在道路的两旁植草项目，可以为当地创造就业机会，缓解就业压力，同时提高道路的美学价值，防止道路两旁的水土流失。

8.5.2.2　Ivory Park 的生态社区建设

整个 Ivory Park 生态社区由 30 个家庭组成，分布在整个社区的外围，中心是农业园以及中央公共场所，包括一个广场和操场以及洪水蓄积池。社区内部是步行道，而停车场则分布在社区外围的道路附近，因此社区居民很少使用小汽车。

社区临近公路的一角通常被设计成小型商业中心，而社区的另一角则有一个专门的市场，出售社区内生产的新鲜农产品。另外在社区还设有废物管理设施，如设置废物回收点。

在 Ivory Park 提倡用自然材料来建房屋。Ivory Park 社区内的第一座房屋是用土砖建成的，这种砖由红土和稻草组成，这座房屋面积 42m²，包括三个房间、一间浴室和一间厨房。房屋的地基是混凝土和沙组成的，土砖墙先被涂上一层亚麻油，然后涂上石灰，并上了壁画，在屋内装上了绝热的天花板。

除了使用土砖建房，Ivory Park 还采用了其他环境友好的技术，包括：建在屋后的可以堆肥的厕所，用于收集和储存从屋顶流下的雨水的池子，这些收集的雨水用于浇灌公共

---

❶ 永续农业是对具有多样性、稳定性和自然生态系统的恢复力的农业生态系统的理性设计和维护。它就是人和景观的和谐集成，以可持续的方式提高食物、能源和其他物质及精神需要。

永续农业的概念最初是用来描述永久农业，现在这个概念包括了更多的内容：致力于创造稳定的自支撑系统的规划和设计方法，基于生态原则的可持续文化，不仅为人们提供健康食品，而且提供能源、温暖、美和其他意义的追求。

田园。

Ivory Park 存在着很多环境和社会问题：人口拥挤；五分之一的家庭中有人患呼吸疾病；失业率也很高；而且河流污染严重。但是生态项目使得这些问题一一得到解决。Midrand 有专门的综合环境状况报告（State of the Environment，SOE），可以用来指导环境管理原则的制定。另外 Ivory Park 通过地方 21 世纪议程与联合国紧密合作，以保证其可持续发展模式。

Ivory Park 的有机食品组织取得了很多积极效果，包括降低医疗消费、减少交通成本以及保证食品安全等，而且可以创造就业机会，缓解社区贫困现象。

8.5.2.3 能源

（1）Ivory Park 的天花板项目　根据 Ivory Park 的一项调查，有 7％～25％的家庭收入被用于家庭照明、做饭和供热。低收入家庭，就可能会使用蜡烛、石蜡或者煤，而这些会造成健康和火灾风险。即使用电的家庭，也往往因为房屋隔热效果差，在冬季会造成大量电力资源的浪费。

在 Ivory Park 推行的天花板试验项目表面，装有天花板的房屋用于供热的燃料比没有的要少 15％。由此可见，安装天花板可以提高房屋的热效率，能够使得房屋冬暖夏凉，但是要用些透气的砖，以便室内空气的流通。

（2）Ivory Park 的太阳能热水器项目　这是由 UNDP 出资，在 Ivory Park 推行的一项生态城市项目。计算结果表明如果在 Ivory Park 有 9000 个家庭安装上太阳能热水器，在未来 20 年内，将会减少将近一百万吨碳排放。

《京都议定书》中的"清洁生产机制"规定发达国家与发展中国家之间可以进行碳交易，发达国家可以援助发展中国家建立环境友好的、可持续的发展机制，而其本身又可以不必因为减少碳排放量而阻碍经济发展。

太阳能热水项目就是在这个基础上提出的，项目包括了建设一个太阳能热水器工厂，从而可以创造就业机会，并且加强环境保护。碳排放是造成温室效益的主要原因，每年有 60 亿吨的二氧化碳排放到大气环境中，由于南非是能源密集型经济，其发展主要依靠化石燃料，因此成为造成气候变化的国家之一。太阳能热水项目是其清洁能源项目之一。

8.5.2.4 数字城市建设

数字城市是指将城市的部分或大部分基础设施、功能设施数字化，建立数据库，并用计算机高速通信网络相连接，实现网络化管理和调控，并具有智能化的监测和调控体系。数字城市除了城市模型以外还包括其他一些信息，如金融、通讯、旅游、购物等信息，它们与用户共同组成一个新的有用空间。数字城市是在计算机网络上实现的，需要多学科的支持，特别是信息科学的技术支持。其关键技术主要包括：信息高速公路与计算机网络技术、高分辨对地观测技术、GIS 技术、虚拟现实技术（VR）等。数字城市使人类所拥有的城市决策信息更为完善，并将会给人类提供一个全新的信息生活空间。但城市从其功能性上应是一个和谐的人居环境，而这一目标的实现离不开生态城市的建设。

"数字城市"战略是 Midrand 生态城市项目之一。采用高科技，建立家庭办公环境、更好的团体合作，可以提高工人的效率，减少出行需求。通过多种层次技术的应用，创建数字城市，可以提高居民健康娱乐、保护自然环境。

由于不同区域之间存在着很大的差异性。为了加强各区域之间的贸易和工业发展，以及经验技术交流，既要加强知识宣传又要加强社区内科技设施的建设，需要创造一个多媒体环境，从而促进全球贸易的开展。从技术角度看，在已经具备了支持局域网、广域网以及综合服务数字网络的精密通信设施后，Midrand 可以为跨国公司提供很好的通讯条件。

8.5.2.5 其他项目

Midrand 还在城市供水，废物管理（通过社区项目回收废物），食品安全（鼓励有机农业的发展），生物多样性保护（通过建设生态廊道、将外来物种用作燃料和建筑材料等来提高本地的生物多样性），工商业（推动当地工业的 ISO14001 管理体制、建立绿色账户）以及通过建立生态银行和青年环境项目等方面共同促进生态城市的建设。

8.6 亚洲生态城市建设实践

8.6.1 日本生态城市建设

日本北九州市从 20 世纪 90 年代开始以减少垃圾、实现循环型社会为主要内容的生态城市建设，提出了"从某种产业产生的废弃物为别的产业所利用，地区整体的废弃物排放为零"的生态城市建设构想，其具体规划包括：环境产业的建设（建设包括家电、废玻璃、废塑料等回收再利用的综合环境产业区）、环境新技术的开发（建设以开发环境新技术、并对所开发的技术进行实践研究为主的研究中心）、社会综合开发（建设以培养环境政策、环境技术方面的人才为中心的基础研究及教育基地）。

1997 年 7 月北九州市策划并实践了生态城项目（ECO-TOWN），这个项目宗旨是"堵住废物源头，推进废物利用，靠环境产业振兴地方经济，创造资源循环型社会"。在生态城里形成了一批环保型产业，他们为改善北九州的环境做出了巨大贡献。在这个项目实施过程中，北九州还建立了废物零排放的"生态工业园"。

2002 年，北九州开放了环境博物馆，博物馆部分是由回收的材料建造的，这个博物馆有最先进的生态技术，开放了生态生命广场，这里销售由当地的生产企业生产的生态产品，召开了由市民负责策划、实施，以市民为主体的绿色宣传大会。

每个城市都会有一些人随手丢垃圾，北九州也是一样，为了培养市民的良好习惯，开始必须有经济处罚，之后随着关心环境的市民增加，以及市民环境意识的提高，他们就会从自己身边的小事做起，自觉地参与到环境保护活动中来。

市民积极参与，政府鼓励引导，是北九州生态建设的经验之一。为了提高市民的环保意识，北九州开展了各种层次的宣传活动，例如，政府组织开展的汽车"无空转活动"，制作宣传标志，控制汽车尾气排放；家庭自发的"家庭记账本"活动，将家庭生活费用与二氧化硫的削减联系起来；开展了美化环境为主题的"清洁城市活动"等。

8.6.2 新加坡花园城市建设

一提到"花园城市"，人们最先反映在脑海中的就是新加坡。新加坡位于马六甲海峡东口，国土面积为 646km²，总人口 320 万，相当于中国特大城市的人口规模，和中国许多热带城市有着相似的气候条件。

新加坡之所以能够成为世界瞩目的"花园城市"，与人们对自然的关爱和人与自然的和谐共处、追求天人合一的观念是分不开的。"园林城市"和"花园城市"的本质应是"天人合一"，而非人为第一位，无限制地向自然索取。人类社会的繁荣发展应同自然界物种的繁衍进化协调进行，最终创造一个人与自然相和谐的城市。新加坡人深深地感到，城市化高度发达的新加坡留给自然的空间越来越少，因此更要珍视自然，让他们的后代能够看到真正的动植物活体而不仅仅是标本。

新加坡城市规划中专门有一章"绿色和蓝色规划"，相当于我国的城市绿地系统规划。该规划为确保在城市化进程飞速发展的条件下，新加坡仍拥有绿色和清洁的环境，充分利用水体和绿地提高新加坡人的生活质量。在规划和建设中特别注意到建设更多的公园和开放空间；将各主要公园用绿色廊道相连；重视保护自然环境；充分利用海岸线并使岛内的水系适合休闲的需求。20 世纪 80 年代，新加坡的城市建设在规划指导下飞速发展，政府部门在着眼于未来的同时，意识到保护好宝贵的历史建筑和文化遗产的重要性，于是划定了需要保护的建筑和相关的区域，成立了国家保护局专门负责这方面工作。在这个蓬勃发展的城市，是植物创造了凉爽的环境，弱化了钢筋混凝构架和玻璃幕墙僵硬的线条，增加了城市的色彩。新加坡城市建设的目标就是让人们在走出办公室、家或学校时，感到自己身处于一个花园式的城市之中。

此外，新加坡在城市中的绿地处理方面也有其独到之处。与我国城市绿地系统规划中大力提倡"点、线、面"相结合的原理不同，新加坡花园城市的面貌很大程度上反应在城市的道路上：街道、城市快速路两旁宽阔的绿化带中种植着形态各异、色彩缤纷的热带植物，体现着赤道附近热带城市的特色。新加坡从 20 世纪 90 年代着手建立的连接各大公园、自然保护区、居住区公园的廊道系统，则为居民不受机动车辆的干扰，通过步行、骑自行车游览各公园提供了方便。他们计划建立数条将全国公园都连接起来的"绿色走廊"，该走廊至少6m 宽，其中包括 4m 的路面。目前该项目已进行了 1/3。新加坡均匀分布的城市公园、居住区公园及其正在实施的"公园廊道"计划，使市民能够充分享用这些休闲地。公园的建设以植物造景为主，体现自然风光，园中完备的儿童游戏设施和体育健身设施全部免费向市民开放，真正实践着其"为人服务、人与自然和谐相处"的造园宗旨。

新加坡花园城市的成就得益于其先进的城市规划理念，突出体现在以下几个方面。

（1）三级规划系统推动执行　三级规划系统，从战略规划（概念规划）到本地规划（开发指导计划和城市设计规划）再到调整职能（开发控制），流水线般地保证了概念规划目标的实现。

新加坡政府极其重视城市发展规划的编制，早在建国初期，就聘请联合国专家，历时 4 年高起点编制全国概念性发展规划，并以此为总纲，制定总体规划和控制性详规，为未来30～50 年城市的空间布局、交通网络、产业发展等重大问题，提供战略指导。但概念规划只是一个广泛的战略规划，并不能代替具体计划。在概念规划结束后，就要开始详细的"开发指导计划（DGPs）"。在广泛的构架和长期战略的指引下，第二级更详细的计划出台，并将新加坡划分为 55 个更小的规划区域。它能提供一个地区的规划前景，并能提供指导开发的控制参数。如土地利用情况、强度和海拔高度等，还鼓励公众对这些建议提出反馈意见。一些"指导计划"干脆交给私营专家来准备，并鼓励一切有创造性的好主意。同时还需定期进行讨论和检讨，保证它们与城市变化的方向相一致。

到了第三级"开发控制"，作为行政机构，是"开发指导计划"实现目标所需借助的工具。新加坡的规划系统具有规划法所赋予的法定效力。在开发进行之前，所有的开发提议必须获得主管部门的批准，"开发指导计划"将对这些提议的价值做出指导性评估。它们土地利用的兼容性和效果将受到检验。适当的时候，建筑物会让出边界线以保护开发区周围的宜人环境。在某些地区如市中心，提议必须符合实现美丽都市风景的城市规划目的。环保局等其他相关政府部门也要经常商议，以保证工程在获得批准之前符合政府相关的政策方针。"开发控制"制定了灵活的政策，平衡私营开发商的需要和良好城市环境的需要。土地、建筑物的缩进、覆盖区、高度以及人行道等都可以根据需要定期调整和改进。

（2）政府与私人合营　在 20 世纪六七十年代城市复兴时，城市经济恢复部门的土地出让程序是一项重要的城市发展控制手段。60 年代时，在市中心由于大量分散的土地是私人所有，极大阻碍了城市的快速全面开发和城市复兴。新加坡在 1966 年提出的《土地购置法》，使政府通过强制手段享有土地开发的权利，提出补偿只不过是一个程序，政府补偿的数目十分有限。但比较而言，居住者的搬迁福利就要慷慨得多，土地购置和重新安置政策使政府能集中一些私营发展商无法自行开发却又造成障碍的土地。政府提供基础设施的开发进行公开招标，私营开发者可以投标，并为实现开发提供资金和技术。由于城市重建局同时还承担国家文物保护的作用，有些保护项目出售给开发商并开发为保护性商业项目。

为了鼓励投资者和开发商参与土地出让竞争，国家对所有的投资者一律给予金融刺激。其中最重要的一条是土地出让费用可以分期付款。成功的投标者可以拿 20％的土地费用作为首付，余下的 80％在十年内分期还清。首付的比例根据销售程序不同从 20％～36％不等。此外，财产所得税比率也从正常的 35％减到 12％，并允许开发商 20 年付清。随着经济增长，这些金融激励措施后来逐渐取消。

出让程序从 1957 年开始到 1993 年底，共有 520 块土地总计 246hm² 被出售，总共投资额达到 135 亿美元，创造出来 775780m² 的办公楼，约占全部办公空间的 17％；754620m² 的商场，约占商场空间的 27％；产生了 6563 套宾馆房间，约占全部宾馆房间的 27％。

出让程序有助于城市开发将重点放在面积的增长上。出让程序成了一个地区实现计划目标的催化剂。例如，通过合作方式开放市中心重要的商业地段能推动金融中心的开发，在适当的位置出让宾馆还有助于促进旅游开发。一些地点出让用于开发公寓或私有地产等各种形式的住宅，出让程序同样能促进文化文物保护工程。清晰全面的规划和城市设计方针合并成为投标者的销售条件，以保证建造形式和规划都合适的高品质建筑物，并营造一个美丽的城市景色。如果为了改善销售地点周围的整体环境，开发商还需要提出宽大的景观和广场空间，作为场地出让程序的结果。这些开发项目极大改善了周围的建筑新城市环境。

今天，随着政府成为新加坡最大的产权所有者，出让程序在推动开发中也发挥着关键作用。出让程序保证有充足的土地有规律地用于开发，并稳定地满足开发的需要。城市重建局每年都要发布供给和需求信息，提前公布每三年的滚动销售程序，以帮助开发商和投资者做出商业决策。通过这种方式，政府可以保证土地对于私营者有用，并推动经济持续增长。

（3）始终坚持以人为本，突出山水人主题，实现人与自然的和谐共生　新加坡的城市建设处处都体现出对自然的保护和对人的深度关怀。为了保留岛屿的自然风光，新加坡将大约 3000hm² 的树林、候鸟栖息地、沼泽地和其他自然地带规划为自然保护区，以改善整个城市的生态环境。为了营造舒适恬静的人居环境，新加坡共建有 337 个公园，包括组团之间建有大型公园和生态观光带，每个镇区建有一个 10hm² 的公园，居民住宅区每隔 500m 建有一个 1.5hm² 的公园。这都使得人们在走出办公室、家或学校时，仿佛有投身到大自然怀抱的感觉。新加坡特别强调对人行步道的绿化，从 90 年代着手建立连接各大公园、自然保护区、居住区公园的廊道系统，使广大市民能充分享用花园绿色休闲地，可见以人为本是从细微之处入手。为了满足人们"近山亲水"的需求，新加坡凡是有山的建筑都是依山就势，保持山景的完整；凡是临水住宅，都拥有大片的休闲区和亲水设施，其著名的南洋理工大学和东海岸公园的建设就充分说明了这一点。

（4）延续历史文脉，保护和丰富历史建筑结构和风格　新加坡在大规模的现代化建设中，十分注重对传统历史的保护和延续，英国人早先建造的总督府和高等法院、拉福尔大饭店老楼、火车站以及许多老教堂等历史建筑都原样保留，并整理一新。对历史文脉的延续还突出体现在保护丰富的历史建筑风格和整个地区的气氛。比如，保留下来的有代表意义的鸟节路、实笼岗路等街道，五彩缤纷的牛车水（chinatown）、小印度（Little India），以及别具一格的古老房屋和各种风俗习惯，都体现了建设布局传统与现代、东方与西方的完美结合，让人们在充分享受现代都市繁荣的同时，尽情体验亚洲传统文化的安详和民族建筑的温馨。

（5）注重城市形象和环境设计　新加坡花园城市的又一显著特点就是对城市整体形象的勾画与打造，突出表现在其道路、水系、建筑的风格上。新加坡的景观道路建设叹为观止来形容绝不为过，一下飞机，连接市中心宽广的迎宾大道就令人心旷神怡，在街道、城市快速路两旁宽阔的绿化带中随处可以看到形态各异、色彩缤纷的热带植物，充分体现着赤道附近热带城市的特色。新加坡的河流和小径创造了一个岛中有岛的形象，以新加坡河为例，尽管这只是一条15km长的小河，但它依据河道的曲折和支流的蜿蜒，成功地在沿河周边开辟了一个个休闲场地，不仅实现了水清岸绿，而且修建了克拉克码头和许多娱乐设施，每天河里船艇穿梭，两岸游客如织，已经成为了新加坡著名的旅游和娱乐区。新加坡的建筑受国土面积影响，主要以高层为主，其标志性建筑大多集中在新加坡河畔的中央商务区，其中以著名规划师贝聿铭设计的莱佛士大厦、丹下健三设计的金融大厦最具代表性。一座座设计新颖、气势宏伟的建筑群，以其丰富的建筑天际线和竖向轮廓线给人以身处欧美大都市的感觉，美不胜收。

（6）高标准兴建城市基础设施，展示全球化现代大都市风貌　新加坡政府十分注重城市基础设施的兴建，他们以超人的气魄，拿出国土面积的15％用于道路建设，在这个岛国上，公路密如蛛网，地铁四通八达，铁路贯穿东西南北，并计划修建通往邻国，交通十分发达便捷。尤其是其泛岛快速公路，在全长不到36km的路面上，竟建有13座立交桥和5座汽车天桥，把全国各主要地区都联结在一起。作为横跨两大洋的枢纽，新加坡建有世界第三大港口，为130个国家提供700多条航线服务。自1986年以来，新加坡连续成为世界最繁忙的集装箱海港。同时，新加坡樟宜机场也是亚太地区最主要的航空服务公司，每周的航班次数约为3434班次。为了加强防污治理，切实保护生态环境，新加坡建有3座现代化的日处理7000t固体垃圾的焚化厂，以及2250km的网状污水排泄系统和6座污水处理厂。花园城市建设和现代化的基础设施已使新加坡成为了一个全球性的现代化大都市。

正是这些先进的规划理念和科学并切合实际的高起点系统规划造就了美丽富饶、经济发达、环境优美的花园式都市——新加坡。

8.7　国外生态城市建设的经验归纳

通过上面国外城市在生态城市建设中的经验可以看出，各城市根据自己的城市自然基础情况、社会情况、经济发展状况和交通状况等，结合公众的生态意识和政府的宏观指导，在生态城市建设过程中取得了令人瞩目的成果，这里初步总结国外生态城市建设的经验。

8.7.1　制定明确的建设目标和发展措施

生态城市是全新的城市发展模式，它符合可持续发展的理念，追求治愈城市存在的各种问题，因此建设生态城市不是一个改良的过程，而是一场生态革命。它不仅包括物质环境"生态化"，还包含社会文明"生态化"，同时兼顾不同区域空间、代际间发展需求的平衡。因此，生态城市的建设必然是一个长期的循序渐进的过程，需要根据各国具体城市的发展状况制定相应的建设目标和指导原则。

如澳大利亚的阿德莱德在该市的"影子规划"中通过6幅规划图，详细表述了该市从1836年到2136年长达300年的生态城市建设发展规划，6幅规划图分布代表了该市生态城市建设的阶段性目标，并提出了非常具体的建设措施。

1993年新西兰怀塔克尔生态城市建设目标包括建立可持续的、动态的、公平的环境、经济和社会三个方面，并依据目标制定了更具体的措施，有关目标提出：可持续的环境是新西兰资源管理法案的基础，可持续性是在一定限度范围内的发展状态，要求使用可更新资源的数量必须小于其再生量以避免对生态环境的破坏；动态的环境要求对生物多样性加以保护；公平的环境指每个人都有权享用环境并使生活达到环境质量标准；可持续的经济要求对商品的生产方式进行巨大变革，如使用可更新资源和能源，减少包装，生产可降解商品，减少生产过程中产生的废料，重新回收使用垃圾；动态的经济要求经济活动的类型要多样，提供各种服务，以适应经济的各种变化；公平的经济要求实现就业平等，禁止就业歧视；可持续的社会要求十分关注环境，重视成员及后代的健康与安全，使每个人参与工作和决策，以实现共同的目标；动态的社会要求珍视成员之间的差异性，同时也要珍视同一性；公平的社会要求保证人们的福利水平不是由其财富决定，应给予每个人健康服务、教育、休闲机会和合理的住房标准，满足社会成员的各种需求，给予每个人充分参与社会生活的机会。

澳大利亚城市怀阿拉的发展战略对城市生态可持续发展原则做出了清楚的阐述。该战略提出了 7 条生态城市建设的战略要点，致力于解决怀阿拉的能源和资源问题。这 7 条生态城市战略要点是：设计并实施全面的水资源循环利用计划；在城市开发政策上实行强制性控制，对于新建住宅和重大城市更新项目要求安装太阳能热水器，并在设计上尽量改进能源效率；对安装太阳能热水器给予财政刺激；推进《21 世纪议程》的环境规划过程；开展提倡优良的、可持续的建筑技术的大众运动；形成一体化的循环网络，以及建立替代能源研究中心。

丹麦哥本哈根的"生态城市（1997～1999）"是一个内容十分丰富的综合性项目，试图在城市地区建立一个示范性项目，制定了明确的目标，包括制定实施办法、环境目标等，项目的内容围绕实现目标而进行。

8.7.2 以可持续发展思想为理念

当人类面对日益严峻的环境和资源问题时，世界各国已经承诺共同走向可持续发展的道路，未来城市如何发展已引起各国政府的高度重视，人们越来越认识到工业文明对城市发展带来的一系列问题，越来越渴望拥有高效合理的人居环境。生态城市就是未来人类可持续聚居模式之一，因此生态城市的建设必须以可持续发展的思想为指导，因地制宜，建设最理想的人居环境。

国际生态城市运动的创始人美国生态学家雷吉斯特认识到传统的生产方式对城市发展带来的巨大危害，1975 年他创建了"生态城市建设者"组织，并在伯克利开展了一系列活动，促进了生态城市思想的传播。在他的影响下，美国政府重视发展生态农业和建设生态工业园，有力地促进了城市可持续发展。克利夫兰制定了详细的可持续计划，该计划包括目的、组织的选择、可能的活动、时间安排等方面，这个计划将可持续发展思想细化到具体的城市建设实践中，使得克利夫兰生态城市的建设更具现实性。

巴西的库里蒂巴以其堪称典范的可持续发展城市规划而享誉全球，另外还由于垃圾循环回收和能源保护项目以及公交导向的交通系统创新分别获奖。澳大利亚城市怀阿拉市政府认为生态城市首先是可持续的，因此在总体规划中遵循生态可持续发展的原则，制定了具体的生态城市工程，在工程中运用各种适用和可持续技术，比如在城市建设上大量增加绿地面积、推广可更新资源和能源、可持续水利用、可持续建筑技术等。

8.7.3 重视与区域的协调

生态城市的"城市"概念是指包括郊区在内的"城市区域"，因此城市规划和开发必须与大范围的区域规划乃至国土规划相协调。美国克利夫兰市的"生态城市议程"强调区域观（regionalism）思想，城市政府必须在复杂的区域环境中进行协调工作，城市面临的许多重大事务必须在区域层面与众多参与者协调，并主张市长必须同俄亥俄的其他市长一起在州和联邦的层面上推进环境保护、交通规划、精明增长等一系列政策。德国埃尔兰根的生态城市规划非常重视与区域的协调，具体体现在该市的风景规划、环境规划以及交通规划上，例如该市的交通规划主张跨区域交通量的增加和全国性的自然土地快速消耗必须得到解决，或者

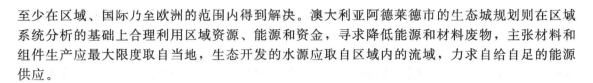

至少在区域、国际乃至全欧洲的范围内得到解决。澳大利亚阿德莱德市的生态城规划则在区域系统分析的基础上合理利用区域资源、能源和资金，寻求降低能源和材料废物，主张材料和组件生产应最大限度取自当地，生态开发的水源应取自区域内的流域，力求自给自足的能源供应。

8.7.4　以强大的科技为后盾

生态城市建设要求城市发展必须与城市生态平衡相协调，要求自然、社会、经济复合生态下系统的和谐，因此必须以强大的科技作为后盾。在生态城市的建设中，世界各国许多城市都重视生态适应技术的研制和推广。如美国、德国、加拿大都重视生态适应技术的研究，重视发展生态农业、生态工业的优良队伍，落实其专业人才的培养，因此这些国家的生态城市建设都非常先进。

澳大利亚的怀阿拉建立了能源替代研究中心，研究常规能源保护和能源替代、可持续水资源使用和污水的再利用等。美国克利夫兰市政府建立了专门的生态可持续研究机构，研究生态城市建设中生态化设计、城市交通、城市的精明增长、历史文化遗产保护、物种多样性、水资源循环利用等问题，取得了可喜的成果。

日本大阪在其 NEXT21 生态实验住宅建筑设计中，利用了大量最新技术措施来达到生态住宅的理想目标，如太阳能外墙板、中水和雨水的处理再利用设施、封闭式垃圾分类处理及热能转换设施等。尽管由于造价的原因，这样的住宅还无法普及，但这样的实验对那些难以重新规划的城市人工生态系统的改进提供了一个希望，一个在建筑层面实现生态建设的可能。

8.7.5　以政策和资金为支撑

克利夫兰市政府为了推动生态城市的建设，在其可持续计划中制定了一系列政策，包括鼓励在新的城市建设和修复中进行生态化设计、强化循环经济项目和资源再生回收、规划自行车路线和设施等 14 条政策措施；1964 年，库里蒂巴市政府制定了公交导向的城市开发规划，1970 年代致力于改善和保护城市生活质量的各种土地利用措施，总体规划规定城市沿着几条主要轴线向外进行走廊式开发，不仅鼓励混合土地利用开发的方式，而且规划以城市公交线路所在的道路为中心，对所有的土地利用和开发密度进行了分区，由于在城市规划、土地利用和公共交通一体化等方面取得的巨大成就，库里蒂巴被认为是世界上最接近生态城市的城市。

另外国外很多城市都很重视生态城市相关理论和应用研究，启动了专项基金扶持生态适用技术的研究。如怀阿拉市政府资助成立了干旱区城市生态研究中心，开展对生态城市的理论和应用研究；克利夫兰市政府成立了全职的生态城市基金会，启动了生态城市建设基金，用于生态城市的宣传、信息服务、职业培训、科学研究与推广。此外德国、美国、加拿大、澳大利亚、丹麦、英国、意大利、以色列等国为生态农业、生态工业、生态建筑的研究和推广提供大量的资金，在不同程度上推动了这些国家生态城市的发展。

8.7.6　拓宽公众参与的渠道

生态城市的建设是一项巨大的系统工程，离不开公众的参与。一个城市成为生态城市的前提是对其市民进行环境教育。在这方面，库里蒂巴十分注重儿童在学校受到与环境有关的教育，而一般市民则在免费的环境大学接受有关的教育。丹麦的生态城市项目包括建立绿色账户、设立生态市场交易日、吸引学生参与等内容，这些项目的开展加深了公众对于生态城市的了解。1996 年 6 月，怀阿拉生态城市咨询项目由澳大利亚 Ecopolis PtyLtd 公司、澳大利亚城市生态协会和南澳大利亚大学中标，中标方在各种场合宣传怀阿拉的生态城市项目，频繁在怀阿拉中小学宣传怀阿拉生态城市项目的内容和意义，并开展了由年轻一代参与的短故事竞赛，让他们想像怀阿拉未来生态城市的图景，以便获知年轻人的需要，便于进行生态城市的设计。1997年实施的阿德莱德生态城规划中提出了"以社区为主导"的开发程序，该程序采取了鼓励社区居民参与生态开发的一系列措施，包括创造广泛、多样的社会及社区活动；保持促进文化多样性，将生态意识贯穿到生态社区发展、建设、维护的各个方面；加强对生态开发过程中各方面运作的教育和培训等。这些城市采取的一系列措施，拓宽了广大公众参与生态城市建设的渠道，提高了公众的生态意识，促进了生态城市的建设和发展。

8.7.7 结语

与"绿色城市"、"花园城市"以及"数字城市"等不同，"生态城市"的目标和原则在各国之间存在很大差异，其实施方法也各不相同。通过对典型生态城市的案例研究，笔者认为生态城市大体上应从以下方面实现生态化：土地利用规划和城市空间绿化；交通运输方式；住宅和社区；城市自然区域的保护；能流和物流的规划（包括对能源、水、废物以及建筑材料等规划）；社会经济结构。

从上述几个国外城市生态城市建设的案例可以看出，国外对生态城市理论的研究非常注重实用性和可操作性，他们设计的理念和思路比较具体，结合了各国城市社会的现实问题，强调因地制宜，注重理论联系实际，而且制定了长期和短期的发展目标，并围绕这些目标采取了切实可行的措施，因此能够很好地解决生态城市规划和建设中的许多问题。但是这些城市并不是真正意义的生态城市，而且他们实施的一些措施只是围绕生态城市建设的某一个或几个方面，解决的只是各个城市面临的某些方面的问题。这些具体问题的解决使城市发展逐渐朝着生态城市的目标进行。

本章中所列举的几个生态城市，为我国进行生态城市规划、建设和管理提供了范例。阿德莱德的"影子规划"、怀塔克尔的"绿色蓝图"以及克利夫兰的"大湖沿岸绿色城市"都提出了生态城市的远景规划，为其一步步实施生态城市建设指明了方向；库里蒂巴的公共交通系统的规划与管理，以及哥本哈根的自行车政策和步行街建设，则引发我们对"绿色交通"的思索，在我国进行生态城市建设，同样离不开公共交通、自行车和步行等交通方式；马尔默的Bo01生态住宅区以及Ivory Park的生态社区规划，为我们进行生态住宅和社区的建设提供了模板；另外，库里蒂巴以及丹麦的生态城市的社会项目，可能对我国的生态城市管理具有积极的指导意义。

总之，生态城市没有固定的模式和要求，我们通过借鉴其他国家生态城市建设的成功经验，结合自身实际情况，经过不断的摸索和调整，肯定会寻找出适合我国国情的生态城市建设途径。

9
中国生态城市建设的实践

20世纪70年代生态城市概念的出现迅速在我国理论界和城市建设中得到重视。从1986年江西省宜春市提出建设生态城市以来，我国有多个城市提出了建设生态城市的目标，并且取得了很多成就。本章以几个典型案例总结了我国目前生态城市建设的现状，并针对我国在生态城市建设方面的问题和经验进行论述。

9.1 中国生态城市建设的发展概况

在我国，城市作为政治、经济和人民文化生活的中心，城镇化水平逐渐提升。但在城市化进程加快的同时生态环境恶化和城市问题也逐渐凸现，这使得人们意识到建设生态城市的重要性，建设生态城市是城市发展的必由之路。在生态建设实践方面我国正在进行积极的探索。

9.1.1 中国生态城市建设的发展

在我国，城市生态学的研究起步较晚，但发展较快。1972年中国参加了MBA计划的国际协调理事会并当选为理事国；1978年建立了中国MBA研究委员会；1979年中国生态学会成立；1982年8月28日在第一次城市发展战略思想座谈会上提出了"重视城市问题，发展城市科学"的重要主张，城市生态学正式列题，把北京和天津的城市生态系统研究列入1983～1985年的国家"六五"计划重点科技攻关项目。1984年12月在上海举行了"首届全国城市生态科学研讨会"，重点讨论了城市生态学的研究对象、目的、任务和方法，可以认为这是我国城市生态学研究、城市规划和建设领域的一个里程碑。同年成立了中国生态学会城市生态专业委员会，为推进中国生态学研究的进一步开展和国内外学术交流开创了广阔的前景。1986年6月在天津召开了全国第二届城市生态科学研讨会，其重点在于城市生态学的理论研究以及城市生态学在城市规划、建设和管理中的实际应用问题。1987年10月联合国教科文组织"人与生物圈"委员会在北京召开了城市及其周围地区生态与发展学术讨论会，为促进我国城市生态学研究与国际的广泛交流与合作创造了条件。1997年12月，全国第三届城市生态学术讨论会和"城镇可持续发展的生态学"专题讨论会在深圳和香港相继召开，对"探索有中国特色的城镇可持续发展的生态学理论、方法与实践"这一主题进行了专题研讨。2002年8月1在深圳市召开了第五届国际生态城市大会，大会讨论通过了《生态城市建设的深圳宣言》，呼吁实现人与自然的和谐共处，把生态整合办法和原则应用于城市规划和管理。这些都对我国的城市生态学的发展和生态城市建设产生了深远的影响。

9.1.2 中国生态城市建设实践概况

我国在建设生态城市之前，在城市环境综合整治中，相继开展了"卫生城市"、"园林城市"、"环境保护模范城市"、"可持续城市"的创建与试点活动，并制定了相应的技术指标和考核制度；大规模建立各级自然保护区，广泛开展无公害食品、绿色食品、有机食品基地建设，建设生态村、生态镇、生态示范区（县）；进行生态村、生态示范区、生态县等不同层次的试点建设，到1999年，共建立生态示范区222个，这对推动我国生态城市建设起到了巨大的推动作用。在此基础上，北京、上海、天津、深圳、珠海、哈尔滨、青岛、长沙、扬州、常州、常熟、成都、张家港、秦皇岛、唐山、襄樊、十堰、日照、厦门、大连等市纷纷提出建设生态城市。

1986年，江西省宜春市总结了我国生态农业几个典型事例，在此基础上提出了建设生态城市的发展设想及发展目标，并于1988年初开始生态试点工作，迈出了我国生态城市建设第一步，并取得了良好的效益。

海南省第二届人民代表大会常务委员会第八次会议于1999年7月批准了海南生态省建设规划纲要，率先获得国家批准建设生态省，2001年吉林和黑龙江又获得批准建设生态省，陕西、福建、山东、四川也先后提出建设生态省。

20世纪80年代后期上海市进行了城乡环境保护和生态设计研究。王祥荣在20世纪90年代中期结合上海当地情况提出了上海市生态环境建设指标体系。1999年，上海市委、市政府做出重大决策，提出争取用15年左右的时间，将上海初步建成清洁、优美、舒适的生态型城市，至2020年，全市森林覆盖率达到30%以上，绿化覆盖率达到35%以上，达到国际生态环境优质城市标准。

"九五"期间，江苏扬州积极走"以人为本，尊重自然，维护人类社会健康"的生态城市建设道路，建立了一系列自然保护区、森林公园、生态示范县，之后把保护和建设好城市生态环境列入市"十五"发展战略目标：用两年时间将扬州建成国家环保模范，用5年时间初步建成生态型城市。截至2000年底，城市建成区绿色覆盖率达到35.9%；在5%的国土面积上建立了两个市级自然保护区和两个省级森林公园，最近中德两国还开展了"扬州生态规划与管理"的合作研究项目。

"十五"期间，广州市深入开展创建国家卫生城市、国家环境保护模范城市和全国文明城市活动，着力营造"两个适宜"的城市环境，并取得了"全国优秀旅游城市和全国社会治安综合治理优秀城市"、"国际花园城市"和"联合国改善人居环境最佳范例奖"、"中国人居环境范例奖"等荣誉。

北京在生态城市建设中，开展了绿化隔离地区建设、平原绿色生态屏障建设、山区绿色生态屏障建设；实施了京津风沙源治理工程林业工程、"五河十路"绿色通道工程、卫星城和中心镇绿化美化工程、中幼林抚育工程、爆破整地造林工程、退耕还林工程以及野生动植物保护及自然保护区工程。北京市正抓住绿色奥运这个全面推进首都生态和首都经济建设的千载良机，力争把北京建成生态健全、环境优美的现代化国际大都市和可持续发展的生态城市。

湖南长沙市在20世纪90年代制定了建设生态城市的总体规划和远期目标，以生态学理论对城市的社会系统、自然系统、经济系统等进行了分析和规划。

2002年福建省第九届人大第五次会议做的政府工作报告中，首次正式提出投资360亿建设"生态省"的战略目标，旨在通过改善生态环境以促进福建省经济社会可持续发展。

我国的生态城市建设仍处于起步阶段，还未建成一个真正的生态城市，但人们越来越意识到建设生态城市的重要性和迫切性，许多城市纷纷提出生态城市建设，并且在如火如荼地进行中。这里重点介绍北京、上海、广州三个城市以及山东省的生态城市建设。

9.2 北京生态城市建设

北京是中国的首都，是全国政治、文化的中心，是全国交通运输的枢纽，也是2008年第29届奥运会的主办城市。2005年1%人口抽样调查结果显示：2005年底北京市常住人口（在京居住半年以上人口）为1538万人，与2000年相比常住人口增加174.4万人，增长12.8%。2005年，北京实现地区生产总值6814.5亿元，按可比价格计算，比上年增长11.1%。北京市经济保持了快速增长，第三产业比重逐年加大。近年来，北京的生态环境建设取得了较大成绩，但离现代国际城市的要求仍有差距。"绿色奥运，人文奥运，科技奥运"，北京正抓住这个全面推进首都生态和首都经济建设的千载良机，坚持生态城市建设和经济建设和谐发展，坚持可持续发展，力争把北京建成生态健全、环境优美的现代化国际大都市和可持续发展的生态城市。

9.2.1 北京生态环境建设成效

2004 年，北京市共完成造林 40.48 万亩（1 亩≈666.67m²），植树 4230 万株，林木覆盖率达到 49.5%。城市绿化覆盖率达到 41.5%，人均绿地达到 45m²。绿化隔离地区建设工程新增绿化面积 4.76 万亩；平原绿色生态屏障建设工程新增绿化面积 4.02 万亩；山区绿色生态屏障建设工程人工造林 31.7 万。另外完成中幼林抚育 113 万亩。到目前为止，已全面完成了北京市政府提出的"用三年时间完成 300 万亩"的中幼林抚育任务，有效地改善了林分质量和景观效果。北京 2004 年启动了密云水库湿地、汉石桥湿地、金海湖湿地和房山蒲洼珍稀动植物自然保护区建设，目前保护区面积已达到全市国土总面积的 8%。

9.2.1.1 北京市绿化隔离地区建设成效

北京市绿化隔离地区的建成，可以防止城市中心地区与外围组团之间连成一片，控制城市外延，避免城市"摊大饼式"的发展，对首都社会经济、城市格局、城市生态、居民游憩具有重要作用。

2000 年 3 月北京市委市政府决定加快绿化隔离地区建设，将原来计划用十年时间完成的绿化隔离地区 100km² 绿化任务，改为用 3~4 年完成；制定并出台了《关于加快本市绿化隔离地区建设的意见》（京政发 [2000] 12 号）、《关于加快本市绿化隔离地区建设暂行办法》（京政办发 [2000] 20 号）等文件，明确了绿化隔离地区建设的指导思想、原则，确定了"绿化达标、环境优美、秩序良好、经济繁荣、农民致富"的总目标。

2000~2003 年北京市绿化隔离地区范围内新增绿化面积 74km²，栽植各种树木 2480 万株。截至 2003 年，绿化隔离地区绿化总面积累计达到 112km²，超额完成了北京市委市政府下达的绿化任务。

2004 年绿化隔离地区验收合格的绿化面积为 6806.5 亩，栽植各类树木 88.6 万株。其中：规划范围内完成绿化面积 5512.8 亩，新纳入地区完成绿化面积 1293.7 亩。朝阳区实现绿化面积 4039.7 亩，栽种各类树木 25.7 万株；海淀区实现绿化面积 1365.8 亩，栽种各类树木 24.9 万株；丰台区实现绿化面积 1378 亩，栽种各类树木 37.8 万株；昌平区实现绿化面积 23 亩，栽种各类树木 0.16 万株。完成北京市绿化隔离地区建设总指挥部下达的 2004 年规划范围内 5500 亩的绿化任务。2004 年北京市共拆建还绿 2268 亩，拆迁建筑面积 40 多万平方米。其中：朝阳区拆建还绿 1468 亩，海淀区拆建还绿 332 亩，丰台区拆建还绿 445 亩，昌平区拆建还绿 23 亩。

北京市 2005 年城市绿化隔离地区建设工程共完成绿化面积 3031.7 亩，超额完成了计划任务 3000 亩的 1.06%，共栽植各类树木 30 余万株。经过多年绿化建设，目前全市城市绿化隔离地区已郁闭成林的绿地面积达 133423 亩，占城市绿化隔离地区生态林总面积 141010 亩的 94.6%。

9.2.1.2 平原绿色生态屏障建设成效

(1) 京津风沙源治理工程林业工程 北京市于 2000 年开始启动京津风沙源治理工程林业工程措施，截止到 2004 年底，完成退耕还林 87 万亩，其中退耕地造林 46 万亩，配套荒山荒地造林 41 万亩；人工造林 11.62 万亩；农田林网 15 万亩；飞播造林 30.58 万亩；封山育林 158.63 万亩；爆破造林 10 万亩；种苗工程已建设 17 个苗木基地。

通过飞、封、造并举，北京市森林覆盖率提高了 3 个百分点，有效地治理了水土流失。

近年来，北京市累计治理水土流失面积 4500 多平方公里，治理地区土壤年平均侵蚀模数由 1600t/km² 下降到 1000t/km²，治理效果十分显著。京津风沙源治理工程实施以来，密云水库入库泥沙量每年减少 2.5 万吨，四年的泥沙输入量减少 10 万吨。密云、怀柔水库水质连续多年保持国家二类标准，工程建设的生态效益明显显现。截至 2004 年 12 月 31 日，全年北京市市区空气质量二级和好于二级的天数已经达到 229 天，占全年总天数的 62.5%。2004 年初北京市政府确定的在直接关系群众生活方面拟办的重要实事的第九项，即"进一步加大控制大气污染力度，力争全年市区空气质量二级和好于二级的天数达到 62% 以上"的目标已经实现。

（2）"五河十路"绿色通道工程　绿色通道工程，是在主要干线公路、铁路、河流两侧植树造林，建设宽厚绿化带。北京市的绿色通道建设工程以通往外埠、贯穿全市的"五河十路"作为重点，其中"五河"为永定河、潮白河、大沙河、温榆河、北运河；"十路"为京石、京开、京津塘、京沈、顺平、京承、京张、六环 8 条主要公路和京九、大秦两条铁路。从 2001 年春季，"五河十路"绿色通道建设工程开始实施，到 2005 年，历时 5 年、投资 11.9 亿元的"五河十路"绿色通道建设工程基本结束，完成造林面积 38.5 万亩，栽植各类苗木 3337.9 万株，形成了 1035 公里通往外埠和贯穿全市的绿色大道。

2001 年，实施了京石、京开、京津塘、京沈、京张等五条高速公路绿色通道建设，涉及 8 个区县、53 个乡镇，总长度 240km，完成绿化造林面积 10.51 万亩，栽植各类苗木 1111.4 万株。其中，永久性绿化带造林 2.49 万亩、植树 423 万株；速生丰产林 3.24 万亩、植树 222.9 万株；经济林 2.44 万亩、植树 465.5 万株；苗圃 2.34 万亩、育苗 3774.8 万株。

2002 年，实施了六环路（一期）、顺平路、温榆河、潮白河、永定河绿色通道的建设，涉及 11 个区县，72 个乡镇，总长度 350.8km，完成绿化造林总面积 14.39 万亩，栽植苗木 1180.8 万株。其中永久性绿化带绿化造林 4.29 万亩，植树 686.32 万株；速生丰产林 2.62 万亩，植树 155.97 万株；经济林 4.15 万亩，植树 338.51 万株；发展苗圃 3.33 万亩，育苗 3612.18 万株。

2003 年，实施了六环路（二期）、京承路（一期）、京九铁路、大秦铁路、北运河、大沙河、永定河绿色通道建设，涉及 12 个区县，43 个乡镇。共实现绿化长度 277.5km，完成绿化造林总面积 10.66 万亩，栽植各种针阔乔木、花灌木 758.17 万株。其中永久性绿化带绿化造林 2.97 万亩，植树 273.55 万株；速生丰产林 3.98 万亩，植树 289.61 万株；经济林 2.50 万亩，植树 195.01 万株；发展苗圃 1.21 万亩，育苗 915.53 万株。

截止到 2003 年底，北京市政府共投入资金 38447.3 万元于"五河十路"绿色通道建设工程，其中，工程建设费 34912.3 万元，永久性绿化带养护费 855.2 万元，永久性绿化带占地补偿 2679.8 万元。

2004 年，继续实施"五河十路"绿色通道建设，共实现绿化面积 1.64 万亩，栽植各类树木 89.17 万株。到 2005 年，北京市"五河十路"绿色通道建设工程基本结束。"五河十路"绿色通道建设工程实施后，北京市平原地区林木覆盖率增加了 3.5 个百分点，全市林木覆盖率提高了 1.4 个百分点，形成了通往外埠和环绕北京平原的 15 条绿化线、风景线、致富线，进一步提高了生态防护功能，改善了首都的生态环境。

9.2.1.3　卫星城、中心镇绿化美化工程

到 2004 年底，北京市 10 个远郊区县卫星城市绿地面积达 11144.64km²，公共绿地面积 2627.2hm²，绿化覆盖率达到 44.4%，人均绿地面积达到 86.46m²，人均公共绿地面积达到 20.38m²。2005 年内，黄村、通州、顺义、平谷、怀柔、密云、昌平、延庆、门城镇、良乡等十个卫星城城区共完成绿化 248.04hm²。

到 2004 年底，全市 34 个小城镇（包括北房在内），实有林地面积 146951.4hm²，林木

覆盖率达到 48.55％，镇中心区实有绿地面积 7358.82hm²，绿化覆盖率达到 50.97％，人均绿地面积达到 161.38m²。34 个小城镇（包括北房在内）围绕小城镇绿化建设的八个重点，注重绿化规划、注重绿化设计、注重绿化特色和注重绿化养护，坚持高起点规划、高标准设计和高水平施工，统筹安排绿化美化建设工程，共完成绿化 1994.7hm²，其中新增绿化面积 810.8hm²，植树 205 万株，栽植花灌木 654.4 万株，种草坪 308.8 万平方米。新建、改造集中绿地共 30 块，新增绿化面积 199.1hm²；完成街道道路绿化 113 条，绿化总长度达 13.48 万延长米；改造完善居住区绿化 45 个，新增绿化面积 140.4hm²；建成首都绿化美化花园式单位 64 个，完成单位庭院绿化 99 个，新增绿化面积 77.1hm²；绿化工业园区 13 个，新增绿化面积 23.7hm²；结合绿化林业生态工程，完成大环境片林 44 个，新增绿化面积 1171hm²；完成拆墙透绿 51 处、共 1.7 万延长米；完成拆除违建、临建 45 处、共 6.1 万平方米；实施村庄绿化 150 个，新增绿化面积 150hm²。北京市重点扶持的海淀温泉镇、丰台王佐镇、大兴采育镇、通州永乐店镇、顺义高丽营镇、密云十里堡镇、延庆旧县镇、房山窦店镇、琉璃河镇等 9 个小城镇和顺义后沙峪镇、通州县镇 2 个示范镇，完成绿化面积 1043hm²，其中，新增绿化面积 373hm²，栽植乔木 129.4 万株，花灌木 271.5 万株，草坪 173.6 万平方米。到 2004 年底，全市园林小城镇总数累计达到 25 个。

9.2.1.4　山区绿色生态屏障建设成效

（1）中幼林抚育工程　该项工程共涉及北京市 10 个区县，120 乡镇（区县属国有林场），1500 个行政村，9 个国有林场。经过 2002～2004 年三年的实施，到 2004 年 6 月底，全部完成北京市山区重点地区的 20 万公顷中幼林抚育（幼龄林为 14.61 万公顷，中龄林 5.39 万公顷）任务，并通过市级核查验收。按抚育措施统计，其中幼林定株 7.87 万公顷，占 39.4％；割灌扩堰 4.75 万公顷，占 23.7％；补植抚育 0.84 万公顷，占 4.2％；修枝 2.61 万公顷，占 13.1％；生态疏伐 2.41 万公顷，占 12.0％；卫生伐 1.02 万公顷，占 5.1％；景观疏伐 0.5 万公顷，占 2.5％。

（2）爆破整地造林工程　1990 年北京市正式启动了爆破整地造林工程。1999 年共造林 3.8 万亩。截止到 2002 年底，北京市已完成爆破整地造林 9.8 万亩，栽植各类针、阔叶苗木 740 万株，成活保存率达 91％。2003 年共完成造林 2 万亩，栽植各类苗木 184 万株。2004 年爆破整地造林 1333hm²，主要实施地段为海淀、丰台、门头沟、房山、顺义、昌平、延庆、怀柔、密云、平谷 10 个区县和十三陵、西山、八达岭 3 个市属林场。

（3）退耕还林工程

① 2000 年北京市实施退耕还林试点工程情况　2000 年国家计委下达给北京市退耕还林试点工程总面积 5 万亩（没有配套荒山造林任务），分布在该市 6 个区县、39 个乡镇、268 个村、18914 户。栽植生态林 41419 亩，占 82.8％；经济林 8581 亩，占 17.2％。经验收，造林全部合格。生态林与经济林的建设比例控制在 8：2 之内，符合国家建设要求。

② 2002 年工程实施情况　2002 年北京市退耕还林任务为退耕地造林 18 万亩，配套荒山荒地造林 18 万亩，分布在 7 个区县、86 个乡镇、839 个村、65353 户。栽植生态林 15.72 亩，占 87.3％、经济林 2.28 亩，占 12.7％；苗木合格率 100％。经验收，退耕地造林全部合格，面积合格率 100％。生态林与经济林的建设比例控制在 8：2 之内，符合国家建设要求。配套荒山荒地造林 18 万亩，完成 18 万亩，完成总任务的 100％；随机抽查面积 5 万亩，核实面积 5 万亩，核实率 100％；造林成活率全部达到规定的 85％；苗木合格率 100％。

③ 2003 年工程完成情况　2003 年北京市退耕还林工程总面积 36 万亩，其中，退耕地造林 18 万亩，配套荒山造林 18 万亩，目前均已全部完成。它们主要分布在北京市 7 个区县、88 个乡镇、907 个村、66324 户。其中完成生态林 15.64 亩，占 86.9％、经济林 2.36

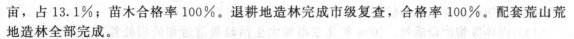

亩，占 13.1％；苗木合格率 100％。退耕地造林完成市级复查，合格率 100％。配套荒山荒地造林全部完成。

9.2.1.5 野生动植物保护及自然保护区工程

北京市野生动物救护繁育中心工程计划总投资 2133 万元，占地面积 16hm²，规划建设动物医院、短期隔离笼舍、雉鸡类及小型鸟类笼舍、天鹅饲养笼舍、鸟栏、小型兽类笼舍、两栖爬行类笼舍、鹤类笼舍、猛禽笼舍等。项目建成后，可以满足北京地区的野生动物救护、收容、放生、濒危及珍稀野生动物繁育和野生动物保护宣传、科普教育的需要。

2003 年底全市各种类型自然保护区 18 个，其中国家级 1 个、市级 11 个，县级 6 个，面积为 128854hm²，面积占市国土面积的 7.67％。其中林业主管的保护区 14 个，总面积达 12.17 万公顷，占市国土面积的 7.3％。2004 年将加快密云水库湿地、汉石桥湿地、金海湖湿地建设，新建蒲洼、上方山 2 个市级自然保护区，新增保护区面积 3.5 万公顷（52.5 万亩），使自然保护区面积占市国土面积的 8.5％以上。2004 年，组织市级以上自然保护区野外科学考察和总体规划编制，启动 5 个示范性保护区建设项目以及房山区蒲洼和顺义区汉石桥湿地自然保护区的建设工作。

北京市湿地保护始于 20 世纪 90 年代中期。1997 年北京市开展重要湿地资源调查；1999 年北京市政府批准建立野鸭湖市级湿地自然保护区，金牛湖、白河堡 2 个县级湿地自然保护区；到 2003 年已建湿地类型自然保护区（地）6 个，面积 2.02hm²，保护湿地面积 5000 多公顷；全市湿地退耕还滩 5000 亩，修建湿地围湖道路 10km。2004 年将主要完成退耕还滩 5000 亩（野鸭湖）；种植恢复芦苇植被 1 万亩。

9.2.2 北京生态环境保护建设成效及规划举措

9.2.2.1 北京环境保护建设成效

环境保护已经成为北京市政府工作的重中之重，1998 年至 2004 年北京市环保投入达 840 亿元，占同期 GDP 的 4％左右。2004 年全市城市基础设施建设、工业污染源治理、"三同时"项目环保设施建设、污染治理设施运行、环境能力建设等环境保护投资达到 141 亿元，占当年国内生产总值的 3.3％。

（1）北京市大气污染治理成效　自 1998 年以来，北京市连续实施了大气污染控制措施。天然气、电采暖、地源热泵、建筑节能等清洁能源利用技术和节能技术进一步推广，到 2005 年，北京市天然气用量达到 32 亿立方米，城市热网集中供热面积超过 1 亿平方米；严格机动车排放管理，对在用机动车实施了环保标志管理，对高排放黄标车采取限行措施，并淘汰老旧机动车 30 多万辆，发展天然气公交车 2800 辆。2005 年北京市提前实施了国家第三阶段排放标准（相当于欧洲三号标准）；修订完善了施工现场环境保护标准，加大建筑工地管理，加强对道路机械清扫、冲刷和喷雾压尘工作的监督检查，并对市区 100 多家污染企业实施关停搬迁，全市水泥立窑生产线全部关停。北京从 1998 年实施"蓝天计划"以来，7 年中市区空气质量二级和好于二级的天数由 1998 年的 100 天，到 2002 年的 203 天，2003 年的 219 天，2004 年的 227 天，到 2005 年的 234 天，各种大气污染物浓度普遍下降，空气质量明显改善。

（2）水环境治理成效　2004 年，北京城市污水处理系统逐步完善，建成卢沟桥污水处理厂和清河污水处理厂二期，城近郊区规划的 14 座污水处理厂已有 8 座建成运行。平谷、门头沟和通州污水处理厂主体工程完工，远郊区县城关镇污水处理系统基本建成，三分之一的中心镇也建设了污水处理厂。完成凉水河等河道 40km 治理任务。加大节水力度，新增农业节水灌溉面积 1.3 万公顷，完成工业节水技改措施 51 项，鼓励家庭安装节水器具，全年节水 1.2 亿立方米。并再次提高城市污水处理费及洗车、洗浴等特殊用水价格。工、农业和市政杂用等年利用再生水 2 亿立方米。

（3）固体废物治理成效　2004 年北京市加大生活垃圾清运和处理处置力度，城近郊区生活垃圾无害化处理率达到 93.8％，远郊区县达到 33.3％。房山东南召填埋场、半壁店填埋场、怀柔综合利用厂以及延庆小张家口填埋场建成并投入运行。实现 260 个居民小区、大厦实行垃圾分类收集。北京市加强危险废物监管，对 161 家涉及危险废物产生、收集、储存、转移及处理处置的单位进行了检查。北京市编制《北京市危险废物处置设施建设规划》，大兴南宫医疗废物处理厂一期工程建成并投入运行，朝阳高安屯医疗废物处置设施开工建设。2005 年，北京郊区垃圾无害化处理率达到了 40％，比 2003 年提高了 10 个百分点。其中，延庆县建设了北京郊区最大的垃圾填埋场，实现了县城周边 26km² 的生活区垃圾的属地清扫和统一清运。

（4）开展环境宣传教育　北京市多次组织环境新闻发布会，首都新闻报刊开展"京城绿色风"、"蓝天 227 行动"、"汽车与环保"等丰富多彩的专题专栏宣传。中央及市属新闻媒体发稿量近千篇，其中涉及大气的占 95％。北京市还组织编写"生态与环境保护"为主题的环保宣传参考资料，印发"呼唤蓝天"、"环境与健康"等 5 个系列环境科普宣传册。北京市还开展绿色学校创建工作，举办首届"自然与生命的瞬间"环保摄影比赛和"首创公众参与蓝天行动"有奖知识问答。

9.2.2.2　北京市生态城市建设规划举措

（1）《北京市生态环境建设规划》　《北京市生态环境建设规划》中，在今后 50 年中，北京市将分近期、中期、远期目标，实施这一规划。其规划到 2010 年，全市基本控制住水土流失、风沙危害，水源区水质将得到改善和提高；从 2011～2030 年，山洪、泥石流区域得到综合整治，全市宜林地全部实现绿化，林木覆盖率达到 55％以上，主要水源区水质达到或保持国家 2 类标准，城市绿化覆盖率达 45％，人均公共绿地达到 20m²；从 2031～2050 年，实现林种、树种结构布局合理、稳定的生态系统，林木覆盖率稳定在 55％以上，城市绿化覆盖率达到 50％，人均公共绿地达到 30m²，形成水土流失、山洪、泥石流有效控制工程保护系统。

（2）北京"九五"时期生态环境建设规划　北京"九五"时期生态环境建设规划，相继组织实施了国家生态环境建设重点县综合治理工程、城市隔离地区绿化、林业生态工程、密云水库上游水土保持工程、饮用水源保护及泥石流防治工程、前山脸爆破造林工程、太行山绿化等一批重点生态环境建设工程，生态环境建设取得了前所未有的成就，在绿化造林、水土保持、风沙治理、生态农业等许多领域取得突破性进展。

（3）北京"十五"时期生态环境建设规划　北京"十五"时期生态环境建设规划中，规划建成三道绿色生态屏障基本框架，形成比较完备的生态防护林体系和森林资源安全保障体系；基本完成饮用水源保护地区的水土流失综合治理，形成比较完善的水土保持防护体系；基本实现农业废弃物的无害化处理和资源化利用，农业环境显著改善；重点实施城市绿化隔离地区绿化工程、"五河十路"绿色通道工程、京津风沙源治理工程、国家生态环境建设重点县综合治理工程、重点防护林建设工程、水土保持综合治理工程、城镇绿化美化工程、自然保护区建设工程郊区水资源开发与节约工程、农业废弃物无害化处理与资源化利用工程、农产品安全生产体系建设工程以及生态环境监测体系和信息管理系统建设工程等 12 项工程。

（4）《北京城市总体规划（2004～2020 年）》　《北京城市总体规划（2004～2020 年）》中，明确划定禁止建设地区、限制建设地区和适宜建设地区，用于指导城镇开发建设行为；河湖水系将以建设现代化水利为努力方向，实现由工程水利向资源水利、生态水利的转变，制定出合理的、符合城市可持续发展的城市河湖水系的水网布局，保护和恢复重点历史河湖水系和水工建筑物，为建设生态城市创造条件；对于中心城现有湖泊，要有计划、分期分批

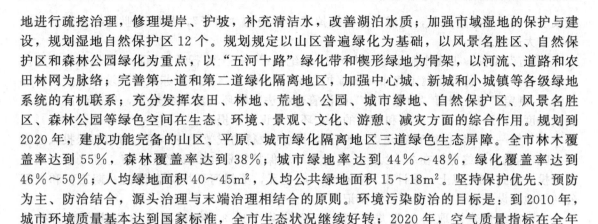

地进行疏挖治理，修理堤岸、护坡，补充清洁水，改善湖泊水质；加强市域湿地的保护与建设，规划湿地自然保护区 12 个。规划规定以山区普遍绿化为基础，以风景名胜区、自然保护区和森林公园绿化为重点，以"五河十路"绿化带和楔形绿地为骨架，以河流、道路和农田林网为脉络；完善第一道和第二道绿化隔离地区，加强中心城、新城和小城镇等各级绿地系统的有机联系；充分发挥农田、林地、荒地、公园、城市绿地、自然保护区、风景名胜区、森林公园等绿色空间在生态、环境、景观、文化、游憩、减灾方面的综合作用。规划到 2020 年，建成功能完备的山区、平原、城市绿化隔离地区三道绿色生态屏障。全市林木覆盖率达到 55%，森林覆盖率达到 38%；城市绿地率达到 44%～48%，绿化覆盖率达到 46%～50%；人均绿地面积 40～45m^2，人均公共绿地面积 15～18m^2。坚持保护优先、预防为主、防治结合，源头治理与末端治理相结合的原则。环境污染防治的目标是：到 2010 年，城市环境质量基本达到国家标准，全市生态状况继续好转；2020 年，空气质量指标在全年绝大部分时间内满足国家标准，主要饮用水源水质、全部地表水体水质和环境噪声等符合相应国家标准。

9.3 上海生态城市建设

上海市位于长江三角洲前缘，北枕万里长江，东濒浩瀚东海，南临杭州湾，西接太湖水系，面积 6341km^2，其中市区面积 375 多平方公里。2005 年末，上海市常住人口达到 1778 万人。20 世纪 90 年代至今，上海 GDP 已连续 13 年保持两位数增长，2004 年达到 7450.22 亿元，人均 GDP（按户籍人口计算）达到 6700 美元，步入世界银行划分的上中等发达国家（地区）水平。但是，随着经济的快速发展，上海资源紧缺问题以及环境承载力问题日益凸现。建设生态型城市是上海贯彻落实科学发展观和实现可持续发展战略、解决环境承载力的迫切需要。上海在突出经济建设和城市发展的同时，考虑了生态环境的合理承载力和生态平衡要求，做到经济发展不应再以牺牲环境为代价，在生态环境建设方面取得了一定的成效，努力将上海建成一个经济繁荣发达、社会安定祥和、生态环境良好的园林式现代化国际大都市。

9.3.1 上海生态城市建设取得的成效

（1）"九五"生态环境建设取得的成效　　"九五"期间，上海坚持生态环境保护的基本国策，实施可持续发展策略，逐年加大环保投入，2000 年达到 142 亿元，占当年国内生产总值的 3.1%。上海在经济持续、快速发展的同时，全面实施"一控双达标"，主要工业污染物排放量得到有效控制，环境恶化趋势基本得到遏制，总体生态环境质量趋于稳定，局部地区环境状况有明显改善，生态建设取得一定进展。

上海市绿化建设进展迅速。上海市绿地总量每年以大幅度增加，相继建成了浦东世纪公园、陆家嘴中心绿地、延中绿地、黄心绿地、大宁绿地等大批标志性绿地工程，公共绿地面积净增 2890hm^2，城市人均公共绿地面积由 1.65m^2 上升到 4.6m^2，绿化覆盖率由 16% 上升到 22%。

城市环境污染得到初步控制。河道污染防治中重点整治苏州河水环境，带动治理上海市中小河道，水环境质量得到一定程度的改善，黄浦江水环境的整治也取得较明显的成效。上海市调整能源结构，控制煤炭消费总量，降低煤炭在能源消费中的比重，逐步使用东海天然气，煤炭消费对环境产生的压力有所减少，大气环境质量开始趋向好转。与"八五"期末相比，大气中二氧化硫和总悬浮颗粒物含量分别下降 15% 和 36.6%。上海市还调整产业结构，推动产业优化升级，控制结构性污染，限制高能耗、高污染工业。新华路地区、和田路地区完成了环境综合整治任务，桃浦工业区摘掉了重污染的"帽子"，吴淞工业区综合整治也取得了重大进展。

"九五"期间，上海市制定了《中国 21 世纪议程——上海行动计划》、《环境保护和建设三年行动计划》、修改了《上海市环境保护条例》，颁布了《上海市苏州河环境综合整治管理办法》，制定了《上海市"白色污染"防治管理办法》等环境法规和规章，生态建设和环境保护制度建设逐步完善，政府和市民的生态环境意识不断提高。

（2）第一轮环境保护和建设"三年行动计划"取得的成效 三年间上海市环保投入占当年 GDP 的比例始终保持在 3% 以上，共完成环境保护投资 450 多亿元。市、区（县）两级政府投入达到 65% 以上，累计投入资金约 300 亿元，苏州河环境综合整治一期工程和大型公共绿地建设工程连创环保项目投资记录。

上海市绿化建设取得超常规发展，新增公共绿地 3988hm^2，人均公共绿地面积从 3.5m^2 提高到 7.2m^2，市区绿化覆盖率从 19.8% 提高到 30%。

苏州河环境综合整治取得有效突破，其干流基本消除了黑臭，主要水质指标基本达到景观水标准，生态功能恢复，市区主要河道环境质量也有所改善。建成了石洞口等 3 个污水处理厂，城市污水集中收集量和处理能力分别增加 92.9×10^{4}m^3/d 和 44.1×10^{4}m^3/d，提高了 41.3 个百分点和 43.9 个百分点。上海市环境空气质量指数二级和优于二级的天数比三年前明显增加，年平均比例提高了近十个百分点，环境空气中二氧化硫和氮氧化物的年平均浓度分别比 1999 年下降了 18% 和 15%；燃煤炉灶清洁能源替代工程超额完成了任务；建成使用了江桥、御桥垃圾焚烧厂等处理设施，新增垃圾处理能力 3390t/d，固废处置取得一定进展。

三年间，上海市制定颁布了《上海市实施〈中华人民共和国大气污染防治法〉办法》、《上海市一次性塑料饭盒管理暂行办法》、《上海市道路和公共场所清扫保洁服务管理暂行办法》，修订了《上海市植树造林绿化管理条例》、《上海市市容环境卫生管理条例》和《上海市排水管理条例》等，环境保护执法力度逐年加大。环境保护和建设"三年行动计划"的实施，促进了各级领导不断加强环境保护意识，提高了全社会保护环境的自觉性和积极性。

（3）第二轮环境保护和建设"三年行动计划"取得的成效 三年间，上海市对环保投资连年增长，2005 年，用于环保的资金投入达 281 亿元，是 2003 年的 1.5 倍，占上海市生产总值的 3.07%。

绿化建设进一步发展，中心城区绿化覆盖率增加了 7 个百分点，达到 37%，自然保护区覆盖率达到 11.82%；人均公共绿地面积增加了 3.4m^2，达到 11m^2。

苏州河水质稳中趋好，中心城区河道基本消除黑臭，水质得到明显改善。上海市新增污水处理能力 349×10^{4}m^3/d，城市污水集中处理率达到 70%，郊区城镇污水治理设施覆盖率提高了 16%；对占全市水环境污染排放总量 85% 以上的工业企业安装了污水排放在线监测设施；进一步削减了污染排放总量，万元 GDP 二氧化硫排放量削减了 19%，万元 GDP 化学需氧量排放量削减了 47%，农田化肥使用量削减了 7 万吨，化学农药使用量削减了 735t。2005 年与 2003 年同期相比，上海市区域降尘下降 29.4%，空气质量优良率连续 3 年稳定在 85% 以上；2005 年空气质量优良率为 88.2%，比上年提高 3.0 个百分点。中心城区新增生活垃圾处理能力 5900m^3/d，建成了危险废物安全填埋场。吴淞工业区环境质量达到国内同类工业区的先进水平，桃浦工业区消除了恶臭污染。上海市还对 35 家环保重点监管企业实施了限期治理，企业稳定达标排放率提高了 15%；并修订完善了《上海市环境保护条例》，出台了一批政府规章和环保标准。

9.3.2 上海生态城市建设计划和规划举措

（1）上海市"十五"生态环境建设重点专项规划 "十五"期间，上海市以环境容量为依据,优化上海的空间结构和产业结构;以苏州河综合整治和黄浦江两岸开发为重点,全面改善市域水环境质量;以优化能源结构为抓手,显著改善大气环境质量;以固体废物综合利用为突破口,大力发展循环经济;继续推进绿化建设,形成城乡一体化的绿地系统;以湿地保护为重点,加强自然保护区建设;加强资源保护与自然灾害预防,提高环境安全水平以及以崇明生态岛建设为依托,带动生态示范区建设。通过以上八个方面为重点,上海市不断推进生态环境建设,在经济继续保持快速增长的同时,努力实现污染物排放总量特别是各类固体废物的零增长,使上海各项生态环境指标都达到或超过全国平均水平,总体环境质量有明显改善,为在 2020 年把上海建成人与自然协调和谐的现代化生态型城市创造条件。

(2)第三轮环境保护和建设"三年行动计划" 第三轮环境保护和建设"三年行动计划"的总体目标是持续努力,加快还清环境污染历史欠账,大力推进生态型城市建设,为实现"十一五"环保目标打下基础;环境基础设施基本完善,城市发展更和谐;环境污染得到有效治理,城市环境更安全;环境监管体系不断完善,城市管理更科学;环境质量进一步改善,城市生活更美好。

第三轮环保三年行动计划继续按六大领域推进。一是水环境治理与保护领域,重点加强中心城区截污治污、苏州河环境综合整治三期工程、竹园和白龙港污水处理厂升级改造、郊区城镇污水处理厂和收集管网建设。二是大气环境治理与保护领域,重点加强电厂脱硫、机动车污染控制、扬尘和烟尘控制区建设。三是固体废物利用与处置领域,重点加强生活垃圾处置设施建设、工业固废和放射性废物处置设施建设以及推进重点行业固体废物减量化。四是工业污染治理与清洁生产和循环经济领域,重点加强 78 个保留工业区环境基础设施建设、吴泾工业区环境综合整治、重点污染源治理与监督以及推进工业企业清洁生产和循环经济试点示范。五是农业污染治理与农村环境保护领域,重点加强农业生产污染防治和农村环境整治。六是生态保护与崇明环境基础设施建设领域,重点加强环境友好型、资源节约型世博园区建设,崇明生态环境基础设施建设,全市绿地林地建设和自然生态保护。

(3)《上海市城市总体规划(1999~2020 年)中、近期建设行动计划》 《上海市城市总体规划(1999~2020 年)中、近期建设行动计划》规划了生态环境中近期行动计划,包括绿化建设和环境保护两方面。

绿化建设中,继续推进城市公共绿地建设,中心城重点加强大型公共绿地和楔型绿地建设。郊区城镇按照生态型城镇的要求,绿地指标和质量高于中心城。大力推进浦江、佘山、崇明等大型片林、黄浦江上游水源涵养林和沿海防护林的建设。2007 年,郊区新增林地面积约 90 万亩;2010 年,再新增林地面积 30 万亩。重视物种多样性,加强湿地环境保护。保护和修复湿地,加大崇明东滩自然保护区保护力度,九段沙湿地自然保护区争创国家级自然保护区。按照建设生态岛的目标要求,加大崇明造林、绿化建设的力度,加强环境保护。2007 年,新增林地 32 万亩。重视物种多样性,加强湿地环境保护。保护和修复湿地,加大崇明东滩自然保护区保护力度,九段沙湿地自然保护区争创国家级自然保护区。

环境保护方面,推进以苏州河综合整治二期为重点的上海市河道治理工程,加快污水收集管网和大型污水处理厂建设;大气污染防治重点为烟尘、二氧化硫和机动车尾气,对大气主要污染物的排放实行总量控制;固废处置以减量化、资源化、无害化为重点;加快能源结构的优化调整,积极开发和推广利用清洁能源,优化能源结构,推进集中供热、热电联产,提高能源利用效率。降低煤炭在工业能耗中的比重和各类工业污染物排放总量,推进清洁生产;加紧重点区域环境综合整治,基本完成吴淞、桃浦工业区整治任务,不断深化吴泾工业区整治工作;加紧郊区城镇及工业区环境基础设施建设,推广污水集中处理和完善收集系统。

9.4 广州生态城市建设

广州市地处广东省中部，是广东省的政治、经济、科技、教育和文化中心。市辖十区二市，总面积 7434.4km²。从 1996～2003 年，广州市全市 GDP 和人均 GDP 年均增长分别达到 13.3％和 11.6％。"十五"期间，广州市深入开展创建国家卫生城市、国家环境保护模范城市和全国文明城市活动，着力营造"两个适宜"的城市环境，并取得了"全国优秀旅游城市和全国社会治安综合治理优秀城市"、"国际花园城市"和"联合国改善人居环境最佳范例奖"、"中国人居环境范例奖"等荣誉。广州在生态城市建设中努力寻求一种既能应对发展挑战又能解决环境问题的城市发展模式，突出广州"山、水、城、田、海"的自然特征，建构与城市建设体系相平衡的自然生态体系，把广州建设成适宜创业发展、居住生活的山水型生态城市。

9.4.1 广州青山绿地建设

9.4.1.1 生态公益林建设

目前，广州市规划建设生态公益林共 239.04 万亩，占林业用地面积的 53.2％。"十五"期间，广州市完成京珠、北二环等主干道两旁第一重山林分改造 1.66 万亩，增强了重点生态公益林的生态、景观功能；进一步健全林业分类经营和生态公益林效益补偿制度，2005年，广州市生态公益林补偿标准拟提高到 16 元/亩，管护补助提高到 3.5 元/亩，并落实了管护责任；全市生态公益林林分质量不断提高，一、二类林的比重上升到 85.1％，为保障城市生态安全发挥了重要作用。2000 年该市被国家林业局授予"全国林业生态建设先进市"，2001～2004 年连续 4 年获得全省生态公益林建设管理及效益补偿目标责任制考核第一名。

1995 年，广州林业局组织编制了《广州市生态公益林体系规划》，对全市生态公益林建设进行初步规划。2001 年广州市对森林公园、自然保护区等重点生态公益林的建设进行了规划，完成了《广州市森林公园、自然保护区建设与发展规划（2002～2010 年）》，初步规划到 2010 年广州市将批建 62 个森林公园、6 个自然保护区、3 个风景名胜区，面积 152 万亩。2004 年，市政府对广州市生态公益林做进一步调整，界定全市生态公益林 239.04 万亩，占林业用地面积的 53.2％，其中省级生态公益林 121.21 万亩，市级生态公益林 117.83万亩。2004 年 9 月，它正式启动了广州市城市林业发展规划编制工作。本次规划期限为2006～2050 年，分近期、中期和远期规划，主要包括广州林业概念规划、广州林业"十一五"规划、广州林业总体规划、广州城市林业发展研究等文本和研究报告，以及林业信息化管理系统等。

1997 年广州市开始制定《广州市流溪河水源涵养林保护管理规定》，启动了 43.3 万亩流溪河水源涵养林的保护、补偿、管理工作，并着手探索生态公益林的补偿机制。1999 年实施了《广州市森林公园管理条例》，进一步促进森林公园等重点生态公益林的建设，满足了人民群众森林生态休闲需求日益增长的需要。2003 年还颁布实施《广州市生态公益林条例》，生态公益林的保护管理被纳入法制化轨道，全面推进了广州市生态公益林的保护、补偿、建设、管理等各项工作。通过地方立法，广州市已构成比较完善的生态公益林保护法规体系。

9.4.1.2 青山绿地工程建设

2003 年 10 月广州市提出青山绿地工程，计划用 3 年时间，在广州城区 1350km² 范围内，新增和改造绿地面积 119km²，对 338 个、共 14.9km² 的采石场进行整治复绿。工程内容包括四大块："城市林带建设"、"城市林区建设"、"城市园林建设"及"采石场整治复绿"。到 2007 年，全市的森林覆盖率达到 42%，建成区绿地率达到 35%，新增绿地面积 120km²，人均公共绿地面积达到 12m²，全市将形成具有广州特色的"林带＋林区＋园林"的城市绿化体系。

到 2004 年年底，广州市完成老城区"拆危复绿"项目 121 个、建成区绿化建设项目 53 个、采石场整治复绿项目 103 个（复绿面积 623hm²）。广州市完成花卉博览园大沙河公园（一期）、西焦绿地、机场高速绿化景点、黄石路绿化景点、糙米栏绿地、东沙路网绿化工程、环城高速公路绿化隔离带工程、广州大道（一期）绿化工程、黄埔大道（一期）绿化工程，以及澳口涌、驷马涌沿线绿地（一期）等 48 项，新建绿地面积 241 万平方米。为营造多层次、立体化的城市绿化布局，广州市还完成 26 座天桥绿化整饰，逐步展开城区高架桥绿化整饰；完成东风路 60 棵小叶榕改造等 18 项市政道路配套绿化工程，以及鸣泉居 8000m² 绿化改造工程。建成区绿地面积增加 3474hm²，人均公共绿地面积增长 0.9m²。

到 2005 年 11 月 30 日，广州市林带林区建设已完成新增或改造绿地面积 80.6km²，占三年总任务的 94%；提前完成林区建设任务，已全部完成规划的 13 个林区建设工程，共新增和改造绿地面积 69.1km²；基本完成林带建设年度任务，目前已建成"八纵三横"共 11 条林带，总长达 384km，绿化面积 11.5km²。此外，林带林区建设还在新机场高速公路、南沙大道（鱼窝头段）规划建设了两个专用林区（苗木生产基地），总面积达 7000 多亩，储备苗木 155 万株。加上广从、广汕路和京珠、北二环、流溪河畔的苗木，广州的苗木面积已扩大了 11200 多亩。林带林区建设至今使广州市绿地率提高 2.5 个百分点，人均绿地面积增加 4.4m²，进一步改善了该市的绿地布局。广州市已全部完成第一阶段 338 个采石场的整治复绿工作，累计整治复绿资金投入 51225 万元，累计植树 332.7 万棵，种草 446.57 万平方米，复绿 1268.1 万平方米。

9.4.1.3 森林公园及自然保护区建设

目前，广州市已批准建立森林公园 46 个，面积 69089hm²。其中，国家级森林公园 2 个（流溪河、石门），面积 11969hm²；省级 3 个（王子山、黄龙湖、帽峰山），面积 13199hm²；其他县、市级 41 个，面积 43921hm²。广州市现在已向市民开放的森林公园有流溪河、石门、黄龙湖、帽峰山、王子山、九龙潭、高百丈、大夫山、滴水岩、龙头山、火炉山、金坑、龙眼洞、凤凰山、蕉石岭、风云岭、五指山等 17 个。

广州市自然保护区项目中已批建的 3 个风景名胜区，1 个一级水源保护区，总面积达到 75107hm²，占国土面积的 10.1%。1996 年 5 月广州市政府批准建立的广州市温泉自然保护区，是广州市地区第一个市级自然保护区，总面积 27906 亩，其中水面面积 1230 亩；1995 年批准建立的黄埔丹水坑自然保护区，占地约 900 亩；1996 年广州市政府批准在原从化温泉风景名胜区的基础上兴建从化温泉自然保护区，面积 41790 亩；1999 年 11 月由原花都市人民政府批准建立牙英山阔叶林自然保护区，面积 1.1 万亩；此外，广州市还有黄埔茅岗鹤林自然保护区，占地约 30 亩，主要保护对象是鹤及其栖息的环境。

9.4.1.4 绿色通道

广州市公路局建成了广从公路、广花公路、106 国道（花都段）、广汕线、一环线等公路绿化品牌路。其中广从公路在 2001 年被国家绿委评为全国 35 条绿色通道示范路之一。广州市公路局管养的 5000 多公里公路的绿地面积已达 2100 万平方米，平均绿化率达到 90%，其中国道、省道绿化率达到 95% 以上，实现万里绿色通道建设。2000 年以来，广州公路共投资绿地建设 3000 多万元。2003 年，广州市公路局共投资 980 万元用于公路绿化建设，新增绿地面积 8.9 万平方米，种植乔木 40 万株、灌木 142 万株、草坪 2.1 万平方米。

9.4.2　广州碧水蓝天工程取得的成效

9.4.2.1　水环境治理

2004 年广州市基本完成西朗、沥滘（首期）、大坦沙（三期）、猎德（二期）污水处理厂建设，铺设四大污水处理系统配套管网 236km，建成污水泵站 18 座。污水处理能力大大提高，全市的污水处理率达到 70%。广州市还积极推进河涌截污整治和景观恢复工程，对 29 条重点河涌进行整治修复；整治珠江堤岸 3.2km、流溪河堤岸 68.3km。

2005 年底全市 231 条河涌已整治 56 条（段）、岸线总长 167.8km，新铺设截污管线 385km。2005 年 10 月底广州已完成沙基涌、马涌、赤岗涌、沙河涌等 27 条河涌的截污工程，沙基涌、马涌、赤岗涌等 8 条河涌清淤工程。白云区、花都区、番禺区、增城市和从化市重点推进了广州市西部水源、南部水源和东部水源地污染整治工作。

2005 年广州市集中式饮用水源地水质达标率为 96.79%，比 2004 年上升 8.07 个百分点，南洲、西洲、新塘水厂水源地水质 100% 达标；珠江广州河段水质基本达到 IV 类水标准，重金属污染远远低于标准限值，如期完成了省委、省政府珠江综合整治"一年初见成效，三年不黑不臭"的任务，并正在向"八年江水变清"的目标迈进。广州市地表水水质达标率为 100%；增江、东江北干流、流溪河上游从化段、沙湾水道的水质优良、白坭河水道水质良好。广州市被评为全省珠江综合整治三个先进城市之一。

9.4.2.2　大气污染治理

在大气环境污染综合治理方面，广州市重点推进大气污染重点工业企业废气治理、机动车排气污染防治、饮食业油烟污染整治和扬尘污染的控制工作。

一是严控二氧化硫超标排放。开展了对占全市二氧化硫排放总量 85% 以上的 56 家重点工业企业专项执法检查，环保、监察、经贸部门联合下发了《关于加强二氧化硫重点排放企业监管的意见》，建立了重点工业企业脱硫台帐制度，形成长效脱硫管理机制。目前，96 台锅（窑）炉已安装脱硫设施，56 家重点二氧化硫排放大户形成年 4.6 万吨的削减能力，2005 年，56 家重点脱硫工业企业二氧化硫排放量为 11.5 万吨，比 2004 年减少 2.4 万吨；全市二氧化硫排放量为 14.9 万吨，比 2004 年减少 3.6 万吨，较好地实现了排放总量控制目标。

二是强化机动车污染治理。市政府发布实施《关于实施国家第二阶段机动车排放标准的通告》，有效实施新车源头污染控制；加强对在用机动车排气污染的监控，共抽检机动车 48.97 万辆，排气达标率 81.58%；大力推进公交出租车使用清洁能源，全市现已有 5811 台公交车、9770 台出租车使用 LPG 燃料。

三是强化扬尘污染控制。加强了施工工地和裸露地面污染防治，规范工地围蔽和余泥渣土清运工作，对全市 252 个停工或闲置工地进行整治，190 个已经完成绿化或硬地化整治工作。

四是深化饮食业污染监管。广州市开展饮食服务业污染扰民专项整治行动，全面推进饮食业户安装油烟污染治理净化装置，128 家 100 餐位以上重点监管业户已有 68 家安装了符合要求的油烟治理设施，全市已有 8532 家饮食服务业户完成清洁能源改造。

2005 年，广州市空气质量得到明显改善，环境空气质量由三级标准（轻微污染）提高到二级标准（良好），优良天数 332 天，占全年总天数的 91.0%，比 2004 年提高 7.9 个百分点；环境空气中被列入国家考核的二氧化硫、二氧化氮、可吸入颗粒物等指标均达到国家城市环境空气质量二级标准：二氧化硫为 0.053mg/m³，比 2004 年下降 31.2%；二氧化氮为 0.068mg/m³，比 2004 年下降 6.8%；可吸入颗粒物为 0.088mg/m³，比 2004 年下降 11.1%；一氧化碳为 1.63mg/m³，比 2004 年下降 7.9%。广州市月降尘量为 5.48t/km²，

比 2004 年下降 11.3%，达到广东省推荐标准。

9.4.2.3　固体废物治理

广州市已改造 14 座垃圾压缩站，新购置垃圾压缩车、洒水车等 119 辆，投放新型果皮桶 1 万多个。全市日产生活垃圾 7380t，其中每日 6480t 运往兴丰生活垃圾卫生填埋场处理，无害化处理率达 100%。兴丰垃圾填埋场二区、三区建成投入使用，沼气上网发电运行，垃圾填埋场污水处理运行稳定，经处理的垃圾渗滤液达到回用水标准，实现污水零排放。兴丰垃圾卫生填埋场被建设部评为国内第一座现代化生活垃圾卫生填埋场，列为建设部科技环保示范工程，其建设、运营和管理经验在全国推广。此外，日处理垃圾 1000t 的李坑垃圾焚烧发电厂也进入设备安装调试阶段；白沙河粪便处理生产线改造工程按期完成。

至 2010 年，广州市将投资 50 亿元建成七大生活垃圾终处理设施，生活垃圾实现以焚烧为主，综合处理和填埋为辅的处理方式。七大生活垃圾终处理设施包括兴丰生活垃圾卫生填埋场、李坑生活垃圾焚烧发电厂、李坑生活垃圾综合处理厂、餐厨垃圾处理厂、建筑垃圾处理厂和另外两座垃圾焚烧发电厂。

加强河涌底泥的处置，主要采用几种处置方式，如直接用于农业堆肥。经污染物分析，河涌底泥中富含氮磷肥分，可将清挖出来的底泥就近用于农业种植，如种植水果、蔬菜等。另一种是将底泥自然干化、晒干、脱水掺入灰沙配料，作为建筑回填。还有一种是填埋方式，在堆场覆盖后，种草绿化，恢复生态。

9.4.3　广州市生态城市建设计划和规划举措

9.4.3.1　广州林业"十一五"发展规划

《广州林业"十一五"发展规划》中，通过实施八大林业工程，定向改造低效林 25 万亩；森林公园总数达 50 个，重点建设 16 个；加强现有 2 个自然保护区和 4 个湿地生态区建设。到 2010 年，使全市林木绿化率稳定在 43.5% 以上，森林覆盖率稳定在 38%；城区绿化覆盖率达到 40%，人均公共绿地达到 15m²。通过加强数字林业信息平台和防火装备建设，增强森林资源安全保障能力，森林火灾受害率控制在 0.50‰ 左右，从而达到健全森林生态网络、改善森林资源质量、壮大森林旅游产业、提高林业现代化水平的目标，为建设"两个适宜"城市和成功举办亚运会奠定生态基础。

9.4.3.2　广州城市林业发展概念规划和广州市林业"十一五"发展规划

为进一步加强城市森林建设，广州市通过了《广州城市林业发展概念规划》和《广州市林业"十一五"发展规划》。两个"规划"从类型上提出建立生态防护林体系、生态文化林体系以及生态产业林体系等三大森林体系；从总体格局上提出构建"三林、三园、三网、三绿"的城市森林生态结构体系。也就是：在山区重点构建"三林"，即水源涵养（水土保持）林、风景游憩林、产业原料林，保障城市生态安全；在丘陵平原区重点构建"三园"，即郊野公园、绿色田园、生态果园，满足市民观光休闲；在滨海水网区重点构建"三网"，即河流林网、农田林网、海防林网，形成生态防护屏障；在城区重点形成"三绿"，即公园绿化、社区绿化、路网绿化，切实改善人居环境。

9.4.3.3　广州市森林公园、自然保护区建设发展规划

在《广州市森林公园、自然保护区建设发展规划》中，至 2010 年，全市森林公园建设将增加到 52 个，面积 76487hm²，占国土面积的 10.29%，自然保护区完善和批建 5 个，面积 22067hm²，占国土面积的 2.97%，森林公园和自然保护区的总数为 57 个，面积 98554hm²，占国土面积的 13.26%（不包括风景名胜区和一级水源保护区）。规划中，国家级森林公园由现在的 2 个增加到 3 个，省级森林公园由现在的 3 个增加到 10 个；规划批建自然保护区为国家级 1 个，省级 3 个，完善建设市级自然保护区 1 个。

9.5　山东省生态城市建设

山东省地处我国东部沿海，黄河下游，是一个人口大省、资源大省、经济大省；但同时也存在着环境污染较重、水资源严重短缺、生态环境问题。在新的世纪，要完成提前全面建设小康社会、提前基本实现现代化，建设"大而强、富而美"的社会主义新山东的目标，必须转变经济增长的方式，改善生态环境条件，提高资源的可持续利用能力。结合山东省实际，山东省提出了发展循环经济建设生态省的要求。

9.5.1　山东生态省建设的发展进程

1999 年 4 月，山东省政府批复实施省环保局、省计委制定的《山东省自然保护区发展规划》。1999 年 7 月，山东省确定了由东向西、由点到面，逐步建设生态省的思路。2001 年 9 月，山东省政府批准实施《山东省生态环境建设与保护规划纲要》，纲要中生态建设与保护的总体目标中提出，生态示范区建设要由点到面，由小到大，逐步展开，最终实现生态省的建设目标。这是山东省首次提出生态省建设奋斗目标。

2002 年 8 月，国家环保总局解振华局长到山东考察，指示山东要研究发展循环经济。根据解振华局长、山东省政府领导的要求，山东省环保局安排专项经费开展发展循环经济建设生态省的调查研究，先后组织有关人员和专家分别到辽宁省学习发展循环经济的经验，赴福建、海南、浙江、江苏等省进行生态省建设调研。2002 年 12 月，山东省委确定十大调研课题时，将生态环境和城市建设列为其中一大课题，分管副省长亲自组织省委调研室、省环保局及有关厅局，对山东省发展循环经济建设生态省在省内外进行了全面调研，初步提出了加强山东省生态环境和城市建设的总体构想。

2003 年 4 月，山东省环保局成立了由局有关人员及山东省环境保护科学研究设计院、山东大学等单位的专家学者组成的编制组，编制完成了《山东生态省建设规划纲要》并呈报省政府。2003 年 8 月 11 日，山东省政府常务会议专门听取山东省环保局关于发展循环经济启动生态省建设的工作汇报，同意成立山东省发展循环经济建设生态省领导小组，领导小组办公室设在山东省环保局，并向国家环保总局呈报山东省政府关于申请将山东省列为全国生态省建设试点的函。8 月 20 日，国家环保总局复函山东省政府同意将山东省列为全国生态省试点，山东省成为全国第 6 个生态省建设试点。8 月 30 日，国家环保总局、山东省政府在泰安组织了对纲要预审稿的评审。根据预审会专家及有关部门的意见和建议，修改完成《规划纲要》论证稿。9 月 20 日，国家环保总局和省政府邀请了国内 17 名知名专家（其中院士 7 名），对《规划纲要》进行了论证。专家组对山东省《规划纲要》做出了很高的评价，一致同意通过论证。

2003 年 12 月，经山东省人大常委会审议后，山东省政府印发实施了《山东生态省建设规划纲要》。山东省各市政府在《山东生态省建设规划纲要》的框架下，积极开展生态市建设工作，编制完成了各市的生态市建设规划，共同为建立以循环经济理念为指导的生态经济体系、可持续利用的资源保障体系、山川秀美的生态环境体系、与自然和谐的人居环境体系、支撑可持续发展的安全体系和体现现代文明的生态文化体系等六大体系的目标而努力。

9.5.2　济南生态城市建设

从 2003 年 9 月，围绕着生态市建设，济南市积极开展工作，努力构建以"山、泉、湖、河、城"为特色的生态城市。济南市充分认识到生态市建设是实施可持续发展战略、落实科学发展观的有效途径，对新时期济南城市发展具有重大战略意义，迅速启动了生态市建设工作。济南市成立了生态市建设领导小组，下设办公室，负责日常协调工作；编制并下发实施了《济南市生态市建设规划》。规划确立了济南市生态市建设的三个阶段目标，2003～2007年为启动和推进阶段，确保 2007 年通过国家环保模范城市验收；2008～2012 年为发展和提高阶段，初步建立循环经济体系，基本形成具有泉城特色的城市生态格局；2013～2020 年为全面发展阶段，将济南市建设成为以"山、泉、湖、河、城"为特色的生态城市。

2003 年以来济南市淘汰 4t 燃煤锅炉 155 台，直接减少燃煤量 14 万吨；关停了历城区历山水泥有限责任公司等 5 家水泥立窑生产线。济南市充分考虑环境容量和环境承载力，严格落实环保审批制度，最大限度地控制和减少污染物的产生量和排放量，2004 年以来全市共审批建设项目 152 个，拒批污染环境项目 42 个，全市环境影响评价执行率达到 98％以上。

① 深化节能降耗，提高资源能源利用效率，并加强能源消耗定额管理。2004 年全市实现节能 110 万吨标准煤，单位 GDP 能耗达到 1.21 吨标准煤/万元；全市单位 GDP 用水量降低到 78t/万元，重点工业企业用水重复利用率为 95.06％。全市在包括电力、化工、建材等行业的 51 家单位推行了清洁生产审核试点工作，目前已有 34 家完成审核报告；山水集团等51 家单位通过了 ISO 14001 环境管理体系认证；济钢煤气回收发电工程成为全国发展循环经济的典型。济南市在建成区建设单体建筑 2 万平方米以上和日用水 200t 以上的社区、企业强制推行污水处理及中水利用系统，已有 77 家社区、企业利用中水。全市大力开展工业固废综合利用，2004 年工业固废综合利用率达到 93％以上。济南市积极探索秸秆综合利用技术，重点区域秸秆利用率达到 70％，并推行农资节约，鼓励并推广农膜回收利用，回收率 90.6％。

② 倡导绿色消费，推进节约型社会建设。市政府在全市开展节能宣传周、"节水进社区"等宣传活动，组织了发展循环经济论坛，开展创建节约型机关、"绿色饭店"、"绿色学校"、"绿色家庭"活动，倡导绿色消费理念，取得了良好的社会效果。

③ 以城市建设重点工程和背街小巷综合整治为重点，彻底改观城市面貌。2004 年相继竣工完成经十路、经一路、济洛路等一批重要干道和燕山健身广场、植物园、体育中心等一批重点工程。2005 年以来城区基本完成立项、规划，解放路、济微路、104 国道、青年东路等 10 条重点道路相继开工整治，城市面貌局部发生了质的变化。全市完成了 1300 余条背街小巷的综合整治，基本上达到了"路平灯亮、排水通畅、卫生整洁"的标准，成为广受群众拥护的"民心工程"。济南市深化占道经营专项整治，对 85 条"创建城管执法示范路"、20处"创建城管执法示范场所"、主要片区进行了重点整治，并逐步建立起城市管理的长效机制，城市街巷的整体面貌焕然一新。

④ 深入开展城市大气环境综合治理，不断提升环境空气质量。全市积极开展高污染燃料禁燃区与烟控区创建工作，烟尘控制区覆盖率始终保持在 100％；建成了济南市环境监控中心，对全市环境实现了实时监控；组织安装了 24 台重点大气污染源烟气在线监测设备；颁布并实施了《济南市机动车排放污染防治办法》，进一步加大了机动车路（抽）检及年检工作力度，重点整治了公交车冒黑烟问题，燃用天然气的公交车辆达 1400 台。以《济南市市政工程文明施工管理规定》为抓手，全市重点治理扬尘污染。2005 年以来济南市共检查建筑工程工地 2468 处，责令改正 542 处；加大了渣土运输洒漏管理，建筑渣土密闭运输率达到 60％。

⑤ 围绕创建噪声达标区与安静居住小区，强化噪声污染治理。目前噪声达标区已经达到 75％，位列全国最安静城市之首，建成了 47 个市级"安静居住小区"。

⑥ 不断完善环卫设施，提高环卫工作水平。2005 年以来，全市新建 24 个生物环保公厕，新增设 1000 个果皮箱；垃圾密闭化运输率达到 77.5％，垃圾日产日清率达到 95％以上，基本实现了二环路以内无垃圾死角。道路保洁水平进一步提高，主次道路快车道机械保洁率达到 50％以上，主次道路清洗覆盖率达到 90％以上。2004 年建成了济南市医疗废物无

害化处置中心，目前共有 178 家医疗机构参加了医疗废物集中处置，处置率达到 95％。

⑦ 以生态示范区、环境优美乡镇和"生态文明村"建设为突破口，着力改善农村人居环境。济南市在农村地区积极开展"生态文明村"试点工作，深化改水改厕工作，抓好村容村貌和生态绿化建设。章丘市国家级生态示范区的建设已顺利通过验收，并被授予"山东适宜人居环境奖"。平阴县已基本达到国家级生态示范区标准；济阳、商河县国家级生态示范区建设工作全面启动。济阳镇等 8 个乡镇正积极创建全国环境优美乡镇，力争实现乡村环境的根本改善。

⑧ 加快推进污水处理设施建设，提高污水处理率。2004 年新建污水管线 45.1km，进一步完善了配套管网。鉴于污水处理厂运行经费严重不足的现状，全市拟定水价提价方案，依法召开了听证会，污水处理费由每立方米 0.36 元调整为 0.70 元，并已于 2005 年 7 月 1 日开始征收。

⑨ 各县（市）区污水处理厂建设和投运步伐加速。目前，章丘市污水处理厂、济阳县污水处理厂、平阴县污水处理二期工程建设已完工，正在调试中；长清区污水处理厂基本完成土建工程；商河县、历城区仲宫镇污水处理厂可行性研究报告、环境影响评价报告书已编制完成。

⑩ 实施流域污染综合治理，大力推进市内河道污染防治。环城公园护城河截污一期工程于 2005 年 3 月份启动，在前期调研摸底、规划设计的基础上，对沿岸的排污管道进行截污，彻底改变护城河雨污混排的现状，从源头杜绝污染，工程已完工，部分河道恢复了清水。投资 4000 多万元的玉绣河综合整治一期工程已完工，整治效果明显；二期工程开工前准备工作基本就绪，截污、环境整治的设计方案已经完成，即将开工建设。

⑪ 强化对水污染源点源治理及污水处理的监督管理。济南市进一步加大环境执法力度，积极开展了整治违法排污企业保障群众健康专项检查活动，持续深入进行了环保执法"零点行动"。市政相关部门对济南裕兴化工总厂等 903 家排污单位进行了现场检查，对超标排放污染物的 60 余家单位依法进行了严肃查处。目前，严查工作不断深入发展。

⑫ 实施生态绿化工程，大力发展林业。按照"南护水源，北治风沙"的总体要求，和"一区（南部生态保护区）、一带（沿黄防护林带）、一网（绿色通道网络）、一体系（森林资源管理保护体系）"的生态绿化发展规划，全市全面启动和实施了封山育林、平原绿化、绿色通道和退耕还林四大工程。2005 年以来全市已完成造林 13.5 万亩；新建农田林网 16.6 万亩；封山育林 1.3 万亩；补植完善国道、省道和县、乡、村公路绿化 1440km；京福、济青高速公路绿色通道工程建设补植完善已完成 85％，森林覆盖率达到 23％。

⑬ 实施城区绿化，不断改善城市点、线、面上的绿化景观。济南市全面实施道路绿化工程、公共绿地建设工程、风景区建设工程和单位庭院、小区绿化工程。2004 年以来全市重点完成了经十路、燕山健身广场、植物园等重点工程的绿化、美化工作；加强了历山北路等道路的绿化改造；结合背街小巷综合整治，大力开展社区绿化，创建省、市、区级绿色社区 50 余个，四季花园被命名为国家级绿色社区。城市绿化覆盖率达到 39.1％。

⑭ 强化生态保护与恢复，重点建设南部山区生态屏障。济南市积极做好南部山区城市规划管理工作，确定了城市建设南部控制线，划定了南部山区保护范围和城镇发展建设区；组织实施了南部山区重要生态功能保护区建设，取缔绣川河两岸淀粉及其制品业 24 家，投资 200 万元建成了日处理能力 120t 的历城区仲宫镇门牙污水处理站。全市开展水土流失治理工作，2004 年以来完成水土流失治理面积 138.72km²；积极开展矿山地质环境整治与恢复，实施了《济南市矿产资源总体规划》，建立了山石资源保护的长效机制，认真执行禁采区、限采区、可采区和矿山准入制度。2005 年至今全市共计整治矿山地质环境 524.68 亩。

⑮ 以农业增效、农民增收和提高农民生活质量为重点，大力发展生态农业富民工程。

济南市大力推行农业标准化生产,积极推动无公害农产品产地认定,全市共认证国家级无公害农产品 65 个。加强农业面源污染控制,全市完成各种作物平衡施肥面积达 523.5 万亩,全市化肥平均使用强度(折纯)低于 $500kg/hm^2$;积极推广应用频振式杀虫灯新技术,降低了农药的使用量,基本禁止了高毒剧毒高残留农药的使用;建成了规模化畜禽养殖管理示范村 20 个,建成畜禽粪便污水处理场 3 处,规模化畜禽养殖粪便综合利用率逐步提高。济南市积极推进农村沼气能源建设,截止到目前,全市共建沼气池 3.2 万个,年产沼气 8400 万立方米,折煤 8.4 万吨。

⑯ 加强对各类自然保护区的建设与保护,大力开发生态旅游。济南市深入开展了自然保护区专项执法检查工作,建成柳埠、大寨山两个市级自然保护区;翠屏山森林公园建设已初具规模。千佛山、龙洞风景区的总体规划进一步修改完善。大明湖风景区扩建工程已完成审计、监理、施工、拆除的招标工作,部分已经拆迁安置完毕。济南市合理整合全市旅游资源,大力开发生态旅游,在全市 A 级旅游区组织开展"旅游区环境达标认证"活动,为广大游客提供优良的旅游环境。

⑰ 严格依法管理调配水资源,全力保护泉域和地下水资源。根据"大力发展地表水,合理开采地下水,积极利用客水"的原则,济南市采取开源节流、多源供水模式,实现多水源科学配置,联合调度;加大引黄供水保泉力度,有效改变城市供水格局,大大减少地下水的开采使用;坚持封井保泉,自 2003 年以来,封闭深层自备井 113 眼,浅层自备井 1250 眼,年减少地下水开采量约 1700 万立方米。全市进一步加强保泉立法,制定了《济南市名泉保护条例(草案)》,报市人大常委会审议;积极研讨东部生产用水大户的水源置换问题。2005 年济南市制定并启动了保泉应急预案,关闭了东郊等地下水源开采。全市加大了供水管网建设、改造力度,2005 年以来更新和铺设新管道 10 余公里。

⑱ 突出农业节水重点,推动节水农业的全面发展。不断提高节水灌溉工程建设的档次和水平,发挥示范项目在全市节水灌溉工程建设上的带动和示范效应,因地制宜选择喷、滴、管灌、渠道防渗等不同类型的节水模式。2004 年建设了长清区十里铺园区、平阴县圣母山园区等节水高标准项目,建设节水灌溉"精品园"1.4 万亩,发展节水灌溉面积 10.5 万亩;2005 年上半年全市共发展节水灌溉面积 6.62 万亩。

⑲ 严格落实"南控"战略,加强泉域地下水补给区保护。济南市在科学规划的基础上,严格落实"南控"战略,加强水源地涵养与保护,充分发挥其城市生态功能区作用;把涵养水源、增加泉域地下水补给放在突出位置,尤其保护好"渗漏带";利用卧虎山水库汛期泄洪水对玉符河强渗漏区域实施补源,做好"玉符河生态补源示范段工程",有效增加地表水利用量和泉域地下水补给量。经过各方面的努力,趵突泉等城市泉群实现了自 2003 年 8 月以来的连续喷涌。

9.6 中国生态城市建设的前景展望

建设生态城市是城市发展的必然选择,是一项复杂而又巨大的系统工程,需要从理论上和实践上不断地探索。中国许多城市正在积极开展生态城市建设,并取得了一些成效,同时也积累了不少可贵的经验。

9.6.1 编制科学的生态城市建设规划

中国许多城市在编制城市规划时融入了可持续发展思想理念,将生态城市建设作为城市建设发展的重要内容,纷纷将生态城市建设规划纳入到城市规划中。许多城市在编制生态城市建设规划中综合考虑了城市社会、经济和环境的协调发展,建立了包含社会、经济和环境三方面较完善的生态城市规划指标体系。

归纳起来，中国生态城市建设规划包含环境、经济、社会三个层面。环境层面上，突出对自然环境的保护和人工环境的营造，通过科学评估城市人口规模、用地范围、环境容量、生态环境现状，做好环境污染防治规划以及生物保护与绿化规划。经济层面：解决好经济发展与环境保护、资源利用与循环再生、污染整治与源头控制等关键问题。社会层面：加强公众参与，建立公众参与生态城市规划的正常渠道，提高生态城市建设规划编制工作的科学性、正确性和公平性。

9.6.2 制定合理的生态城市建设目标

生态城市的建设必然是一个长期的循序渐进的过程，各城市需要根据自己的发展状况制定相应的建设目标和指导原则。

目前，中国大多数城市以长远目标和分步行动相结合，整体规划和地方着手相结合来进行生态城市建设。各城市根据其城市发展状况以及生态环境质量，制定相应的生态城市建设总体目标、分阶段目标以及短期行动计划。

从时间和纵向的安排上，将建设生态城市的进程分为几个阶段，逐步实现生态城市建设。如上海生态城市建设分三个阶段进行。第一阶段：到 2005 年，建成国家园林城市，本市总体环境质量处于全国大城市先进水平，水清岸洁，空气优良，成为国际国内适宜生活居住的城市之一。第二阶段：到 2010 年，形成上海生态型城市的框架，世博会举办时，主要环境指标与国际标准接轨，可持续发展能力不断增强，生态环境影响得到改善，资源利用效率显著改善。第三阶段：基本建成生态型城市。到 2020 年，上海环境要达到同类型国际化城市的水平。

从空间和横向上看，生态城市建设先从小规模的生态社区、生态村镇着手，然后逐渐延伸扩展到建设生态城区、生态县市，最后集量变为质变形成有较大规模的"生态城市"。如：北京市远郊区县卫星城市、小城镇绿化美化工程，建立生态村镇。

9.6.3 生态环境建设

(1) 城市绿化建设　城市绿地在城市生态系统中发挥着提供健康安全的生存空间、创造和谐的生活氛围、发展高效的环境经济等方面的积极作用。对于改善城市生态和人居环境，提高居民的生活质量，促进城市经济社会可持续发展具有十分重要的作用。

中国城市绿化建设中，通过调整和优化城市用地结构、提高城市土地利用率、扩大绿地面积等多种形式，恢复生态功能和植物的多样性。市区绿化除了公园绿化和沿街绿地之外，还进行立交桥和建筑物顶层绿化。

(2) 生态林业工程　在中国，许多城市将城市森林化作为城市生态建设的发展方向，开展生态林业工程。主要有生态公益林建设工程，实施退耕还林工程、村镇绿化及平原农田防护林体系建设工程和绿色长廊建设工程，实施水源涵养林及自然景观工程、生态林业基地建设和林业产业化工程。

9.6.4 环境建设

中国城市环境建设方面以污水处理、垃圾清理、大气治理、噪声控制作为生态城市建设的重要内容。按照可持续发展战略，城市建设应优先对市区环境进行综合治理和保护及改善农村生态环境；加强污水处理厂、垃圾处理厂等城市基础设施的建设；推广先进烟气处理工艺，并开发使用新型能源，提高清洁能源在能源结构中的比重，提高能源利用效率。

中国许多城市结合城市的性质、特点和发展目标，对各自产业结构进行合理调整，优化产业结构和空间布局；加大对环境污染的治理力度，对传统产业进行技术改造，对污染企业限期治理达标；大力发展无污染产业，限制资源耗费型产业，积极引进高新技术项目，推进产业升级，形成高效益绿色产业体系。

(1) 水资源合理利用与保护　许多城市正积极推行生态用水，大力发展节水农业、节水工业和节水服务业。在用水方面，建立供水、节水、中水回用和污水资源化的循环体系，提高水资源利用率。对因水环境恶化造成的生态环境破坏，采取节水、调整产业结构、调水等综合措施加以预防和修复，使各水系能保持和恢复生态景象。

(2) 加强宣传，强化公众生态意识　我国在生态城市建设中采取一系列措施，拓宽了广大公众参与生态城市建设的渠道，提高了公众的生态意识，促进了生态城市的建设和发展。如：加强教育，提高公民素质；广泛开展生态城市建设宣传教育活动；编写环保宣传参考资料，印发环境科普宣传册，创建绿色学校；充分利用广播、电视、报刊、学校等多种宣传形式，大力宣传保护生态环境；另外，拓宽公众参与的渠道，使公民积极参与环境保护和生态建设，促进生态城市建设。

(3) 建立多元化的资金投入机制和完善的法律法规保障体系　我国在生态城市建设中逐年加大环境保护和生态建设投资力度，并且通过建立多元化的资金投入机制，为生态城市建设这一庞大的系统工程提供资金的支撑。对于城市公共绿地，骨干河道的整治，政府给予财政拨款。对于园林绿地、污水处理、中水回用和垃圾处置等城市基础设施建设政府采用出让经营权、BOT 等方式，吸引企业、外商参与基础设施建设；还有通过股票、基金、债券等市场融资渠道，为生态建设提供充足的资金。

许多城市已建立了适应各自生态城市建设的法律法规体系，使生态城市的建设法律化、制度化，以保证生态城市建设的各项政策和计划的顺利实施。

9.6.5　国内生态城市建设实践中的不足

上一章和本章分别总结了国外和国内城市在建设生态城市的情况，由于体制、国情的不同，在生态城市建设的实践中存在着很多的不同点，这里从几个方面进行简要比较分析。

9.6.5.1　对生态城市概念的认识

自从 1971 年"生态城市"的概念提出以来，关于生态城市的学术讨论就没有停止过。对于生态城市概念的认识，不同时期不同学者、机构历来有不同的见解。尽管生态城市已经成为社会的热点，世界各国的许多城市都提出了建设生态城市的目标。但到目前为止，世界上还没有一个真正意义上的生态城市，这是因为，各国学者对生态城市有不同的理解，至今关于生态城市仍然没有一个公认的定义和清晰的概念。到目前为止，得到公认的一个关于生态城市的内涵是：生态城市是一个社会-经济-自然复合生态系统和谐发展的城市系统。由于该说法比较笼统，因此各国学者尤其是生态城市建设的规划者和实施者在具体操作过程中存在着很大的差别。

国外从可持续发展的理念出发，从城市建设的各个方面进行了尝试，并取得了很好的成就。我国在生态城市建设实践中，很多实践者尤其是社会公众，认为生态城市的建设就是城市绿化，环境治理。这些认识与国外的认识比，有很大的差距。

我国学者目前关于生态城市的研究主要来自两个方面，一是生态学家从生态学角度考虑生态城市的建设，王如松教授提出的城市复合生态系统理论就是这样考虑的，该观点从整体性、协调性方面给予了更多的考虑，以城市生态环境本底为基础，综合协调经济和社会的关系，最终实现生态城市复合生态系统的可持续发展。另一个研究方面是建筑学家从城市规划、建筑学等角度考虑，以吴良镛先生为代表，更注重城市建设的经济可行性和可操作性。

目前我国的许多城市已经制定了生态城市建设的规划，并正在实施中，但还处在城市环境质量治理和生态基础设施建设阶段，要实现生态城市建设的目标，还有很长的路要走。

9.6.5.2 生态城市建设规划

在生态城市建设规划方面，国外和国内的许多的城市做法是相同的，但也存在一些区别。国外的一些城市在生态城市建设的初期并没有考虑朝着生态城市的目标进行，只是从解决某一个具体问题出发的，如巴西的库里蒂巴市是从解决交通问题入手的。

国外生态城市建设规划的规划年限一般较长，如阿德莱德就是"影子规划"一个成功的实践案例，它的时间跨度为 300 年，从 1836 年早期的欧洲移民来到澳大利亚，到 2136 年的生态城市建成，描述了 300 年来澳大利亚阿德莱德地区的变化过程。在规划中一般都涉及远期目标和具体的实施过程。和国外的生态城市规划相比，我国目前的规划设计年限一般在 20～30 年左右，远期目标大多在 30 年左右，近期目标在 5 年的居多。这样就会造成急功近利的现象。

国外在生态城市规划中除了大的宏观目标外，会在一定的时期内集中力量解决一些亟待解决的问题。而我国的生态城市规划一般只是设定一个目标，即使在分阶段实施中，提出的目标也不是很具体。在规划中往往会涉及城市建设的各个方面，而生态城市建设本身就是一个复杂的系统工程，需要投入大量的时间、科技、经济和社会的参与等。这种大而全的规划在 20～30 的时间内往往难以实现，会出现铺的摊子过大，效果差的现象，最后成了一纸空文。随着规划年限的到期，需要制定新一轮的城市建设规划，这样不能实现原先设定的目标。在生态城市建设规划方面，这是我国在实践中需要着重注意的。

9.6.5.3 政策和法律支持

政策和法律支持是生态城市建设中非常重要的组成部分，科学的政策和公正的法律能够保证生态城市建设在法制的环境中进行，能够在全社会形成有序和公平。国外的城市在推动生态城市建设中，针对具体的事项往往会出台相关的政策或法律加以支持。如克利夫兰市政府为了推动生态城市的建设，在其可持续计划中制定了一系列政策，包括鼓励在新的城市建设和修复中进行生态化设计、强化循环经济项目和资源再生回收、规划自行车路线和设施等 14 条政策措施。1964 年，库里蒂巴市政府制定了公交导向的城市开发规划，另外为了鼓励人们利用公共交通，政府采取了一些经济刺激政策，例如政府规定，年满 65 岁以上的老人和五岁以下的小孩可以不购车票而乘坐公共交通工具；对有工资收入的库里蒂巴市市民，如乘坐公共交通的费用超过工资 6％者，其超过部分由政府补贴，6％以下者由个人负担；穷人可以用清扫垃圾来换取公共汽车车票等。这些政策的制定引导社会对公共交通进行关注并全力支持。

我国是世界上大规模由政府牵头进行生态城市建设的国家，已经有数十个城市提出了建设生态城市，海南省、吉林省、黑龙江省获得批准建设生态省，陕西、福建、山东、四川也先后提出建设生态省。我国目前在生态城市建设中，一些城市由政府出台了关于生态城市建设的规划，从法律意义上讲，这些规划是具有法律效力的。但实际上，这些规划往往是由政府部门进行实施，没有在具体事务上引起社会公众心理上的兴趣。公众认为生态城市是政府的事情，出现规划实施和社会脱节的现象。因此，我国的城市在进行生态城市建设过程中，应该借鉴国外经验，在制定生态城市建设规划中加以考虑。从目前环境治理和生态基础设施建设阶段逐渐过渡到真正的生态城市大规划中；在细节上、具体事务上由政府的相关部门制定相应的专项规划，从生态城市建设的各个方面进行协调，综合推进。这样，我国的生态城市建设才不会出现虎头蛇尾，政府支持力度大，社会参与少的结果。

9.6.5.4 科技和资金支持

生态城市建设要求城市发展必须与城市生态平衡相协调，要求自然、社会、经济复合生态下系统的和谐，因此必须以强大的科技和资金支持作为后盾。从上一章的介绍能够看到，国外城市在生态城市建设过程中，非常重视科技和资金投入。如美国、德国、加拿大都重视生态适应技术的研究，重视发展生态农业、生态工业的优良队伍，落实其专业人才的培养，因此这些国家的生态城市建设都非常先进。

澳大利亚的怀阿拉建立了能源替代研究中心；美国克利夫兰市政府建立了专门的生态可持续研究机构；日本大阪在其 NEXT21 生态实验住宅建筑设计中，利用了大量最新技术措施来达到生态住宅的理想目标，如太阳能外墙板、中水和雨水的处理再利用设施、封闭式垃圾分类处理及热能转换设施等。另外国外很多城市都很重视生态城市相关理论和应用的研究，启动了专项基金扶持生态适用技术的研究。如怀阿拉市政府资助成立了干旱区城市生态研究中心，开展对生态城市的理论和应用研究；克利夫兰市政府成立了全职的生态城市基金会，启动了生态城市建设基金，用于生态城市的宣传、信息服务、职业培训、科学研究与推广。此外德国、美国、加拿大、澳大利亚、丹麦、英国、意大利、以色列等国为该国的生态农业、生态工业、生态建筑的研究和推广提供大量的资金，在不同程度上推动了这些国家生态城市的发展。

我国目前在生态技术的投入力度正在逐渐加大，但和建设生态城市的需求相比较，还需要努力。理论研究已经成为热点，但针对某一城市具体问题的解决的研究较少，还处于宏观理论研究阶段。

我国是发展中国家，目前正处于全面城市化阶段，在环境保护和生态基础设施建设方面的资金投入严重不足。这也是目前我国城市在生态城市建设中亟待解决的基础问题。只有在政府政策引导，加大资金投入，社会公众支持，并广泛吸收社会资金的基础上，生态城市建设才能取得实质性进展。

9.6.5.5 生态城市建设目标设定

生态城市建设的最终目标是实现城市自然-经济-社会符合生态系统的和谐，但在实施过程中需要制定科学的可操作性目标。

国内外城市在生态城市建设中具体目标的设定具有一致性，但不同的是国外的每个目标下有很多的分目标，由政府组织，不同部门共同实施，能够达到好的效果。国内目前的生态城市建设规划中，也设定了具体的目标，但有的目标过高，超出了现有经济技术条件的支持；另外有很多是宏观的笼统性目标，如鼓励循环经济、加快产业代谢、建立生态型经济等目标，显然不可能在短时间内实现。这是我国城市需要深思的。

9.6.5.6 生态城市指标体系制定

生态城市建设成功与否，总是需要一定的评价的，因此，生态城市评价指标体系的制定就成了不可缺少的部分。国外的城市在建设中，有很多城市没有制定详细的指标体系，往往是通过调查由公众来评价。

国内许多学者在参考国外城市指标和国际研究机构成果的基础上，做了大量研究，一些城市也出台了自己的生态城市指标体系。国家建设部已经出台了生态园林城市标准，作为生态城市标准的过渡。

从理论角度分析，世界上的城市就像树叶一样，没有完全一样的。生态城市建设的目标是城市复合生态系统的和谐，所以只要能够实现这样的目标就可以了，并不适合所有的城市有统一的数字指标的硬性规定。各城市可以根据自己城市的生态、环境、资源状况，制定适合自己城市特色的生态城市指标体系加以评价。当然随着生态城市建设进程的推进，指标体系仍需要进行相应的调整。如果国家通过了统一的评价指标体系，必然会导致全国所有的城市都按照此标准执行，形成所有城市模式都一样的建设框架，最终失去自己城市的特色，自然最终也不能实现城市生态系统的和谐。

9.6.5.7 城市管理与公众参与

一定程度上，城市管理和公众参与的水平决定了生态城市建设的成败。生态城市是一个复杂的自然、社会、经济系统，需要各方面的支持，城市管理是实现生态城市建设目标的重要保证。公众参与是社会支持的主要体现。

国外几个生态城市建设成就较大的城市，公众参与都起到了非常重要的作用。如丹麦的生态城市项目包括建立绿色账户、设立生态市场交易日、吸引学生参与等内容，这些项目的开展加深了公众对于生态城市的了解。1996年6月，怀阿拉生态城市咨询项目由澳大利亚Ecopolis PtyLtd公司、澳大利亚城市生态协会和南澳大利亚大学中标，中标方在各种场合宣传怀阿拉的生态城市项目，频繁在怀阿拉中小学宣传怀阿拉生态城市项目的内容和意义，并开展了由年轻一代参与的短故事竞赛，让他们想像怀阿拉未来生态城市的图景，以便获知年轻人的需要，便于进行生态城市的设计。1997年实施的阿德莱德生态城规划中提出了"以社区为主导"的开发程序，该程序采取了鼓励社区居民参与生态开发的一系列措施，包括创造广泛、多样的社会及社区活动；保持促进文化多样性，将生态意识贯穿到生态社区发展、建设、维护的各个方面；加强对生态开发过程中各方面运作的教育和培训等。这些城市采取的一系列措施，拓宽了广大公众参与生态城市建设的渠道，提高了公众的生态意识，促进了生态城市的建设和发展。

库里蒂巴为了帮助低收入和无家可归的人，城市开始了"line to work"的项目，目的是进行各种实用技能的培训。库里蒂巴还开始了救助街道儿童的项目，把露天市场组织起来，以满足街道小贩们的非正式经济要求。1988年较为著名的环境项目"垃圾不是废物"(garbage is not garbage)，引发70%的家庭参与可再生物质的回收工作，垃圾的循环回收达到95%，回收材料售给当地工业部门，所获利润用于其他的社会福利项目，同时垃圾回收利用公司为无家可归者提供了就业机会，以及市政府在低收入地区专门实行"垃圾换物"计划等。

与国外相比，我国的公众参与水平低，公众的环境意识还不强，目前还停留在做一些广告展板，举办一些展览，市民没有参与的主动性。但可喜的是，我国公众的环境意识正在加强，许多市民在居住环境、社区环境方面考虑的越来越多。各城市在生态城市建设过程中，不仅要进行全面的宣传，让市民知道什么是生态城市，生态城市建设能给市民的生活带来什么变化；还应该组织各种公众参与的活动和项目，如垃圾回收、环境维护等，让市民从中得到真正的实惠和体验，这样公众才能自愿地维护生态城市建设的成果。有了社会的广泛参与，不仅会引起社会意识的生态化、社会文化的生态化，还能通过社会压力带动经济形态的生态化、技术的生态化，最终形成整个城市对生态意识的接受，生态城市建设会取得事半功倍的效果。

参 考 文 献

1 黄光宇，陈勇．生态城市理论与规划设计方法．北京：科学出版社，2002

2 吴人坚．生态城市建设的原理与途径．上海：复旦大学出版社，2000，10

3 李利锋，成升魁．生态占用——衡量可持续发展的新指标．自然资源学报，2000，15 (4)：375～382

4 陶在朴．生态包袱与生态足迹：可持续发展的重量及面积观念．北京：经济科学出版社，2003，11

5 Reel W. E., Ecological footprints and appropriated carrying capacity: what urban economics leaves out. Environment and Urbanization, 1992, 4 (2)：121～130

6 蒋依依，王仰麟等．国内外生态足迹模型应用的回顾与展望．地理科学进展，2005，24 (2)：13～23

7 杜斌，张坤民等．城市生态足迹计算方法的设计与案例．清华大学学报（自然科学版），2004，44 (9)：1171～1175

8 黎瑞波，蒋菊生．生态足迹分析模型及其研究现状．华南热带农业大学学报，2004，10 (2)：12～15

9 Hunt R, Franklin W. LCA—How it came about, Int. J. LCA, 1996, 1 (1)：4～7

10 Angela Merkel. Foreword: ISO 14040, International Journal of LCA, 1997, 2 (3), 121

11 刘力．可持续发展与城市生态系统物质循环理论研究：[博士学位论文]．长春：东北师范大学，2002

12 李文华．可持续发展与生态城市建设．复合生态与循环经济——全国首届产业生态与循环经济学术讨论会论文集，2003

13 姜旭．生态城市建设水平评价和措施研究：[硕士学位论文]．长春：吉林大学，2005

14 孙晓鸣，柏益尧，左玉辉．生态城市评价中的 RBF 神经网络模型——以厦门市为例．环境保护科学，2005 (5)：43～48

15 王娟，陆雍森，汪毅．生态城市指标体系的设计及应用研究．四川环境，2004，23 (6)：7～11

16 焦胜，曾光明等．生态城市指标体系的不确定性研究．湖南大学学报（自然科学版），2004，31 (1)：75～79

17 Robert Prescott Allen. 怎样判定可持续性．世界自然保护联盟，1999，(6)：193～214

18 杨士弘．城市生态环境学．北京：科学出版社，2002

19 郭秀锐．生态城市建设及其指标体系．城市发展研究，2001，8 (6)：54～58

20 宋永昌．生态城市的指标体系与评价方法．城市环境与城市生态，1999，12 (5)：16～19

21 盛学良．生态城市建设的基本思路及其指标体系的评价标准．环境导报，2001，(1)：5～8

22 李刚．南京城市生态系统可持续发展指标体系与评价．南京林业大学学报，2002，26 (1)：23～26

23 黄鹍，陈森发，孙燕．生态城市智能综合评价决策支持系统研究与实现．信息与控制．2003，32 (4)：376～384

24 叶文虎，仝川．联合国可持续发展指标体系述评．中国人口资源与环境．1997，7 (3)：83～87

25 张坤民等．生态城市评估与指标体系．北京：化学工业出版社，2003

26 中国 21 世纪议程管理中心．可持续发展指标体系的理论与实践．社会科学文献出版社，2004

27 《可持续发展指标体系》课题组．中国城市环境可持续发展指标体系研究手册——以三明市、烟台市为案例．北京：中国环境科学出版社，1999

28 John Dixon, Kirk Hamilton. Expanding the Measure of Wealth-Indicators of Environmentally Sustainable Development. Environmental Department, The World Bank, Washington, D. C. 1997. 19～30

29 盛学良，彭补拙等．生态城市指标体系研究．环境导报．2000，(5)：5～8

30 刘则渊，姜照华．现代生态城市建设标准与评价指标体系探讨．科学技术与科学管理

31 吴琼，王如松等．生态城市指标体系与评价方法．生态学报，2005，25 (8)：2090～2095

32 张坤民，温宗国．城市生态可持续发展指标的进展．城市环境与城市生态，2001，14 (6)：1～4

33 黄肇义，杨东援．国内外生态城市理论研究综述．城市规划，2001，25 (1)：59～66

34 吴人坚．建设有中国特色的生态城市．环境导报，2001，3：39～41

35 Dietmar Hahlweg. 德国生态城市 Erlangen. 规划师，2003，1：29～30

36 迟小华．论城市管理理论的历史演进：[硕士学位论文]．济南：山东大学，2005

37 李其荣．对立与统一——城市发展历史逻辑新论．南京：东南大学出版社，2000

38 尤建新．现代城市管理学．北京：科学出版社．2003

39 叶客南，李芸．战略与目标——城市管理系统与操作新论．南京：东南大学出版社，2000

40 马彦琳，刘建平．现代城市管理学．北京：科学出版社．2003

41 周江评，孙明洁．城市规划和发展决策中的公众参与——西方有关文献及启示．2005，20 (4)：41～47

42 马交国，杨永春，刘峰．国外生态城市建设经验及其对中国的启示．世界地理研究，2005，14 (1)：61～66

43 郭荣朝等．生态城市空间结构优化组合模式及应用——以襄樊市为例．地理研究，2004，23 (3)：292～300

44 Philine Gaffron, Ge Huismans et al. Ecocity-A better place to live. Hamburg, Utrecht, Vienna, 2005：23～27

45 杜胜品，孔建益等．城市绿色交通规划的研究及发展对策．武汉科技大学学报（自然科学版），2002，25 (2)：172～174

46 Leroy W. Demery. Bus rapid transit in Curitiba, Brazil—An Information summary. 2004. A web-based publication of

www. publictransit. us

47 高扬，郭长宝等．库里蒂巴市的公共交通．城市公共交通，2003，(4)：33～36

48 Joseli Macedo. City Profile—Curitiba. Cities, 2004, 21 (6)：537～549

49 段里仁．一个城市交通的国际典范——巴西库里蒂巴市整合公共交通系统．城市交通．2001，(1)：11～14

50 黄肇义，杨东援．国外小汽车共用的发展状况．城市规划汇刊，2000 (6)：50～52

51 Meijkamp R. G. , Changing consumer behavior through Eco-efficient Services. An empirical study on Car Sharing in the Netherlands, [PhD dissertation], Delft University of Technology, 2000, 43

52 夏凯旋，何明升．国外汽车共享服务的理论与实践．城市问题，2006，(4)：87～89

53 Eric Britton. Carshare Associates, Carsharing 2000：Sustainable Transport's Missing Link. The Journal of World Transport Policy and Practice. 22

54 李伟．哥本哈根的自行车政策 (2002～2012)．北京规划建设，2004，(2)：46～51

55 Robert Hickey, Sara Mckay et al. Oakland, California—23rd Avenue community action plan. Urban Ecology, 2005：1～142

56 Simon Kingham, Shannon Ussher. Ticket to a sustainable future：An evaluation of the long-term durability of the Walking School Bus programme in Christchurch, New Zealand. Transport Policy. 2005, (12)：314～323

57 白雁，魏庆朝等．基于绿色交通的城市交通发展探讨．北京交通大学学报（社会科学版），2006，5 (2)：10～14

58 R. L. Viles, D. J. Rosier. How to use roads in the creation of greenways：Case studies in three New Zealand landscapes. Landscape and Urban Planning, 2001, (55)：15～27

59 Andrew Allan. 阿德莱德的安利路：关于大城市地区中心大街环境中的适度折衷．国外城市规划，2002，(4)：21～28

60 Revitalising Metropolitan Adelaide Submission for the Planning Strategy for South Australia, by Michael Robertson for UEA, 3 August 2005

61 A Draft Proposal for a Car Share Scheme for Adelaide Joan Carlin, February 2005

62 Joseli Macedo. City profile Curitiba Cities, 2004, 21. (6)：537～549

63 Paul F. Downton. The Halifax Ecocity Project：A Community Driven Development. The center for Urban Ecology, Urban Ecology Australia, 1996

64 Greenprint Waitakere- Mission. Goals and Principles of Waitakere eco-city , 1999. 2：16～18

65 Area development Bo01-city of tomorrow Malmo Sweden-2001 Catalogue of best practice examples European Green Building Forum

66 Annie Sugrue. MIDRAND ECOCITY PROJECT—Proceedings：Strategies for a Sustainable Built Environment, Pretoria, 23-25 August 2000, Midrand EcoCity Trust

67 理查德·雷吉斯特．生态城市——建设与自然平衡的人居环境．北京：社会科学文献出版社，2002

68 董宪军．生态城市论．北京：中国社会科学出版社，2002

69 劳达安，李金明．对建设生态城市的认识．城市讨论与研究，2005，(3)：10～12

70 李洪远等．生态学基础．北京：化学工业出版社，2006

71 李升峰，朱继业等．城市人居生态环境．贵州：贵州人民出版社，2003

72 杨沛儒．国外生态城市的规划历程 1900～1990．现代城市研究，2005，(2～3)：27～37

73 苏景兰．简论生态城市建设．高等建筑教育，2005，14 (1)：93～109

74 胡予军．浅谈生态城市的由来与创建策略．中南民族大学学报（人文社会科学版），2005，(25)：74～76

75 韩圣．生态城市管理系统研究：[硕士学位论文]．长春：吉林大学，2004

76 钱永胜．生态城市系统管理研究：[硕士学位论文]．大连：大连理工大学，2001

77 程伟．生态城市的内涵及建设策略．云南地理环境研究，2005，17 (4)：43～45

78 胡春华．生态城市建设与可持续发展．环境科学与技术，2006，(28)：157～159

79 李杨帆等．生态城市系统的概念模型与等级结构研究．城市发展研究，2005，4 (12)：37～40

80 孙玲．生态城市研究：[硕士学位论文]．长春：吉林大学，2004

81 柳海鹰．生态城市研究进展．四川环境，2005，24 (2)：57～59

82 熊鸿斌，刘文清．生态城市建设的理论与实践．中国环保产业，2004，(7)：6～8

83 周杰等．生态城市研究．污染防治技术，2003，16 (1)：1～6

84 陆明．生态城市与城市生态规划初探．哈尔滨工业大学学报，2003，35 (4)：446～448

85 黄跃华．试论生态城市建设．城市规划，2004，(10) 34～36

86 孟伟庆．城市自然保留地及其保护方法和框架研究：[硕士学位论文]．天津：南开大学，2006

87 刘天齐．生态城市的内涵与理论基础．中国环境管理干部学院学报，2000，10 (2)：1～5

88 杨爱民．基于社会-经济-自然复合生态系统的泛生态链理论．中国水土保持科学，2005，3 (1)：93～96

89 景星蓉，张健，樊艳妮．生态城市及城市生态系统理论．城市问题，2004 (6)：20～23

90 何强等．环境学导论．北京：清华大学出版社，2004

91　黄光宇．中国生态城市规划与建设进展．资源、生态与环境．中国科协 2001 年学术年会分会场特邀报告．2001

92　宋永昌，由文辉，王祥荣．城市生态学．上海：华东师范大学出版社，2000

93　陈易．城市建设中的可持续发展理论．上海：同济大学出版社，2003

94　曲福田．可持续发展的理论与政策选择．北京：中国经济出版社，2000

95　吴金星．生态城市建设的理论与实证研究：［硕士学位论文］．长春：吉林大学，2004

96　韩宝平等．循环经济理论的国内外实践．北京：经济科学出版社，2003

97　崔铁宁．循环型社会及其规划理论和方法．北京：中国环境科学出版社，2005

98　联合国人居中心编著．沈建国等译：《城市化的世界》，北京：中国建筑工业出版社，1999

99　塞缪尔·亨廷顿等．《现代化：理论与历史经验的再讨论》．上海：上海译文出版社，1993

100　董宪军．生态城市论．北京：中国社会科学出版社，2002

101　王建国．生态要素与城市整体空间特色的形成和塑造．建筑学报，1999 (9)：20～23

102　杜宏茹．生态城市建设进程中土地利用变化趋势．国土与自然资源研究，2004 (1)：9～10

103　于志熙．城市生态学．北京：中国林业出版社，1992

104　马世骏等．现代生态学透视．北京：科学出版社，1990

105　王如松．转型期城市生态学前沿研究进展．生态学报，2000，20 (5)：830～840

106　谭少华，倪绍祥．城市规划应作为一级学科建设的构想．城市规划汇刊，2002 (1)：53～55

107　黄光宇．中国生态城市规划与建设进展．城市环境与城市生态，2001，14 (3)：6～8

108　柳海鹰，成文连，高吉喜．生态城市研究进展．四川环境，2005，24 (2)：57～60

109　马交国，杨永春．生态城市理论研究进展．地域研究与开发，2004，23 (6)：40～44

110　国务院新闻办公室．《中国的环境保护（1996～2005）》白皮书．2006

111　北京市环境保护局．2004 年北京市环境状况公报．2005

112　北京"十五"时期生态环境建设规划

113　北京城市总体规划（2004～2020 年）

114　上海市"十五"生态环境建设重点专项规划

115　上海市 2003～2005 年环境保护和建设三年行动计划实施意见

116　上海市 2006～2008 年环境保护和建设三年行动计划

117　上海市城市总体规划（1999～2020 年）中、近期建设行动计划

118　广州市 2005 年环境质量通报．广州市环境保护局

119　环卫设施建设．广州年鉴．2005

120　广州林业"十一五"发展规划

121　广州市森林公园、自然保护区建设发展规划

122　翟宝辉，王如松，陈亮．中国生态城市发展面临的主要问题与对策．中国建材，2005 (7)：31～33

123　李子君．中国如何进行生态城市建设．环境保护，2002，(10)：27～29

124　付保荣，惠秀娟．生态环境安全与管理．北京：化学工业出版社，2005

125　张凯．循环经济理论研究与实践．北京：中国环境科学出版社，2004

126　孙国强．循环经济的新范式——循环经济生态城市的理论与实践．北京：清华大学出版社，2005

127　Rigister R. Eco-city Berkeley：Building Cities for A Heathy Future. CA：North

128　Dietmar Hahlweg. Case Study Eco-city Erlangen. Germany. Internet Conference on Ecocity development (Feb-June 2003)

129　沈清基．城市生态系统基本特征探讨．华中建筑，1997，15 (1)：88～91

130　宋树龙，李贞．广州市城市植被景观多样性分析．热带地理，2000，20 (2)：121～124

131　孔繁德，张建辉．城市生物多样性问题及保护对策探讨．环境科学研究，1995，8 (5)：33～35

132　于志熙．城市生态学．北京：中国林业出版社，1992

133　Herbert Sukopp. Human-caused impact on preserved vegetation. Landscape and Urban Planning. 2004, (68)：347～355

134　章家恩，徐琪．城市土壤的形成特征及其保护．土壤，1997，(4)：189～193

135　王伯荪．城市植被与城市植被学．中山大学学报（自然科学版），1998，37 (4)：9～12

136　蒋高明．城市植被：特点、类型与功能．植物学通报，1993，10 (3)：21～27

137　董雅文．城市景观生态．北京：商务印书馆，1993

138　张志明，张林源，胡严等．北京城市生态与野生动物保护管理．北京林业大学学报（社会科学版），2003，2 (1)：40～44

139　赵欣如．北京的公园鸟类群落结构研究．动物学杂志，1996，31 (3)：17～20

140　刘焕金，卢欣．太原市城区及近郊冬季麻雀种群动态．动物学杂志，1987，22 (2)：21～25

141　李少宁，王兵，赵广东等．森林生态系统服务功能研究进展——理论与方法．世界林业研究，2004，17 (4)：14～18

142　辛琨，肖笃宁．生态系统服务功能研究简述．中国人口·资源与环境，2000，10 (3)：20～22

143 宗跃光，徐宏彦等．城市生态系统服务功能的价值结构分析．城市环境与城市生态，1999，12（4）：19～22

144 欧阳志云，王效科，苗鸿．中国陆地生态系统服务功能及其生态经济价值的初步研究．生态学报，1999，19（5）：607～613

145 欧阳志云，王如松，赵景柱．生态系统服务功能及其生态经济价值评价．应用生态报，1999，10（5）：635～640

146 肖寒，欧阳志云，赵景柱等．森林生态系统服务功能及其生态经济价值评估初探——以海南岛尖峰岭热带林为例．应用生态学报，2000，11（4）：481～484

147 赵景柱，肖寒，吴钢．生态系统服务的质量与价值量评价方法比较．应用生态学报，2000，11（2）：290～292

148 祝宁，李敏，柴一新．哈尔滨市绿地系统生态功能分析．应用生态学报，2002，13（9）：1117～1120

149 刘霞，谢宝元．水源保护林生态服务功能及其评价．河北林果研究，2002，17（2）：100～105

150 章家恩，饶卫民．农业生态系统的服务功能与可持续利用对策探讨．生态学杂志，2004，23（4）：99～102

151 马翠欣，袁峻峰，董凤丽．上海市九段沙湿地生态系统服务功能价值评估．上海师范大学学报（自然科学版），2004，33（2）：98～101

152 徐俏，何孟常，杨志峰等．广州市生态系统服务功能价值评估．北京师范大学学报（自然科学版），2003，39（2）：268～272

153 Per Bolund, Sven H. Ecosystem services in urban areas. Ecological Economics, 1999, 29: 293～301

154 George F. Peterken, Joanna L. Francis. Open spaces as habitats for vascular ground flora species in the woods of central Lincolnshire, UK. Biological Conservation, 1999, 91: 55～72

155 Joan Pino, Ferran Rodà, Josep Ribas, Xavier Pons. Landscape structure and bird species richness: implications for conservation in rural areas between natural parks. Landscape and urban planning, 2000, 49: 35～48

156 Daniel S. Cooper. Geographic association of breeding bird distribution in an urban open space. Biological conservation, 2002, 104: 205～210

157 S. L. Haire, C. E. Bock, B. S. Cade, B. C. Bennett. The role of landscape and habitat characteristics in limiting abundance of grassland nesting songbirds in an urban open space. Landscape and urban planning, 2000, 48: 65～82

158 George R. Hess, Terri J. King. Planning open spaces for wildlife I: Selecting focal species using a Delphi survey approach. Lanscape and urban planning, 2002, 58: 25～40

159 Matthew J. Rubino, George R. Hess. Planning open spaces for wildlife II: Modeling and verifying focal species habitat. Lanscape and urban planning, 2003, 64: 89～104

160 Margaret Livingston, William W. Shaw, Lisa K. Harris. A model for assessing wildlife habitats in urban landscapes of eastern Pima County, Arizona (USA). Landscape and Urban Planning, 2003, 64: 131～144

161 Colin D. Meurk, Simon R. Swaffield. A landscape ecological framework for indigenous regeneration in rural New Zealand-Aotearoa. Landscape and Urban Planning, 2000, 50: 129～144

162 Clas Florgård. Long-term changes in indigenous vegetation preserved in urban areas. Landscape and Urban Planning, 2000, 52: 101～116

163 李树华．建设以乡土植物为主的园林绿地．中国园林，2005，1：47～50

164 石崧，宁越敏．平衡大都市区空间结构的基础：都市区绿地系统．国外城市规划，2005，20（6）：21～26

165 张怀振，姜卫兵．环城绿带在欧洲的发展与应用．城市发展研究，2005，12（6）：34～38

166 金经元．明日的田园城市．北京：商务印书馆，2000，12：10～12

167 许浩．国外城市绿地系统规划．北京：中国建筑工业出版社，2003，11：21～23

168 欧阳志云，李伟峰，Juergen Paulussen 等．大城市绿化控制带的结构与生态功能．城市规划，2004，28（4）：41～45

169 贾俊，高晶．英国绿带政策的起源、发展和挑战．中国园林，2005，（3）：65～72

170 Marco Amati. Temporal Changes and Local Variations in the Functions of London's Green Belt. Landscape and Urban Planning. 2005, （5）: 1～3

171 Manfred Kühn. Greenbelt and Green Heart: separating and integrating landscapes in European city regions. Landscape and Urban Planning, 2003, 64: 19～27

172 西村幸夫编著．城市风景规划－欧美景观控制方法与实务．张松，蔡敦达译．上海：上海科学技术出版社，2005. 91～94

173 赖胜男，郭宏慧．我国环城绿化控制带建设探讨．江西农业大学学报（社会科学版），2005，4（2）：151～153

174 李洪远，孟伟庆．城市自然保留地及其保护研究．王如松主编．循环·整合·和谐——第二届复合生态与循环经济学术研讨会论文集．北京：中国科学技术出版社，2005，44～48

175 朱文泉，何兴元，陈玮．城市森林研究进展．生态学杂志，2001，20（5）：55～59

176 李皓．英国城市中的自然公园．生态经济，2004（5）：76～77

177 包静晖，王祥荣．伦敦的生态及自然保护．国外城市规划，2000，（3）：36～38

178 包静晖．伦敦的生态组织与生态政策．世界科学，1999，（10）：34～35

179 Bedford B. L. , Godwin K. S. . 2003. Fens of the United States: distribution, characteristics and scientific connection versus legal isolation. Wetlands, 23: 608~629

180 Hong Kong Government. Country Parks of Hong Kong. Government Printer. 1990

181 肖化顺. 城市生态廊道及其规划设计的理论探讨. 中南林业调查规划, 2005, 24 (2): 15~18

182 宗跃光. 城市景观生态规划中的廊道效应研究——以北京市区为例. 生态学报, 1999, 19 (2): 145~150

183 Kerry J. Dawson. 1995. A comprehensive conservation strategy for Georgia's greenways. Landscape and Urban Planning (33): 27~43

184 韩西丽, 俞孔坚. 伦敦城市开放空间规划中的绿色通道网络思想. 新建筑, 2004, (5): 7~9

185 车生泉. 城市绿色廊道研究. 城市规划, 2001, 25 (11): 44~48

186 Annaliese Bischoff. Greenways as vehicle for expression. Landscape and Urban Planning. 1995, 33: 317~325

187 邹长新, 沈渭寿. 生态安全研究进展. 农村生态环境, 2003, 19 (1): 56~59

188 吕科建, 段盼盼, 杜菲. 广义城市生态安全研究. 安全与环境工程, 2006, 13 (3): 83~86

189 刘红, 田萍萍, 张兴卫. 中国生态安全研究述评. 国土与自然资源研究, 2006, 1: 57~58

190 曹伟. 城市生态安全导论. 北京: 城市生态安全导论, 2004

191 施晓清, 赵景柱, 欧阳志云. 城市生态安全及其动态评价方法. 生态学报, 2005, 25 (12): 3237~3239

192 郭阳旭. 城市生态安全保护对策分析. 经济师, 2004, 8: 244~246

193 曲格平. 关注生态安全之三: 中国生态安全的战略重点和措施. 环境保护, 2002, 8: 3~5

194 吴保刚, 张跃西, 钟章成. 城市生态安全问题初探. 金华职业技术学院学报, 2005, 5 (3): 80~83

195 周文宗等. 生态产业与产业生态学. 北京: 化学工业出版社, 2005

196 宋序彤. 生态卫生 (排水) 系统国内外发展比较. 给水排水, 2003, 29, (11): 61~66

197 张辰. 生态卫生 (排水) 系统在上海世博园区应用初探. 上海建设科技, 2005, 3: 32~32

198 郑北鹰. 中国首个绿色生态厕所建成. 光明日报, 2003-05-13

199 陆耀法. 常州市研制成太阳能生态厕所. 中国建设报, 2005-11-15

200 彭会安. 三利生物研制出节能环保生态厕所. 中国高新技术产业导报, 2006-06-26

201 潘理黎. 中国免水生态厕所的发展现状. 科技导报, 2005, 23 (11): 66~68

202 杜兵, 司亚安, 孙艳玲. 生态厕所的类型及粪污处理工艺. 给水排水, 2003, 29 (15): 60~62

203 刘喜凤, 罗宏, 张征. 21世纪的工业理念: 生态工业. 北京林业大学学报 (社会科学版), 2003, 2 (1): 51~55

204 席桂萍. 生态工业的研究现状与进展. 河南职业技术师范学院学报, 2004, 32 (2): 67~69

205 仇世元. 实现都市生态农业的持续发展. 当代生态农业, 2002, 21: 47~52

206 李瑾, 李树德. 天津都市型生态农业可持续发展综合评价研究. 农业技术经济, 2003, 5: 57~60

207 张冬梅. 生态农业的发展趋势及存在的障碍. 内蒙古农业科技, 2005 (7): 203~206

208 贺峰, 雷海章. 论生态农业与中国农业现代化. 中国人口·资源与环境, 2005, 15 (2): 23~26

209 毛晓茜等. 生态城区建设中的生态第三产业发展对策——以长沙市芙蓉区为例. 四川环境, 2005, 24 (5): 37~40

210 蔺栋华. 生态环境与第三产业. 生态经济, 2001, 2: 23~27

211 杨凯. 上海第三产业生态化建设的调控激励机制. 上海社会科学院学术季刊, 2002, 3: 45~52

212 毛德华, 郭瑞芝. 中国生态产业发展对策. 湖南师范大学自然科学学报, 2003, 26 (3): 90~93

213 熊融, 杨乐. 示范型生态景观的产生、发展与实践. 北京林业大学学报 (社会科学版), 2005, 4 (4): 22~25

214 龚克, 程道品. 城市生态景观的特征与构建研究. 山西建筑, 2006, 32 (3): 24~26

215 吴静雯, 严杰. 生态景观、情态感观、形态空间. 城市, 2005, 6: 51~53

216 吴国玺. 城市生态景观与生态景观设计. 生态城市, 256~259

217 莫晓红. 关于中国区域生态文化的理论创新与实践对策的探讨. 邵阳学院学报 (自然科学版), 2004, 1 (3): 106~108

218 李建梅, 任建兰. 科学发展中的生态文化建设. 山东省农业管理干部学院学报, 2006, 22 (1): 98~99

219 夏晶等. 生态文化-生态城市建设的软件. 环境保护科学, 2006, 32 (2): 43~45

220 高建明. 论生态文化与文化生态. 系统辩证学学报, 2007, 13 (3): 83~86

221 彭晓春, 李明光等. 生态城市的内涵. 现代城市研究, 2000, (6): 30~32

222 郭少棠. 西部大开发中的生态文化建设与可持续发展. 清华大学学报 (哲学社会科学版), 2000 (5): 6~12

223 黄肇义, 杨东援. 国外生态城市建设实例. 国外城市规划, 2001 (3): 35~38

224 倪天华, 左玉辉. 生态城市规划的重点和难点. 规划师, 2005, 7 (21): 83~86

225 刘敏. 可持续发展的生态城市规划初探. 上海环境科学, 2002, 21 (2): 101~104

226 黄宇驰. 生态城市规划及其方法研究: [硕士研究生学位论文] 北京: 北京化工大学, 2004

227 沈刚. 生态城市规划中的生态敏感性分析和生态适宜度评价研究: [硕士学位论文]. 杭州: 浙江大学, 2004

228 陆燕宁. 城市水资源的保护与合理利用. 污染防治技术, 2005, 18 (3): 36~38

229 陈梦熊. 城市水资源的合理利用与可持续发展. 地质通报, 2003, 22 (8): 551~557

230 杨轶辉，龙巧玲．城市水资源的可持续发展策略．湖南水利水电，2003，6：30～31

231 朱岭，许有鹏，李嘉峻．城市水资源可持续利用的系统调控研究——以南京市为例．水资源保护，2006，22（2）：27～30

232 江艺明．城市土地可持续利用的对策研究．现代农业科技，2006，8：182～183

233 颜秀金．关于中国城市土地可持续利用问题的思考．甘肃理论学刊，2005，6：70～72

234 洪亮平．城市能源战略与城市规划．太阳能，2006，1：13～17

235 沈清基．中国城市能源可持续发展研究：一种城市规划的视角．城市规划学刊，2005，6：41～47

236 焦玉梅．中国能源发展战略之我见．北方经济，2006，10：3～4

237 任致远．城市空间发展的理性思维．城市发展研究，2004，11（2）：25～27

238 王海阔，陈志龙．地下空间开发利用与城市空间规划模式探讨．地下空间与工程学报，2005，1（1）：50～54

239 徐佳．科技创新与城市空间结构的优化分析．东岳论丛，2005，26（4）：168～169

240 任宗哲．城市功能和城市产业结构关系探析．电子科技大学学报社科版，2000，2（2）：32～34

241 王向阳．生态省建设中的山东产业结构调整．山东经济，2006，137（6）：109～114

242 张贵，李靖．产业布局与西部开发．天津师范大学学报（社会科学版），2001，1：24～29

243 黄辉．从我国产业布局政策的演变看西部开发．西北工业大学学报（社会科学版）：2001，21（4）：27～29

244 田广增，齐学广．论产业布局的规律．安阳师范学院学报，200，2：86～89

245 曹大贵，杨山，李旭东．空间布局演化与产业布局调整——兼论无锡市城市发展方略．城市问题，2002，3：20～24

246 Chen，TP，Chen，XL，Chen，TN. Study on the evaluation model of eco-city construction proceedings of 2006 international conference on construction & real estate management，2006，1 and 2：1221～1224

247 sawada，y，murata，b，fujii，y the proposal to the 21st century coastal eco-city development oceans '04 mts/ieee techno-ocean '04，1-2，conference proceedings，2004，1～4：158～163

248 Li，F，Wang，RS，Paulussen，J，et al. Comprehensive concept planning of urban greening based on ecological principles：a case study in Beijing，China landscape urban plan，2005，72（4）：325～336

249 Chang Ke-yi，Wang Xiang-rong. A case study on indicator system of eco-city in well-off society Fudan Xuebao Zirankexueban，2003，42（6）：1044～1048

250 Wang，RS，Ye，YP Eco-city development in China AMBIO，2004，33（6）：341～342

251 Societal premises for sustainable development in large southern cities Global Environmental Change Part A，2005，15（3）：224～237

252 FRANCO archibuqi. The ecological city and the city effect：essay on the urban planning requirements for the susitainable city. Alhenaeum：Athenaeum Press，1997. 41～55

253 王如松，周启星，胡聘．城市生态调控方法．北京：气象出版社，2002

254 Mcgranahan G，Satterthwaite D. Urban centers：an assessment of sustainability. Annual Review Environment Resource，2003，28：243～274

255 Dhar Chakrabarti P G. Urban crisis in India：new initiatives for sustainable cities. Development in Practice，2001，11（2）：260～272

256 Castaneda B E. An index of sustainable economic welfare（ISEV）for Chile. Ecological Economics，1999，28（2）：231～244

257 Wackernagel M，Onisto L，Bello P et al. National natural capital accounting with the ecological footprint concept. Ecological Economics，1999，29：375～390

258 Heman B. Integrated water management for the 21st century：problems and solutions. Journal of Irrigation and Drainage Engineering，2002，128（4）：193～202